Introduction to Differential Equation and Matrix Using MATLAB®

MATLAB®을 이용한 미분방정식과 행렬의 이해

최연욱 | 지음

홍릉과학출판사

머리말

공학을 전공하는 학생에게 있어 수학, 특히 공업수학은 피해갈 수 없는 중요한 기초과목일 것이다. 특히 '공업수학'이라는 제목을 가지는 교과서는 대부분 미분방정식에서 시작하여 벡터의 미적분 및 복소변수 등 많은 기초분야를 망라하고 있기 때문에 그 분량이 상당하여, 한 학기 3학점의 세 시간 강의로는 도저히 전 분야를 커버할 수 없는 것이 현실이다.

필자의 학과에서도 800쪽에 가까운 책을 교재로 선정하여 몇 년간 강의를 하였지만 대부분의 경우 강의는 전체의 30~40% 정도만을 소화했을 뿐이었다. 이와 동시에 강의목표 맞추기에 급급하다보니 컴퓨터 등을 이용한 문제의 풀이 등에는 시간을 거의 할당하지 못하고, 따라서 학생들의 관심을 지속시키는데 어려움이 많았다. 강의경험과 최근 학생들은 수학에 대한 취약점을 이해한다면 수학의 개념을 수식전개만으로 설명할 것이 아니라 MATLAB와 같은 최신의 소프트웨어를 사용하여 결과식이 가지는 의미를 시각적으로 보여주는 것이 수식의 이해에 있어 더 효과적인 것으로 생각된다.

이러한 목표에 비추어 이번에 전기 및 기계계열 전공학생들에게 꼭 필요한 것으로 생각되는 '미분방정식'과 '행렬'의 이해에 초점을 맞추어 기초개념과 그 풀이과정을 설명하고, 이를 수치계산용 소프트웨어인 MATLAB로서 이를 재확인하는 과정으로 이루어진 교재를 출판하게 되었다. 여기서는 MATLAB의 수식계산용 Symbolic Math Toolbox와 MATLAB가 가지는 뛰어난 수치계산능력을 기본공식의 이해와 문제풀이 등에 활용하였기 때문에, 수식전개만을 사용하는 것보다는 문제풀이 과정과 해의 최종적인 의미를 시각적으로 보다 쉽게 이해할 수 있을 것으로 생각된다.

미분방정식은 사실상 교과서에 있는 것과 같이 수식전개를 통하여 해를 구할 수 있는 경우는 드물고, 대부분은 해의 개략적인 모양만을 수치해석 등을 통하여 얻는 경우가 대부분이다. 따라서 미분방정식의 경우는 MATLAB와 같은 수치해석용 소프트웨어를 적극 활용하여 이의 사용법을 익혀두는 것이 더 현실적인 방법이 될 것이다. 행렬관련 이론의 이해 역시 벡터공간과 관련된 공간적인 개념이 필요하며, 이 또한 MATLAB가 가지는 3차원 그래프의 특성 등을 잘 이용한다면 역시 이에 대한 이해의 정도를 높일 수 있을 것으로 보인다.

본서는 필자가 2009년도에 출간한 '대학공업수학(홍릉과학출판사)'의 내용 중에서 미분방정식과 행렬이론 부분을 뼈대로 하여 재 집필되었다. 특히 주 세 시간의 15주로 이루어진 한 학기의 강좌에 맞추어 작성되었기 때문에 미분방정식과 행렬 외에 꼭 필요한 벡터의 미적분 등의 분야가 빠져 있는 점이 아쉽기는 하나, 이 부분은 다음 기회로 미루었다. MATLAB에 대한 기본적인 지식을 가지고 있는 학생이면 본서의 예제 프로그램을 활용하는데 문제가 없을 것으로 생각된다. 여전히 여러 가지 미비한 부분이 많을 것으로 보이지만, 본서의 내용을 적극 활용하여 적어도 미분방정식과 행렬에 관련된 영역에 있어서만은 전공분야의 내용을 이해하는데 있어 문제가 발생하지 않길 기원한다.

2013년 7월 최 연욱

본서에 사용된 MATLAB프로그램은 필자의 home page를 참고하기 바랍니다.

Home Page : wook.nablue.net

E-mail ; wook@pknu.ac.kr

차례

제1장 1계 상미분방정식

1.1 기본개념 ······ 1
1.2 변수분리형의 미분방정식 ······ 8
1.3 동차형의 미분방정식 ······ 12
1.4 완전미분방정식 ······ 17
1.5 적분인자 ······ 25
1.6 1계 선형미분방정식 ······ 34
1.7 해의 존재와 일의성 ······ 37
1.8 물리시스템에의 응용 ······ 43

제2장 2계 선형상미분방정식

2.1 2.1 2계 선형미분방정식의 기본형 ······ 53
2.2 제차방정식의 일반해와 론스키안 ······ 56
2.3 비제차미분방정식의 일반해 ······ 59
2.4 정수계수를 가지는 2계 선형미분방정식 ······ 62
2.5 2계 선형미분방정식의 예 - 외부입력이 인가되지 않은 경우 ······ 69
2.6 외부입력이 인가되는 2계 선형미분방정식의 해 ······ 76

2.7 외부입력이 인가되는 경우의 물리시스템의 움직임 ··· 81
2.8 코시 - 오일러 방정식 ··· 88

제3장 고계선형상미분방정식과 연립미분방정식

3.1 고계선형상미분방정식 - 외부입력이 영인 경우 ··· 97
3.2 정수계수를 가지는 제차선형미분방정식 ··· 107
3.3 비제차선형미분방정식 ··· 113
3.4 정수변화법에 의한 특수해 ··· 118
3.5 연립미분방정식 ··· 126

제4장 선형미분방정식의 급수해

4.1 멱급수의 성질 ··· 145
4.2 르장드르 방정식 ··· 160
4.3 푸리에 • 르장드르 급수 ··· 168
4.4 감마함수 ··· 172

제5장 라플라스 변환에 의한 미분방정식의 해

5.1 정의 ··· 180
5.2 라플라스 변환의 성질 ··· 184
5.3 미분과 적분의 라플라스 변환 ··· 191
5.4 컨볼루션(Convolution) ··· 206
5.5 미분방정식의 풀이 ··· 210

제6장 행렬과 대수방정식

6.1 행렬의 기초 ··· 222
6.2 연립1차 방정식과 가우스 소거법 ··· 230
6.3 벡터공간과 행렬 ··· 241

제7장 역행렬과 고유값 문제

7.1 정방행렬의 행렬식 ··· 271
7.2 역행렬 ··· 284
7.3 고유값 문제 ··· 298
7.4 행렬의 대각화 ··· 317

제8장 행렬의 응용

8.1 공간 $\mathbb{R}^n$에서의 벡터의 내적과 놈 ··· 338
8.2 3차원 공간 $\mathbb{R}^3$에서의 벡터 ··· 349
8.3 직교집합과 직교행렬 ··· 372
8.4 최소 2승법 ··· 387

부록 A 3차원 공간에서의 벡터와 평면의 표시

A.1 벡터, 선분 및 평면 ··· 401
A.2 공간에서의 곡선과 평면 ··· 407
A.3 세 개의 변수를 가지는 함수의 표현 ··· 416

부록 B MATLAB Symbolic Math Toolbox의 사용법

B.1 수식의 표현 ··· 423
B.2 상징적 개체 정의 및 사용법 ··· 424
B.3 Symbolic 표현과 수식으로의 전환 ··· 426
B.4 간단한 예 ··· 428
B.5 Symbolic Math Toolbox를 이용한 계산법 ··· 429
B.6 Simplifications과 Substitutions ··· 439

CHAPTER 1

1계 상미분방정식

1.1 기본개념
1.2 변수분리형의 미분방정식
1.3 동차형의 미분방정식
1.4 완전미분방정식
1.5 적분인자
1.6 1계 선형미분방정식
1.7 해의 존재와 일의성
1.8 물리시스템에의 응용

1.1 기본개념

미분방정식은 거의 대부분의 물리적 현상을 모델링하는 과정, 다시 말하면 어떤 물리적 대상을 특별한 목적으로 가지고 이를 수식으로 표현하는 경우에 있어서 중요한 역할을 한다. 예를 들어 어떤 특정한 과학적 현상을 규명(또는 이해)하기 위해서는, 첫째 그 현상이 나타나기 위해 필요한 변수(입력 및 출력)에 대한 정의가 이루어져야 하며, 둘째 정의된 변수에 의한 물리현상의 적절한 수학적인 표현식, 즉 미분방정식을 유도하고, 마지막으로 유도된 식에 대한 해를 구할 수 있는 능력이 필요하다. 여기서는 다양한 종류의 물리현상을 나타내는 미분방정식이 이미 주어져 있는 것으로 가정하고, 이에 대한 해를 구할 수 있는 표준적인 방법을 알아보기로 한다.

미분방정식이란 미지의 함수와 그 함수의 미분과 관련된 방정식을 말한다. 예를 들어

$$\frac{du}{dx} = u \tag{1.1 a}$$

$$\frac{d^2f}{dx^2} + 2xf = e^x \tag{1.1 b}$$

$$\frac{\partial^2 u}{\partial x^2} + \frac{\partial^2 u}{\partial y^2} = 0 \qquad (1.1\ c)$$

은 미분방정식이다. 미분방정식의 해라고 하는 것은, 이를 원래의 미분방정식에 대입하였을 경우에 등호가 성립할 수 있도록 미분가능하게 정의된 함수이다. 따라서 $u(x) = e^x$를 식 (1.1 a)에 대입하였을 경우 등호가 성립하기 때문에 e^x는 미분방정식 (1.1 a)의 해이다. 또한 함수 $u(x,y) = e^x \sin y$가 식 (1.1 c)의 해로 된다는 것은 어렵지 않게 확인할 수 있을 것이다.

• 분류

상미분방정식(ordinary differential equation : ODE)이란 하나의 변수에 대한 미분 항(이것을 도함수라고 한다)만이 나타나는 미분방정식을 의미하며, 편미분방정식(partial differential equation: PDE)이란 하나 이상의 변수에 대한 편미분 항(이를 편도함수라고 한다)을 포함하는 경우를 말한다. 식 (1.1 a)과 식 (1.1 b)는 상미분방정식이며, 식 (1.1 c)은 두 개의 변수 (x, y)에 대한 편도함수를 가지고 있으므로 편미분방정식이다. 이러한 원칙에 따르면

$$\frac{\partial f(x,t)}{\partial t} = xt$$

는 상미분방정식이지만

$$\frac{\partial^2 f(x,t)}{\partial t\ \partial x} = t$$

는 편미분방정식이다. 이때 변수 f를 종속변수(dependent variable)[1], 변수 x와 t를 독립변수(independent variable)라고 한다. 이것은 f의 값이 두 개의 변수 x, t에 의존하여 정해지기 때문이다.

• 계수와 차수

미분방정식에 포함된 최고계 도함수의 크기를 미분방정식의 계수(階數 : order)라고 하고, 미분방정식이 도함수에 관하여 유리정수식[2]인 경우에는 방정식에 포함된 최고계 도함수의

---

1) 일반적인 관점에서는 $f(x,t)$는 변수라기 보다는 함수라는 표현이 적절하다.
2) 계수(係數 : coefficient)가 유리수이며, 도함수 사이의 분수항을 포함하지 않는 미분방정식을 의미한다.

멱지수를 미분방정식의 차수(degree)라 한다. 만일에 방정식이 유리분수식인 경우에는 유리화하여 정돈한 다음에 최고계의 도함수가 갖는 차수를 그 미분방정식의 차수라고 한다.

(ODE)

- $\dfrac{d^2f}{dx^2}+\left(\dfrac{df}{dx}\right)^3-f=\sin x$

↑ (2계) ↑ (1계)

∴ 최고계의 도함수 → 1차

(2계 1차 ODE)

(PDE)

- $a^2\dfrac{\partial^4 u}{\partial x^4}+\dfrac{\partial^2 u}{\partial y^2}=0$

↑ (4계) ↑ (2계)

∴ 최고계의 편도함수 → 1차

(4계 1차 PDE)

• 선형과 비선형

종속변수 f(또는 $f(x,t)$)와 그의 도함수(또는 편도함수)가 모두 1차식인 미분방정식을 선형미분방정식(linear differential equation)이라고 한다. 선형미분방정식은 다음 두 가지의 특성이 있다.

(a) 종속변수 f(또는 $f(x,t)$)와 그의 모든 도함수(또는 편도함수)가 1차, 다시 말하면 f(또는 $f(x,t)$)를 품고 있는 각 항의 멱지수[3)]가 1이다.

(b) 각 계수[4)]는 독립변수(예컨대 $x,\ t,\ \cdots$)에만 의존한다. 따라서 $\sin f$(또는 $\sin f(x,t)$), 또는 $e^{df/dx}$(또는 $e^{\partial f/\partial x}$)와 같은 항은 선형방정식에는 나타날 수 없다. 선형이 아닌 방정식을 비선형미분방정식(nonlinear differential equation)이라 한다. 예컨대

(ODE)

(f 를 품고 있는 각 항의 계수)

선형

- $x^3\dfrac{d^3f}{dx^3}-4x\dfrac{df}{dx}+6f=e^x$

↑ ↑ ↑

$\left(\dfrac{d^3f}{dx^3}\right)^1,\ \left(\dfrac{df}{dx}\right)^1,\ (f)^1$

(f 를 품고 있는 각 항의 멱지수가 1)

(3계 선형 ODE)

(PDE)

(u 를 품고 있는 각 항의 계수)

- $f^2\dfrac{\partial^2 u}{\partial x^2}-(x^2+f^2)\dfrac{\partial^2 u}{\partial f^2}=x$

↑ ↑

$\left(\dfrac{\partial^3 u}{dx^3}\right)^1 \qquad \left(\dfrac{d^2u}{df^2}\right)^1$

(u 를 품고 있는 각 항의 멱지수가 1)

(2계 선형 PDE)

3) 예를 들어 x^3 에서 x 의 멱지수(power index)는 '3'이다.

4) 여기서 '계수'는 영어의 'coefficient'를 의미하는 것으로, (편)도함수의 계수를 의미한다.

비선형

- $(1+f)\dfrac{df}{dx}+2f=e^{x}$

  ↑

  (계수가 f 에 의존)
  (비선형 1계 ODE)

- $\dfrac{\partial^{3}u}{\partial x^{3}}+(1+u^{2})=0$

  (u를 품고 있는 멱지수가 1차가 아님)
  (비선형 3계 PDE)

편미분방정식은 이론과 응용의 면에서 매우 중요하나 이를 이해하기 위해서는 상미분방정식에 관한 이해가 선행되어야 하므로, 이 책에서는 더 이상 언급하지 않기로 한다.

• 미분방정식의 해의 종류

(a) 양 함수해 : 어떤 실수의 영역 I(예를 들어 구간 (a,b)[5])에서 정의된 실함수 $u(x)=g(x)$를 미분방정식에 대입하였을 때 방정식이 만족된다면, 함수 $g(x)$는 영역 I 에서 미분방정식의 해이다. 이때 $u(x)=g(x)$의 형식으로 주어진 해를 양 함수해라고 하며, 이는 xu 평면에서 곡선으로 나타난다.

예를 들어 c를 임의 정수라고 하면 함수 $u(x)=ce^{3x}$는 미분방정식

$$\frac{du}{dx}=3u \tag{1.2}$$

의 양 함수해이다. 다시 말하면 이를 식 (1.2)에 대입하면

$$\text{왼쪽 항} \equiv u'(x)=3x\,e^{3x}\ ,\ \text{오른쪽 항} \equiv 3u(x)=3c\,e^{3x}$$

이다. 따라서 임의의 x에 대하여

$$\text{왼쪽 항} = \text{오른쪽 항}$$

을 만족하므로 미분방정식 (1.2)는 구간 $(-\infty,\infty)$에서 항등식[6]으로 되기 때문이다.

(b) 음 함수해 : 미분방정식의 해가 $G(x,u)=0$의 형식으로 정의되는 경우를 의미한다. 예를 들어, $r,(>0)$을 정수로 두면 다음 함수

---

5) 여기서 개(open)구간 $(a<x<b)$인 경우는 $(a,\,b)$, 폐(closed)구간$(a\le x\le b)$인 경우는 $[a,\,b]$로 각각 나타낸다.

6) 식 내부의 변수가 어떤 값을 지니든 항상 '='을 만족하는 등식을 의미한다. 예를 들어 $\sin\theta=1$의 경우는 특정한 값에 대해서만 '='을 만족하는 반면, $\sin^2\theta+\cos^2\theta$은 θ값에 관계없이 항상 '='을 만족한다, 즉 항등식이다.

$$x^2 + u^2 - r^2 = 0,\ (u > 0) \tag{1.3 a}$$

는 미분방정식

$$uu' = -x\,,\ (-r < x < r) \tag{1.3 b}$$ [7]

의 해로 된다. 실제로 u 를 x 의 함수로 두고 식 (1.3 a)를 x 로 미분하면

$$\frac{d}{dx}(x^2 + u^2 - r^2) = 0 \ \Rightarrow 2x + 2uu' = 0$$

로 되어 식 (1.3 b)를 만족함을 확인할 수 있다.

(c) 일반해(general solution) : n 계미분방정식의 일반해는 n 개의 임의상수를 포함하는 경우의 해를 의미한다. 일반해의 임의상수에 특정한 값을 대입하여 임의상수를 제거한 해를 특수해(particular solution)라고 한다.
일반적으로 n 개의 임의상수는 n 개의 독립적인 조건에 의해 결정되며, 이러한 n 개의 조건을 만족하는 n 계미분방정식의 해는 단 하나뿐이다. 일반해를 하나의 특수해로 결정하기 위한 조건으로서 자주 사용되는 것이, 어떤 값 x_o 에서 $(n-1)$ 계까지의 도함수 값, 즉 $u(x_o)$, $u'(x_o)$, $\cdots$, $u^{(n-1)}(x_o)$ 의 형식으로 주어지는 것으로서 이를 초기조건(initial condition)이라고 한다. 또한 어떤 두 점 x_0 과 x_1 사이의 도함수 값으로 n 개의 조건이 주어지는 경계값 조건(boundary condition)도 존재한다. 초기값이 주어진 미분방정식의 해를 구하는 문제를 초기값 문제 또는 코시(Cauchy)문제, 경계값 조건을 사용한 미분방정식을 경계값 문제라고 각각 부르고 있다.

예제 1.1 일반해와 특수해

임의 상수 c 에 대해서 함수 $u = c/x + 1$ 은 구간 $0 < x < \infty$ 에서 1계 미분방정식

$$x\frac{du}{dx} + u = 1$$

의 일반해임을 밝히고, $c = 0$ 에 대한 특수해를 구하여라.

---

7) 표현상의 편의를 위하여 $\frac{du}{dx}$ 를 u', $\frac{d^2u}{dx^2}$ 을 u'' 등으로 나타내기로 한다. u''' (3계 도함수)까지 나타내며, 4계 이후, 예를 들어 $\frac{d^5u}{dx^5}$ 는 $u^{(5)}$ 와 같이 (•) 의 위첨자를 사용하는 것이 보통이다.

풀이

주어진 함수의 도함수를 구하면

$$\frac{du}{dx} = c\frac{d}{dx}(x^{-1}) + \frac{d}{dx}(1) = -cx^{-2} = -\frac{c}{x^2}$$

이므로

$$x\frac{du}{dx} + u = x\left(-\frac{c}{x^2}\right) + \left(\frac{c}{x} + 1\right) = 1$$

이다. 만약 $c = 1$ 로 두면 해는 $u(x) = 1/x + 1$ 로 되어 xu 평면의 점 $(1, 2)$ 를 지나간다. 다시 말하면 평면 R^2 내[8]의 임의의 점 (x_0, u_0) 에 대해, 이 점을 지나가는 곡선은 수많은 해곡선 중에서 단 하나만이 존재한다. 특히 $c = 0$ 이면 $u = 1$ 인 특수해([그림 1.1] 참조)를 얻는다.

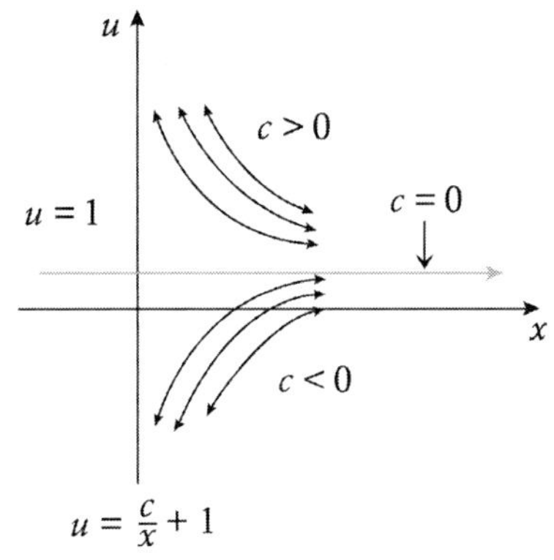

그림 1.1 [예제 1.1]의 해 곡선

- **미분방정식이 가지는 의미**

우리가 일상생활에서 흔히 접하는 물리적(또는 경제적) 현상을 수식으로 표현하는 과정을 모델링(modeling)이라고 하며, 결과적으로 얻어지는 수식 모델은 주로 어떠한 목적을 염두에 두고 만들어진다. 예를 들어, 크게는 한 국가의 금융통화에 관한 정책을 수립하기 위하여, 인구밀도와 계절별(또는 월별)의 화폐의 흐름에 관한 모델이 필요한 경우도 있고, 작게는 수조에서 흘러나가고 들어가는 물의 양과 현재 시각에서의 수위와의 관련성 등을 확립하고자 하는 경우 등이다.

8) 실수 값으로 이루어진 평면(2차원)을 일반적으로 R^2 로 표기한다. 3차원(공간)이면 R^3 로 나타낸다.

이와 같은 수학적 모델을 구성하는 과정에는 일반적으로 하나 또는 그 이상의 변수에 대한 변화율이 포함되기 때문에, 이들에 대한 수학적 표현은 반드시 도함수(즉 변화율)를 포함하는 방정식, 즉 미분방정식으로 된다. 어떤 시스템(즉 물리적 현상)[9]에 대한 수학적 모델은, 그 현상에 대한 입력과 출력을 어떻게 취하는 가에 따라 표현법(즉 미분방정식)이 다르게 나타날 것이다. 따라서 미분방정식의 해는 대상으로 하는 시스템의 출력(예를 들어, 전기회로에 흐르는 전류)이 시스템의 입력(예를 들어 인가전압, 또는 전류)에 따라 어떻게 변화해 가는 가에 대한 정보를 알려주는 것으로 볼 수 있다. 여러 가지 물리현상에 대한 간단한 수학적 모델의 예를 몇 가지 들어본다.

(a) 인구변동에 대한 모델 : 영국의 경제학자 맬서스(Thomas Malthus)가 1798년에 저서 "인구론"에서 인구의 증가에 대한 수학적 모델링을 시도하였다. 맬서스 모델의 기본생각은 특정 시각에 한 지역에서의 인구변화율은 그 시각에서 그 지역 전체의 인구수에 비례할 것이라는 가정에서 만들어졌다. 즉 어떤 시각 t 에 한 지역 전체의 사람이 많으면 많을수록 그 지역의 인구도 더 많아질 것이라는 것이다. 이를 수학적으로 다음과 같이 나타낼 수 있을 것이다. 즉 $P(t)$를 시각 t 에서의 인구수라고 하면 인구의 변화율은

$$\frac{dP}{dt} \propto P \rightarrow \frac{dP}{dt} = kP \tag{1.4}$$

로 된다. 여기서 k는 비례상수를 나타낸다. 이런 단순한 모델은 비록 인구의 증감에 영향을 주는 다른 요인(예를 들어 다른 지역으로부터의 전입 및 전출)을 고려하고 있지 않지만 인구증가의 예측에는 상당한 정확도를 보였다. 일반적으로 식 (1.4)와 같은 인구성장률을 가지는 경우는 드물지만, 세균배양용 접시에서 세균의 성장과 같이 짧은 시간 동안에 적은 개체에 대한 성장모델로는 식 (1.4)가 유용하다.

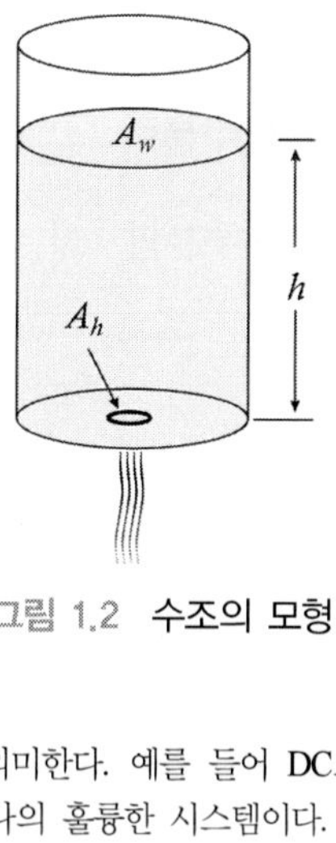

그림 1.2 수조의 모형

(b) 수조로부터의 배수 : 유체역학에서 토리첼리의 법칙(Torricelli's law)에 의하면, 깊이 h 인 수조에서 구멍을 통해 배출되는 물의 유출속도 v 는 높이 h 에서 자유낙하하는 물체(이 경우는 물방울)가 얻는 속도와 같다. 즉 속도 v 는 $\sqrt{2gh}$ (g 는 중력가속도)이다. 이 관계식은 운동

9) 여기서 '시스템(system)'이란, 어떤 변수에 의해 변화하는 현상계 전체를 의미한다. 예를 들어 DC모터는 인가된 전압에 대한 모터의 회전속도(또는 회전각)의 변화를 생각한다면 하나의 훌륭한 시스템이다.

에너지 $(1/2)mv^2$ 과 위치에너지 mgh 를 같게 놓은 후 속도 v 에 대해 풀면 얻어진다. 물이 채워진 수조에서 중력에 의해 구멍으로부터 물이 배출된다고 가정하고 임의의 시각에서 수조에 남아 있는 물의 높이를 계산하여 보자. [그림 1.2]과 같은 수조에서 구멍의 면적을 A_h $[\mathrm{m}^2]$, 수조에서 흘러나가는 물의 속도 v 를 $\sqrt{2gh}$ $[\mathrm{m/s}]$ 라고 하면, 흘러나가는 물의 초당 유량은 $A_h\sqrt{2gh}$ $[\mathrm{m}^3/\mathrm{s}]$ 이다. 따라서 $V(t)$를 시각 t 에서 수조 내의 물의 양이라고 하면 다음 식을 얻는다.

$$\frac{dV}{dt} = -A_h\sqrt{2gh} \tag{1.5}$$

여기서 음의 부호는 V 의 감소를 의미하며 구멍과 물과의 마찰은 무시하였다. 만약 수조에 들어 있는 물의 양이 $V(t) = A_w h$ 이면[10], $dV/dt = A_w dh/dt$ 이고, 이것을 식 (1.5)에 대입하면 임의의 시각 t 에서 수위를 나타내는 미분방정식은 다음과 같다.

$$\frac{dh}{dt} = -\frac{A_h}{A_w}\sqrt{2gh} \tag{1.6}$$

식 (1.6)은 A_w 가 일정하지 않을 경우에도 유효하지만, 이 경우에는 수조의 면적을 높이 h 의 함수, 즉 $A_w = A(h)$ 로 표현하여야 한다.

1.2 변수분리형의 미분방정식

• 변수분리

대부분의 1계 미분방정식은

$$s(u)\frac{du}{dx} = r(x) \tag{1.7}$$

의 형식으로 표현가능하며, 이것을 정리하면

$$s(u)du = r(x)dx \tag{1.8}$$

10) A_w $[\mathrm{m}^2]$ 은 원통형 수조의 윗부분의 면적을 의미한다([그림 1.2] 참조).

로 된다. 위 식은 변수와 그에 상응하는 미분이 서로 분리되어 있기 때문에 위와 같은 형식으로 표현이 가능한 미분방정식 (1.7)은 미분변수의 분리가능하다고 한다. 식 (1.8)은 두 개의 변수 x, u 가 분리되어 있기 때문에 해는 양변을 적분함으로써 얻을 수 있다. 즉

$$\int s(u)du = \int r(x)dx + c \tag{1.9 a}$$

이다. 함수 $s(u)$, $r(x)$의 적분후의 형식을 각각 $S(u), R(x)$로 나타낸다면 식 (1.9 a)는

$$S(u) = R(x) + c \quad \text{, 또는 } K(x,u) := -R(x) + S(u) = c \tag{1.9 b}$$

으로 쓸 수 있다. 이와 같은 음함수 형식의 식에서 x 의 함수인 $u(x)$ 는 어렵지 않게 결정할 수 있다. 몇 가지의 예제를 이용하여 변수분리의 기법을 확인하여 보자.

예제 1.2

초기값이 주어진 선형 미분방정식의 해를 구하여보자.

$$u' + 2xu = 0,\ u(0) = u_0 \qquad ①$$

풀이

$u_0 = 0$ 이면 $u(x) = 0$가 해이다. $u_0 \neq 0$이라면 $x = 0$의 부근에서 $u(x) \neq 0$ 가 성립하기 때문에 ①은 다음과 같이 변수분리형식으로 변경 가능하다. 즉

$$\frac{1}{u}du = -2x\,dx \quad \rightarrow$$

$$\int \frac{du}{u} = -\int 2xdx + c_1 \quad \rightarrow \quad \ln|u| = -x^2 + c_1 \qquad ②$$

로 된다. ②에서 log를 제거하면

$$u(x) = \pm e^{-x^2 + c_1} = c_2 e^{-x^2},\ \left(c_2 = \pm e^{c_1}\right) \qquad ③$$

의 해를 얻는다. ③의 해 형식은 $u_0 = 0$인 경우를 포함하고 있다는 점에 유의한다. [그림 1.3]에 $c = 1, 0, -1,$ 및 -2 인 경우의 그래프를 나타내었다.
③에 초기조건을 대입하면 $c_2 = u_o$ 로 되어 해는

$$u(x) = u_o e^{-x^2}$$

로 된다. 이 해는 조건을 만족하는 유일해이다.

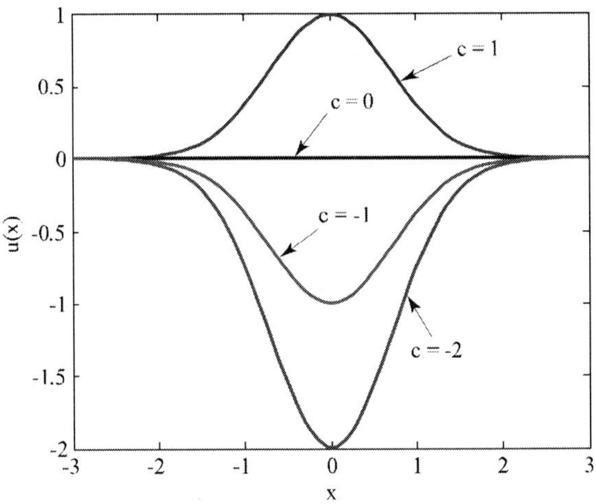

그림 1.3 [예제 1.2]의 해 곡선

예제 1.3

다음 비선형미분방정식의 해를 구하여 보자[11].

$$x\frac{du}{dx}+u^2=4 \quad ①$$

풀이

위 미분방정식을 변수분리하면

$$\frac{du}{4-u^2} = \frac{dx}{x} \quad ②$$

로 된다. 적분을 수행하기 위한 준비과정으로 ②의 왼쪽 항을 다음과 같이 변경한다.

$$\frac{1}{4-u^2} = \frac{1/4}{2-u}+\frac{1/4}{2+u} \quad ③$$

이를 이용하면 ②는

$$\frac{1}{4}\frac{du}{2-u}+\frac{1}{4}\frac{du}{2+u} = \frac{dx}{x} \quad ④$$

로 되며 이를 적분하면

11) MATLAB 함수인 publisher를 사용하여 작성된 "Example_1_3.m"을 이용하여 '>>publish('Example_1_3', 'html')'을 실행하면 [예제 1.2]의 해를 구하는 과정이 HTML 형식의 문서로 생성된다.

$$-\frac{1}{4}\ln(2-u)+\frac{1}{4}\ln(2+u) = \ln(x)+\frac{1}{4}\ln(c) \quad ⑤$$

를 얻는다. ⑤에서 $(1/4)\ln(c)$는 적분상수이다. 또한 ④의 적분이 가능하도록 x, u 및 c는 $|u|< 2,\ x>0$ 및 $c>0$의 조건[12)]을 만족한다고 하고 ⑤를 정리하면

$$\frac{2+u}{2-u} = x^4 c \quad ⑥$$

이며, 이로부터 최종적인 해는

$$u(x) = \frac{2(c x^4-1)}{cx^4+1} \quad ⑦$$

임을 확인할 수 있다. ④의 적분과정에서 적분상수를 $(1/4)\ln(c)$가 아니라 단순히 c로 선정하였다면 최종적인 해의 형태는 ⑦과는 다르게 (좀 더 복잡한 형식으로) 표현되었을 것이다. 따라서 적분과정에서 적분상수의 형식을 적절히 취하면 간략한 형식의 최종해를 얻을 가능성이 커진다. 또 ⑤의 자연대수의 존재를 가능하기 위하여 도입하였던 $x,\ u$ 및 c에 대한 조건은 사실 불필요하다. 이것은 임의의 c 값에 대하여 ⑦을 미분하면 알 수 있는 바와 같이 ⑦은 x의 모든 값, 즉 $-\infty < x < \infty$에서 정의된다는 것을 알 수 있다.

예제 1.4

뉴턴의 냉각법칙에 따르면, 온도 T_0인 매질로 둘러싸인 물체의 온도 $T(t)$의 변화율은 온도차 $T(t)-T_0$에 비례하므로

$$\frac{dT(t)}{dt} = -k\{T(t)-T_0\},\ (k>0) \quad ①$$

이 성립한다. 현재 온도가 100^o인 동으로 만들어진 구슬을 온도가 20^o인 액체에 넣었다고 한다. 단 이 경우 액체의 질량은 구슬의 질량보다 대단히 큰 것으로 가정한다. 3분 후에 구슬의 온도가 80^o로 되었다고 하면, 구슬이 21^o로 되기까지는 몇 분이 소요되는지를 알아보자.

풀이

①이 변수분리가 가능한 미분방정식이므로

$$\frac{dT}{dt} = -k(T-20) \quad \rightarrow \quad \frac{dT}{T-20} = -kdt \quad ②$$

로 변형가능하다. 이로부터

12) log 함수가 성립하기 위한 조건이다.

$$\ln|T-20| = -kt + c_1 \quad \rightarrow \quad T(t) = 20 + ce^{-kt} \qquad ③$$

을 얻는다. $t=0$ 에서의 조건으로부터 적분상수 c 를 계산한다. 즉

$$100 = 20 + c \quad \rightarrow \quad c = 80$$

또한 $t=3$ 인 경우의 조건으로부터

$$80 = 20 + 80e^{-3k} \quad \rightarrow \quad e^{-3k} = \frac{3}{4}$$

의 관계식을 얻는다. 따라서 $T(t) = 21$ 를 ③에 대입하면 시간 t 에 대한 관계식은

$$21 = 80(e^{-3k})^{t/3} + 20 \quad \rightarrow \quad (e^{-3k})^{t/3} = \frac{1}{80}$$

로 되며, 양변에 log를 취하면

$$\frac{t}{3}\ln\left(\frac{3}{4}\right) = \ln\left(\frac{1}{80}\right)$$

로 된다. 따라서

$$t = 3\frac{\ln(1/80)}{\ln(3/4)} = 3 \times \frac{-4.3820}{-0.2877} = 45.6966 \ \ \text{[min]}$$

가 얻어진다. 즉 구슬의 온도가 21° 로 되기까지 약 46분이 소요됨을 알 수 있다.

1.3 동차형의 미분방정식

먼저 동차, 즉 동일한 차수를 가지는 미분방정식이 의미하는 바를 정리한다.

요점 1.1

함수 $M(x,u)$ 가 x 또는 u 에 대하여 차수 s 의 동차라고 하는 것은, 모든 x, u 와 모든 $\lambda \neq 0$ 에 있어서

$$M(\lambda x, \lambda u) = \lambda^s M(x,u) \qquad (1.10)$$

가 성립하는 경우를 의미한다.

동일한 차수를 가지는 미분방정식은 변수분리형으로 변형할 수 있다.

요점 1.2

차수 s 의 동차값을 가지는 미분방정식

$$M(x,u)dx + N(x,u)du = 0 \tag{1.11}$$

를 생각하여 보자. 여기서 임의의 함수 $v(x)$ (혹은 $v(u)$)를 도입하여 $u = xv(x)$, 또는 $x = uv(u)$로 두면 방정식 (1.11)은 변수분리형으로 귀착된다.

위 요점을 확인하는 과정을 통하여 동차인 미분방정식의 해를 구하는 방법에 대하여 알아본다. 먼저

$$u = xv,\ du = xdv + vdx \tag{1.12}$$

를 식 (1.11)에 대입하면

$$M(x,xv)dx + N(x,xv)[xdv + vdx] = 0 \qquad \leftarrow \text{ 식 (1.12)의 적용}$$

$$x^s M(1,v)dx + x^s N(1,v)[xdv + vdx] = 0 \qquad \leftarrow \text{ 식 (1.10)의 적용}$$

$$[M(1,v) + vN(1,v)]dx + xN(1,v)dv = 0$$

을 얻는다. 위의 마지막 식은 변수분리가 가능하기 때문에

$$\frac{N(1,v)}{M(1,v) + vN(1,v)}dv = -\frac{dx}{x}$$

로 쓸 수 있고, 양변을 적분하면 일반해는 다음으로 된다.

$$\int \frac{N(1,v)}{M(1,v) + vN(1,v)}dv = -\ln|x| + c \tag{1.13}$$

예제 1.5

다음 미분방정식의 해를 구하여 보자.

$$2xuu' - u^2 + x^2 = 0 \qquad ①$$

풀이

①을 정리하면

$$(x^2-u^2)dx+2xudu=0 \quad ②$$

로 되며, 위 식은 x 와 u 에 대하여 2차의 동차함수임을 알 수 있다. 따라서

$$x=uv,\ dx=udv+vdu \quad ③$$

로 두고 이를 ②에 대입하면

$$(u^2v^2-u^2)[udv+vdu]+2u^2vdu=0$$

$$(v^2-1)[udv+vdu]+2vdu=0$$

$$(v^2-1)udv+[(v^2-1)v+2v]du=0$$

$$\rightarrow \quad \frac{v^2-1}{v(v^2+1)}dv=-\frac{du}{u} \quad ④$$

을 얻는다. 그러나 ④의 왼쪽 항의 적분이 쉽지 않기 때문에 여기서는 ③ 대신에

$$u=xv,\ du=xdv+vdx \quad ⑤$$

를 ②에 대입하여 정리한다. 이 결과

$$(x^2-x^2v^2)dx+2x^2v[xdv+vdx]=0$$

$$[(1-v^2)+2v^2]dx+2vxdv=0$$

$$\rightarrow \quad \int\frac{2v}{1+v^2}dv=-\int\frac{dx}{x}+c$$

를 얻는다. 위식의 적분은 어렵지 않게 계산되어

$$\ln(v^2+1)=-\ln|x|+c_1 \quad \rightarrow \quad \ln|x(v^2+1)|=c_1$$

$$\rightarrow \quad x\left[\left(\frac{u}{x}\right)^2+1\right]=\pm e^{c_1}=c$$

로 됨을 알 수 있다. 따라서 일반해는

$$u^2+x^2=cx \quad ⑥$$

이다. 여기서 $c=2r$ 로 둔다면 ⑥는

$$(x-r)^2+u^2=r^2$$

으로 되어 xu 평면에서 중심을 $(r,0)$ 에 가지는 반지름 $|r|$ 인 원을 나타낸다([그림 1.4] 참조).

위와 같은 비선형미분방정식을 Symbolic Toolbox를 이용하여 해를 구하기는 어렵기 때문에, MATLAB가 제공하는 미분방정식 풀이용의 함수인 ode45등을 사용하면 해 $u(x)$의 그래프를 얻을 수는 있다.

```
>> udot = @(x,u) (u.^2-x.^2)./(2*x.*u);      % 익명 함수의 정의
>> x_span = [0.1 4];
>> u0 = 0.120;                          % 미분방정식의 분모가 영으로 되지 않도록 초기값을 설정
>> [x,u] = ode45(udot,x_span,u0); % 상당한 계산시간이 소요된다.
>> plot(x,u),axis equal
>> circle_ab(1,-1,0),hold on        % [그림 1.4]
>> circle_ab(1,1,0)
>> circle_ab(1.5,1.5,0),axis equal
>> plot([-2 3],[0 0],'k',[0 0],[-2 2],'k')
>> plot(-1,0,'o',1,0,'o',1.5,0,'o'),hold off
>> xlabel('x'),ylabel('u(x)')
```

* 함수 circle_ab는 원의 중심을 (a,b) , 반지름이 r 인 원을 그리는 역할을 한다.

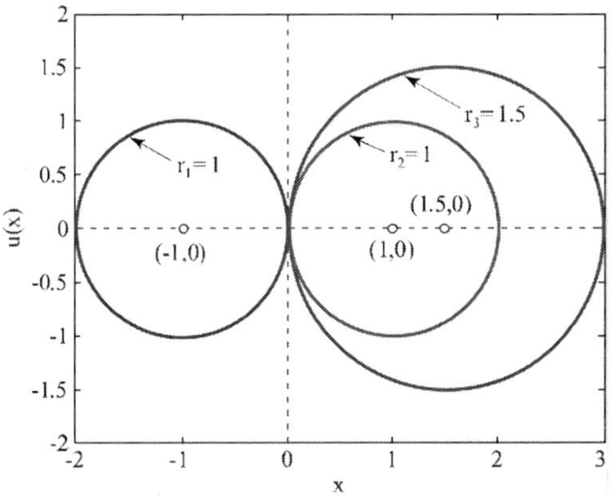

그림 1.4 [예제 1.6]의 해 곡선

• 특별한 형식의 동차형 미분방정식

동차형인 미분방정식 중에서 특별한 형식의 경우를 생각하여 보자. 예를 들어

$$\frac{du}{dx} = f(x-u) \tag{1.14 a}$$

와 같은 형식으로 주어진 경우

$$f(x-u)dx - du = 0 \tag{1.14 b}$$

로 쓸 수 있다. 여기서 $f(\lambda(x-u)) = \lambda f(x-u)$로 되기 때문에 식 (1.14 b)의 함수 $f(x-u)$는 x와 u에 관하여 동차관계에 있음을 알 수 있다. 그러나 식 (1.12)의 관계를 사용해서는 식 (1.14 b)를 변수분리형으로 변형할 수 없으므로, 여기서는 $v = x-u$의 관계를 이용하는 것이 편리하다. 다음 예제를 보자.

예제 1.6

다음과 같은 비선형미분방정식의 해를 구하여 보자.

$$\frac{du}{dx} = (x-u)^2 \quad ①$$

풀이

위 식은 치환하여 변수분리를 할 수 있는 식 (1.14)의 형식을 가지기 때문에 새로운 변수를 $v = x-u$와 같이 둠으로써 변수분리형의 방정식으로 변형할 수 있다. 이 경우

$$\frac{dv}{dx} = 1 - \frac{du}{dx}, \quad \frac{du}{dx} = 1 - \frac{dv}{dx}$$

이므로 주어진 미분방정식은

$$\frac{dv}{dx} = 1 - v^2 \quad ②$$

로 되어 x와 v에 대한 변수분리의 형식으로 되었다. 따라서 변수를 분리한 다음 양변을 적분하면

$$\int \frac{1}{1-v^2} dv = \int dx + c \rightarrow \frac{1}{2} \ln \frac{1+v}{1-v} = x + c$$

즉

$$\frac{1+v}{1-v} = c_1 e^{2x}, \text{ (단 } e^{2c} = c_1 \text{ 로 두었다)}$$

이다. 여기서 v 대신에 $x-u$를 대입하여 정리하면 다음과 같은 일반해를 얻는다.

$$u = \frac{1+x+c(x-1)e^{2x}}{1+ce^{2x}}.$$

1.4 완전미분방정식

먼저 미분방정식에 있어서 '완전(perfect)'의 의미를 알아보자.

요점 1.3 1계의 미분방정식

$$M(x,u)dx + N(x,u)du = 0 \tag{1.15}$$

이 완전하다는 것은, 식 (1.15)의 왼쪽 항을 함수 $\phi(x,u)$ 의 전미분(total differential)[13)]

$$d\phi = \frac{\partial \phi}{\partial x}dx + \frac{\partial \phi}{\partial u}du \tag{1.16}$$

으로 나타낼 수 있는 경우를 의미한다.

따라서 방정식 (1.15)가 완전으로 되기 위해서는

$$d\phi = 0$$

이며, 적분을 수행하면 일반해는

$$\phi(x,u) = c \tag{1.17}$$

의 형식으로 주어진다는 것을 알 수 있다. 또한 식 (1.15)과 (1.16)을 비교하면

$$\frac{\partial \phi}{\partial x} = M \tag{1.18 a}$$

$$\frac{\partial \phi}{\partial u} = N \tag{1.18 b}$$

가 얻어진다. 아래의 요점은 방정식 (1.15)가 완전으로 되기 위한 필요충분조건을 제시하고 있다.

요점 1.4

두 함수 $M(x,u)$ 와 $N(x,u)$ 는 xu 평면(즉 R^2)에서 연속이며, 1계 미분이 항상 존재하는 것으로 한다. 이때 미분방정식

13) $z = \phi(x,u)$ 로 두면, 임의의 주어진 값 (x,u) 에서 x 와 u 가 동시에 변화할 때, 즉 x, u 의 변화분 dx, dy 에 따라 z 가 얼마나 변화하는가를 나타내는 식 (1.16)을 전미분이라고 한다.

$$M(x,u)dx + N(x,u)du = 0$$

이 완전으로 되기 위한 필요충분조건은, 임의의 (x,u)에 대하여

$$\frac{\partial M}{\partial u} = \frac{\partial N}{\partial x} \tag{1.19}$$

가 성립하는 것이다.

위 요점을 간단히 확인하여 보자. 우선 식 (1.18)로 주어진 한 쌍의 조건식의 양변을 미분하면

$$\frac{\partial^2 \phi}{\partial x \partial u} = \frac{\partial M}{\partial u}, \quad \frac{\partial^2 \phi}{\partial u \partial x} = \frac{\partial N}{\partial x} \tag{1.20}$$

이다. 이때 편미분의 순서는 교환 가능하므로, 위 식으로부터

$$\frac{\partial M}{\partial u} = \frac{\partial N}{\partial x}$$

로 되어 [요점 1.4]의 필요성이 증명되었다[14),]

다음 몇 가지 형식의 예제를 통하여 완전미분방정식의 해를 구하는 방법을 알아보자.

예제 1.7

다음 미분방정식이 완전하다는 것을 식 (1.18)의 관계를 만족하는 ϕ를 구함으로써 확인하여 보자. 또 $\phi(x,u) = c$로부터 미분방정식을 만족하는 해 u를 계산하여 보자.

$$-\frac{u}{x^2}dx + \frac{1}{x}du = 0 \quad ①$$

풀이

[요점 1.4]에 의해

$$\frac{\partial M}{\partial u} = \frac{\partial N}{\partial x} = -\frac{1}{x^2} \quad ②$$

이므로, ①의 미분방정식은 완전하다는 것을 알 수 있다. 따라서 식 (1.18 a)로부터

$$\frac{\partial \phi}{\partial x} = M = -\frac{u}{x^2} \quad ③$$

14) 충분성의 증명은 조금 길어지기 때문에 여기서는 생략한다.

이므로 ③의 양변을 적분하면

$$\phi(x,u) = \frac{u}{x} + h(u) \qquad ④$$

이다. 여기서 함수 $h(u)$는 ③의 양변을 x로 적분하는 과정에서 얻어진 적분상수로서 변수 u의 함수이다. 또한 식 (1.18 b)의 조건에 의해

$$\begin{aligned}\frac{\partial \phi}{\partial u} &= \frac{\partial}{\partial u}\left[\frac{u}{x} + h(u)\right] \\ &= \frac{1}{x} + h'(u) = N = \frac{1}{x}\end{aligned} \qquad ⑤$$

이어야 하므로(왜냐하면 주어진 미분방정식이 완전하기 때문에)

$$\phi(x,u) = \frac{u}{x} + c \qquad ⑥$$

이다. 그런데 $\phi(x,u)$는 식 (1.17)로 되어야 하므로 해는

$$\phi(x,u) = \frac{u}{x} + c = c_1 \quad \rightarrow \quad u(x) = Ax$$

의 형식으로 주어진다. 단 $A = c_1 - c$인 임의의 값이다.

아래 두 종류의 예제에서는 완전성을 만족하는 미분방정식을, i) 식(1.18)을 이용한 해석적인 방법과, ii) MATLAB가 제공함수를 이용한 수치적인 방법으로 각각 해를 구하여 보기로 한다.

예제 1.8

미분방정식

$$3x(xu-2)dx + (x^3 + 2u)du = 0 \qquad ①$$

의 일반해를 계산하고, 초기조건 $u(1) = -1$을 만족하는 특수해를 구하여라. 또한 구간 $1 \le x \le 4$에서 해의 개략적인 모양을 그래프로 나타내어라.

풀이

(a) 해석적인 방법에 의한 해 :
먼저 ①이 완전성을 만족하는지의 여부를 확인한다.

$$M(x,u) = 3x^2u - 6x, \quad N(x,u) = x^3 + 2u$$

$$\frac{\partial M}{\partial u} = 3x^2, \quad \frac{\partial N}{\partial x} = 3x^2 \quad \rightarrow \quad \frac{\partial M}{\partial u} = \frac{\partial N}{\partial x}$$

이므로 ①은 완전미분방정식이다. 따라서 식 (1.18 a)로부터

$$\frac{\partial \phi}{\partial x} = M \qquad ②$$

에서

$$\phi(x,u) = \int M(x,u)dx + h(u)$$
$$= \int (3x^2u - 6x)dx + h(u)$$
$$= x^3u - 3x^2 + h(u)$$

로 된다. 또한 식(1.18 b)로부터

$$\frac{\partial \phi}{\partial u} = \frac{\partial}{\partial u}(x^3u - 3x^2 + h(u))$$
$$= x^3 + h'(u) = N$$
$$= x^3 + 2u$$

로 된다. 이로부터

$$h'(u) = 2u \qquad ③$$

이다. 여기서 만약 $h'(u)$가 u만의 함수가 아닌 것으로 나타났다면 위 계산과정의 어딘가가 잘못되었다는 점에 유의한다. 예를 들어 완전미분방정식이 아니든지, 혹은 계산상의 미스 등을 생각할 수 있을 것이다.
③을 적분하면

$$h(u) = u^2$$

로 된다. 이 경우의 적분상수는 $\phi(x,u) = c$ (식 (1.17))에 나타나기 때문에 따로 표기하지 않았다. 결과적으로

$$\phi(x,u) = x^3u - 3x^2 + u^2 = c \qquad ④$$ [15]

가 얻어진다. 마지막으로 ④에 초기조건 $u(1) = -1$을 적용하면 임의상수는 $c = -3$으로 된다. 따라서 초기조건을 만족하는 해곡선의 식은

$$x^3u - 3x^2 + u^2 = -3$$

으로 주어진다.

(b) MATLAB을 이용한 수치적인 방법에 의한 해
ⓐ Symbolic Toolbox의 이용 : 일반해는

15) ④에서 (x,u)의 변화에 대한 c의 값을 xu 평면에 나타내면 곡면(surface)로 된다([부록 A] 참조).

```
>> syms x u
>> u = dsolve('(x^3+2*u)*Du=-3*x*(x*u-2)','x') ↵

  u =
     (x^6 + 12*x^2 + C12)^(1/2)/2 - x^3/2
   - (x^6 + 12*x^2 + C12)^(1/2)/2 - x^3/2
```

로 된다. 초기조건을 만족하는 해는 두 개의 해 중 C12= −3을 만족하는 아래쪽의 식이다. 이 사실은 미분방정식의 해를 구하는 함수 'dsolve'에 초기조건을 인가하면 확인할 수 있다.

```
>> u_in = dsolve('(x^3+2*u)*Du=-3*x*(x*u-2)','u(1)=-1','x') ↵

  u_in =
   - (x^6 + 12*x^2 - 12)^(1/2)/2 - x^3/2
```

ⓑ MATLAB 함수의 사용 : 미분방정식의 해를 얻기 위해서는, 상미분방정식을 표현하는 함수 M-파일을 미리 작성하여 임의의 디렉터리에 보관한 뒤, MATLAB의 실행을 위한 경로(path)를 설정해 두는 과정이 필요하다. 미분방정식을 표현하는 함수의 이름을 function_name으로 하였다면, 디렉터리에 보관하는 파일의 이름은 반드시 function_name.m으로 하여야 한다. 위 식의 경우

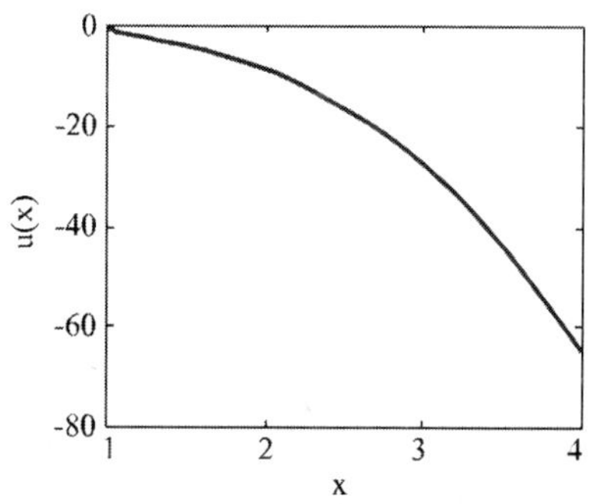

그림 1.5 [예제 1.8]의 해곡선

```
function uprime = exp_1_8(x,u)
uprime = -3*x*(x*u-2)/(x^3+2*u);
```

을 'exp_1_8.m'으로 저장하고 경로를 설정한 뒤 다음 프로그램을 실행하면 [그림 1.5]를 얻는다.

```
>> xspan = [1 4];            % 해의 구간을 지정, 즉 x=1에서 x=4까지 계산한다.
>> u0 = -1;                  % 초기값
>> [x,u] = ode23('exp_1_8',xspan,u0);
>> plot(x,u),xlabel('x'),ylabel('u(x)')     % u(x)를 그래프로 표현. [그림 1.5]
```

예제 1.9 미분방정식

$$(2x^3 - xu^2 - 2u + 3)dx - (x^2u + 2x)du = 0 \qquad ①$$

의 일반해를 구하고, 이로부터 초기조건 $u(1) = -1$ 을 만족하는 특수해를 계산하라. 또한 구간 $1 \le x \le 4$ 에서 해의 대략적인 모양을 나타내어라.

풀이

(a) 해석적인 방법에 의한 해 :
먼저 완전미분방정식의 조건을 확인한다.

$$M = 2x^3 - xu^2 - 2u + 3, \quad N = -(x^2u + 2x)$$

$$\frac{\partial M}{\partial u} = \frac{\partial N}{\partial x} \quad \leftarrow \quad \begin{cases} \dfrac{\partial M}{\partial u} = -2xu - 2 \\ \dfrac{\partial N}{\partial x} = -2xu - 2 \end{cases}$$

로 되어 방정식은 완전하다. 따라서

$$\frac{\partial \phi}{\partial u} = N$$

으로부터

$$\begin{aligned} \phi(x,u) &= \int N(x,u)du + g(x) \\ &= \int (-x^2u - 2x)du + g(x) \\ &= -\frac{x^2u^2}{2} - 2xu + g(x) \end{aligned}$$

로 된다. 또한

$$\frac{\partial \phi}{\partial x} = M$$

으로부터

$$\begin{aligned} \frac{\partial \phi}{\partial x} &= -xy^2 - 2u + g'(x) = M \\ &= 2x^3 - xu^2 - 2u + 3 \end{aligned}$$

이므로

$$g'(x) = 2x^3 + 3 \qquad ②$$

을 얻는다. 여기서 만약 $g'(x)$가 예상했던 것과 같이 x 만의 함수로 되었다. 예를 들어 방정식 ①의 완전성이 만족되지 않거나, 계산에서의 미스 등을 생각할 수 있을 것이다. $g'(x)$ 를 적분하면

$$g(x) = \frac{x^4}{2} + 3x \qquad ③$$

를 얻는다. ③의 과정에서의 적분상수는 생략하기로 하면

$$\phi(x,u) = -\frac{x^2u^2}{2} - 2xu + \frac{x^4}{2} + 3x \qquad ④$$

을 얻는다. 여기서 $d\phi = 0$으로 되어야 하기 때문에 ①을 만족하는 곡선은 $\phi(x,u) = c$, 즉

$$x^4 - x^2u^2 - 4xu + 6x = c \qquad ⑤$$

이다. 또한 초기조건 $u(1) = -1$을 ⑤에 적용하면 $c = 10$으로 되기 때문에 초기조건을 만족하는 미분방정식 ①의 특수해는.

$$x^4 - x^2u^2 - 4xu + 6x = 10$$

이다.

(b) MATLAB을 이용한 수치적인 방법에 의한 해

ⓐ Symbolic Toolbox의 이용 : 일반해는

```
>> syms x u
>> u = dsolve('(x^2*u+2*x)*Du=(2*x^3-x*u^2-2*u+3)','x') ↵

  u =
    ((x^4 + 6*x + C16 + 4)^(1/2) - 2)/x
   -((x^4 + 6*x + C16 + 4)^(1/2) + 2)/x
```

로 된다. 초기조건을 만족하는 해는 두 개의 해 중 C16= –3을 만족하는 아래쪽의 식이다. 이 사실은 미분방정식의 해를 구하는 함수 'dsolve'에 초기조건을 인가하면 확인할 수 있다.

```
>> u_in = dsolve('(x^2*u+2*x)*Du=(2*x^3-x*u^2-2*u+3)','u(1)=-1','x') ↵

  u_in =
   ((x^4 + 6*x - 6)^(1/2) - 2)/x
```

ⓑ MATLAB 함수의 사용 : [예제 1.8]과 마찬가지로 미분방정식 ①을 표현하는 m 파일을 작성할 수도 있으나, 주어진 ①과 같이 식이 간단한 형식을 하고 있을 경우에는 식을

$$\frac{du}{dx} = \frac{(2x^3 - xu^2 - 2u + 3)}{(x^2u + 2x)} \qquad ⑥$$

과 변형하고, 이를 다음과 같이 정의되는 익명 함수(anonymous function)를 사용하면 편리하다.

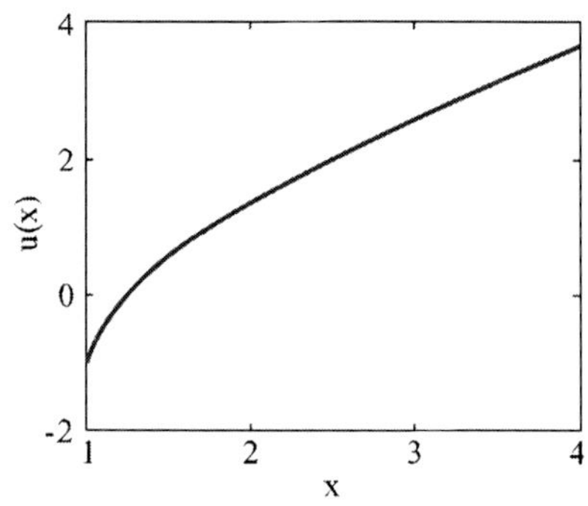

그림 1.6 [예제 1.9]의 해곡선

```
% anonymous function의 udot의 정의
>> udot = @(x,u)((2*x.^3-x*u.^2-2*u+3)./(x.^2*u+2*x));
>> xspan = [1 4]; u0 = -1;
>> [x,u] = ode23(udot,xspan,u0);
>> subplot(2,2,1),plot(x,u),>> xlabel('x'),ylabel('u(x)')
```

위 프로그램을 실행하면 [그림 1.6]을 얻는다.

간략한 표현을 위하여 편미분을 다음과 같이 아래첨자를 이용하여 나타내기로 한다.

$$\phi_x := \frac{\partial \phi}{\partial x}, \quad \phi_u := \frac{\partial \phi}{\partial u} \tag{1.21}$$

다음 예제는 완전미분의 조건을 만족하지 않으면, 간단한 형식의 미분방정식이라고 하더라도 해석적인 방법으로는 그 해를 구하기 어렵다는 사실을 보여주고 있다.

예제 1.10

다음 미분방정식의 해를 구하여 보자.

$$xdu - ydx = 0$$

풀이

표준형으로 변형하고 완전성의 조건을 확인하면

$$M_u = 1 \neq -1 = N_x$$

로 되어 만족되지 않음을 알 수 있다. 이를 식 (1.17)에 적용하여 풀어본다. 즉

$$\phi = \int \phi_x dx = \int M dx = \int u dx = ux + g(u)$$

$$\phi_y = x + g'(u) = N = -x$$

로 된다. 이로부터

$$g'(u) = -2x$$

로 되지만, $g(u)$가 u만의 함수로 되지 않기 때문에 해석적인 방법으로 해를 얻을 수 없다는 사실을 알 수 있다. 그러나 [예제 1.8]과 [예제 1.9]에서 언급한 MATLAB을 이용한 방법을 채용하면 간단히 해결할 수 있다.

1.5 적분인자

$Mdx + Ndu = 0$ 형식의 미분방정식은 완전하지 않는 것이 일반적이다. 이것은 '완전성'이 함수 N과 M의 형식과 밀접하게 관련이 있기 때문이다. [예제 1.10]에서처럼 N과 M이 아주 단순한 형태의 함수를 가지는 경우에도 '완전'하지 못하였지만, 식의 형태로 보아 완전성의 조건을 만족하지 않는 함수 N과 M에 약간의 수정을 가하면 주어진 미분방정식을 완전하게 할 수 있다는 사실을 알 수 있다. 다시 말하면 미분방정식

$$M(x,u)dx + N(x,u)du = 0 \tag{1.22}$$

가 완전하지는 않지만 적당한 함수 $\eta(x,u)$를 양변에 곱하면 미분방정식

$$\eta(x,u)M(x,u)dx + \eta(x,u)N(x,u)du = 0 \tag{1.23}$$

의 완전성이 만족되는 경우가 있다. 이때 함수 $\eta(x,u)$를 적분인자(integrating factor)라고 한다. 식 (1.23)을

$$\widetilde{M}(x,u)dx + \widetilde{N}(x,u)du = 0$$

으로 두면

$$\widetilde{M}_u = \eta_u M + \eta M_u, \qquad \widetilde{N}_x = \eta_x N + \eta N_x$$

로 된다. 따라서 식 (1.23)은

$$\widetilde{M}_u = \widetilde{N}_x \quad \rightarrow \quad \eta_u M + \eta M_u = \eta_x N + \eta N_x \tag{1.24}$$

를 만족하는 경우에 완전미분방정식으로 된다. 그러나 편미분방정식인 식 (1.24)를 만족하는 $\eta(x,u)$를 구하는 것은 상당히 어렵다.

여기서는 η 가 하나의 변수만의 함수, 즉 $\eta = \eta(x)$ 또는 $\eta = \eta(u)$ 인 경우로 한정하여 적분인자를 구하여 보기로 한다.

(1) $\eta = \eta(x)$인 경우 : 이 경우 $\eta_x = \eta'(x)$ 및 $\eta_y = 0$이므로, 식 (1.24)는

$$N\eta'(x) = \eta(M_u - N_x) \tag{1.25}$$

의 상미분방정식으로 귀착된다. 이때 만약 다음의 관계

$$\frac{M_u - N_x}{N} = r(x) \tag{1.26}$$

를 만족하는 $r(x)$가 존재한다면 식 (1.25)는 다음과 같이 변수분리형으로 변형할 수 있다.

$$\frac{d\eta}{\eta} = \frac{M_u - N_x}{N} dx = r(x)dx$$

위식의 양변을 적분하면 적분인자를 얻는다.

$$\eta(x) = \exp\left[\int r(x)dx\right] \tag{1.27}$$

(2) $\eta = \eta(u)$인 경우 : 이 경우 $\eta_x = 0$ 및 $\eta_u = \eta'(u)$로 되며, 이를 식 (1.24)에 대입하면

$$M\eta'(u) = -\eta(M_u - N_x) \tag{1.28}$$

의 상미분방정식을 얻는다. 이때 만약 다음의 관계

$$\frac{M_u - N_x}{M} = s(u) \tag{1.29}$$

를 만족하는 $s(u)$ 가 존재한다면, 다시 말하면 식 (1.29)의 왼쪽 항이 u 만의 함수로 주어진다면 식 (1.28)는 변수분리형으로 되어

$$\frac{d\eta}{\eta} = -\frac{M_u - N_x}{M} du = -s(u) du$$

로 된다. 위식의 양변을 적분하면 적분인자는 다음과 같이 된다.

$$\eta(u) = \exp\left[\int -s(u) du\right] \tag{1.30}$$

식 (1.27)와 식 (1.30)은 동일한 형식으로 주어졌지만 식 (1.30)에는 '−' 부호가 붙어있다는 점에 유의한다.

예제 1.11

다음 미분방정식의 일반해를 구하여 보자.

$$(4xu + 3u^2 - x)dx + x(x + 2u)du = 0 \quad ①$$

풀이

(a) 해석적인 방법에 의한 해 :
식 (1.26)으로부터

$$\frac{M_u - N_x}{N} = \frac{2x + 4u}{x(x + 2u)} = \frac{2(x + 2u)}{x(x + 2u)} = \frac{2}{x} = r(x)$$

로 되어 x 만의 함수임을 알 수 있다. 따라서 적분인자는 식 (1.27)에 의해

$$\eta(x) = \exp\left[\int \frac{2}{x} dx\right] = e^{2\ln x} = e^{\ln x^2} = x^2 \quad ②$$

로 된다[16]. 이를 주어진 미분방정식 ①의 양변에 곱하면

$$x^2(4xu + 3u^2 - x)dx + x^3(x + 2u)du = 0 \quad ③$$

는 완전미분방정식으로 된다. 여기에 1.4절의 방법을 적용하면 해를 얻는다.

$$\phi(x,u) = \int (x^4 + 2x^3u)du + g(x)$$

$$= x^4u + x^3u^2 + g(x)$$

16) 엄밀하게는 $x > 0$ 의 조건이 필요하다. 그러나 $x < 0$ 의 경우에도 x^2 이 적분인자로 될 수 있다는 것은 간단히 확인할 수 있을 것이다.

$$\phi_x = 4x^3u + 3x^2u^2 + g'(x) = \eta M$$
$$= 4x^3u + 3x^2u^2 - x^3$$

위의 관계로부터

$$g'(x) = -x^3 \quad \rightarrow \quad g(x) = -\frac{x^4}{4}$$

로 되며

$$\phi(x,u) = x^4u + x^3u^2 - \frac{x^4}{4}$$

를 얻는다. 따라서 일반해는 다음으로 주어진다.

$$x^4u + x^3u^2 - \frac{x^4}{4} = c_1 \quad \rightarrow \quad 4x^4u + 4x^3u^2 - x^4 = c \qquad ④$$

(b) MATLAB을 이용한 수치적인 방법에 의한 해 :

ⓐ Symbolic Toolbox의 이용 : 완전하지 않는 미분방정식은 Symbolic Toolbox가 제공하는 함수로서는 해를 구할 수 없다.

```
>> syms x u ↵
>> u = dsolve('x*(x+2*u)*Du=-(4*x+3*u^2-x)','x') ↵% 식 ①의 경우

Warning: Explicit solution could not be found.
> In dsolve at 194
   u =
   [ empty sym ]
```

그러나 적분인자를 사용한 완전미분방정식은 해를 얻을 수 있다.

```
>> u = dsolve('x^2*(x^3+2*u)*Du=-3*x^3*(x*u-2)','x') ↵ % 식 ③의 경우

   u =
        (x^6 + 12*x^2 + C11)^(1/2)/2 - x^3/2
     - (x^6 + 12*x^2 + C11)^(1/2)/2 - x^3/2
```

ⓑ MATLAB 함수의 사용 : ode23 등의 함수를 이용하여 미분방정식의 해를 얻기 위해서는 초기조건이 주어져야 한다. 예를 들어 $u(1) = -2$가 주어졌다면 완전하지 않은 미분방정식 ①의 해곡선 [그림 1.7]은 다음과 같이 얻을 수 있다.

```
>> udot = @(x,u)(-(4*x.*u+3*u.^2-x)./(x.*(x+2*u)));
>> xspan = [1 4]; u0 = -2;
>> [x,u] = ode23(udot,xspan,u0);
>> plot(x,u),xlabel('x'),ylabel('u(x)')
```

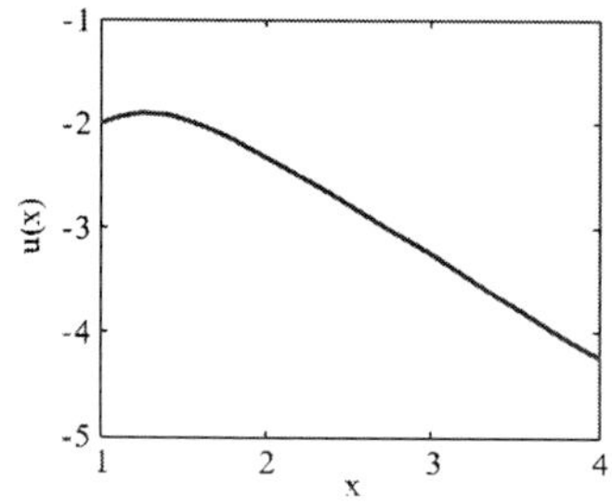

그림 1.7 [예제 1.11]의 해곡선

예제 1.12

다음 미분방정식의 일반해를 구하여 보자.

$$u(x+u+1)dx + x(x+3u+2)du = 0 \quad ①$$

풀이

(a) 해석적인 방법에 의한 해 :

이 경우 식 (1.26)은

$$\frac{M_u - N_x}{N} = \frac{-x-u-1}{x(x+3u+2)}$$

로 되어 x 만의 함수로 되지 않기 때문에 식 (1.29)를 확인하면

$$\frac{M_u - N_x}{M} = \frac{-(x+u+1)}{u(x+u+1)} = -\frac{1}{u} = s(u)$$

는 u 만의 함수로 되었다. 따라서 적분인자는

$$\eta(u) = \exp\left[-\int s(u)du\right] = \exp\left[\int \frac{1}{u}du\right] = e^{\ln u} = u \quad ②$$

로 되었다[17]. 주어진 미분방정식의 양변에 u를 곱하면 완전미분방정식

$$(xu^2 + u^3 + u^2)dx + (x^2u + 3xu^2 + 2xu)du = 0 \quad ③$$

을 얻는다. 이를 전절의 방법으로 해를 구하면 다음과 같다.

$$\phi(x,u) = \int (xu^2 + u^3 + u^2)dx + g(u)$$

$$= \frac{x^2u^2}{2} + xu^3 + xu^2 + g(u) \qquad ④$$

따라서

$$\phi_u = x^2u + 3xu^2 + 2xu + g'(u) = \eta N$$

$$= x^2u + 3xu^2 + 2xu$$

이로부터

$$g'(u) = 0 \ \rightarrow \ g(u) = 0 \qquad ⑤^{18)}$$

로 되어 일반해는

$$\phi(x,u) = \frac{x^2u^2}{2} + xu^3 + xu^2 = c \ \rightarrow \ x^2u^2 + 2xu^3 + 2xu^2 = c \qquad ⑥$$

로 된다.

(b) MATLAB을 이용한 수치적인 방법에 의한 해 : Symbolic Toolbox의 제공함수 'dsolve'를 이용한 해는 대부분의 경우 상당히 복잡한 형식으로 나타난다. 이를 회피하기 위해서는 'dsolve'를 직접 사용하지 않고 Symbolic Toolbox가 가지는 대수 및 미적분의 기능을 반복적으로 사용하는 것이 바람직하다.
아래 프로그램은 ①의 미분방정식의 해를 구하기 위한 (a)에서의 계산과정을 Symbolic 함수를 이용하여 나타낸 것이다.

```
>> syms x u
>> M = u*(x+u+1);N = x*(x+3*u+2);
>> diff(M,'u') - diff(N,'x')         % '0' 으로 됨을 확인(완전성의 조건)
>> mu = exp(-int(g,'u'))             % 적분인자 ②의 계산
>> MM = mu*M;NN = mu*N;              % 완전미분방정식 ③
>> eta = int(MM,'x')                 % ④의 계산
>> DT = simple(diff(eta,'u')-NN)     % ⑤의 확인
```

완전미분방정식 ③을 함수 'dsolve'에 대입하면 다음과 같은 경고메시지

" Warning: Explicit solution could not be found; implicit solution returned."

가 화면에 나타난다.

17) [예제 1.11]의 경우와 마찬가지로 log 함수의 조건에 의해 $u>0$ 가 필요하다. 그러나 $u<0$ 인 경우에도 적분인자로 될 수 있음은 쉽게 확인할 수 있다.

[변수분리형과 완전미분방정식과의 관계]

1.2절에서 취급한 변수분리형의 미분방정식

$$r(x)dx + s(u)du = 0$$

은 사실상 완전미분방정식이라는 점에 주의한다. 실제로 위식으로부터 $M_u = 0$ 및 $N_x = 0$ 이므로 적분인자는

$$\eta(x) = \exp\left[\int 0\,dx\right] = 1, \quad \eta(u) = \exp\left[-\int 0\,du\right] = 1$$

로 된다. 이를 완전미분방정식의 해법에 적용하면

$$\phi(x,u) = \int r(x)dx + g(u)$$

$$\phi_u = g'(u) = s(u) \quad \rightarrow \quad g(u) = \int s(u)du$$

$$\phi(x,u) - \int r(x)dx + \int s(u)du = c$$

를 얻는다. 이는 변수분리형의 해를 구하는 식 (1.9 a)와 일치하고 있음을 알 수 있다. 변수분리형의 미분방정식은 항상 완전하기 때문에, 변수분리형으로 변형하기 위하여 식의 양변에 곱하는 인자는 완전미분방정식의 적분인자에 해당한다.

예제 1.13

다음과 같이 변수분리형으로 변형 가능한 미분방정식을 생각한다.

$$u' = 1 + u^2 \quad \rightarrow \quad (1 + u^2)dx - du = 0$$

이 경우 인자 $(1 + u^2)^{-1}$ 은 위 방정식을 변수분리형으로 바꾸는 역할을 한다. 이때 이 인자가 적분인자로 된다는 사실을 나타내어라.

풀이

식 (1.28)로부터

$$M_u = 2u, \ N_x = 0, \ \frac{2u - 0}{1 + u^2} = s(u)$$

18) 원래는 $g(u) = c$ 로 되어야 하지만, 적분상수는 완전미분방정식의 풀이과정에서 사용되기 때문에 여기서는 '0'으로 두었다.

로 되므로 적분인자는

$$\eta(u) = \exp\left[-\int \frac{2u}{1+u^2}du\right]$$
$$= e^{\ln\left[(1+u^2)^{-1}\right]} = \frac{1}{1+u^2}$$

을 얻는다.

적분인자를 구하는 조금 더 일반적인 방법으로 다음이 있다. 이 경우는 $\eta(x,u)$가 변수 x와 u의 함수로 주어지기 때문에 일반적인 형식의 미분방정식을 비교적 간단하게 '완전'하게 할 수 있으나 해의 계산과정이 복잡하다.

요점 1.5 적분인자의 결정

적분인자를 $\eta(x,u) = x^m u^n$으로 두고 식 (1.24)를 만족하는 m, n을 결정한다. 즉

$$\frac{\partial(\eta M)}{\partial u} = \frac{\partial(\eta N)}{\partial x} \tag{1.31}$$

을 만족하는 m과 n을 구하여 적분인자 $\eta(x,u)$를 결정한다.

예제 1.14

다음 미분방정식의 해를 구하여 보자.

$$u\cos x\, dx + 3\sin x\, du = 0 \quad ①$$

풀이

$\partial M/\partial u \neq \partial N/\partial x$ 이므로 [요점 1.4]에 의해 미분방정식이 완전하지 않음을 알 수 있다. 따라서 적분인자를 $\eta(x,u) = x^m u^n$로 두고 식 (1.31)을 만족하는 m과 n을 구하기 위해 적분인자를 ①의 양변에 곱하면

$$x^m u^{n+1}\cos x\, dx + 3x^m u^n \sin x\, du = 0 \quad ②$$

이고, $M = x^m u^{n+1}\cos x$, $N = 3x^m u^n \sin x$ 이므로

$$\frac{\partial M}{\partial u} = (n+1)x^m u^n \cos x, \quad \frac{\partial N}{\partial x} = 3mx^{m-1}u^n \sin x + 3x^m u^n \cos x$$

이다. 식 (1.19)가 성립하기 위해서는 $m=0,\ 3=n+1$, 즉 $n=2$인 경우이다. 따라서 ①의 적분인자는

$$\eta(x,u) = x^0 u^2 = u^2 \tag{③}$$

이고, ③을 ①에 곱하면

$$u^3 \cos x\, dx + 3u^2 \sin x\, du = 0 \tag{④}$$

이고, $M = u^3 \cos x, N = 3u^2 \sin x$ 이므로 식 (1.19)가 성립하여 완전미분방정식으로 되었다. 이때 식 (1.18 a)에서 $\partial\phi/\partial x = u^3 \cos x$ 이며, 이를 적분하면

$$\begin{aligned}\phi(x,u) &= \int u^3 \cos x\, dx + g(u) \\ &= u^3 \sin x + g(u)\end{aligned} \tag{⑤}$$

이다. 또 식 (1.18 b)의 $\partial\phi/\partial u = N$에 의해

$$\frac{\partial\phi}{\partial u} = 3u^2 \sin x + g'(u) = 3u^2 \sin x$$

이며, 여기서 $g'(u) = 0$, 즉 $g(u) = c$ 이므로 이것을 ⑤에 대입하면 일반해는

$$u^3 \sin x + c = 0 \tag{⑥}$$

이다.

위 예제 역시 MATLAB의 함수를 이용하여 다음과 같이 해를 간단히 얻을 수 있다.

```
>> syms x u
>> u_sol = dsolve('3*sin(x)*Du+u*cos(x)=0','x') ↵

  u_sol =        % ⑥의 해와 비교
        C5/sin(x)^(1/3)
```

1.6 1계 선형미분방정식

다음과 같은 형식으로 주어진 1계 상미분방정식

$$u' + f(x)u = r(x) \tag{1.32}$$

을 생각하여 보자. 왼쪽 항은 종속변수 u와 그의 1계미분인 u'의 선형결합으로 되어있다. 이와 같은 형식은 앞에서 언급한 바와 같이 선형미분방정식이라고 한다. 이러한 형식은 다양한 방법을 적용하여 해를 구할 수 있다. 여기서는 적분인자를 사용하여 식 (1.32)을 변형하는 방법에 대해 설명하기로 한다.

먼저 식 (1.32)을 식 (1.22)의 형식으로 변형한다.

$$du + [f(x)u - r(x)]dx = 0 \tag{1.33}$$

이 경우 적분인자를 x만의 함수, 즉 $\eta = \eta(x)$로 한정하고 식 (1.33)을 완전미분방정식으로 만드는 적분인자를 찾아보기로 한다. 식 (1.33)의 양변에 적분인자 $\eta(x)$를 곱하면 $\widetilde{M}(x,u) = \eta(x)[f(x)u - r(x)]$와 $\widetilde{N}(x,u) = \eta(x)$로 되어 완전이기 위한 조건 (1.31)로부터

$$\frac{\partial \widetilde{M}(x,u)}{\partial u} = \frac{\partial}{\partial u}[\eta(x)\{f(x)u - r(x)\}] = \eta(x)f(x) \tag{1.34 a}$$

$$\frac{\partial \widetilde{N}(x,u)}{\partial x} = \frac{\partial \eta(x)}{\partial x} = \frac{d\eta(x)}{dx} \tag{1.34 b}$$

가 얻어지며, 이로부터 미분방정식

$$\frac{d\eta(x)}{dx} = \eta(x)f(x) \tag{1.35}$$

가 성립한다. 이것은 변수분리형이므로 변수를 분리하여 양변을 적분하면 적분인자는

$$\eta(x) = e^{\int f(x)dx} \tag{1.36}$$

로 된다. 적분인자 $\eta(x)$가 식 (1.36)의 형식으로 주어진다는 것을 염두에 두고, 식 (1.35)과 식 (1.33)을 이용하면 다음의 결과를 얻는다.

$$\begin{aligned} d(\eta u) &= \eta\, du + u\, d\eta \\ &= \eta(x)du + uf(x)\eta(x)dx \quad \leftarrow \quad \text{식 (1.35)에서 } d\eta = f(x)\eta dx \text{ 를 대입} \\ &= \eta(x)r(x)dx \quad \leftarrow \quad \text{식 (1.33)} \end{aligned}$$

위 식의 양변을 적분하면

$$\eta(x)u(x) = \int \eta(x)r(x)dx + c \tag{1.37}$$

이고, 이것을 u에 대하여 정리하면 다음 식을 얻을 수 있다.

$$u(x) = \frac{1}{\eta(x)}\int \eta(x)r(x)dx + \frac{c}{\eta(x)}$$

지금까지의 내용을 정리하면 다음과 같다.

요점 1.6 1계 선형미분방정식의 해

$du + [f(x)u - r(x)]dx = 0$ 형식의 미분방정식은 식 (1.19)의 완전성의 조건을 만족하지 않으나

$$\eta(x) = e^{\int f(x)dx} \tag{1.36}$$

로 정의되는 적분인자에 의해 완전미분방정식으로 되며, 이때의 해는 다음과 같은 형식으로 주어진다.

$$u(x) = \frac{1}{\eta(x)}\int \eta(x)r(x)dx + \frac{c}{\eta(x)} \tag{1.38}$$

식 (1.38)는 식 (1.32)의 형식으로 주어지는 1계 선형미분방정식의 해를 구하는 가장 표준적인 공식이다.

예제 1.15

다음 1계 선형미분방정식의 해를 식 (1.38)를 이용하여 구하여 보자.

$$x^2\frac{du}{dx} + 2u = 5x \qquad ①$$

풀이

위 미분방정식은 1계 선형이지만, 변수분리가 불가능하며 동시에 완전하지 않다. 따라서 식

(1.36)의 적분인자를 적용하여 해를 구하기로 한다. 미분방정식을 식 (1.32)의 모양으로 고치면

$$\frac{du}{dx} + \frac{2}{x^2}u = \frac{5}{x} \qquad ②$$

이다. 식 (1.36)에 의해 적분인자는

$$\eta(x) = e^{\int (2/x^2)dx} = e^{-2/x} \qquad ③$$

이다. 따라서 ②를 식 (1.38)에 적용하면 해는

$$u(x) = e^{2/x}\left[\int \frac{5}{x}e^{-2/x}dx + c\right] \qquad ④$$

이다. 해 $u(x)$ 중에 나타나는 적분은 간단한 기본함수만으로는 계산되지 않기 때문에 계산을 끝까지 수행하지 않았다.

1계 상미분방정식이 식 (1.32)와 조금 다른 형식으로 주어진 경우의 해법을 예제를 통하여 알아보자.

예제 1.16

다음 미분방정식의 해를 구하여 보자.

$$udx + (3x - xu + 2)du = 0 \qquad ①$$

풀이

①은 조건식 (1.19)를 만족하지 않기 때문에 완전미분방정식이 아니며 동시에 식 (1.32)와도 그 형식이 조금 다르기 때문에 1계 미분방정식의 해법인 [요점 1.6]을 그대로 적용할 수도 없다. 그러나 상기의 방식을 조금 변형하면 사용가능하다.
먼저 ①을 표준형식으로 변형한다. 즉

$$\frac{dx}{du} + \left(\frac{3}{u} - 1\right)x = -\frac{2}{u},\ (u \neq 0) \qquad ②$$

이다. 여기서 du/dx가 아니라 dx/du로 표현되어 있다는 점에 유의한다. ②는

$$x' + h(u)x = s(u) \qquad ③$$

으로 되어 식 (1.32)와는 x, u의 역할이 반대로 되어 있음을 알 수 있다. 따라서 적분인자는 (1.36)로부터

$$\eta(u) = \exp\left[\int\left(\frac{3}{u} - 1\right)du\right] = e^{\ln(u^3 - u)} = u^3 e^{-u} \qquad ④$$

로 되었다. 이를 식 (1.38)에 대입하여 적분을 수행하면 해를 얻는다. 즉

$$x = \frac{1}{\eta(u)}\left[\int \eta(u)s(u)du + c\right]$$

$$\begin{aligned} \rightarrow \quad u^3e^{-u}x &= -2\int u^2e^{-u}du + c \\ &= 2u^2e^{-u} - 4\int ue^{-u}du + c \\ &= 2u^2e^{-u} + 4ue^{-u} - 4\int e^{-u}du + c \\ &= 2u^2e^{-u} + 4ue^{-u} + 4e^{-u} + c \end{aligned}$$

로 되어 일반해는

$$xu^3 = 2u^2 + 4u + 4 + ce^u \qquad ⑤$$

로 된다.

1.7 해의 존재와 일의성

초기값이 주어진 미분방정식의 해를 구하는 경우, 해의 존재성과 일의성(uniqueness)의 확인이 중요한 역할을 한다. 이를 위해 필요한 두 가지 요점을 증명없이 간단히 언급한다.

요점 1.7 함수의 연속성

함수 $f(x)$가 개구간 (a, b)에서 립쉬쯔(Lipshitz) 연속이라고 하는 것은, 립쉬쯔 정수로 불리는 정수 $M, (> 0)$이 존재하여, 임의의 값 $x_1, x_2 \in (a,b)$에 대하여

$$|f(x_1) - f(x_2)| \leq M \cdot |x_1 - x_2| \qquad (1.39)$$

가 성립하는 경우이다.

립쉬쯔 연속과 관련한 몇 가지 예를 들어보자.

(i) 모든 실수를 정의역으로 가지는 함수 $f(x) = x^2$은 립쉬쯔 연속이 아니다. $x \to \infty$로 감에 따라 함수의 경사가 급격하게 되어 식 (1.39)를 만족하는 M이 존재하지 않는다.

(ii) $[-3, 7]$을 정의역으로 가지는 함수 $f(x) = x^2$는 립쉬쯔 연속이다. 이 경우 립쉬쯔 정수는 $M = 14$이다.

(iii) 모든 실수를 정의역으로 가지는 함수 $f(x) = \sqrt{x^2 + 5}$는 립쉬쯔 연속이며, 립쉬쯔 정

수는 $M=1$이다.

(iv) $[0,1]$을 정의역으로 가지는 함수 $f(x)=\sqrt{x}$는 립쉬쯔 연속이 아니다. $x\to 0$으로 감에 따라 경사가 무한히 크게 된다.

(v) 실수 상에서 정의된 함수 $f(x)=|x|$는 립쉬쯔 연속으로, 립쉬쯔 정수는 $M=1$이다. 이는 미분 불가능한 립쉬쯔 연속인 함수의 예이다.

립쉬쯔의 조건으로 불리는 조건인 식 (1.39)가 성립할 경우, 함수 $f(x)$의 왼쪽 도함수, 즉

$$\lim_{h\to 0,\, h<0}\frac{f(x+h)-f(x)}{h} \tag{1.40 a}$$

와 오른쪽 도함수, 즉

$$\lim_{h\to 0,\, h>0}\frac{f(x+h)-f(x)}{h} \tag{1.40 b}$$

가 존재하지만, 일반적으로 항상 양자가 일치하는 것은 아니라는 점에 유의한다.

기하학적으로 립쉬쯔의 조건은 함수 $y=f(x)$의 접선 기울기가 개구간 (a,b) 내에서 유계, 즉 유한한 값을 가진다는 것을 의미한다.

미분방정식의 해의 존재성과 관련하여 다음의 요점이 주어진다.

요점 1.8 해의 존재와 일의성

다음과 같은 초기값 문제를 생각한다.

$$u'=f(x,u),\quad u(x_0)=u_0 \tag{1.41}$$

이 경우 함수 $f(x,u)$가 직사각형 모양의 영역

$$R:\ |x-x_0|<a,\ |u-u_0|<b \tag{1.42 a}$$

에서 연속이며 동시에 유한한 값

$$|f(x,u)|\le K \tag{1.42 b}$$

을 가진다고 한다. 또한 함수 $f(x,u)$가 영역 R에서 u가 립쉬쯔 연속이라면 초기값 문제 (1.41)의 해는 정수 $\alpha := \min(a, b/K)$에 대하여, 개구간 $|x-x_0|<\alpha$ 내에 존재하며, 동시에 유일하다.

[요점 1.8]의 조건 아래 초기값 문제 (1.41)의 해는 피카르-린데로프(Picard-Lindelöf)의 방법을 이용하여 얻을 수 있다. 다시 말하면 함수의 열 $u_0, u_1(x), \cdots, u_n(x), \cdots$ (u_0는 정수)를 피카르-린데로프의 반복공식으로 불리는

$$u_n(x) = u_0 + \int_{x_0}^{x} f(t, u_{n-1}(t))dt \tag{1.43}$$

로 정의하면 함수열 $u_0, u_1(x), \cdots, u_n(x), \cdots$은 해 $u(x)$에 수렴한다.

위 내용을 예제를 이용하여 확인하여 보자.

예제 1.17 초기값 문제

$$uu' + x = 0, \quad u(0) = -2 \qquad ①$$

의 해를 구하고, 이것의 개략적인 모양을 그래프로 나타내어보자.

풀이

(a) 해석적인 방법에 의한 해 :

①을 표준형으로 변형한다.

$$u' = -\frac{x}{u}$$

이때 함수

$$f(x,u) = -\frac{x}{u}$$

는 $u = 0$에서 연속으로 되지 않기 때문에, 초기값에 의한 $u < 0$을 만족하는 해와는 별도로 $u > 0$을 만족하는 해가 존재한다. ①을 변수분리형으로 변형하고 적분을 수행하면

$$\int x dx + \int u du = c_1$$

$$\rightarrow \frac{x^2}{2} + \frac{u^2}{2} = c_1 \rightarrow x^2 + u^2 = r^2$$

을 얻는다. 일반해는 원점에 중심을 가지는 반지름 r 을 파라미터로 가지는 원이다. 이때 두 종류의 해는

$$u_{\pm} = \begin{cases} \sqrt{r^2 - x^2}, & u > 0 \\ -\sqrt{r^2 - x^2}, & u < 0 \end{cases} \qquad ②$$

이다, 초기값 $u(0) = -2$ 로부터 반지름 r 을 결정하면

$$0^2+(-2)^2=r^2 \quad \rightarrow \quad r=2$$

이다. 한편 [요점 1.8]에 의해 $x_0=0,\ u_0=-2$ 이다. 이때 영역 R 은 ②로부터 알 수 있는 바와 같이 $|x|<2=a$ 및 $0<u+u_0<2$ 및 $2<u+u_0<4$ 로 주어진다. 또한 식 (1.42 b)에서 $K=1$로 되어 $\alpha=\min(2,2)=2$를 얻는다. 따라서 ①의 해는 개구간 $|x|<2$에 존재한다. 이상으로부터 ①의 해는 유일하며

$$u=-\sqrt{4-x^2},\ (-2<x<2) \qquad ③$$

로 주어짐을 알 수 있다.

(b) MATLAB을 이용한 수치적인 방법에 의한 해

ⓐ Symbolic Toolbox의 이용 :

```
>> syms x u ↵
>> u = dsolve('u*Du=-x','u(0)=-2','x') ↵

   u =
     -2^(1/2)*(2 - x^2/2)^(1/2)    % ③이 확인되었다.
```

ⓑ MATLAB 함수의 사용 : 일반해 두 종류의 해를 가지기 때문에, 초기값에 대응하는 해를 구하기 위해서는 약간의 기교가 필요하다. 여기서도 함수 'ode23'을 사용하기 준비로서 익명함수를 사용하기로 한다.

```
>> udot = @(x,u) (-x./u);
>> xspan1 = [0 -2];
>> xspan2 = [0 2];
>> [x1,u1] = ode23(udot,xspan1,-2);
>> [x2,u2] = ode23(udot,xspan2,-2);
>> subplot(2,2,1),plot(x1,u1,x2,u2)
>> xlabel('x'),ylabel('u'),axis equal % [그림 1.8]
```

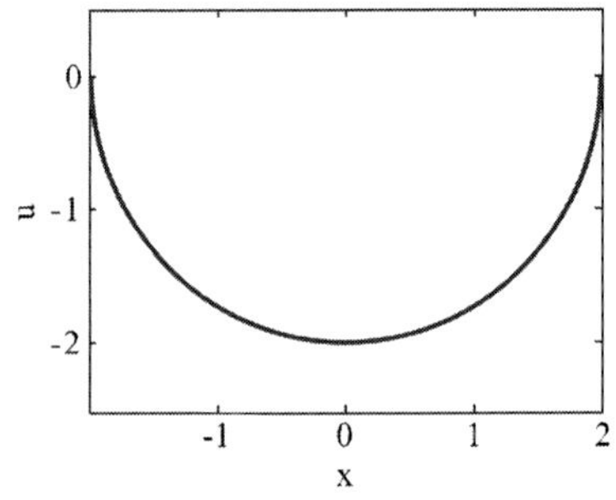

그림 1.8 [예제 1.17]의 해곡선

다음 예제는 피카르-린데로프의 방법과 1.6절의 방법을 이용하여 근사해를 얻는 방법을 보여준다.

예제 1.18

피카르-린데로프의 방법을 이용하여 다음 초기값 문제의 해를 구하여보자.

$$u' = xu + 1,\ u(0) = 1 \qquad ①$$

풀이

(1) 식 (1.43)에 의한 방법 :
함수 $f(x,u) = 1 + xu$ 는 임의의 유한한 구간 $0 \le x \le a < \infty$ 에서 u 에 관해서 유한한 크기를 가지는 1계 편도함수

$$f_u(x,u) = x$$

를 가지므로 피카르-린데로프의 반복공식 식 (1.43)에 의해

$$u_n(x) = u_0 + \int_{x_0}^{x} f(t, u_{n-1}(t))dt,\ n = 1, 2, \cdots \qquad ②$$

는 해 $u(x)$ 에 수렴한다. 여기서 $x_0 = 0$ 및 $u_0 = u(0)$ 이다. 따라서

$$u_1(x) = 1 + \int_0^x (1+t)dt = 1 + x + \frac{x^2}{2}$$

$$u_2(x) = 1 + \int_0^x \left(1 + t + t^2 + \frac{t^3}{2}\right)dt$$

$$= 1 + x + \frac{x^2}{2} + \frac{x^3}{3} + \frac{x^4}{8}$$

$$u_3(x) = 1 + \int_0^x (1 + tu_2)dt$$

로 되어 동일한 방법으로 $u_n(x), (n = 3, 4, \cdots)$ 의 적분을 수행하면 해를 얻는다.

(2) 1.6절의 방법에 의한 해 : ①을 완전미분방정식을 하기 위한 적분인자는

$$\eta(x) = \exp\left[-\int x dx\right] = e^{-x^2/2} \qquad ③$$

이다. 식 (1.33)으로부터 $f(x) = -x$ 및 $r(x) = 1$ 이므로 이를 식 (1.38)에 대입하여 적분을 수행하면 해를 얻는다. 즉

$$u(x) = e^{x^2/2}\left[\int e^{-x^2/2}dx + c\right] \qquad ④$$

로 된다. 여기에 초기조건, 즉 $x = 0$ 및 $u(0) = 1$ 을 적용하면 $c = 1$ 로 됨을 알 수 있다. 따라서 ①의 해는

$$u(x) = e^{x^2/2}\left[\int_0^x e^{-t^2/2}dt + 1\right] \qquad ⑤$$

이다. ⑤의 적분은 일반적인 형식으로 나타낼 수 없기 때문에, 피적분함수를 테일러급수

$$\sum_{n=0}^{\infty}\frac{f^{(n)}(a)}{n!}(t-a) \qquad ⑥$$

를 사용하여 $t=0$ (즉 ⑥에서 $a=0$)를 중심으로 전개하여 이를 ⑤에 대입하여 적분을 수행하면

$$\begin{aligned} u(x) &= e^{x^2/2}\left[1+\int_0^x\left(1-\frac{t^2}{2}+\frac{t^4}{8}-\frac{t^6}{48}+\cdots\right)dt\right] \\ &= e^{x^2/2}\left(1+x-\frac{x^3}{6}+\frac{x^5}{40}-\frac{x^7}{336}+\cdots\right) \\ &= \left(1+\frac{x^2}{2}+\frac{x^4}{8}+\frac{x^6}{48}+\cdots\right)\left(1+x-\frac{x^3}{6}+\frac{x^5}{40}-\frac{x^7}{336}+\cdots\right) \\ &= 1+x+\frac{x^2}{2}+\frac{x^3}{3}+\frac{x^4}{8}+\cdots \end{aligned} \qquad ⑥$$

을 얻는다. ⑥의 과정을 MATLAB로 수행한 결과는 다음과 같다.

```
>> syms t x
>> Inte_Tay = taylor(exp(-t^2/2),t,'ExpansionPoint',0,'Order',8)
>> Int_Res = expand(int(Inte_Tay,t,0,x));
>> exp_Tay = taylor(exp(x^2/2),x,'ExpansionPoint',0,'Order',8);
>> ux = exp_Tay*(1+Int_Res);
>> expand(ux) ↵

   ans =
    x^7/105 + x^6/48 + x^5/15 + x^4/8 + x^3/3 + x^2/2 + x + 1
```

(3) MATLAB의 Symbolic Toolbox의 함수 ‘dsolve’를 사용하면 무한급수 형식으로 나타나는 해를 에러함수 ‘erf’를 이용하여 미분방정식의 ①의 해를 표현하지만 위의 결과와는 그 형식이 다름에 유의한다.

```
>> syms x u
>> u = dsolve('Du=x*u+1','u(0)=1','x') ↵

   u =
    exp(x^2/2) + (2^(1/2)*pi^(1/2)*exp(x^2/2)*erf((2^(1/2)*x)/2))/2
```

여기서 erf(x)는 평균값 0과 분산(variance) 1/2을 가지는 가우스분포식의 적분을 두 배한 것으로 정의되는 값이다. 즉

$$\mathrm{erf}(x) = \frac{2}{\sqrt{\pi}} \int_0^x e^{-t^2} dt \tag{1.44}$$

로 주어진다.

다음 예제는 미분방정식 $u' = f(x,u)$에서의 함수 $f(x,u)$가 연속이지만 [요점 1.7]에서 정의된 립쉬쯔 연속이 아닐 경우 일반적으로 해가 일의적이지 않다는 것을 보여주고 있다.

예제 1.19

다음 초기값 문제의 해가 일의적이지 않다는 사실을 확인하여 보자.

$$u' = 3u^{2/3},\ u(x_0) = u_0 \quad ①$$

풀이

방정식의 오른쪽 항은 x 에 의존하지 않기 때문에 xu 평면에서 연속이다. 그러나 $f(x,u)$의 u에 대한 편미분 $f_u(x,u) = 2u^{-1/3}$ 은 $u=0$ 에서 연속함수로서 정의되지 않기 때문에 f 는 u에 대해서 립쉬쯔 연속이 아니다. $u=0$가 ①의 해로 된다는 것은 명백하며, 더욱이 임의의 $a \le b$ 에 있어서

$$u(x) = \begin{cases} (x-a)^2, & x < a \\ 0, & a \le x \le b \\ (x-b)^2, & x > b \end{cases} \quad ②$$

도 해로 된다. 파라미터 a 혹은 b를 적당히 선정하면 해곡선이 초기값의 조건을 만족시키도록 만들 수 있으며, 또한 파라미터의 변화에 따라 초기값을 만족하는 해의 집합을 얻을 수도 있다. 즉 해는 유일하지 않다.

1.8 물리시스템에의 응용

지금까지 설명한 1계 선형미분방정식으로 표현할 수 있는 물리시스템의 예는 수없이 존재하지만, 여기서는 이 중 몇 가지를 선정하여 미분방정식과 그의 해가 가지는 물리적 의미를 살펴보기로 한다.

A. 간단한 전기회로

[그림 1.9]과 같이 저항 R, 인덕터 L, 및 커패시터 C가 직렬로 연결되어 있는 회로를 생각하여 보자. 여기에 그 값을 알고 있는 입력전압 $v(t)$가 인가되고 있는 것으로 한다. 이 때 회로에 흐르는 전류 $i(t)$와 인가전압 $v(t)$ 사이의 미분방정식은 유명한 키르히호프(Kirchhoff)의 전압법칙을 적용함으로써 얻어진다. 즉

$$v(t) = Ri(t) + L\frac{di(t)}{dt} + \frac{1}{C}\int_0^t i(\tau)d\tau \tag{1.45}$$

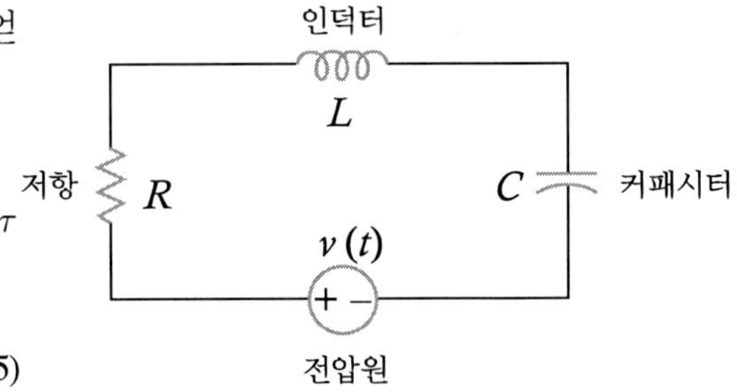

그림 1.9 RLC 전기회로

이다. 위 식에서 오른쪽의 적분 항을 소거하기 위하여, 커패시터 C에 충전되는 전하를 q로 정의하면 커패시터에 흐르는 전류는 충전전하의 변화율에 비례하므로

$$i = \frac{dq}{dt} \tag{1.46}$$

로 된다. 이 관계를 식 (1.45)에 대입하면 다음과 같은 2계 선형미분방정식을 얻는다.

$$v(t) = L\frac{d^2q}{dt^2} + R\frac{dq}{dt} + \frac{1}{C}q \tag{1.47}$$

다시 식 (1.45)의 양변을 시간에 대하여 미분하면

$$\frac{dv}{dt} = L\frac{d^2i}{dt^2} + R\frac{di}{dt} + \frac{1}{C}i \tag{1.48}$$

이다. 만약 dv/dt가 영의 값을 가지지 않는다면 식 (1.48)은 2계 선형인 비제차미분방정식으로 된다. 만약 [그림 1.9]에서 커패시터를 제거한다면 식 (1.48)은

$$\frac{dv}{dt} = L\frac{d^2i}{dt^2} + R\frac{di}{dt} \tag{1.49}$$

이므로 양변을 적분하면

$$L\frac{di}{dt}+Ri=v(t) \tag{1.50}$$

를 얻는다. 위 식은 [그림 1.9]에서 커패시터가 존재하지 않을 경우의 키르히호프의 법칙을 의미하고 있다는 사실을 식 (1.45)과 비교함으로써 확인할 수 있다.

예제 1.20

식 (1.50)의 미분방정식은 완전하지 않다. 적분인자를 계산하고, 이것을 이용하여 미분방정식의 해를 구하여라. 단 인가전압은 $v(t)=V\sin\omega t$로 한다.

풀이

먼저 식 (1.50)을 변형하면

$$\frac{di}{dt}+\frac{R}{L}i=\frac{V}{L}\sin\omega t \quad ①$$

이며, 식 (1.36)로부터 적분인자는

$$\eta(t)=e^{(R/L)t} \quad ②$$

이다. 따라서 식 (1.38)를 이용하면 해는

$$i(t)=e^{-(R/L)t}\left[\int\frac{V}{L}\sin\omega t\cdot\left(e^{(R/L)t}\right)dt+c\right] \quad ③$$

이다. 여기서 c는 적분상수이다. ③의 오른쪽 항의 적분을 부분적분을 이용하여 수행하면

$$i(t)=V\left[\frac{R\sin\omega t-\omega L\cos\omega t}{R^2+\omega^2L^2}\right]+ce^{-(R/L)t} \quad ④$$

로 되어 미분방정식 ①의 일반해가 얻어진다. 만약 시각 $t=0$에서 $i(0)=i_0$라면 ④의 적분상수 c를 i_0의 함수로 나타낼 수 있다. 즉

$$c=i_0+\frac{V\omega L}{R^2+\omega^2L^2}$$

이며, 이것을 ④에 대입하면 초기값 문제에 대한 특수해는

$$i(t)=V\left[\frac{R\sin\omega t-\omega L\cos\omega t}{R^2+\omega^2L^2}\right]+\left[i_0+\frac{V\omega L}{R^2+\omega^2L^2}\right]e^{-(R/L)t}$$

로 된다. 여기서는 미분방정식을 1계로 유지하기 위하여 전기회로에서 커패시터를 제거하였으며, 인덕터를 제거한 경우에도 위와 동일하게 해를 구할 수 있다. 또한 L이나 C를 제거하지 않은 경우의 해는 제2장에서 다룬다.

B. 비율을 나타내는 방정식

다음과 같은 형식의 미분방정식은 일반적인 비율(rate)의 문제를 표현한 것이다.

$$\frac{du}{dt} = f(t,u) \tag{1.51}$$

위 식은 종속변수 u의 변화의 비율은 시간 t와 u에 의존한다는 것을 의미한다. 여기서는 용액 속에 녹아 있는 소금의 농도를 나타내기 위한 적절한 미분방정식을 유도하여 보기로 한다.

용량이 V[m^3 인 수조에 농도가 $C(t)$[kg/m^3]인 소금물이 들어 있으며, 소금물의 초기 농도는 C_0 라고 한다. 농도 C_1 인 소금물이 q[m^3/s]의 비율로 수조 속으로 흘러들어가고 있으며, 동시에 동일한 양만큼 바깥으로 흘러나간다고 가정한다. 이때 수조 내부의 교반기를 이용하여 물을 충분히 휘젓고 있기 때문에 소금물의 농도는 균일한 것으로 하고, 시간의 함수로 주어지는 수조의 소금물 농도 C를 구할 수 있는 미분방정식을 유도하여 보자. 위의 시스템에 대한 미분방정식은 수조 속으로 들어가는 소금의 양과 나가는 소금의 양의 차에 대한 식을 이용하면 얻을 수 있다. 즉

$$(\text{들어가는 소금의 양}) - (\text{배출되는 소금의 양}) = \text{소금의 증가량} \tag{1.52}$$

이다. 미소한 시간 Δt의 변화에 대해서, 흘러나가는 소금물의 농도는 내부의 소금물의 농도 $C(t)$와 동일한 것으로 가정하면 식 (1.52)은 다음과 같이 쓸 수 있다.

$$C_1 q\Delta t - Cq\Delta t = C(t+\Delta t)V - C(t)V \tag{1.53}$$

흘러들어가는 소금물의 양과 흘러나가는 양이 같기 때문에 수조 내의 소금물의 용량 V는 일정하게 유지된다. 식 (1.53)를 변경하면

$$q(C_1 - C) = V\frac{C(t+\Delta t) - C(t)}{\Delta t} \tag{1.54}$$

이다. 여기서 미소시간 Δt를 영으로 수렴하면 식 (1.54)의 오른쪽 항은

$$\lim_{\Delta t \to 0}\frac{C(t+\Delta t) - C(t)}{\Delta t} = \frac{dC}{dt} \tag{1.55}$$

이고, 이를 식 (1.54)에 대입하면 수조 속의 소금의 농도를 나타내는 미분방정식을 얻을 수 있다.

$$\frac{dC}{dt}+\frac{q}{V}C = \frac{qC_1}{V} \tag{1.56}$$

다음의 예제로서 미분방정식이 가지는 의미를 확인하여 보자.

예제 1.21

용량이 $10\,[\mathrm{m}^3]$인 수조 속에 초기농도가 $0.02\,[\mathrm{kg/m^3}]$인 소금물이 들어 있다. 여기에 농도가 $0.01\,[\mathrm{kg/m^3}]$인 소금물을 초당 $2\,[\mathrm{m}^3]$ 의 비율(즉 $q=2\,[\mathrm{m^3/s}]$ 이다)로 흘려 넣었을 때 수조 내의 소금물의 농도가 $0.011\,[\mathrm{kg/m^3}]$에 도달할 때까지의 시간을 계산하여라. 단 흘러들어가는 양만큼의 소금물이 수조로부터 흘러나가는 것으로 한다.

풀이

$q=2,\ V=10$ 및 $C_1=0.01$로 두고 식 (1.56)의 미분방정식의 해를 구한다. 즉

$$\frac{dC}{dt}+\frac{2}{10}C = \frac{2\times 0.01}{10} \qquad ①$$

이다. 이때 적분인자는

$$\eta(t) = e^{\int (1/5)dt} = e^{t/5} \qquad ②$$

이므로 식 (1.38)를 이용하여 해를 구하면 다음과 같다.

$$C(t) = e^{-t/5}\left[\int 0.002\,e^{t/5}\,dt + c\right] = 0.01 + ce^{-t/5}$$

여기서 c 는 임의의 상수이다. 주어진 초기조건을 이용하면

$$0.02 = 0.01 + c$$

이므로 $c=0.01$로 되어, 조건을 만족하는 특수해는

$$C(t) = 0.01\left[1+e^{-t/5}\right]$$

이다. 따라서 $C(t)=0.011\,[\mathrm{kg/m^3}]$ 이어야 하므로

$$0.011 = 0.01\left[1+e^{-t/5}\right] \qquad ③$$

를 풀면

$$t = 11.51\,[\mathrm{s}]$$

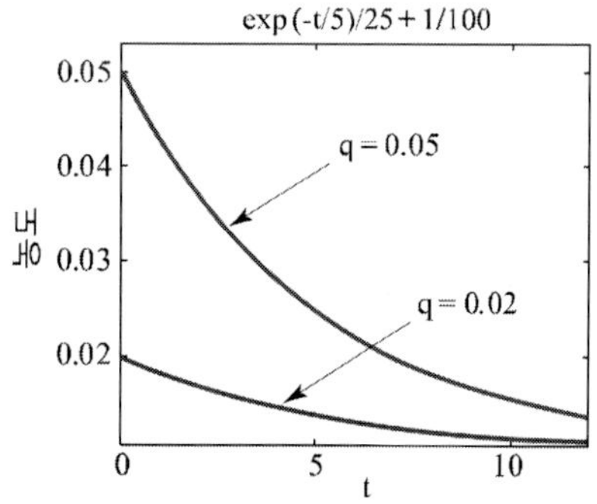

그림 1.10 초기값에 따른 농도의 변화

를 얻는다.
위 문제를 위한 Symbolic Toolbox의 함수를 사용한 스크립터는 다음과 같다.

```
>> ode1 = dsolve('Dy+2/10*y=2*0.01/10','y(0)=0.02')  % 식 ① (초기농도 0.02)
>> ode2 = dsolve('Dy+2/10*y=2*0.01/10','y(0)=0.05')  % 식 ① (초기농도 0.05)
>> concentration = 0.011;
>> time = solve(ode1 - concentration) % 식 ③의 해
>> eval(time)
>> ezplot(ode1,[0,12]), hold on, ezplot(ode2,[0,12]), hold off % [그림 1.10]
```

C. 유체의 흐름

수조의 바닥에 있는 구멍에서 흘러나가는 물의 속도는, 비스코스(viscous) 효과를 무시하였을 경우 베르누이(Bernoulli)의 정리에 의하면 다음과 같다.

$$v = \sqrt{2gh}\ [\mathrm{m/s}] \tag{1.57}$$

여기서 h는 구멍에서 물 표면까지의 높이이며, $g\,[\mathrm{m/s^2}]$는 중력가속도를 나타낸다. 이때 시간 t와 수위 h를 연관시키는 미분방정식을 유도하여, 일정한 크기의 수조를 전부 비우는 데 걸리는 시간을 계산하여 보자.

우선 수조는 지름이 D인 원통형의 모양이며, 수조의 아랫바닥에 있는 직경 d인 원형의 구멍에서 물이 흘러나가는 것으로 가정한다. 이때 미소시간 Δt 동안 구멍을 통하여 흘러나간 유량은

$$\Delta V = vA\,\Delta t = \sqrt{2gh}\,\frac{\pi d^2}{4}\Delta t \tag{1.58}$$

이다. 따라서 흘러나간 유량 ΔV로 인해 수조의 수위가 Δh만큼 줄었다고 한다면 ΔV와 Δh 사이에는 다음의 관계식이 성립한다.

$$\Delta V = -\frac{\pi D^2}{4}\Delta h \tag{1.59}$$

식 (1.58)와 식 (1.59)를 이용하고, $\Delta t \to 0$으로 하여 극한을 구하면

$$\frac{dh}{dt} = -\sqrt{2gh}\,\frac{d^2}{D^2} \tag{1.60}$$

의 미분방정식을 얻는다. 위 미분방정식은 변수분리가 가능하므로

$$h^{-1/2}\,dh = -\sqrt{2g}\,\frac{d^2}{D^2}dt \tag{1.61}$$

로 되어 양변을 적분하면 해를 구할 수 있다. 이때 수조의 초기조건으로 $t=0$에서 $h=h_0$라 한다면 식 (1.61)의 특수해는 다음으로 됨을 간단하게 확인할 수 있다.

$$h(t) = \left[-\sqrt{\frac{g}{2}}\,\frac{d^2}{D^2}t + \sqrt{h_0}\right]^2 \tag{1.62}$$

따라서 수조를 완전히 비우기 위한 시간 t_e은 $h=0$로 두고 식 (1.62)를 계산하면

$$t_e = \frac{D^2}{d^2}\sqrt{\frac{2h_0}{g}}\ [\mathrm{s}] \tag{1.63}$$

으로 된다.

연습문제

1. (변수분리형): 다음 미분방정식의 해를 구하여 보자.

(1) $u' = 2xu^2$ (2) $u' = \dfrac{xu}{x^2-1}$

(3) $(1+x^2)u' = \cos^2 u$ (4) $(1+e^x)uu' = e^x$

2. (초기값문제): 다음 미분방정식의 해를 구하여 보자.

(1) $u' \sin x - u\cos x = 0,\ u(\pi/2) = 1$

(2) $x\sin u\,dx + (x^2+1)\cos y\,dy = 0,\ u(1) = \pi/2$

3. (동차형, 1차): 다음의 미분방정식의 해를 구하여라.

(1) $(x^2-3u^2)dx + 2xu\,du = 0$ (2) $xu' = u + \sqrt{u^2-x^2}$

(3) $xu' = u + x\cos^2(u/x)$

4. (동차형, 2차): 다음의 초기값문제의 해를 구하여라.

(1) $(2x-5u)dx + (4x-u)du = 0,\ u(1) = 4$

(2) $(3x^2+9xu+5u^2)dx - (6x^2+4xu)du = 0,\ u(2) = -6$

(3) $uu' = -(x+2u),\ u(1) = 1$

5. (동차형, 3차): 다음의 미분방정식의 해를 구하여라.

(1) $x(2x^2+u^2)+u(x^2+2u^2)u' = 0$

(2) $(3x^2u^2-4xu)u' + 2xu^3 - 2u^2 = 0$

(3) $\left(\dfrac{\sin 2x}{u} + x\right)dx + \left(u - \dfrac{\sin^2 x}{u^2}\right)du = 0$

6. (완전미분방정식): 다음 초기값문제를 초기조건 $u(x_0) = u_0$ 에서 풀어보자.

(1) $(2xu-3)dx + (x^2+4u)du = 0,\ u(1) = 2$

(2) $\dfrac{2x}{u^3}dx + \dfrac{(u^2-3x^2)}{u^4}du = 0,\ u(1) = 1$

(3) $(ue^x + 2e^x + u^2)dx + (e^x + 2xu)du = 0,\ u(0) = 6$

(4) $(2x\cos u + 3x^2 u)dx + (x^3 - x^2 \sin u - u)du = 0,\ u(0) = 2$

7. (적분인자): 다음 미분방정식의 해를 구하여라.

(1) $(x^2 - 2u)dx + xdu = 0$

(2) $(x^2 - u^2 + x)dx + 2xudu = 0$

(3) $(2xu^2 - 3u^3)dx + (7 - 3xu^2)du = 0$

(4) $(x + \sin x + \sin u)dx + \cos u\, du = 0$

(5) $x(\ln x)u' + u = 2\ln x$

8. 다음 초기값 문제의 해를 구하여 보자.

(1) $u' + 3x^2 u = x^2,\ \ u(0) = 2$

(2) $xu' - 2u = 2x^4,\ u(2) = 8$

(3) $u' + u\cos x = \cos x,\ u(0) = 1$

(4) $u' - u\tan x = \dfrac{1}{\cos^3 x},\ u(0) = 0$

9. (MATLAB의 이용): 다음 미분방정식에 대하여 물음에 답하여라.

$$\frac{du}{dx} = \frac{e^x - u}{x},\ \ u(1) = b \qquad (\text{단 } b \text{ 는 미지의 상수})$$

(1) MATLAB을 이용하여 위 미분방정식의 해를 구하고, 이때 $u(0)$의 값이 존재하기 위한 b 의 값을 결정하여라.

(2) MATLAB을 사용하지 않고 위 미분방정식의 해를 구할 수 있는가?

(3) (1)에서 구한 b 의 값을 이용하여 $u(x)$의 그래프를 그려보아라.

(4) b 의 값을 약간 변화시킨다면 미분방정식에는 어떤 현상이 일어나는가?

10. (MATLAB의 이용): 다음 미분방정식에 대하여 물음에 답하여라.

$$u\cos x\, dx + \frac{1}{u}du = 0$$

(1) 위 미분방정식은 완전한가? 그렇지 않다면 적당한 적분인자를 구하여 $\phi(x,u) = K$를 만족하는 해를 구하여라.

(2) 주어진 미분방정식을 변수분리법을 이용하여 해를 구하고 이것을 (1)의 방법과 비교하여라.

(3) (1)에서 구한 해 $\phi(x,u) = K$에서 K의 변화에 따른 해를 그래프로 나타내어라.

(4) 초기값 $u(0) = \pm 1, \pm 2, \pm 3, \pm 4$를 만족하는 해를 (3)의 그래프에서 확인하여라.

CHAPTER 2

2계 선형상미분방정식

2.1 2계 선형미분방정식의 기본형
2.2 제차방정식의 일반해와 론스키안
2.3 비제차미분방정식의 일반해
2.4 정수계수를 가지는 2계 선형미분방정식
2.5 2계 선형미분방정식의 예
2.6 외부입력이 인가되는 2계 선형미분방정식의 해
2.7 외부입력이 인가되는 경우의 물리시스템의 움직임
2.8 코시 – 오일러 방정식

여기서는 가장 일반적인 형식의 2계 선형상미분방정식에 대한 기본개념을 설명하고, 정수계수를 가지는 상미분방정식과 특수한 용도의 미분방정식으로 알려진 오일러•코시 미분방정식을 해를 구하는 방법에 대하여 알아본다.

2.1 2계 선형미분방정식의 기본형

대부분의 물리현상은 선형미분방정식으로 나타낼 수 있다[1]. 이 중에서도 2계 선형미분방정식이 가장 많이 사용되며, 동시에 다양한 종류의 미분방정식의 해에 대한 해석에 있어서도 중요한 역할을 한다. 여기서는 2계 선형미분방정식과 관련된 일반적인 특징을 소개한다. 3계 이상인 미분방정식은 다음 장에서 다루지만, 종종 2계 미분방정식의 해를 구하는 과정의 확장을 통하여 해를 구할 수 있는 경우가 많다.

2계 선형미분방정식은 일반형은 다음과 같다.

$$\frac{d^2u}{dx^2} + p_1(x)\frac{du}{dx} + p_0(x)u = g(x), \quad (a < x < b) \tag{2.1}$$

1) 실제는 대부분의 경우 비선형이지만, 어느 특정한 동작점을 중심으로 선형화하여 사용하는 경우가 많다.

여기서 함수 $g(x)$는 외부함수(forcing function)이며, $p_0(x)$, $p_1(x)$는 계수함수라고 한다. $g(x)$가 항등적으로 '0'인 경우 방정식을 제차(homogeneous), $g(x) \neq 0$인 경우를 비제차(non-homogeneous)방정식이라고 한다.

식 (2.1)은 구간 $\{R: a < x < b\}$를 정의하고 이 구간 내에서 미분방정식의 해를 구할 것을 요구하고 있다. 이때 a, b로서 $a = -\infty$ 및 $b = +\infty$의 값도 가능하지만, 이 경우 아래 두 가지의 가정이 필요하다.

1) $p_0(x)$와 $p_1(x)$는 구간 R에서 연속이어야 한다.
2) $g(x)$는 구간 R에서 구분적(piecewise)으로 연속이어야 한다.

여기서 '구분적으로 연속'이라는 표현은, 함수 $g(x)$가 구간 $a < x < b$에서 유한개의 불연속점(즉 점프)을 가져야 한다는 것을 나타낸다. 즉 $g(x)$는 a와 b 사이의 몇 개의 구분적인 구간에서 연속이라는 뜻이다. 따라서 단위 계단함수, 톱니파함수 및 구형파함수 등은 구분된 구간 내에서 연속이기 때문에 위의 조건을 만족한다.

만약 $p_0(x)$와 $p_1(x)$가 구간 R에서 연속이고, 외부함수 $g(x)$ 역시 구간 R에서 구분적으로 연속이면, 식 (2.1)을 표준형 선형미분방정식이라고 한다.

- **초기값과 일반해**

제1장에서 언급한 초기값과 미분방정식의 해와의 관련성을 정리하면 다음과 같다.

요점 2.1 기본정리

표준형인 2계 선형미분방정식의 초기값이 주어졌을 경우, 즉

$$\frac{d^2u}{dx^2} + p_1(x)\frac{du}{dx} + p_0(x)u = g(x), \quad (a < x < b) \tag{2.2}$$

$$u(x_0) = u_0, \quad u'(x_0) = u_1, \quad (a < x_0 < b)$$

는 구간 R에서 단 하나의 해(즉, 특수해)를 가진다.

[요점 2.1]의 결과에 의해 영-상태(zero state)의 초기값을 가지는 (제차)미분방정식

$$\frac{d^2u}{dx^2} + p_1(x)\frac{du}{dx} + p_0(x)u = 0, \quad (a < x < b) \tag{2.3}$$

$$u(x_0) = 0, \quad u'(x_0) = 0, \qquad (a < x_0 < b)$$

은 구간 R에서 유일한 해 $u(x)=0$를 가진다는 것을 알 수 있다. 이러한 경우의 미분방정식 (2.3)는 물리적으로 다음과 같이 이해할 수 있다. '외부에서의 힘이 작용하지 않는 정지된 상태에 있는 물체는 계속적으로 정지된 상태를 유지한다'는 것이다.

- **미분연산자**

미적분학에서 미분을 간혹 D를 사용하여 $\dfrac{du}{dx}=Du,\ \dfrac{d^2u}{dx^2}=D^2u,\ \cdots,\ \dfrac{d^nu}{dx^n}=D^nu$ 와 같이 표현하는 경우가 있다. 기호 D는 미분 가능한 함수를 다른 함수로 변환하는 까닭에 이것을 미분연산자(differential operator)라고 한다. D를 이용하여 식 (2.2)를 표현하여 보자. 먼저

$$L[D]=D^2+p_1(x)D+p_0(x) \tag{2.4}$$

와 같이 정의하면 식 (2.2)는

$$L[D]u=g(x) \tag{2.5}$$

와 같이 간단하게 표기할 수 있다. 식 (2.4)로 정의된 연산자 $L[D]$는 도함수의 선형성을 보여주는 두 가지 성질

(1) $D\{f(x)+g(x)\}=Df(x)+Dg(x)$
(2) $D\{cf(x)\}=cDf(x)$

이 그대로 보존된다. 다시 말하면 미분 가능한 두 함수 $f(x)$, $g(x)$와 임의의 상수 (실수) α, β에 대해서

$$L[D](\alpha f(x)+\beta g(x))=\alpha L[D]f(x)+\beta L[D]g(x) \tag{2.6}$$

가 성립한다는 것으로, 이 때문에 $L[D]$를 선형연산자(linear operator)라고도 한다. 식 (2.6)으로부터 다음 사실을 확인할 수 있다.

(1) $L[D]0=0$ (2.7 a)
(2) $L[D]cu=cL[D]u$ (2.7 b)
(3) $L[D](f+g)=L[D]f+L[D]g$ (2.7 c)

위 (1)은 식 (2.6)에서 $\alpha=\beta=0$으로 두면 확인 가능하고, (2), (3)도 동일한 방법으로 간

단하게 확인할 수 있다.

이상의 사실을 이용하여 2계 선형미분방정식의 해를 생각하여 보자. 먼저 방정식 (2.3)이 '0'과 '$g(x)$'인 두 개의 외부함수를 가지는 것으로 간주($[0+g(x)]$로 둔다)하는 것이다. 이 경우 방정식의 해는 선형연산자의 성질로부터, $L[D]u_h=0$를 만족하는 $u_h(x)$와, $L[D]u_g=g(x)$, $(a<x<b)$의 만족시키는 $u_g(x)$의 합으로 주어질 것이다.

이상의 결과를 바탕으로 먼저 제차미분방정식의 해의 구성요건에 있어서 중요한 역할을 하는 중첩의 원리(principle of superposition)에 대하여 알아본다.

요점 2.2 중첩의 원리

함수 $u_1(x)$와 $u_2(x)$가 미분방정식

$$\frac{d^2u}{dx^2}+p_1(x)\frac{du}{dx}+p_0(x)u=0 \tag{2.8}$$

의 해라고 하면, 임의의 상수 c_1과 c_2에 대하여

$$u(x)=c_1u_1(x)+c_2u_2(x) \tag{2.9}$$

도 식 (2.8)의 해로 된다. 이때 함수 $u_1(x)$와 $u_2(x)$를 미분방정식의 기본해라고 한다.

위 요점을 확인하여 보자. 먼저 가정에 의해 $L[D]u_1=L[D]u_2=0$이므로 미분연산자의 선형성에 의하여

$$L[D](c_1u_1+c_2u_2)=c_1L[D]u_1+c_2L[D]u_2=c_1\cdot 0+c_2\cdot 0=0$$

이 성립되어 식 (2.9)도 해로 됨을 확인할 수 있다.

2.2 제차방정식의 일반해와 론스키안

$g(x)=0$인 경우에 대한 2계 선형미분방정식 (2.3)이 가지는 해의 성질에 대하여 설명한다.

$$\frac{d^2u}{dx^2}+p_1(x)\frac{du}{dx}+p_0(x)u=0 \tag{2.10}$$

• 해의 독립성

[요점 2.2]에서 언급한 바와 같이 미분방정식의 일반해는 기본해의 선형결합으로 이루어진다. 따라서 기본해의 선형독립성이 일반해의 구성에 중요한 역할을 한다. 여기서 구간 R에서 두 함수 u_1과 u_2의 선형독립성은 다음과 같이 정의된다.

$$c_1u_1(x)+c_2u_2(x)=0 \quad \rightarrow \quad c_1=c_2=0 \tag{2.11}$$

만약, 식 (2.11)이 구간 R에서 만족되지 않는다면 두 함수는 선형종속이라고 한다. 다시 말하면 식 (2.11)의 등호가 $c_1, c_2 \neq 0$에서 성립한다는 것은 두 함수 u_1과 u_2사이에 $u_2(x)=(c_1/c_2)u_1(x)$과 같이 선형적인 관계가 성립한다는 것을 의미한다.

함수의 선형독립성과 관련하여 다음 요점이 주어진다.

요점 2.3 선형독립과 종속

함수 u_1과 u_2가 구간 R에서 미분방정식 (2.10)을 만족한다고 한다. 이때 두 함수는 구간 R에서 두 함수의 론스키안(Wronskian)

$$W(u_1, u_2)=\begin{vmatrix} u_1 & u_2 \\ u_1{}' & u_2{}' \end{vmatrix}=u_1u_2{}'-u_2u_1{}' \tag{2.12}$$

이 임의의 x_0에서 영의 값을 가진다면 두 함수는 선형종속이며[2], 반대로 $W(u_1,u_2)[x]\neq 0, (\forall x\in I)$이면 함수 u_1과 u_2는 선형독립이다.

요점 2.3을 예제를 이용하여 확인하여 보자.

예제 2.1

함수 $u_1=\cos\omega x$와 $u_2=\sin\omega x$는 미분방정식 $u''+\omega^2u=0$의 해이다. 이때 론스키안은

$$W(\cos\omega x, \sin\omega x)=\begin{vmatrix} \cos\omega x & \sin\omega x \\ -\omega\sin\omega x & \omega\cos\omega x \end{vmatrix}=\omega\cos^2\omega x+\omega\sin^2\omega x=\omega$$

이다. [요점 2.3]에 의해 $\omega\neq 0$이라면 u_1과 u_2는 선형독립이다. $\omega=0$이라면 $u_2=0$이므로 선형종속임을 알 수 있다.

---

2) 두 가지 경우를 생각할 수 있다. 즉 구간 R에서 항상 $W(u_1,u_2)[x]=0$인 경우와, $W(u_1,u_2)\ [x_0]=0$이 성립하는 $x_0\in R$가 존재하는 경우이다.

예제 2.2

미분방정식 $u'' - 2u + u = 0$ 의 일반해는 $u = (c_1 + c_2 x)e^x$ 이다. 이때 두 개의 기본해에 대한 론스키안은 0이 아니므로 선형독립이라는 것을 알 수 있다. 다시 말하면

$$W(e^x, xe^x) = \begin{vmatrix} e^x & xe^x \\ e^x & (x+1)e^x \end{vmatrix} = (x+1)e^{2x} - xe^{2x} \neq 0$$

임을 확인할 수 있다.

• 2계 선형미분방정식의 일반해

미분방정식의 일반해의 존재성과 관련하여 정리한 것이 다음 요점이다.

요점 2.4 일반해의 존재성

식 (2.1)의 2계 선형미분방정식의 계수 $p_0(x)$ 와 $p_1(x)$ 가 구간 R 에서 연속이면 식 (2.10)은 구간 R 에서 반드시 일반해를 가진다.

[요점 2.2]에서 [요점 2.4]까지를 정리하면 다음과 같다. 즉 식 (2.10)의 2계 선형미분방정식의 계수 $p_0(x)$와 $p_1(x)$가 구간 R에서 연속이면 서로 선형독립인 두 개의 기본해 $u_1(x)$와 $u_2(x)$가 반드시 존재하며, 일반해는

$$u(x) = c_1 u_1(x) + c_2 u_2(x) \tag{2.13}$$

의 형식을 가진다는 것이다.

다음은 일반해에서 주어진 초기조건을 만족하는 임의 상수 c_1과 c_2을 계산하여 보자. 먼저 식 (2.13)에 초기값의 조건 $u(x_0) = r_1$, $u'(x_0) = r_2$을 대입하여 다음과 같은 연립방정식을 세운다.

$$r_1 = c_1 u_1(x_0) + c_2 u_2(x_0) \tag{2.14 a}$$

$$r_2 = c_1 u_1{}'(x_0) + c_2 u_2{}'(x_0) \tag{2.14 b}$$

위 식은 다음의 조건이 만족될 때 유일한 해를 가진다는 것이 알려져 있다[3].

3) 이것은 연립 1차방정식과 관련된 기본정리로서 제 7 장을 참고하기 바란다.

$$\begin{vmatrix} u_1(x_0) & u_2(x_0) \\ u_1'(x_0) & u_2'(x_0) \end{vmatrix} \neq 0 \tag{2.15}$$

위의 행렬식은 바로 론스키안 $W(u_1, u_2)$이며, 가정에 의해 $u_1(x)$와 $u_2(x)$가 선형독립이므로 $W(u_1, u_2)$는 구간 $a < x < b$에서 0일 수 없다. 따라서 연립방정식 (2.14)는 유일해를 가지므로 주어진 초기조건에 의해 c_1과 c_2를 유일하게 결정할 수 있다.

예제 2.3

함수의 집합 $\{u_1(x) = e^{2x},\ u_2(x) = e^{-2x}\}$는 다음 미분방정식의 기본해임을 밝히고 그의 일반해를 구하여 보자.

$$L[D]u = \frac{d^2u}{dx^2} - 4u = 0 \quad ①$$

풀이

주어진 $u_1(x)$와 $u_2(x)$를 ①에 대입하면 0임을 확인할 수 있다. 또 이에 대한 론스키안은

$$W(e^{2x}, e^{-2x}) = \begin{vmatrix} e^{2x} & e^{-2x} \\ 2e^{2x} & -2e^{-2x} \end{vmatrix} = -4 \neq 0$$

이므로 $\{u_1(x) = e^{2x},\ u_2(x) = e^{-3x}\}$는 기본해의 집합이다. 따라서 [요점 2.2]에 의해 일반해는

$$u(x) = c_1 e^{2x} + c_2 e^{-2x} \quad ②$$

로 된다.

2.3 비제차미분방정식의 일반해

여기서는 비제차미분방정식 (2.16)의 일반해에 대하여 알아본다.

$$\frac{d^2u}{dx^2} + p_1(x)\frac{du}{dx} + p_0(x)u = g(x),\ (a < x < b) \tag{2.16}$$

단 $g(x) \neq 0$이다. 이때 위 미분방정식의 일반해와 관련하여 다음의 요점이 알려져 있다.

요점 2.5 비제차미분방정식의 일반해

구간 R에서 비제차미분방정식 (2.16)의 일반해는 다음과 같다.

$$u(x) = u_h(x) + u_p(x) \tag{2.17}$$

여기서 $u_h = c_1u_1 + c_2u_2$는 구간 R에서 제차미분방정식 (2.10)의 일반해이며, u_p는 구간 R에서 임의의 상수를 포함하지 않는 비제차미분방정식 (2.16)의 특수해이다.

위 요점에 대하여 좀 더 구체적으로 언급한다. 먼저, $u_1(x)$와 $u_2(x)$가 제차미분방정식 (2.10)의 기본해라고 한다. 다시 말하면, 구간 R에서 $L[D]u_1 = L[D]u_2 = 0$이며, 동시에 $W(u_1, u_2) \neq 0$를 만족한다. 또한 다음 식

$$L[D]u = \frac{d^2u}{dx^2} + p_1(x)\frac{du}{dx} + p_0(x)u = g(x)$$

를 만족하는 $u_p(x)$를 특수해(particular solution)라고 하며, 이는 $L[D]u_p(x) = g(x)$를 만족하도록 선정되었다고 가정한다. 이러한 $u_p(x)$를 구하는 방법에 대해서는 뒤에서 언급한다. 이 경우 임의의 c_1과 c_2를 이용하여

$$u(x) = u_p(x) + c_1u_1(x) + c_2u_2(x) \tag{2.18}$$

로 둔다. 이때 식 (2.18)은 식 (2.16)을 만족하는 해로 된다. 이것은 미분연산자의 선형성을 이용하여 다음과 같이 확인할 수 있다.

$$\begin{aligned} L[D]u &= L[D](u_p + c_1u_1 + c_2u_2) \\ &= L[D]u_p + c_1L[D]u_1 + c_2L[D]u_2 \\ &= L[D]u_p + 0 + 0 = g(x) \end{aligned}$$

이러한 이유로 $u(x)$를 식 (2.16)의 일반해(general solution)라고 한다.

예제 2.4

$u_1(x) = x^2$과 $u_2(x) = x - 1$은 제차미분방정식 $L[D]u = 0$의 기본해임을 증명하여 보자. 단 $L[D]$는 다음과 같이 주어진다.

$$L[D] = x(x-2)D^2 - 2(x-1)D + 2$$

또 $u_p(x) = x^3$ 은 비제차미분방정식 $L[D]u = g(x)$ 의 특수해임을 보이고, 초기조건이 $u(1) = 0, u'(1) = 0$ 일 때 이를 만족하는 특수해를 구하여 보자. 단 외부입력은 $g(x) = 2x^2(x-3)$ 이며, 독립변수 x 의 구간은 $0 < x < 2$ 이다.

풀이

$L[D]u_1 = L[D]u_2 = 0$ 인 것은 간단하게 확인할 수 있다. 또한 기본해에 대한 론스키안은

$$W(x) = \begin{vmatrix} x^2 & x-1 \\ 2x & 1 \end{vmatrix} = x(x-2) \neq 0, \quad (0 < x < 2)$$

이다. 따라서 $u_1(x)$ 와 $u_2(x)$ 는 미분방정식의 기본해이다. 한편 $u_p(x) = x^3$ 가 $L[D]u = g(x)$ 의 특수해인 것은 다음과 같이 확인 가능하다.

$$\begin{aligned} L[D]x^3 &= x(x-1)(6x) - 2(x-1)(3x^2) + 2(x^3) \\ &= 6x^3 - 12x^2 - 6x^3 + 6x^2 + 2x^3 \qquad ① \\ &= 2x^2(x-3) = g(x) \end{aligned}$$

따라서 일반해는 [요점 2.5]에 의해

$$u(x) = x^3 + c_1 x^2 + c_2(x-1)$$

로 된다. 이때 위 식에서

$$u(1) = 1 + c_1, \quad u'(1) = 3 + 2c_1 + c_2$$

이므로 초기조건 $u(1) = 0, u'(1) = 0$ 을 대입하여 c_1 과 c_2 을 계산하면 다음과 같다.

$$c_1 = c_2 = -1$$

따라서 초기조건을 만족하는 특수해는

$$u(x) = x^3 - x^2 - x + 1 \qquad ②$$

로서 유일하다.
①의 비제차미분방정식을 Symbolic Toolbox을 이용하여 얻은 해 역시 ②와 동일함을 확인할 수 있다.

```
>> syms x
>> sol = dsolve('x*(x-2)*D2u-2*(x-1)*Du+2*u=2*x^2*(x-3)',...
      'u(1)=0','Du(1)=0','x') ↵

   sol =
```

```
    (2*x^2*(x - 1)^2)/(x - 2) - 5*x - (2*(x/2 - 1/2)*(x^3 - 4*x + 8))/(x - 2) + 5
>> simplify(sol) ↵

  ans =
    (x - 1)^2*(x + 1)         % ②의 결과와 동일
```

2.4 정수계수를 가지는 2계 선형미분방정식

일반적으로 정수계수를 가지는 2계 선형제차미분방정식은

$$\frac{d^2u}{dx^2} + p_1\frac{du}{dx} + p_0 u = 0 \tag{2.19}$$[4]

로 주어지며, 이때 계수 p_0, p_1는 정수이다. 위 식을 미분연산자 D의 2차 다항식연산자를

$$L[D] = D^2 + p_1 D + p_0 \tag{2.20}$$

로 두면 식 (2.19)은

$$L[D]u = 0 \tag{2.21}$$

으로 표기할 수 있다. 이때 실수 m과 양의 정수 k에 대해서

$$D^k e^{mx} = m^k e^{mx} \tag{2.22}$$

의 관계가 성립한다. 이때 $u(x) = e^{mx}$로 두고 이를 식 (2.19)에 대입하고 식 (2.21)을 이용하면

$$\begin{aligned} L[D]e^{mx} &= m^2 e^{mx} + p_1 m e^{mx} + p_0 e^{mx} \\ &= \left(m^2 + p_1 m + p_0\right)e^{mx} = L[m]e^{mx} \end{aligned} \tag{2.23}$$

---

4) 2계 미분방정식을 $a_2\frac{d^2u}{dx^2} + a_1\frac{du}{dx} + a_0 u = 0$로 표현할 수도 있으나, 최고계의 미분항의 계수를 '1'로 하는 것이 여러 가지로 유리하기 때문에, 식의 양변을 a_2로 나누고, 이것을 $a_1/a_2 \to p_0$ 및 $a_0/a_2 \to p_1$로 두면 식 (2.19)의 기본형을 얻는다.

가 성립한다. 여기서 $u = e^{mx}$가 식 (2.19)의 해이기 위해서는 $L[D]e^{mx} = 0$이어야 하므로, 식 (2.23)에 의해 $L[m] = 0$, 즉 m이

$$m^2 + p_1 m + p_0 = 0 \tag{2.24}$$

을 만족하도록 선정되어야 한다는 것을 알 수 있다. 이와 같은 m의 다항식을 (주어진 미분방정식의) 특성다항식(또는 ·보조다항식)이라 하며, 이 다항식은

$$m_{1,2} = -\frac{p_1}{2} \pm \frac{1}{2}\sqrt{p_1^2 - 4p_0} \tag{2.25}$$

인 두 개의 근을 가진다. 따라서 식 (2.19)의 기본해는

$$u_1 = e^{m_1 x}, \qquad u_2 = e^{m_2 x} \tag{2.26}$$

이다. 이때 기본해에 대한 론스키안은

$$W(x) = \begin{vmatrix} e^{m_1 x} & e^{m_2 x} \\ m_1 e^{m_1 x} & m_2 e^{m_2 x} \end{vmatrix} = (m_2 - m_1)e^{(m_1 + m_2)x} \tag{2.27}$$

이고, $m_1 \neq m_2$이면 $W(x) \neq 0$이므로, 식 (2.19)의 일반해는

$$u(x) = c_1 e^{m_1 x} + c_2 e^{m_2 x} \tag{2.28}$$

로 주어진다. 여기서 식 (2.25)로 주어지는 특성다항식의 두 개의 근은 $\sqrt{\cdot}$ 내의 값에 따라 다음과 같이 세 가지 경우로 구별된다.

• 경우 Ⅰ : 서로 다른 실수의 근

식 (2.25)에서 $p_1^2 - 4p_0 > 0$의 조건이 만족된다면 두 개의 근 $m_{1,2}$는 서로 다른 값을 가지는 실수로 되어 식 (2.28)의 일반해는

$$u(x) = e^{-p_0 x/2}\left(c_1 e^{\sqrt{p_1^2 - 4p_0}\, x/2} + c_2 e^{-\sqrt{p_1^2 - 4p_0}\, x/2}\right) \tag{2.29}$$

로 된다.

예제 2.5 **($L(m)=0$ 가 서로 다른 실근을 가지는 경우)**

다음 초기값 문제의 해를 구하여라.

$$\frac{d^2u}{dx^2} - 4u = 0, \ \ u(0) = 0, \ u'(0) = 3 \qquad ①$$

풀이

주어진 미분방정식의 특성다항식 $L[m] = 0$은

$$L[m] = m^2 - 4 = (m-2)(m+2) = 0$$

로 되어, 근은 $m_1 = 2, m_2 = -2$이다. 따라서 일반해는

$$u(x) = c_1 e^{2x} + c_2 e^{-2x} \qquad ②$$

이다. 다음에 초기조건을 이용하여 얻은 임의 상수 c_1과 c_2에 관한 연립방정식

$$\begin{aligned} c_1 + c_2 &= 0 \\ 2c_1 - 2c_2 &= 3 \end{aligned}$$

을 풀면, $c_1 = 3/4, c_2 = -3/4$이다. 따라서 초기값 문제의 해는 다음과 같다.

$$u(x) = \frac{3}{4}\left(e^{2x} - e^{-2x}\right) = \frac{3}{2}\sinh 2x \qquad ③$$[5]

• 경우Ⅱ : 복소수의 근

식 (2.25)에서 $p_1^2 - 4p_0 < 0$이면 두 개의 근 $m_{1,2}$는

$$m_{1,2} = -\frac{p_1}{2} \pm j\frac{1}{2}\sqrt{4p_0 - p_1^2} \qquad (2.30)$$[6]

즉, 복소수로 되며 일반해는 식 (2.29)로부터

---

5) 지수함수를 삼각함수로 변형하기 위해서는 식 (2.32)에 대응하는 다음과 같은 몇 가지 공식이 필요하다.

$$\begin{aligned} &e^x = \cosh x + \sinh x \\ &\sinh(x+y) = \sinh x \cosh y + \sinh y \cosh x \\ &\cosh^2 x - \sinh^2 x = 1 \end{aligned}$$

6) 보통 허수를 $i = \sqrt{-1}$로 표현하지만 전기관련 분야 전공자에게는 $j = \sqrt{-1}$가 더 일반적이므로 여기서는 이 표현법을 따르기로 한다.

$$u(x) = e^{-p_1 x/2}\left(c_1 e^{j\sqrt{4p_0 - p_1^2}\,x/2} + c_2 e^{-j\sqrt{4p_0 - p_1^2}\,x/2}\right) \tag{2.31}$$

로 된다. 위식은 반드시 아래 공식 등을 이용하여 삼각함수로 변형하는 과정이 필요하다.

$$e^{j\theta} = \cos\theta + j\sin\theta \tag{2.32 a}$$ [7]

$$\cos(\alpha+\beta) = \cos\alpha\,\cos\beta - \sin\alpha\,\sin\beta \tag{2.32 b}$$

$$\cos^2\beta + \sin^2\beta = 1 \tag{2.32 c}$$

이상을 식 (2.31)에 적용하여 정리하면 다음 두 형식의 일반해를 얻을 수 있다.

$$u(x) = e^{-p_1 x/2}\left[A\sin\left(\frac{1}{2}\sqrt{4p_0 - p_1^2}\;x\right) + B\cos\left(\frac{1}{2}\sqrt{4p_0 - p_1^2}\;x\right)\right] \tag{2.33 a}$$

$$u(x) = c_3 e^{-p_1 x/2}\cos\left(\frac{1}{2}\sqrt{4p_0 - p_1^2}\;x + c_4\right) \tag{2.33 b}$$

예제 2.6 **($L(m)=0$ 가 복소근을 가지는 경우)**

다음 미분방정식의 일반해를 구하여 보자.

$$\frac{d^2u}{dx^2} + 2\frac{du}{dx} + 5u = 0$$

풀이

(a) 해석적인 방법에 의한 해 :

주어진 미분방정식의 특성다항식 $L[m]=0$ 은

$$L[m] = m^2 + 2m + 5 = 0 \qquad ①$$

이다. ①의 해는

$$m_{1,2} = -1 \pm j2$$

이므로 일반해는 식 (2.31)에 의해

$$u(x) = c_1 e^{(-1+j2)x} + c_2 e^{(-1-j2)x} \qquad ②$$

7) 이것은 오일러의 공식으로 알려져 있다.

이다. 위 식을 식 (2.33)의 형태로 고치면

$$u(x) = e^{-x}(A\cos 2x + B\sin 2x) \quad ③$$

또는

$$u(x) = c_3 e^{-x}\sin(2x + c_4) \quad ④$$

인 것은 쉽게 확인할 수 있다. 여기서 적절한 a와 b의 값을 지정한다면 $\cos(2x+a) = \sin(2x+b)$로 되어, 식 (2.33 b)와 ④는 동일한 식이라는 것을 알 수 있다. 또한 론스키안은 모든 실수값 x에 대해

$$W(x) = \begin{vmatrix} e^{-x}\cos 2x & e^{-x}\sin 2x \\ \dfrac{d}{dx}(e^{-x}\cos 2x) & \dfrac{d}{dx}(e^{-x}\sin 2x) \end{vmatrix} = 2e^{-2x} > 0$$

이다.

(b) MATLAB을 이용한 수치적인 방법에 의한 해

ⓐ Symbolic Toolbox의 이용 : 일반해는 다음으로 얻어진다.

```
>> syms x
>> u = dsolve('D2u+2*Du+5*u=0','x'); % general solution
>> simple(u) ↵

   ans =
    exp(-x)*(C14*cos(2*x) + C15*sin(2*x))
```

ⓑ MATLAB 함수의 사용 : 먼저 아래 함수파일을 'exp2_6.m'으로 하여 저장한다.

```
function uprime = exp2_6(x, u)
uprime = [ u(2); -2*u(2)-5*u(1)];
```

```
>> tspan = [0 6];                              % 구간 (0,6)을 지정
>> uo = [0 ; 3];                               % 초기값의 설정
>> [time, u] = ode23('exp2_6', tspan, uo); % 미분방정식의 해
>> subplot(221),plot(time, u(:,1));           % [그림 2.1]
>> xlabel(' x '), ylabel(' u ');
```

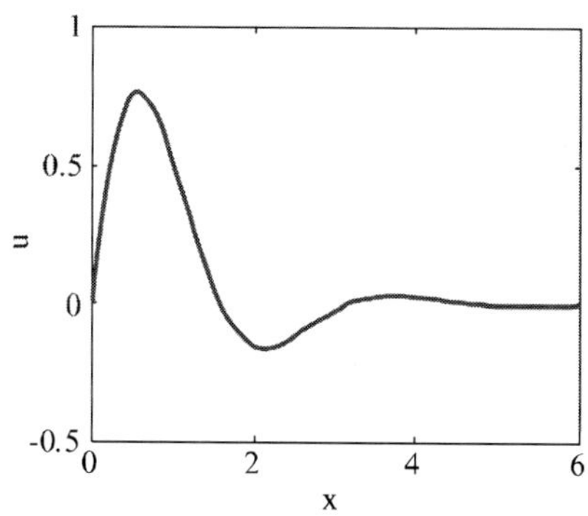

그림 2.1 [예제 2.6]의 해곡선

- **경우 Ⅲ : 동일한 크기의 실수근**

$\left(p_1^2 - 4p_0\right) = 0$이면 $m_1 = m_2$이므로 식 (2.24)은 중근을 가진다. 이 경우 식 (2.28)은

$$u(x) = c_1 e^{m_1 x} + c_2 e^{m_2 x} = (c_1 + c_2) e^{mx} = c e^{mx} \tag{2.34}$$

(단, $c_1 + c_2 = c$, $m_1 = m_2 = m$이다)

로 되어 오직 하나의 해만을 갖게 되어 일반해로 될 수 없다. 따라서 $u(x) = e^{mx}$와 일차 독립인 나머지 하나의 해를 구하는 방법에 대하여 알아보자.

먼저 조건식 $\left(p_1^2 - 4p_0\right) = 0$에서 $p_1 = p_0^2/4$를 얻고 이를 식 (2.24)에 대입하면

$$L(m)u = \left(m + \frac{p_1}{2}\right)^2 u = 0 \tag{2.35}$$

로 되므로, 이를 만족하는 두 개의 1차 독립인 해 $m_{1,2}$를 구하면 된다. 이때 식 (2.35)를 만족하는 u로서

$$u(x) = e^{-p_1 x/2} x^k, \ (k = 0, 1) \tag{2.36}$$ [8]

로 둔다면 식 (2.35)가 만족되어

8) $L[D]$가 상수계수를 가지는 D의 다항식연산자일 때 $L[D-m](e^{mx} x) = L[D] e^{mx} x$이다. 따라서 $(D-m)^2 (e^{mx} x^k) = D^2 e^{mx} x^k = 0$, $(k = 0,1)$이 성립한다.

$$u_{k+1}(x) = x^k e^{-p_1 x/2}, \ (k=0,1) \tag{2.37}$$

은 각각 $u_1(x) = e^{-p_1 x/2}$, $u_2(x) = xe^{-p_1 x/2}$ 이며 이들은 1차 독립이므로 기본해의 집합으로 된다. 따라서 일반해는

$$u(x) = c_1 e^{-p_1 x/2} + c_2 x e^{-p_1 x/2} = (c_1 + c_2 x) e^{-p_1 x/2} \tag{2.38}$$

이다.

예제 2.7 ($L(m)=0$ 이 중근을 가지는 경우)

다음 초기값 문제의 해를 구하여 보자.

$$\frac{d^2u}{dx^2} + 6\frac{du}{dx} + 9u = 0, \ u(0) = 2, \ u'(0) = 0$$

풀이

위 문제의 특성다항식

$$m^2 + 6m + 9 = 0$$

으로부터 $m = -3$, 즉 중근을 얻는다. 따라서 식 (2.38)에 의해 일반해는

$$u(x) = c_1 e^{-3x} + c_2 x e^{-3x}$$

이다. 또 초기조건으로부터 $u(0) = 2$ 이므로 $2 = c_1$ 이고, 일반해 $u(x)$를 미분하면

$$\frac{du}{dx} = (c_1 + c_2 x)(-3e^{-3x}) + c_2 e^{-3x}$$

이므로, 초기조건 $u'(0) = 0$ 으로부터

$$-3c_1 + c_2 = 0 \ \rightarrow c_2 = 6$$

이다. 따라서 초기값 문제의 해는

$$u(x) = 2(1+3x)e^{-3x}$$

이다.

- **경우(Ⅰ ~ Ⅲ)의 요약**

표 2.1 식 (2.19)의 근에 따른 기본해

경우	식 (2.19)의 근	식 (2.19)의 기본해	식 (2.19)의 일반해
Ⅰ	서로 다른 실수의 근 λ_1, λ_2	$e^{\lambda_1 x}$, $e^{\lambda_2 x}$	$u = c_1 e^{\lambda_1 x} + c_2 e^{\lambda_2 x}$
Ⅱ	복소수의 근 $\lambda_1 = -\sigma/2 + j\omega$, $\lambda_2 = -\sigma/2 - j\omega$,	$e^{-\sigma x/2}\cos\omega x$, $e^{-\sigma x/2}\sin\omega x$	$u = e^{-\sigma x/2}(A\cos\omega x + B\sin\omega x)$
Ⅲ	동일한 크기의 실수근 $\lambda_{1,2} = -\sigma/2$	$e^{-\sigma x/2}$, $xe^{-\sigma x/2}$	$u = (c_1 + c_2 x)e^{-\sigma x/2}$

2.5 2계 선형미분방정식의 예 - 외부입력이 인가되지 않은 경우

간단한 물리시스템의 움직임을 이용하여 2계 선형미분방정식의 해가 가지는 의미를 알아보자.

- **비감쇠운동(Undamped motion)**

예제 2.8 자유진동 시스템

[그림 2.2]와 같이 천정에 스프링을 이용하여 질량 m의 물체가 매달려 있는 것으로 한다. 스프링은 훅크의 법칙(Hook's law)에 따르는 것으로 하고 이때 스프링상수는 k로 둔다. 이 경우 질량의 수직방향의 자유진동문제를 생각하여보자.

풀이

스프링과 질량이 평형을 유지하고 있을 때의 스프링의 늘어난 길이를 h [m]로 둔다([그림 2.2] 참조).
중력에 의한 힘은

$$F_1 = mg \quad ①$$

이며, 이때 g는 중력가속도로서 $9.8\,[\mathrm{m/s^2}]$의 값을 가진다. 스프링의 탄성력은 중력에 의한 힘과 반대방향이므로

$$F_2 = -kh \quad ②$$

이다. 따라서 뉴턴의 운동법칙에 의해

$$F_1 + F_2 = 0$$

가 성립한다. 또한 질량이 $y\,[\mathrm{m}]$ 만큼 변동하였다면[9)]

$$ma = -ky \qquad ③$$

가 성립한다. 여기서 a는 질량 m이 움직이는 가속도로서 $a = y''$ 이므로 ③은

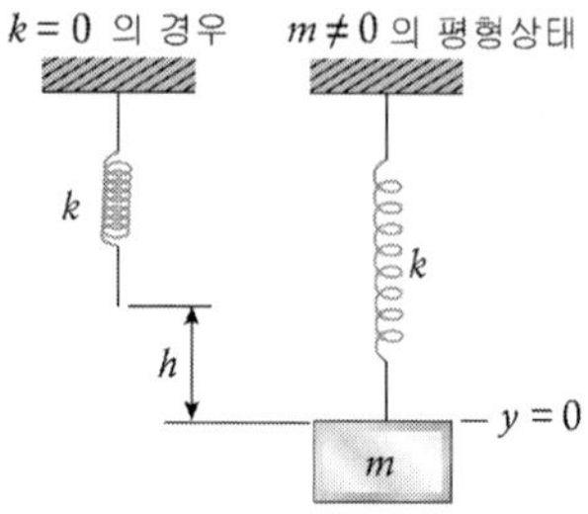

그림 2.2 질량-스프링 시스템

$$my'' + ky = 0 \;\rightarrow\; y'' + \omega^2 y = 0,\ (\omega = \sqrt{k/m}) \qquad (2.39)$$

로 된다. 여기서 $\frac{\omega}{2\pi}\,[\mathrm{Hz/s}]$는 시스템의 진동수(즉 주파수)이다. ④의 특성다항식은

$$\lambda^2 + \omega^2 = 0 \qquad ⑤$$

이며 두 개의 허수근

$$\lambda_{1,2} = \pm j\omega$$

를 가진다. 이 경우의 일반해는 [표 2.1]로부터

$$y(t) = c_1 \cos \omega t + c_2 \sin \omega t \qquad (2.40)$$

으로 된다. [그림 2.2]의 시스템은 에너지의 손실 없이 자유진동을 지속하기 때문에 비감쇠(undamped) 시스템이라고 불린다.

• 감쇠운동(Damped motion)

예제 2.9 감쇠시스템

[그림 2.2]의 시스템에 감쇠기(damper)를 연결하고 감쇠정수를 c 로 둔다([그림 2.3] 참조)[10)]. 이때 질량의 움직임을 고찰하여 보자.

풀이

질량 m이 $y\,[\mathrm{m}]$ 만큼 이동했을 경우 [그림 2.3]에 뉴턴의 운동법칙(즉 에너지 보존의 법칙)을 적용하면

$$my'' + cy' + ky = 0 \;\rightarrow\; y'' + \frac{c}{m}y' + \frac{k}{m}y = 0 \qquad (2.41)$$

9) [그림 2.2]에서 질량의 수직 아래쪽 방향이 기준이므로 $+y$ 는 아래쪽 방향, $-y$는 위쪽 방향을 각각 나타낸다.
10) 별도로 감쇠기를 연결하지 않더라도 공기와의 마찰 등으로 인해 대부분의 시스템에는 감쇠가 존재한다.

가 얻어진다. 이 미분방정식의 특성다항식은

$$\lambda^2 + \frac{c}{m}\lambda + \frac{k}{m} = 0 \qquad ②$$

이며 특성근은

$$\lambda_{1,2} = -\frac{c}{2m} \pm \frac{1}{2m}\sqrt{c^2 - 4mk} := -\alpha \pm \beta \qquad ③$$

으로 된다. 이 경우 $\sqrt{\bullet}$ 안의 값에 따라 다음 세 가지 경우로 분류한다.

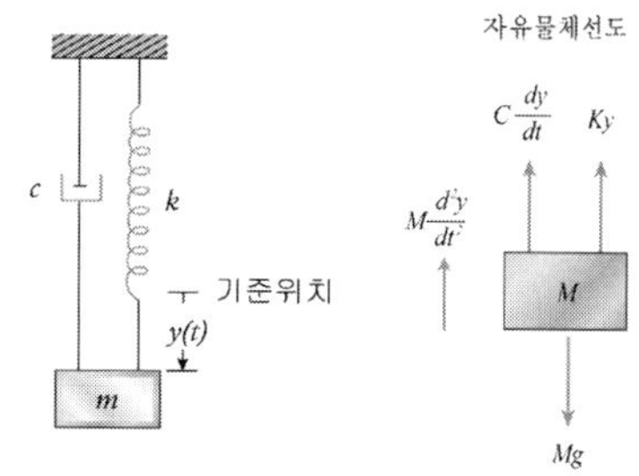

그림 2.3 (a) 물리 시스템
(b) 자유물체 선도

(경우 I) 과도제동 : $c^2 > 4mk$일 경우 시스템은 과도제동으로 된다. 이 경우 ③은

$$\lambda_1 = -\frac{c}{2m} - \frac{1}{2m}\sqrt{c^2 - 4mk} < 0\,,\ \lambda_1\lambda_2 = \frac{k}{m} > 0 \qquad (2.42\ a)$$

로 되기 때문에 특성근은 둘 모두 음의 실수이다. 따라서 ①의 근은 [표 2.1]로부터

$$y(t) = c_1 e^{\lambda_1 t} + c_2 e^{\lambda_2 t} \qquad (2.42\ b)$$

로 된다. ⑤로부터 알 수 있는 바와 같이 $y(t)$는 진동 없이 지수함수적으로 0으로 수렴한다.

(경우 II) 임계제동 : $c^2 = 4mk$이면 ③의 두 개의 근은 중근, 즉

$$\lambda_{1,2} = -\frac{c}{2m} = -\alpha\,,\ (\alpha > 0) \qquad ⑥$$

으로 되기 때문에, [표 2.1]에 의해 일반해는 다음으로 주어진다.

$$y(t) = c_1 e^{-\alpha t} + c_2 t e^{-\alpha t} = (c_1 + c_2 t)e^{-\alpha t} \qquad (2.43)$$

만약 $c_2 > 0$이라면 $y(t)$는 초기에는 증가할 수도 있지만, 결국 지수함수적으로 0으로 수렴하게 될 것이다.

(경우 III) 부족제동 : $c^2 < 4mk$인 경우 ③의 $\sqrt{\bullet}$ 내부가 음의 값을 가지므로 특성근은

$$\lambda_{1,2} = -\frac{c}{2m} \pm j\frac{1}{2m}\sqrt{4mk - c^2} := -\alpha \pm j\beta\,,\ (\alpha > 0) \qquad (2.44\ a)$$

로 되기 때문에 특성근은 복소수이다. 따라서 미분방정식 ①의 해는 [표 2.1]로부터

$$y(t) = c_1 e^{-\alpha t}\cos\beta t + c_2 e^{-\alpha t}\sin\beta t \qquad (2.44\ b)$$

로 된다. 이때 해 $y(t)$는 진동하면서 지수함수적으로 감소하여 0으로 수렴한다.

실제의 예를 이용하여 감쇠운동의 움직임을 확인하여 보자.

예제 2.10

[예제 2.10] 식 (2.41)에서 $m=10,\ k=90$이라고 한다. 이때 마찰계수 c가 다음 세 가지 경우 중 하나일 때 질량 m의 움직임은 어떻게 변화하는지 조사하여 보자. 단 초기값은 $y(0)=0.16,\ \ y'(0)=0$이라고 가정한다.

(i) $c=100$, (ii) $c=60$, (iii) $c=10$

풀이

(a) 해석적인 방법에 의한 해 :

(i)의 경우 : 식 (2.41)은

$$10y''+100y'+90y=0,\ y(0)=0.16,\ y'(0)=0 \qquad ①$$

이다. 이 시스템의 특성다항식은 $L[m]=10\,m^2+100\,m+90=10(m+9)(m+1)=0$ 이므로 두 개의 근은 -9와 -1이다. 따라서 일반해는

$$y=c_1e^{-9t}+c_2e^{-t}$$

이며, 여기에 초기조건을 적용하면 $c_1=-0.02$와 $c_2=0.18$을 얻는다. 따라서 최종해는

$$y(t)=-0.02e^{-9t}+0.18\,e^{-t} \qquad ②$$

로 된다. ②는 $t\to\infty$이면 영으로 수렴하며 그 수렴속도는 상당히 빠르다. 다시 말하면, 시스템의 마찰계수가 너무 크기 때문에 초기조건에 의해 늘어난 스프링은 진동(즉 상하왕복 운동)을 발생시키지 않고 짧은 시간 내에 정지상태로 된다는 것을 의미하고 있다.

(ii)의 경우: 특성방정식은

$$10\,m^2+60\,m+90=10(m+3)^2=0$$

이므로 -3에 중근을 가진다. 따라서 식 (2.43)에 의해 일반해는

$$y=(c_1+c_2t)e^{-3t}$$

이며, 여기에 초기조건을 적용하면 $c_1=0.16$과 $c_2=0.48$을 얻는다. 이로부터 해는

$$y(t)=(0.16+0.48\,t)e^{-3t} \qquad ③$$

이다. 이 경우는 시스템의 마찰이 진동을 발생시키기 위한 임계점에 있기 때문에 진동은 발생하지 않지만, 정지상태까지의 시간은 (i)의 경우보다는 길어진다.

(iii)의 경우 : 미분방정식이 $10y''+10y'+90y=0$로 된다. 이 시스템의 특성다항식은 $L[m]=10\left[(m+1/2)^2+9-1/4\right]=0$이므로 두 개의 복소수 근 $m_{1,2}=-0.5\pm j2.96$

을 가진다. 따라서 식 (2.44)로부터 일반해는

$$y = e^{-0.5t}(c_1 \cos 2.96t + c_2 \sin 2.96t)$$

이다. 여기에 초기조건을 대입하면 $c_1 = 0.16$과 $c_2 = 0.027$을 얻어서 최종적인 해는

$$\begin{aligned} y(t) &= e^{-0.5t}(0.16 \cos 2.96t + 0.027 \sin 2.96t) \\ &= 0.162 e^{-0.5t} \cos(2.96t - 0.17) \end{aligned}$$

이다. 이것은 시스템의 마찰계수가 임계값보다 작기 때문에 초기조건에 의한 질량 m의 움직임은 $2.96\,[\mathrm{rad/s}]$의 주기를 가지는 sine파 모양으로 진동하면서 수렴한다는 것을 의미한다.

(b) MATLAB을 이용한 수치적인 방법에 의한 해

ⓐ Symbolic Toolbox의 이용 : 일반해는 다음으로 얻어진다.

```
>> syms t u
>> u_100 = dsolve('10*D2u+100*Du+90*u=0','u(0)=0.16','Du(0)=0','t') ↵
   u_100 = (9*exp(-t))/50 - exp(-9*t)/50              % ⓐ의 경우

>> u_60 = dsolve('10*D2u+60*Du+90*u=0','u(0)=0.16','Du(0)=0','t') ↵
>> simplify(u_60) ↵
   ans = (4*exp(-3*t)*(3*t + 1))/25                   % ⓑ의 경우

>> u_10 = dsolve('10*D2u+10*Du+90*u=0','u(0)=0.16','Du(0)=0','t'
>> simplify(u_10) ↵
   ans = (4*exp(-t/2)*(35*cos((35^(1/2)*t)/2) + 35^(1/2)*sin((35^(1/2)*t)/2)))/875 % ⓒ
```

위 결과를 그래프로 나타내기 위해서는 다음을 실행한다.

```
>> ezplot(u_10,[0 10]),hold on % [그림 2.4]
>> ezplot(u_60,[0 10]), ezplot(u_100,[0 10]), hold off
>> axis([0 10 -0.1 0.15]), ylabel('y(t)')
```

ⓑ MATLAB 함수의 사용 : 먼저 아래 함수파일을 'exp2_10.m'으로 하여 저장한다.

```
function uprime = exp2_10(x, u)
uprime = [u(2);-u(2)-9*u(1)];     % c=10인 경우에 해당
```

```
>> tspan = [0:0.1:10];                              % 시간의 구간설정
>> uo = [0.16 ; 0];                                 % 초기값
>> [time, u10] = ode23('exp2_10', tspan, uo);
>> plot(time, u10(:,1));                            % c=10인 경우의 그래프
```

위 프로그램을 $c=100$ 과 60 인 경우에 대해서도 실행하면 [그림 2.4]와 동일한 결과를 얻는다.

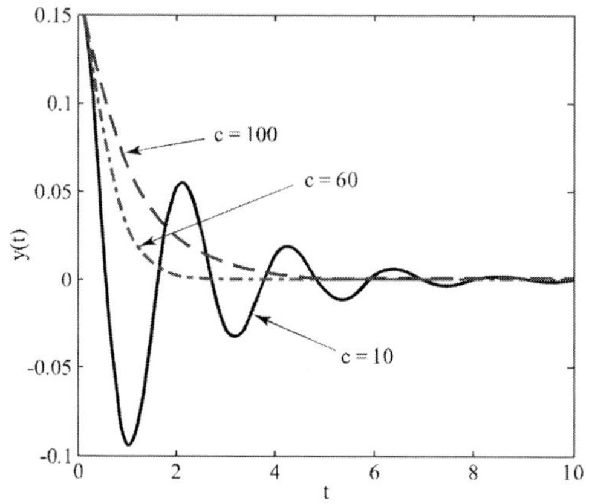

그림 2.4 [예제 2.4]의 결과

예제 2.11 진자의 운동

길이 L [m] 이고 무게가 m [kg] 인 진자가 천정에 매달려 진동하는 경우 그 진동수를 계산하여 보자. 단 공기의 저항과 진자가 달려있는 봉의 무게는 무시한다.

풀이

[그림 2.5]와 같이 진자의 수직축으로부터의 진동각을 θ [rad] 으로 두면 진자의 접선방향으로 작용하는 힘은

$$maL=mL\theta'' \qquad ①$$

로 주어진다. 봉의 길이는 변화하지 않기 때문에 진자가 움직이는 방향에 수직인 방향으로 작용하는 힘은 영이다(즉 $\vec{n}=\vec{0}$). 따라서 중력에 의한 진자의 복원력(즉 회전하는 힘)은 접선방향의 성분만을 고려하면 된다. θ가 작은 값을 가지는 경우 $\sin\theta \approx \theta$로 된다는 사실을 고려하면 이 힘은

$$mL\theta'' = -mg\sin\theta \approx -mg\theta,\ g=9.8 \qquad ②$$

로 되기 때문에

$$\theta'' + \frac{g}{L}\theta = 0 \ \Rightarrow \theta'' + \omega_0^2\theta = 0\,, \left(\omega_0^2 = \frac{g}{L} = 9.8\right) \qquad ③$$

을 얻는다. 따라서 단위시간당의 진동수는

$$\frac{\omega_0}{2\pi} = \frac{\sqrt{9.8}}{2\pi} = 0.498\ [\mathrm{Hz/s}]$$

의 값을 가진다.

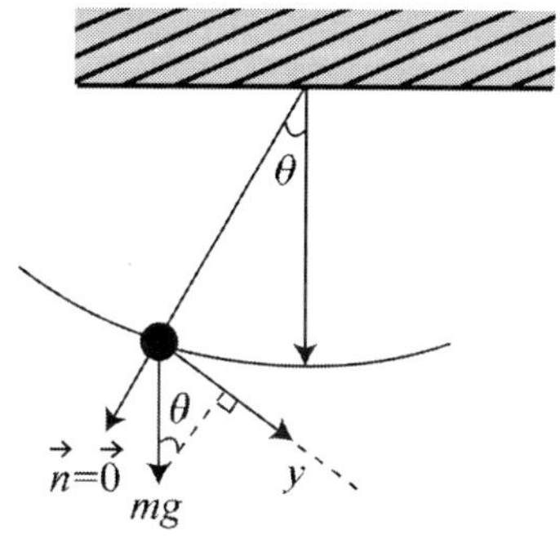

그림 2.5 진자의 운동

• 전기회로와의 관계

[그림 2.3]의 시스템과 기본적인 전기회로인 제 1장의 [그림 1.9] 사이에 존재하는 관계를 알아보자. 전기회로를 나타내는 식은 (1.48)로부터

$$\frac{dv}{dt} = L\frac{d^2 i}{dt^2} + R\frac{di}{dt} + \frac{1}{C}i \tag{2.45 a}$$

로 주어진다. 여기서 외부입력을 영, 즉 $v(t) = 0$으로 두면 식 (2.45 a)는

$$L\frac{d^2 i}{dt^2} + R\frac{di}{dt} + \frac{1}{C}i = 0 \ \rightarrow\ \frac{d^2 i}{dt^2} + \left(\frac{R}{L}\right)\frac{di}{dt} + \left(\frac{1}{LC}\right)i = 0 \tag{2.45 b}$$

로 된다. 이를 식 (2.41)과 비교하면 다음의 관련성을 확인할 수 있을 것이다.

[표 2.2] 전기회로와 스프링-질량 시스템의 상사관계

스프링 – 질량 – 마찰		전기회로
m	→	L
c	→	R
k	→	$1/C$

따라서 위의 상사관계를 이용하면 식 (2.41)의 $y(t)$에 대하여 얻어진 결과를 전기회로의 전류 $i(t)$에 대해서 그대로 적용할 수 있을 것이다.

먼저, [그림 2.3]의 시스템에서 $c=0$ (마찰이 없다)인 비감쇠인 경우는 전기회로에서는 $R=0$에 해당한다. 다시 말하면, 전기회로에서 열로 사라지는 에너지가 없다는 것을 의미한다. 따라서 식 (2.40)으로부터 전기회로에 흐르는 전류는 다음과 같다.

$$i(t)=A\cos\omega_0 t+B\sin\omega_0 t \tag{2.46 a}$$

단

$$\omega_0=\sqrt{\frac{1}{LC}} \tag{2.46 b}$$

이다. 일반적으로 전기회로에서 L과 C의 값은 대단히 작기 때문에, 식 (2.46 b)은 상당히 큰 값으로 된다. 한편 전기회로에서 $R\neq 0$인 경우의 해는 [예제 2.9]의 결과에 따라 다음과 같은 세 종류의 제동으로 분류되며, 각 경우의 출력은 식 (2.42), (2.43), 및 (2.44)에 각각 대응한다.

(경우 I) 과제동 : $R^2-\dfrac{4L}{C}>0$

(경우 II) 임계제동 : $R^2-\dfrac{4L}{C}=0$

(경우 III) 부족제동 : $R^2-\dfrac{4L}{C}<0$

2.6 외부입력이 인가되는 2계 선형미분방정식의 해

여기서는 전절에서 취급한 2계 선형미분방정식이 외부입력을 가지는 경우, 즉

$$\frac{d^2u}{dx^2}+p_0\frac{du}{dx}+p_1 u=g(x),\quad \text{단 } g(x)\neq 0\text{이다.} \tag{2.47}$$

에 대한 해법을 알아보자. 이미 앞에서 언급한 바와 같이 식 (2.47)의 일반해는 외부항 $g(x)$가 0인 제차방정식의 해 $u_h(x)$에 $g(x)\neq 0$인 식 (2.47)의 특수해 $u_p(x)$를 더한 $u=u_h+u_p$의 형식으로 주어진다. 여기서는 특수해 u_p의 계산방법의 하나인 미정계수법

(the method of variation of parameters)에 대하여 설명하기로 한다[11].
먼저 외부항 $g(x)$가 가질 수 있는 가장 일반적인 형식의 함수 세 가지를 다음에 열거하였다. 각각의 경우에 대하여 u_p를 구하는 방법을 알아보자.

(1) $g(x)$가 n차 다항식인 경우, 즉

$$g(x)= d_n x^n + d_{n-1} x^{n-1} + \cdots + d_1 x + d_0 \tag{2.48}$$

의 형식이며 동시에 $m=0$이 주어진 미분방정식에 대한 특성다항식 (2.24)의 근이 아닌 경우에는 특수해를 위한 시도형식으로

$$u_p(x)= A_0 + A_1 x + \cdots + A_n x^n \tag{2.49 a}$$

을 선정한다. 여기서 $A_0,\ A_1,\ \cdots,\ A_n$은 미정계수이다. 만약 $m=0$이 특성다항식의 단근(single root)이라면, 시도형식은

$$u_p(x)= x\left(A_0 + A_1 x + \cdots + A_n x^n\right) \tag{2.49 b}$$

이고, $m=0$이 이중근(double root)이라면

$$u_p(x)= x^2\left(A_0 + A_1 x + \cdots + A_n x^n\right) \tag{2.49 c}$$

을 u_p의 시도형식으로 한다.

(2) $g(x)$가 지수함수의 형식, 즉 Ce^{mx}이고, 동시에 m이 특성다항식의 근이 아니라면

$$u_p(x)= A e^{mx} \tag{2.50 a}$$

를 시도형식으로 선정한다. 만약 m이 특성다항식의 단근 및 중근인 경우에는 각각 다음과 같은 시도형식을 선정한다.

$$u_p(x)= A x e^{mx} \tag{2.50 b}$$

$$u_p(x)= A x^2 e^{mx} \tag{2.50 c}$$

(3) $g(x)$가 sin함수 또는 cosine함수이며(예를 들어, $C\cos mx$인 경우), jm이 특성다항식

11) 미정계수법이 적용 가능한 조건 등에 대해서는 3.4절을 참조한다.

의 근이 아닌 경우에는

$$u_p(x) = A\cos mx + B\sin mx \tag{2.51 a}$$

를 선정한다. 그러나 jm이 특성다항식의 단근[12)]인 경우는

$$u_p(x) = Ax\cos mx + Bx\sin mx \tag{2.51 b}$$

를 $u_p(x)$의 시도형식으로 선정한다.

$g(x)$가 앞에서 언급한 함수의 조합으로 이루어져 있을 경우, 특수해는 선형미분방정식의 중첩의 원리에 의해 각 함수 결과의 합으로 구성할 수 있다. 만약 $g(x)$에 위에서 언급한 함수 이외의 함수가 포함되어 있을 경우, 특수해는 다른 방법을 동원하여 계산해야 할 것이다.

예제 2.12

다음과 같은 비제차미분방정식의 일반해를 구하여 보자.

$$\frac{d^2u}{dx^2} + u = x^2 \quad ①$$

풀이

먼저 제차방정식의 해는

$$\frac{d^2u}{dx^2} + u = 0$$

로부터 전절의 방법을 이용하면

$$u_h(x) = c_1\cos x + c_2\sin x \quad ②$$

임을 알 수 있다. 다음에 특수해는 $g(x)$가 $n=2$인 다항식의 형식으로 주어졌기 때문에 시도형식으로 식 (2.49 a)에 의해

$$u_p(x) = Ax^2 + Bx + C \quad ③$$

를 선정한다. ③을 ①에 대입하면 다음 관계식을 얻는다.

$$2A + Ax^2 + Bx + C = x^2 \quad ④$$

---

12) 2계 미분방정식에서 jm이 특성다항식의 중근일 수는 없다. 왜냐하면 jm이 근이라면 나머지 근은 반드시 $-jm$이어야 하기 때문이다.

이로부터 세 개의 미지수를 위한 세 개의 식을 세울 수 있다. 즉

$$\begin{aligned} x^0 &: \ 2A + C = 0 \\ x^1 &: \quad\quad B = 0 \\ x^2 &: \quad\quad A = 1 \end{aligned}$$

이로부터 특수해는

$$u_p(x) = x^2 - 2 \quad ⑤$$

이며, 일반해는 ②와 ⑤로부터

$$\begin{aligned} u(x) &= u_h(x) + u_p(x) \\ &= c_1 \cos x + c_2 \sin x + x^2 - 2 \end{aligned}$$

이다.

예제 2.13

미분방정식

$$\frac{d^2u}{dx^2} - u = 2e^{-x} - 4xe^{-x} + 10\cos 2x \quad ①$$

의 일반해를 구하여 보자.

풀이

(a) 해석적인 방법에 의한 해 :
제차방정식의 해를 구하기 위한 특성다항식은

$$L[m] = m^2 - 1 = (m-1)(m+1) = 0$$

이므로 근은 $m_{1,2} = \pm 1$이다. 따라서 제차방정식의 일반해는

$$u_h(x) = c_1 e^x + c_2 e^{-x} \quad ②$$

이다. 다음에 ①의 외부항은 $g(x) = -(4x-2)e^{-x} + 10\cos 2x \equiv g_1(x) + g_2(x)$와 같이 분리할 수 있으므로, ①의 미분방정식을

$$u'' - u = g_1(x) \quad ③$$

$$u'' - u = g_2(x) \quad ④$$

와 같이 분리하고 각각의 해를 $u_{p1}(x)$ 및 $u_{p2}(x)$로 두면, ①의 특수해는 선형미분방정식의 중첩의 원리에 의하여 $u_p(x) = u_{p1}(x) + u_{p2}(x)$의 형식으로 주어진다. 따라서 ③, ④

를 만족하는 특수해를 구하여보자. ③에서 $m=-1$이 특성다항식의 단근이므로 시도형식은

$$u_{p1}(x)=(A_0+A_1x)xe^{-x} \qquad ⑤$$

이며, ④는 식 (2.51)로부터

$$u_{p2}(x)=A\cos 2x+B\sin 2x \qquad ⑥$$

를 시도형식으로 취한다. 다음에 ⑤를 ③에 대입하여 전개하면

$$u_{p1}''-u_{p1}=-4A_1xe^{-x}+(2A_1-2A_0)e^{-x}=-4xe^{-x}+2e^{-x}$$

이고, 이로부터 연립방정식

$$-4A_1=-4,\quad 2A_1-2A_o=2$$

이고, 이것을 풀면 $A_1=1,\ A_0=0$ 이다. 따라서 ③의 특수해는

$$u_{p1}(x)=x^2e^{-x} \qquad ⑦$$

이다. 또한 ⑥을 ④에 대입하여 위와 같은 방법을 적용하면

$$u_{p2}''-u_{p2}=-5A\cos 2x-5B\sin 2x=10\cos 2x$$

이므로 $A=-2,\ B=0$ 이다. 따라서 ④의 특수해는

$$u_{p2}(x)=-2\cos 2x \qquad ⑧$$

이다. 중첩의 원리에 의하여 주어진 방정식의 특수해 $u_p(x)$는 ⑦과 ⑧로 부터

$$\begin{aligned}u_p(x)&=u_{p1}(x)+u_{p2}(x)\\&=x^2e^{-x}-2\cos 2x\end{aligned} \qquad ⑨$$

이다. 따라서 주어진 방정식 ①의 일반해는

$$\begin{aligned}u(x)&=u_h(x)+u_p(x)\\&=c_1e^{x}+c_2e^{-x}+x^2e^{-x}-2\cos 2x\end{aligned} \qquad ⑩$$

이다.

(b) MATLAB의 Symbolic Toolbox의 이용한 수치적인 방법에 의한 해 :

```
>> uhx = dsolve('D2u-u=0','x');  % 제차방정식의 해 uh(x)
>> display(sprintf(' \n 제차방정식의 일반해 u(x) = %s',char(simplify(uhx))));↲
   제차방정식의 일반해 u(x) = C3*exp(x) + C2*exp(-x)  % 화면출력
```

```
>> up1x = dsolve('D2u-u=(2-4*x)*exp(-x)','x');  % g1(x)에 의한 특수해
>> display(sprintf(' \n 제차방정식의 일반해 up1(x) = %s',char(simplify(up1x))));↵
  제차방정식의 일반해 up1(x) = exp(-x)*(C5 + x^2 + C6*exp(2*x)) % 화면출력

>> up2x = dsolve('D2u-u=10*cos(2*x)','x');
>> display(sprintf(' \n 제차방정식의 일반해 up2(x) = %s',char(simplify(up2x)))):↵
  제차방정식의 일반해 up2(x) = C9*exp(x) - 2*cos(2*x) + C8*exp(-x) % 화면출력
```

물론 위의 세 가지를 한 번에 수행할 수도 있다.

```
>> ux = dsolve('D2u-u=(2-4*x)*exp(-x)+10*cos(2*x)','x');
>> display(' u(x)=uh(x)+up1(x)+up2(x) = ')
>> pretty(simplify(ux))↵

   u(x)=uh(x)+up1(x)+up2(x) =
       2
     x  exp(-x) - 2 cos(2 x) + C12 exp(x) + C11 exp(-x)
```

2.7 외부입력이 인가되는 경우의 물리시스템의 움직임

[그림 2.6]으로 주어진 '질량–스프링–마찰'을 가지는 시스템에 외부입력 $f(t)$가 인가되는 경우에 대하여 생각한다. 먼저 시스템을 표현하는 미분방정식은 뉴턴의 제2법칙을 그림의 질량 m에 적용하면 다음과 같이 얻어진다. 이때 힘에 의해 질량이 평형점에서부터 늘어난 거리를 h로 두었다.

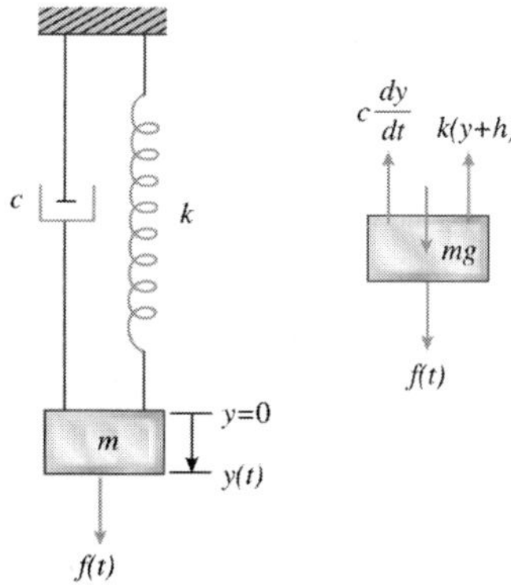

그림 2.6 외부입력을 가지는 질량–스프링–마찰 시스템

$$m\frac{d^2y(t)}{dt^2}+c\frac{dy(t)}{dt}+ky(t)=f(t) \tag{2.52}$$

로 된다. 식 (2.52)는 선형 2계 비제차미분방정식으로 전절에서 설명한 방법을 이용하면 어렵지 않게 해를 얻을 수 있다. 여기서는 sine 파 형태의 외부입력이 주어졌을 경우에 있어 해를 구하는 과정을 살펴보기로 한다. 즉 입력으로

$$f(t) = f_0 \cos\omega t \tag{2.53}$$

가 인가되었을 경우, 식 (2.52)의 특수해의 시도형식은 식 (2.51)에 의해

$$y_p(t) = A\cos\omega t + B\sin\omega t \tag{2.54}$$

이며, 이것을 식 (2.52)에 대입하면

$$[(k - m\omega^2)A + \omega cB]\cos\omega t + [(k - m\omega^2)B - \omega cA]\sin\omega t = f_0\cos\omega t \tag{2.55 a}$$

이다. 양변의 계수를 비교하여 두 개의 연립방정식

$$(k - m\omega^2)A + \omega cB = f_0 \tag{2.55 b}$$

$$-\omega cA + (k - m\omega^2)B = 0 \tag{2.55 c}$$

으로부터 다음의 결과를 얻는다.

$$A = f_0 \frac{k - m\omega^2}{(k - m\omega^2)^2 + \omega^2 c^2} \tag{2.56 a}$$

$$B = f_0 \frac{\omega c}{(k - m\omega^2)^2 + \omega^2 c^2} \tag{2.56 b}$$

따라서 특수해는

$$y_p(t) = \frac{(k - m\omega^2)f_0}{(k - m\omega^2)^2 + \omega^2 c^2}\left[\cos\omega t + \frac{\omega c}{k - m\omega^2}\sin\omega t\right] \tag{2.57}$$

이다. 한편 식 (2.52)에 대한 제차방정식의 해 $y_h(t)$는 [표 2.1]로부터 쉽게 확인할 수 있으므로 최종적인 해는

$$y(t) = e^{-(c/2m)t}\left[c_1 e^{\sqrt{c^2 - 4mk}\,(t/2m)} + c_2 e^{-\sqrt{c^2 - 4mk}\,(t/2m)}\right] \tag{2.58}$$

$$+ \frac{(k - m\omega^2)f_0}{(k - m\omega^2)^2 + \omega^2 c^2}\left[\cos\omega t + \frac{\omega c}{k - m\omega^2}\sin\omega t\right]$$

로 됨을 알 수 있다.

이상의 관계를 예제를 이용하여 확인하여 보자.

예제 2.14

[그림 2.6]에서 $m=1, c=0$, 및 $k=9$ 이며, 외부입력으로 $f(t)=8\sin t$ 가 주어졌다고 한다. 이때 출력 $y(t)$, 즉 질량 m 의 움직임을 계산하고 이를 그래프로 나타내어 보자. 단 시스템은 초기값으로 $y(0)=1$, 및 $y'(0)=1$을 가진다고 한다.

풀이

(a) 해석적인 방법에 의한 해 :

식 (2.52)는

$$y''+9y=8\sin t,\quad y(0)=1,\, y'(0)=1 \qquad ①$$

로 된다. 먼저 제차방정식, 즉 $f(t)=0$ 인 경우의 일반해는 [표 2.1]로부터

$$y_h(t)=A\cos 3t+B\sin 3t \qquad ②$$

이다. 다음 비제차방정식의 특수해는 미정계수법 (2.51)에 의해 그 시도형식을

$$y_p(t)=a\cos t+b\sin t \qquad ③$$

으로 두고 ①에 대입하면

$$\begin{aligned} y_p''+9y_p &= (-a+9a)\cos t+(-b+9b)\sin t \\ &= 8\sin t \end{aligned}$$

의 관계로부터

$$a=0,\, b=1$$

을 얻는다. 따라서 ①의 일반해는

$$y(t)=A\cos 3t+B\sin 3t+\sin t \qquad ④$$

로 된다. 여기서 미지수 A, B를 결정하기 위하여 초기조건을 대입하면

$$y(0)=A=1$$

$$y'(t)=-3A\sin 3t+3B\cos 3t+\cos t$$

$$y'(0)=3B+1=1 \;\Rightarrow\; B=0$$

로 되어 최종적인 해는 다음으로 주어진다.

$$y(t)=\cos 3t+\sin t \qquad ⑤$$

(b) MATLAB을 이용한 수치적인 방법에 의한 해 :

ⓐ Symbolic Toolbox의 이용 : 일반해는 다음으로 얻어진다.

```
>> y = dsolve('D2y+9*y=8*sin(t)','y(0)=1','Dy(0)=1','t');
>> y = simplify(y) ↵

   y = cos(3*t) + sin(t)
```

ⓑ MATLAB 함수의 사용 : 주어진 2계 미분방정식을 연립 1계 미분방정식의 형식으로 변환한다.

$$y_1 = y,\ y_2 = y' \qquad ⑥$$

으로 두면 ①은 다음과 같이 쓸 수 있다.

$$\begin{cases} y_1{}' = y_2 \\ y_2{}' = -9y_1 + 8\sin t \end{cases} \qquad ⑦$$

이를 함수파일로 작성하여 'exp2_14.m'으로 저장한다.

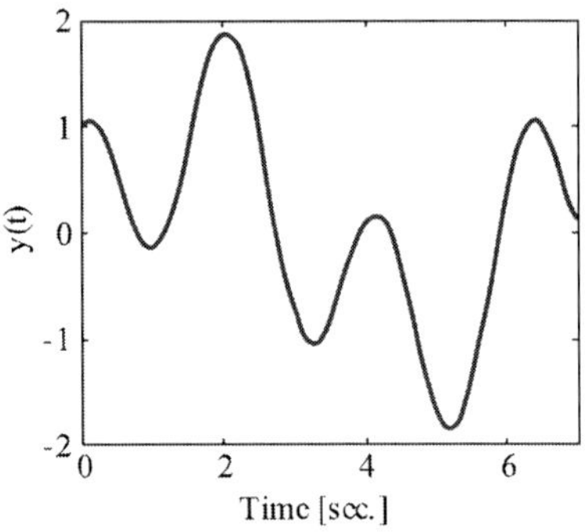

그림 2.7 [예제 2.14]의 해 곡선

```
function yprime = exp2_14(t,y)
yprime = [y(2); -9*y(1)+8*sin(t)];
```

```
>> tspan = [0 7];                    % 구간의 설정 (t=0, t=7)
>> yo = [1; 1];                      % 초기값
>> [x,y] = ode23('exp2_14', tspan, yo);
>> subplot(221),plot(x, y(:,1));
>> xlabel(' Time [sec.] '), ylabel(' y(t) ')    % [그림 2.7]
```

위의 프로그램을 실행하면 [그림 2.7]의 해곡선을 얻는다.

다음 예제는 [예제 2.14]의 시스템에 있어서 외부입력의 주파수를 변경한 경우이다.

예제 2.15

[예제 2.14]와 동일한 상황에서 $f(t)=6\sin 3t$ 를 외부입력으로 인가하였다. 이때 질량 m 의 움직임을 확인하여 보자.

풀이

(a) 해석적인 방법에 의한 해 :

이 경우 [그림 2.6]의 시스템에 대한 미분방정식은 다음과 같다.

$$y'' + 9y = 6\sin 3t, \quad y(0)=1,\, y'(0)=2 \qquad ①$$

먼저 제차방정식의 일반해는 [예제 2.14]와 동일하므로

$$y_h(t) = A\cos 3t + B\sin 3t \qquad ②$$

이다. 다음 비제차방정의 시도형식을 생각하여보자. 이 경우 미분방정식 ①의 특성방정식의 근은 $\pm j3$ 으로 되어 외부입력신호 '$\sin 3t$'의 '3'이 특성방정식의 근과 일치한다. 따라서 식 (2.51 b)에 의해 시도형식은 다음으로 주어진다.

$$y_p(t) = at\cos 3t + bt\sin 3t \qquad ③$$

이를 ①에 대입하면

$$y_p'' + y_p = -6a\sin 3t + 6b\cos 3t$$

$$= 6\sin 3t$$

을 얻는다. 양변을 비교하면 $a=-1,\, b=0$ 으로 되므로 ①의 일반해는

$$y(t) = A\cos 3t + B\sin 3t - t\cos 3t \qquad ④$$

로 된다. ④에 초기값을 대입하여 미지수를 계산하면 $A=1,\ B=1$로 되어

$$y(t) = \cos 3t + \sin 3t - t\cos 3t \qquad ⑤$$

의 일반해를 얻는다. 이 경우 출력에 't'가 포함되어 있기 때문에 $t\to\infty$ 에서 진폭이 지속적으로 증가하여 결국 $y(t)\to\infty$ 로 된다. 이는 외부입력의 주파수가 시스템의 자체의 주파수와 동일한 경우에 발생하는 현상으로 '공진(resonance)'으로 불리고 있다.

(b) MATLAB을 이용한 수치적인 방법에 의한 해 :

ⓐ Symbolic Toolbox의 이용 : 일반해는 다음으로 얻어진다.

```
>> y = dsolve('D2y+9*y=6*sin(3*t)','y(0)=1','Dy(0)=2','t');
>> y = simplify(y)

   y =
   cos(3*t) + sin(3*t) - t*cos(3*t)
```

ⓑ MATLAB 함수의 사용 : [예제 2.14]와 같이 2계미분을 1계미분의 연립방정식으로 변환하고 아래 프로그램을 실행하면 [그림 2.8]을 얻는다. 이로부터 시스템은 시간의 경과에 따라 출력이 무한히 증가한다는 사실을 확인할 수 있다.

$$\begin{cases} y_1' = y_2 \\ y_2' = -9y_1 + 6\sin 3t \end{cases} \quad ⑥$$

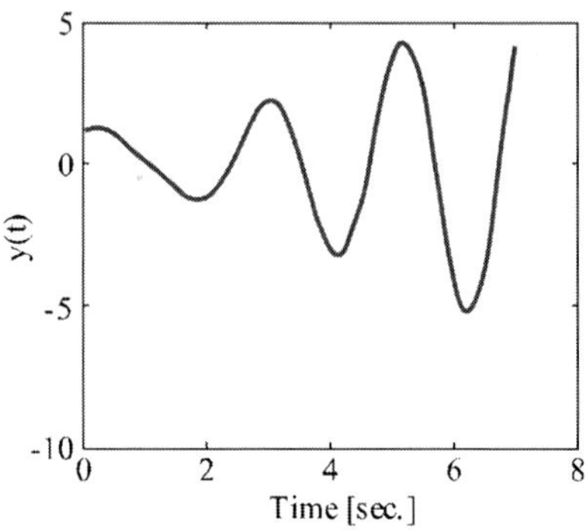

그림 2.8 [예제 2.15]의 해곡선

```
function yprime = exp2_15(t,y)
yprime = [y(2); -9*y(1)+8*sin(t)];
```

```
>> tspan = [0 7];                     % 구간의 설정 (t=0, t=7)
>> yo = [1; 2];                       % 초기값
>> [x,y] = ode23('exp2_15', tspan, yo);
>> subplot(221),plot(x, y(:,1));
>> xlabel(' Time [sec.] '), ylabel(' y(t) ')        % [그림 2.8]
```

다음 2계 비제차미분방정식의 해를 전기회로에 적용하는 경우를 예제로서 확인하기로 한다.

예제 2.16

[예제 2.16] [그림 1.21]의 전기회로에서, 키르히호프의 법칙을 사용하여 회로에 흐르는 전류 $i_1(t)$ 및 $i_2(t)$를 계산하여라. 단 $t=0$ 에서 전류는 0으로 가정한다.

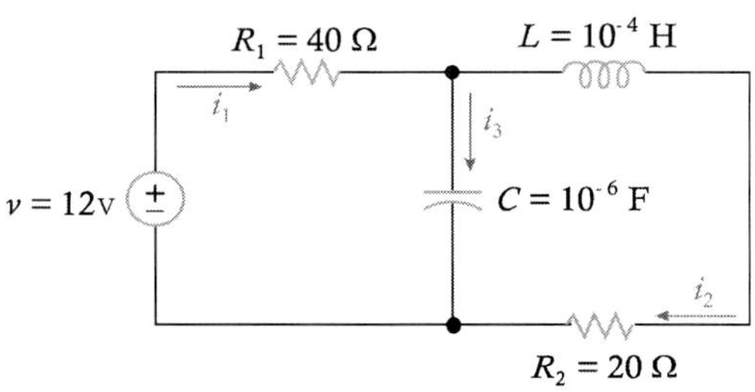

그림 2.9 [예제 2.16]의 전기회로

풀이

(a) 해석적인 방법에 의한 해 :
회로의 왼쪽 루프에 키르히호프의 법칙을 적용하면

$$40 i_1(t) + 10^{-6} q(t) = 12 \qquad ①$$

이다. 여기서 $q(t)$는 커패시터에 충전되는 전하를 의미한다. 한편 회로의 오른쪽 루프에 키르히호프의 전압법칙을 적용하면 다음을 얻을 수 있다.

$$10^{-4} \frac{d i_2(t)}{dt} + 20 i_2(t) = 12 - 40\, i_1(t) \qquad ②$$

또 키르히호프의 전류법칙에 의해

$$i_1(t) = i_2(t) + i_3(t) \qquad ③$$

이다. 여기서 관계식

$$i_3(t) = \frac{dq(t)}{dt} \qquad ④$$

와 초기조건을 이용하여 방정식 ①, ② 및 ③의 해를 구할 수 있다. 이를 위해 ④와 ①을 ③에 대입하면

$$\frac{1}{40}\left(12 - 10^6 q(t)\right) - \frac{dq(t)}{dt} = i_2(t) \qquad ⑤$$

이다. ⑤와 ①을 ②에 대입하여 정리하면 다음의 미분방정식을 얻는다.

$$10^{-4} \frac{d^2 q(t)}{dt^2} + 22.5 \frac{d\, q(t)}{dt} + 1.5 \times 10^6 q(t) = 6 \qquad ⑥$$

위 식에 대한 적절한 초기조건은 ①과 ④로부터 $t = 0$에서 $q(0) = 12 \times 10^{-6}$ 및 $q'(0) = 0$ 임을 알 수 있다. ⑥의 미분방정식의 해는 이전의 방법을 적용하면 다음으로 주어진다.

$$q(t) = e^{-1.12 \times 10^5 t}\left[c_1 \cos(48{,}200t) + c_2 \sin(48{,}200t)\right] + 4 \times 10^{-6}$$

여기에 위의 초기조건을 대입하면 적분상수는

$$c_1 = 8 \times 10^{-6}, \quad c_2 = 0.468 \times 10^{-6}$$

이다. 따라서 ①을 이용하여 전류 $i_1(t)$를 계산하면

$$i_1(t) = 0.2 - e^{-1.12 \times 10^5 t}\left[0.2 \cos(48{,}200t) + 0.46 \sin(48{,}200t)\right] \qquad ⑦$$

이다. 또 ③과 ④를 이용하면 전류 $i_2(t)$는 다음으로 쉽게 확인할 수 있을 것이다.

$$i_2(t) = 0.2 + e^{-1.12 \times 10^5 t}\left[-0.2 \cos(48{,}200t) + 2.02 \sin(48{,}200t)\right] \qquad ⑧$$

이로부터 회로에 흐르는 전류는 아주 높은 주파수로 진동하면서 대단히 빠른 속도로 감소

하여 결국 직류성분만 남게 된다는 것을 알 수 있다([그림 2.10] 참조).

(b) MATLAB을 이용한 수치적인 방법에 의한 해(Symbolic Toolbox의 이용) :

```
>> syms t q
>> qt = dsolve('10e-4*D2q+22.5*Dq+1.5e+6*q=6','q(0)=12e-6','Dq(0)=0','t');
>> it_1 = (12-qt/10e-6)/40;
>> it_2 = it_1-diff(qt);
>> ezplot(it_1,[0,0.001]),hold on   % 전류 i1(t) [그림 2.10]
>> ezplot(it_2,[0 0.001])           % 전류 i2(t)
```

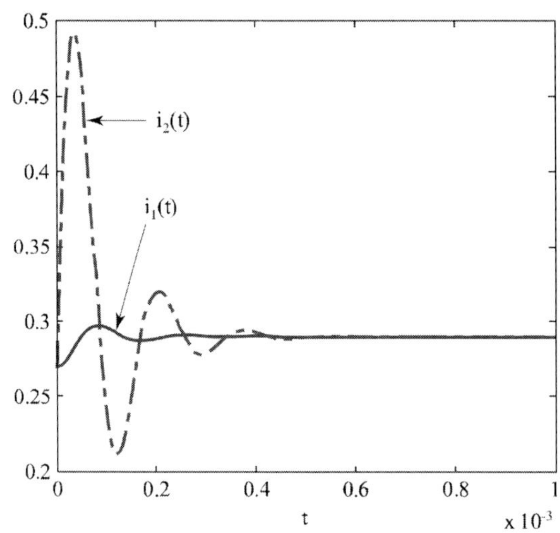

그림 2.10 [예제 2.16]의 결과

⑦, ⑧로 부터 알 수 있는 바와 같이, 해는 지수성분 $e^{-1.12\times10^5 t}$를 가지기 때문에 아주 빠른 속도로 정상상태로 수렴할 것이라는 것을 짐작할 수 있다. 이것을 확인하기 위하여 [그림 2.10]에서 시간 t 의 범위를 [0, 10^{-3}]으로 취하였다.

2.8 코시 - 오일러 방정식

지금까지 상수계수를 가지는 미분방정식의 해를 구하는 방법에 대하여 설명하였다. 여기서는 변수계수를 가지는 2계 선형미분방정식 중에서 가장 많이 사용되는 '코사-오일러' 방정식의 해를 구하는 과정을 간략하게 요약한다. 먼저 차수 2인 코시–오일러(Cauchy–Euler) 방정식은 다음과 같은 기본형을 가진다.

$$x^2 \frac{d^2u}{dx^2} + ax\frac{du}{dx} + bu = 0 \tag{2.59}$$

위 식에

$$u(x) = x^m \tag{2.60}$$

를 대입하면 등호가 성립하기 때문에 식 (2.60)은 식 (2.59)의 해로 된다. 여기서는 식 (2.60)이 해로 되기 위한 m의 값을 계산한다. 우선 식 (2.60)을 식 (2.59)에 대입하면

$$\begin{aligned} &x^2 m(m-1)x^{m-2} + axmx^{m-1} + bx^m \\ &= [m(m-1) + am + b]x^m = 0 \end{aligned} \tag{2.61}$$

이므로, $x \neq 0$이라면 양변에 x^{-m}을 곱하여 특성다항식은 다음으로 된다.

$$m^2 + (a-1)m + b = 0 \tag{2.62}$$

위 식의 근은

$$m_{1,2} = \frac{1-a}{2} \pm \frac{1}{2}\sqrt{(a-1)^2 - 4b} \tag{2.63}$$

으로 된다. 식 (2.63)은 $\sqrt{\bullet}$ 내의 값 $\{(a-1)^2 - 4b\}$에 따라 세 종류로 분류할 수 있다. 즉 서로 다른 두 개의 실수근 $(m_1 \neq m_2)$, 중근 $(m_1 = m_2)$, 및 공역인 복소수 근 $(m_2 = \overline{m}_1)$을 가지는 경우이다.

• 실수근 $(m_1 \neq m_2)$을 가지는 경우

m_1과 m_2를 식 (2.62)의 서로 다른 실근이라면 $u_1 = x^{m_1}$과 $u_2 = x^{m_2}$는 기본해의 집합을 이루므로 방정식 (2.59)의 일반해는 다음과 같다.

$$u = c_1 x^{m_1} + c_2 x^{m_2} \tag{2.64}$$

• 중근($m_1 = m_2$)을 가지는 경우

특성다항식 (2.62)가 이중근, 즉 $m_1 = m_2 = m$을 가진다면, 두 개의 기본해 u_1과 u_2는 서로 독립으로 되지 않기 때문에 $u = c_1 x^{m_1} + c_2 x^{m_2}$는 일반해로 될 수 없다. 따라서 $u_1 = x^m$을 하나의 기본해로 하였을 때 이것과 독립인 다른 하나의 기본해를 구하기 위해 $u_2 = v(x)u_1$로 놓고, u_2가 코시-오일러 방정식 (2.59)를 만족할 수 있도록 함수 $v(x)$를 계산한다. 즉 u_2를 식 (2.59)에 대입하면

$$x^2 u_1 v'' + xv'(2xu_1' + au_1) + v(x^2 u_1'' + axu_1' + bu_1) = 0 \tag{2.65}$$

이다. 이때 u_1은 식 (2.59)의 기본해이기 때문에 $(x^2 u_1'' + axu_1' + bu_1) = 0$이다. 따라서

$$x^2 u_1 v'' + xv'(2xu_1' + au_1) = 0 \tag{2.66}$$

이 된다. 여기서 식 (2.59)가 $m = (1-a)/2$인 이중근을 가진다는 사실을 이용하여 식 (2.66)의 괄호 안을 계산하면

$$2xu_1' + au_1 = (1-a)x^{(1-a)/2} + ax^{(1-a)/2} = x^{(1-a)/2} = u_1(x)$$

이다. 따라서 식 (2.66)은

$$(v''x^2 + v'x)u_1 = 0$$

이다. 모든 x값에 대해서 위 식을 만족시키기 위해서는 $v''x + v' = 0$, 즉 $v''/v' = -1/x$이어야 하므로 양변을 적분하면

$$\ln|v'| = -\ln|x| \rightarrow v' = 1/t$$

이고, 다시 적분하면 $v(x) = \ln x$를 얻는다. 따라서 식 (2.62)가 이중근 $m = m_1 = m_2$을 가지는 경우 일반해는

$$u(x) = (c_1 + c_2 \ln|x|)x^m \tag{2.67}$$[13]

로 된다. 단 x는 미분방정식의 주어진 구간에서 $x \neq 0$이라고 한다. 이때 식 (2.62)가 이중

---

13) 식 (2.38)을 참조한다.

근이므로 b 는

$$b = \left(\frac{a-1}{2}\right)^2 \tag{2.68}$$

의 조건을 만족하여야 하고, 식 (2.62)는 $m = (1-a)/2$ 인 중근을 가진다. 따라서 식 (2.67)은

$$u(x) = (c_1 + c_2 \ln|x|)x^{-(a-1)/2} \tag{2.69}$$

이다.

예제 2.17

다음 초기값 문제의 해를 구하여 보자.

$$x^2 \frac{d^2u}{dx^2} - 3x\frac{du}{dx} + 4u = 0, \quad u(1) = 2, u'(1) = 8$$

풀이

(a) 해석적인 방법에 의한 해 :
특성다항식은

$$m^2 - 4m + 4 = (m-2)^2 = 0$$

이므로 $m = 2$의 중근을 가진다. 따라서 일반해는 식 (2.67)에 의해

$$u(x) = (c_1 + c_2 \ln|x|)x^2$$

이다. 초기값을 적용하기 위하여 먼저 du/dx를 계산하면

$$\frac{du}{dx} = \left(\frac{c_2}{x}\right)x^2 + (c_1 + c_2 \ln|x|)2x$$

이고, 문제의 초기값을 대입하면 다음 식을 얻는다.

$$2 = (c_1 + c_2 \ln 1)1^2$$

$$8 = \left(\frac{c_2}{1}\right)1^2 + (c_1 + c_2 \ln 1)2$$

이 결과 $c_1 = 2$ 및 $c_2 = 4$이므로 최종적인 해는

$$u(x) = 2(1 + 2\ln|x|)x^2 = 2(1 + \ln x^2)x^2 \quad ①$$

이다.

(b) MATLAB을 이용한 수치적인 방법에 의한 해(Symbolic Toolbox의 이용) :

```
>> ux = dsolve('x^2*D2u-3*x*Du+4*u=0','u(1)=2','Du(1)=8','x');
>> pretty(ux) ↵

        2              2    % ①과 동일한 표현
     4 x  log(x) + 2 x
```

• 공역인 복소수 근 ($m_2 = \overline{m}_1$)을 가지는 경우

특성다항식이 서로 공역인 두 개의 근

$$m_1 = \alpha + j\beta,\ m_2 = \alpha - j\beta \tag{2.70}$$

이면, 일반해는

$$u(x) = c_1 x^{\alpha + j\beta} + c_2 x^{\alpha - j\beta} \tag{2.71}$$

로 된다. 그러나 여기서는 서로 독립인 두 개의 실수함수가 필요하므로 오일러 공식에 의하면

$$\begin{aligned} x^{\alpha \pm j\beta} &= e^{(\alpha \pm j\beta)\ln x} = e^{\alpha \ln x}\cos(\beta \ln x) \pm j e^{\alpha \ln x}\sin(\beta \ln x) \\ &= x^{\alpha}\cos(\beta \ln x) \pm j x^{\alpha}\sin(\beta \ln x) \end{aligned} \tag{2.72}$$ [14]

이며, $x^{\alpha \pm j\beta}$의 실수부와 허수부 역시 식 (2.62)의 해로 되어야 한다. 따라서 선형독립인 두 개의 실수해는

$$u_1 = x^{\alpha}\cos(\beta \ln x),\ u_2 = x^{\alpha}\sin(\beta \ln x) \tag{2.73}$$

이다. 또한 구간 $I = (0, \infty)$에서 위 기본해의 론스키안은

$$W(u_1(x), u_2(x)) = \beta x^{2\alpha - 1} \neq 0 \tag{2.74}$$

---

14) $x^{(\alpha \pm j\beta)} = \left(e^{\ln x}\right)^{(\alpha \pm j\beta)} = e^{(\alpha \pm j\beta)\ln x}$ 가 성립한다.

이므로 $u_1(x)$와 $u_2(x)$는 선형독립임을 알 수 있다. 따라서 식 (2.71)의 일반해는 다음 식으로 된다.

$$u(x) = x^{\alpha}\left[c_1 \cos(\beta \ln x) + c_2 \sin(\beta \ln x)\right] \tag{2.75}$$

예제 2.18

다음 초기값 문제의 해를 구하여보자.

$$4x^2 \frac{d^2u}{dx^2} + 17u = 0,\ u(1) = -1,\ u'(1) = 0 \qquad ①$$

풀이

(a) 해석적인 방법에 의한 해 :
위 식에 대한 특성다항식은 $u(x) = x^m$ 을 ①에 대입하면

$$x^m(4m^2 - 4m - 17) = 0$$

이고, 이를 만족하는 두 개의 근은 $m_1 = 1/2 + j2$ 및 $m_2 = 1/2 - j2$임을 알 수 있다. 이를 식 (2.70)과 비교하면 $\alpha = 1/2$ 및 $\beta = 2$이므로 미분방정식의 해는 식 (2.75)에 의해

$$u(x) = x^{1/2}\left[c_1 \cos(2 \ln x) + c_2 \sin(2 \ln x)\right] \qquad ②$$

이다. 초기조건 $u(1) = -1$ 및 $u'(1) = 0$을 ②에 대입하면 $\ln(1) = 0$이므로, $c_1 = -1$ 및 $c_2 = 1/4$이다. 따라서 초기값 문제에 대한 해는

$$u(x) = \frac{x^{1/2}\sin(2\ln(x))}{4} - x^{1/2}\cos(2\ln x) \qquad ③$$

으로 된다.

(b) MATLAB을 이용한 수치적인 방법에 의한 해 :
ⓐ Symbolic Toolbox의 이용 : 일반해는 다음으로 얻어진다.

```
>> ux = dsolve('4*x^2*D2u+17*u=0','u(1)=-1','Du(1)=0','x');
>> pretty(ux) ↵

     1/2
    x    sin(2 log(x))       1/2
   -------------------  - x     cos(2 log(x)) % ③의 표현이다
            4

>> explot(ux,[1 4])                      % [그림 2.11]
```

ⓑ MATLAB 함수의 사용 : ①의 2계미분을 1계 미분의 다음과 같이 연립방정식으로 변환한다. 먼저

$$\begin{cases} u_1 = u \\ u_2 = u' \end{cases} \Rightarrow \begin{cases} {u_1}' = u_2 \\ {u_2}' = -\dfrac{17}{4x^2} u_1 \end{cases} \qquad ④$$

로 된다. $x = 1$에 있어서의 초기값은 다음으로 주어진다.

$$u_1(1) = -1,\ u_2(1) = 0$$

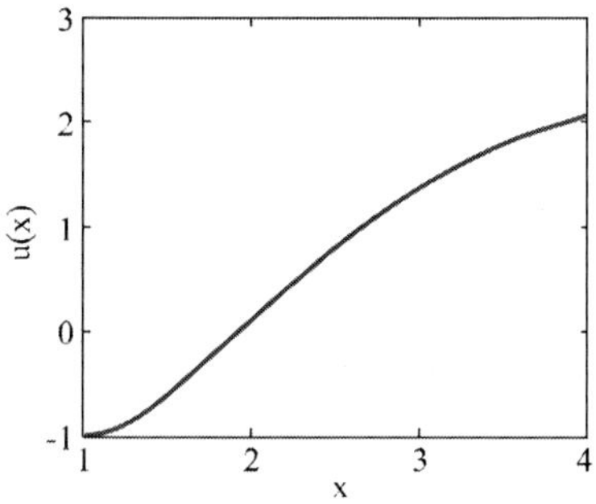

그림 2.11 [예제 2.18]의 해곡선

이상의 관계를 이용하여 다음 프로그램을 실행하여 얻은 해 곡선을 [그림 2.11]에 나타내었다.

```
function uprime = exp2_18(x,u)  % 파일 'exp2_18.m'의 내용
uprime = [u(2);-17/4./x^2*u(1)];
```

```
>> xspan = [1 4];                        % 구간의 설정 (x = 1 에서 x = 4)
>> uo = [-1; 0];                         % x=1에서의 초기값
>> [x,u] = ode23('exp2_18', xspan, uo);
>> subplot(221),plot(x,u(:,1));xlabel(' x '), ylabel(' u(x) ') % [그림 2.11]
```

연습문제

(제차미분방정식)

1. 다음의 초기값문제의 해를 구하고 구간 $x \geq x_0$ 에서 해 $u(x)$ 의 개략적인 모양을 도시하여라.

(1) $u'' + 9u = 0,\ u(0) = 0,\ u'(0) = 1$

(2) $u'' - 4u' + 3u = 0,\ u(0) = 6,\ u'(0) = 0$

(3) $u'' - 2u' + 3u = 0,\ u(0) = 1,\ u'(0) = 3$

(4) $u'' + 2u' + 2u = 0,\ u(0) = 2,\ u'(0) = -3$

2. 다음 비감쇠 미분방정식의 운동의 진폭과 주기를 계산하여라.

(1) $u'' + 4u = 0,\ u(0) = 1,\ u'(0) = 2$

(2) $u'' + 16u = 0,\ u(0) = 0,\ u'(0) = 1$

(비제차미분방정식)

3. 다음 미분방정식의 일반해를 구하여라.

(1) $\dfrac{d^2u}{dx^2} + 3\dfrac{du}{dx} + 2u = 30e^{2x}$ (2) $\dfrac{d^2u}{dx^2} - 16\dfrac{du}{dx} = 19.2e^{4x} + 60e^{x}$

(3) $\dfrac{d^2u}{dx^2} + \dfrac{du}{dx} - 6u = 6x^3 - 3x^2 + 12x$

(4) $\dfrac{d^2u}{dx^2} + 6\dfrac{du}{dx} + 73u = 80e^{x}\cos 4x$

(5) $\dfrac{d^2u}{dx^2} + 4\dfrac{du}{dx} + 5u = 25x^2 + 13\sin 2x$

4. 초기값을 가지는 미분방정식에 대한 해를 구하여라.

(1) $\dfrac{d^2u}{dx^2} + 4u = 2\sin x,\ u(0) = 1,\ u'(0) = \dfrac{1}{2}$

(2) $\dfrac{d^2u}{dx^2} + 4u = 2\sin 2x,\ u(0) = 0,\ u'(0) = 0$

(3) $\dfrac{d^2u}{dx^2} - 16u = 2e^{4x},\ u(0) = 1,\ u'(0) = 0$

5. m 이 미분방정식 $u'' + au' + bu = 0$의 특성다항식의 근이라고 가정한다. 이때 Ae^{mx}가 A의 선정여부에 관계없이 비제차미분방정식 $u'' + au' + bu = g(x)$의 해로 되지 않는 이유를 설명하여라. 단 $g(x) \neq 0$인 임의의 함수이다.

(코시 - 오일러 방정식)

6. 다음 코시–오일러의 미분방정식의 해를 구하여라.

(1) $x^2u'' + 3xu' - 3u = 0$　　(2) $x^2u'' - xu' + u = 0$

(3) $4x^2u'' + u = 0$　　(4) $x^2u'' + xu' + 4u = 0$

7. 다음의 초기값 문제를 주어진 초기조건으로 해를 구하고, $x \geq x_0$의 범위에서 해 $u(x)$의 개략적인 모양을 나타내어라.

(1) $x^2u'' + 4xu' + 2u = 0,\ u(1) = 1,\ u'(1) = 2$

(2) $x^2u'' + 5xu' + 3u = 0,\ u(1) = 1,\ u'(1) = -5$

(3) $x^2u'' - 4xu' + u = 0,\ u(1) = 1,\ u'(1) = 0$

(전기회로 및 물리시스템)

8. $R = 30\,[\Omega]$, $L = 10^{-4}\,[\mathrm{H}]$, 및 $C = 10^{-6}\,[\mathrm{F}]$인 직렬회로에 $12\,[\mathrm{V}]$의 일정한 전압이 인가되었다고 한다. 이때 커패시터의 충전전하와 회로에 흐르는 전류를 계산하여라. 단 초기값은 모두 영으로 한다.

9. $R = 80\,[\Omega]$, $L = 10^{-4}\,[\mathrm{H}]$, 및 $C = 10^{-6}\,[\mathrm{F}]$의 소자가 병렬로 연결되어 있으며, 커패시터의 초기전하는 $C = 10^{-4}\,[\mathrm{Q}]$이며, $t = 0$에서 전류는 흐르지 않는 것으로 한다. $t = 10^{-4}\,[\mathrm{s}]$ 일 때 저항에 흐르는 전류는 얼마인가?

10. 질량 $3\,[\mathrm{kg}]$ 의 물체가 스프링상수 $K = 12\,[\mathrm{N/m}]$인 스프링과 마찰계수 $C = 5\,[\mathrm{kg}]$인 감속기(dashpot)에 연결되어 있다.

(1) 위 시스템에 크기 $F(t) = F_0 \sin\omega t$ 가 인가되었을 때 정상상태응답의 진폭은 식 (2.57)로 된다는 것을 보여라.

(2) 질량에 $F(t) = 20\sin 2t$ 의 힘을 인가하였을 때 정상상태응답의 위상지연과 진폭을 구하여라.

(3) (2)의 조건에서 정상상태응답의 가능한 최대진폭과 그때의 응답주파수를 계산하여라.

CHAPTER 3

고계선형상미분방정식과 연립미분방정식

3.1 고계선형상미분방정식 - 외부입력이 영인 경우
3.2 정수계수를 가지는 제차선형미분방정식
3.3 비제차선형미분방정식
3.4 정수변화법에 의한 특수해
3.5 연립미분방정식

여기서는 2계 이상의 도함수를 가지는 선형상미분방정식의 해법과 여러 개의 미분방정식이 연립으로 주어졌을 경우에 해를 구하는 방법 등에 대하여 알아본다.

3.1 고계선형상미분방정식 - 외부입력이 영인 경우

변수계수 $p_0(x), p_1(x), \cdots, p_{n-1}(x)$를 가지는 n계의 선형미분방정식

$$u^{(n)} + p_{n-1}(x)u^{(n-1)} + \cdots + p_1(x)u' + p_0(x)u = g(x) \tag{3.1}$$

에서 외부입력이 영, 즉 $g(x) = 0$인 경우에 대한 식 (3.1)의 해를 구하는 방법에 대하여 생각한다. 표현상의 간략함을 위하여 제2장에서 정의한 미분연산자 D를 사용한 식 (2.4)의 표현법을 채용하기로 한다. 즉

$$L[D] := D^n + p_{n-1}(x)D^{n-1} + \cdots + p_1(x)D + p_0(x) \tag{3.2 a}$$

로 정의하면 식 (3.1)은 다음과 같이 간단하게 표현할 수 있다.

$$L[D]u = g(x) \tag{3.2 b}$$

여기서는 먼저 고계제차미분방정식, 즉 $L[D]u = 0$

$$u^{(n)} + p_{n-1}(x)u^{(n-1)} + \cdots + p_1(x)u' + p_0(x)u = 0 \tag{3.3}$$

의 해의 계산법에 대하여 설명한다.

식 (3.1)은 n계 미분방정식이므로 n개의 기본해를 가진다. 따라서 먼저 이들 n개의 기본해로 구성되는 해공간에 대하여 알아본다. 해공간이란, 예를 들어 n차 벡터공간(vector space)과 마찬가지로 해공간의 구성요소(즉 기본해인 함수)들에 대한 두 종류의 연산(즉 덧셈과 스칼라 곱)이 정의됨과 동시에 '결합법칙', '교환법칙' 등과 같은 몇 가지의 공리를 만족하는 집합체를 의미한다[1].

미분방정식의 기본해와 관련되어 다음의 요점이 주어진다.

요점 3.1 해공간

미분방정식 (3.1)의 기본해 전체는 함수공간[2]을 형성한다.

위 요점을 간단히 증명하여 보자, 즉 함수 $u_1, u_2, \cdots, u_k$를 $L[D]u_i = 0, (i = 1, \cdots, k)$을 만족하는 해라고 가정하면 작용소 $L[D]$의 선형성으로 인해

$$L(c_1u_1 + c_2u_2 + \cdots + c_ku_k) = c_1Lu_1 + c_2Lu_2 + \cdots + c_kLu_k = 0, \quad (c_i \in R)^{3)}$$

이 성립하는 것을 쉽게 알 수 있다. 따라서 $u_i, (i = 1, \cdots, k)$는 해공간의 요소이다.

해공간의 요소를 구성하는 해 $u_i, (i = 1, \cdots, k)$의 상호 독립성과 관련하여 다음 요점이 있다.

요점 3.2 일차종속

n 개의 함수 $u_1, u_2, \cdots, u_n$ 이 개구간 (a, b)에서 일차종속이라는 것은, 전부는 영이 아닌 어떤 n 개의 정수 $k_1, k_2, \cdots, k_n$이 주어졌을 때, 임의의 $x \in (a, b)$에 대하여

$$k_1u_1(x) + k_2u_2(x) + \cdots + k_nu_n(x) = 0 \tag{3.4}$$

이 성립하는 경우를 의미한다. $k_i = 0, (i = 1, \cdots, n)$인 경우에만 식 (3.4)가 만족될 때, n 개의 함수 u_i는 구간 (a, b)에서 일차독립이라고 한다.

---

1) 벡터공간과 관련된 자세한 내용은 제6장의 행렬 편을 참조한다.
2) 함수공간이란, 공간에 존재하는 모든 성분이 함수로 이루어진 공간이다.
3) $L[D]u := Lu$로 표기하였다.

[요점 3.2]는 만약 함수 $u_1, u_2, \cdots, u_n$가 일차종속이라고 한다면 식 (3.4)에서 $k_1 \neq 0$으로 가정해도 일반성을 상실하지 않는다. 따라서 이 경우 u_1은 $u_2, \cdots, u_n$의 선형결합으로 나타낼 수 있다. 다시 말하면

$$u_1(x) = -\frac{1}{k_1}\left[k_2 u_2(x) + \cdots + k_n u_n(x)\right] \tag{3.5}$$

가 성립한다는 것을 의미하고 있다.

이와 같은 미분방정식의 기본해의 존재성과 일의성에 관해서 다음과 같은 요점이 주어진다.

요점 3.3 (해의 일의성)4)

식 (3.1)의 계수 $p_0(x), p_1(x), \cdots, p_{n-1}(x)$가 개구간 (a,b)에서 연속이라고 한다. 이때 다음의 초기값문제

$$Lu = 0,\ u(x_0) = k_1,\ u'(x_0) = k_2, \cdots, u^{(n-1)}(x_0) = k_n,\ (\text{단 } x_0 \in (a,b)) \tag{3.6}$$

의 해는 개구간 (a,b)에서 존재하며, 동시에 일의적이다.

위 요점을 이해하기 위하여 n계의 미분방정식을 n개의 1계미분방정식을 이용하여 표현하여본다5). 즉 n개의 종속변수

$$z_1(x) = u(x),\ z_2(x) = u'(x), \cdots, z_n(x) = u^{(n-1)}(x) \tag{3.7}$$

을 정의하여 식 (3.6)의 미분방정식을 행렬을 이용하여 나타내면 다음과 같다.

$$\frac{d}{dx}\begin{bmatrix} z_1(x) \\ z_2(x) \\ \vdots \\ z_{n-1}(x) \\ z_n(x) \end{bmatrix} = \begin{bmatrix} 0 & 1 & 0 & \cdots & 0 \\ 0 & 0 & 1 & \cdots & 0 \\ \vdots & \vdots & \ddots & \ddots & \vdots \\ 0 & 0 & 0 & \cdots & 1 \\ -p_0(x) & -p_1(x) & -p_2(x) & \cdots & -p_{n-1}(x) \end{bmatrix}\begin{bmatrix} z_1(x) \\ z_2(x) \\ \vdots \\ z_{n-1}(x) \\ z_n(x) \end{bmatrix} \tag{3.8 a}$$

주어진 초기값은 식 (3.7)의 변수를 이용하면

4) 해의 유일성과 관련하여 [요점 1.8]과는 다른 형식이다.

5) 이 방법은 제2장에서 MATLAB 함수 'ode23'을 사용하기 위한 함수파일(function file)의 작성과정에서 사용했었다.

$$\begin{bmatrix} z_1(x_0) \\ z_2(x_0) \\ \vdots \\ z_{n-1}(x_0) \\ z_n(x_0) \end{bmatrix} = \begin{bmatrix} k_1 \\ k_2 \\ \vdots \\ k_{n-1} \\ k_n \end{bmatrix} \tag{3.8 b}$$

로 된다. 식 (3.8 a)와 (3.8 b)는 다음과 간략하게 표현하기로 한다.

$$\frac{d}{dx}[z(x)] = [A(x)][z(x)], \quad [z(x_0)] = [k] \tag{3.9}$$

이때 '[•]'는 행렬 또는 벡터를 나타내는 것으로 한다. 식 (3.8 a)의 $[A(x)]$와 같은 특별한 형식으로 주어진 행렬을 컴패니온(companion)행렬이라고 하며 제어이론 등에서 많이 사용된다. 제1장의 피카르–린데로프(Picard-Lindelöf)의 방법을 이용하면, 상기 연립방정식 (3.8)의 해는 존재하며 동시에 일의적이라는 것이 증명된다. 식 (1.43)의 피카르–린데로프의 반복공식을 식 (3.9)에 적용하면 해는 다음의 형식으로 주어진다.

$$[z(x)]_{[n]} = [z(x_0)]_{[0]} + \int_{x_0}^{x} [A(t)][z(t)]_{[n-1]}dt, \quad [z(x_0)]_{[0]} = [k] \tag{3.10}$$ [6]

제2장에서 2계 상미분방정식이 가지는 두 개의 기본해는 반드시 선형독립으로 되어야 한다는 것을 언급했다. 이 경우 두 함수의 선형독립성은 식 (2.12)로 주어진 론스키안을 확인하는 것이었다. 따라서 n계미분방정식의 경우에는 n개의 기본해를 가지므로 이들이 상호 선형독립인지의 여부를 확인하는 것은 고계미분방정식의 해를 계산하는 과정에서 중요한 역할을 한다. 다음 요점을 보자.

요점 3.4 함수의 선형독립성

개구간 (a,b)에서 $(n-1)$계 미분 가능한 n개의 함수 $u_1(x), u_2(x), \cdots, u_n(x)$에 대하여 다음과 같은 n차의 행렬식

$$W(u_1, u_2, \cdots, u_n)(x) = \begin{vmatrix} u_1(x) & u_2(x) & \cdots & u_n(x) \\ u_1'(x) & u_2'(x) & \cdots & u_n'(x) \\ \vdots & & \ddots & \vdots \\ u_1^{(n-1)}(x) & u_2^{(n-1)}(x) & \cdots & u_n^{(n-1)}(x) \end{vmatrix} \tag{3.11}$$

를 n개의 함수 $u_1(x), u_2(x), \cdots, u_n(x)$의 론스키안(Wronskian)이라고 한다.

---

6) 즉 함수의 열 $[z(x)]_{[0]}, [z(x)]_{[1]}, \cdots, [z(x)]_{[n]}, \cdots$ 이, 해 $[z(x)]$에 수렴한다는 것을 의미한다.

n 계 제차선형미분방정식 (3.3)이 가지는 n개의 기본해의 일차독립성은 [요점 3.4]의 론스키안을 사용하여 확인할 수 있다. 이를 위해 필요한 요점을 하나 소개한다.

요점 3.5 아벨의 정리

함수 $u_1(x), u_2(x), \cdots, u_n(x)$을 미분방정식 (3.3)의 개구간 (a,b)에서의 n개의 해라고 가정한다. 이때 론스키안 $W(x) = W(u_1, u_2, \cdots, u_n)(x)$는 다음의 항등식을 만족한다.

$$W(x) = W(x_0)\exp\left[-\int_{x_0}^{x} p_{n-1}(t)\,dt\right],\ x_0 \in (a,b) \tag{3.12}$$

식 (3.3)이 3계 미분방정식, 즉 $n=3$으로 가정하고 [요점 3.5]가 의미하는 바를 확인하여 보자. 이 경우 식 (3.3)이 가지는 세 개의 기본해 u_1, u_2, u_3를 이용하여 식 (3.11)의 론스키안 $W(x)$ 를 표현한다. 론스키안의 1차 도함수 $W'(x)$는 함수를 성분으로 하는 행렬식의 미분공식(행 또는 열 별로 미분하여 더한다)에 의해 다음과 같이 전개된다.

$$
\begin{aligned}
W'(x) &= \begin{vmatrix} u_1 & u_2 & u_3 \\ u_1' & u_2' & u_3' \\ u_1'' & u_2'' & u_3'' \end{vmatrix}' \\
&= \begin{vmatrix} u_1' & u_2' & u_3' \\ u_1' & u_2' & u_3' \\ u_1'' & u_2'' & u_3'' \end{vmatrix} + \begin{vmatrix} u_1 & u_2 & u_3 \\ u_1'' & u_2'' & u_3'' \\ u_1'' & u_2'' & u_3'' \end{vmatrix} + \begin{vmatrix} u_1 & u_2 & u_3 \\ u_1' & u_2' & u_3' \\ u_1''' & u_2''' & u_3''' \end{vmatrix} \qquad (3.13)^{7)} \\
&= \begin{vmatrix} u_1 & u_2 & u_3 \\ u_1' & u_2' & u_3' \\ u_1''' & u_2''' & u_3''' \end{vmatrix}'
\end{aligned}
$$

위식에서 u_1''', u_2''' 및 u_3'''를 계산하기 위하여 $u_i, (i=1,2,3)$가 식 (3.3)의 해이므로 이를 직접 식 (3.3)에 대입하고 미분을 수행하면 다음이 얻어진다.

$$
\begin{cases}
u_1''' = -p_0u_1 - p_1u_1' - p_2u_1'' \\
u_2''' = -p_0u_2 - p_1u_2' - p_2u_2'' \\
u_3''' = -p_0u_3 - p_1u_1' - p_2u_3''
\end{cases} \tag{3.14}
$$

7) 행렬식의 공식(제6, 7장)을 참조한다.

식 (3.13)의 마지막 행렬식의 첫 번째 행에 p_0를 곱하여 세 번째 행에 더하고, 또 두 번째 행에 p_1을 곱하여 역시 세 번째 행에 더하면 식 (3.13)은

$$W'(x) = \begin{vmatrix} u_1 & u_2 & u_3 \\ u_1' & u_2' & u_3' \\ -p_2u_1'' & -p_2u_2'' & -p_2u_3'' \end{vmatrix} = -p_2(x)\,W(x) \tag{3.15}$$

로 되어

$$\frac{dW}{dx} = -p_2(x)\,W(x) \quad \rightarrow \quad \frac{dW}{W} = -p_2(x)dx \tag{3.16}$$

의 관계를 얻는다. 위식의 양변을 적분하면

$$\ln|W(x)| = -\int p_2(x)dx + c$$

로 되며 왼쪽 항의 log를 제거하면

$$W(x) = W(x_0)\exp\left[-\int_{x_0}^{x} p_2(t)dt\right], \quad x_0 \in (a,b) \tag{3.17}$$[8]

가 얻어진다. 이는 식 (3.12)의 $n=3$인 경우의 표현식이다.

[요점 3.5]를 이용하여 식 (3.3)이 가지는 n개의 기본해가 일차종속으로 되기 위한 조건을 알아보자. 즉 식 (3.3)이 가지는 n개의 기본해 $u_1(x), u_2(x), \cdots, u_n(x)$가 일차종속이라고 가정하면 [요점 3.2]에 의해 전부가 0이 아닌 n개의 정수, 즉

$$(k_1, k_2, \cdots, k_n) \neq (0, 0, \cdots, 0)$$

가 존재하여 임의의 $x \in (a,b)$에 대하여

$$k_1u_1(x) + k_2u_2(x) + \cdots + k_nu_n(x) = 0$$

가 성립할 것이다. 위식을 $(n-1)$번 미분한다면

$$\begin{gathered} k_1u_1(x) + k_2u_2(x) + \cdots + k_nu_n(x) = 0 \\ k_1u_1'(x) + k_2u_2'(x) + \cdots + k_nu_n'(x) = 0 \end{gathered}$$

8) $c = \ln|W(x_0)|$ 의 관계가 성립한다.

$$\vdots$$

$$k_1 u_1^{(n-1)}(x) + k_2 u_2^{(n-1)}(x) + \cdots + k_n u_n^{(n-1)}(x) = 0$$

을 얻는다. 위식을 n개의 미지수 $k_i, (i = 1 \sim n)$에 관한 연립방정식으로 간주하여 행렬의 형식을 이용하여 정리하면 다음으로 된다.

$$\begin{bmatrix} u_1(x) & u_2(x) & \cdots & u_n(x) \\ u_1{}'(x) & u_2{}'(x) & \cdots & u_n{}'(x) \\ \vdots & & \ddots & \vdots \\ u_1^{(n-1)}(x) & u_2^{(n-1)}(x) & \cdots & u_n^{(n-1)}(x) \end{bmatrix} \begin{bmatrix} k_1 \\ k_2 \\ \vdots \\ k_n \end{bmatrix} = \begin{bmatrix} 0 \\ 0 \\ \vdots \\ 0 \end{bmatrix} \tag{3.18 a}$$

이를 식 (3.9)의 형식으로 표현하면 다음과 같이 나타낼 수 있을 것이다.

$$[A(x)]\,[k] = [0] \tag{3.18 b}$$

위에서 $[k] \neq [0]$ 이라고 가정했기 때문에 식 (3.18)로 주어진 제차연립방정식이 해를 가지기 위해서는 다음 조건이 만족하는 경우 뿐이다[9].

$$\det\,[A(x)] = W(u_1, u_2, \cdots, u_n)(x) = 0 \tag{3.19}$$

한편 식 (3.3)의 n개의 기본해의 론스키안이 어떤 점 $x_0 \in (a,b)$에서

$$W(u_1, u_2, \cdots, u_n)(x) = 0$$

을 만족한다고 가정해 보자. 즉 이 경우 $[A(x)]\,[k] = [0]$는 $[k] \neq [0]$인 해를 가진다. 이러한 k_i에 대하여 식 (3.3)의 일반해를

$$u(x) = k_1 u_1(x) + k_2 u_2(x) + \cdots + k_n u_n(x) \tag{3.20}$$

로 두면 $u(x)$는 미분방정식 (3.3)의 해이며, 동시에

$$u^{(j)}(x)\big|_{x = x_0} = 0, (j = 0, 1, \cdots, n-1) \tag{3.21}$$

을 만족한다. 이 경우 기본해 $u_i, (i = 1, \cdots, n)$가 일차종속이라고 가정했기 때문에 일반해는 식 (3.20) 외에도 무수히 존재한다. 이는 [요점 3.3]에 의해 초기조건 (3.21)을 만족하는 해는

9) $[A][x] = [0]$의 형식으로 주어진 제차연립방정식이 $[x] \neq [0]$인 해를 가지기 위한 조건 등에 대해서는 제6장의 행렬이론을 참조한다.

하나뿐이라는 사실과 모순된다. 이로부터 n 계 미분방정식 (3.3)이 유일한 해를 가지기 위해서는 n 개의 기본해 $u_i, (i=1,\cdots,n)$이 일차독립으로 되어야 하며, 이를 위해서는 기본해의 론스키안은 영의 값을 가져서는 안 된다는 사실을 알 수 있다. 이상을 정리하면 다음의 요점을 얻는다.

요점 3.6 일차독립성의 조건

미분방정식 (3.3)의 계수 $p_0(x), p_1(x), \cdots, p_{n-1}(x)$가 개구간 (a,b)에서 연속이라고 한다. 이때 방정식 (3.3)의 n 개의 해 $u_i, (i=1,\cdots,n)$가 일차독립으로 되기 위한 필요충분조건은, 임의의 점 $x_0 \in (a,b)$ 에서 n 개의 해의 론스키안 $W(x)$ 이

$$W(u_1,u_2,\cdots,u_n)(x_0) = \begin{vmatrix} u_1(x_0) & u_2(x_0) & \cdots & u_n(x_0) \\ u_1{'}(x_0) & u_2{'}(x_0) & \cdots & u_n{'}(x_0) \\ \vdots & & \ddots & \vdots \\ u_1^{(n-1)}(x_0) & u_2^{(n-1)}(x_0) & \cdots & u_n^{(n-1)}(x_0) \end{vmatrix} \neq 0 \quad (3.22)$$

을 만족하는 것이다.

함수의 일차독립성을 확인하기 위해서는 식 (3.22)의 론스키안의 계산이 필요하다. 이 경우 임의의 점 $x_0 \in (a,b)$의 취득과 관련하여 다음 요점이 알려져 있다.

요점 3.7 론스키안의 계산

미분방정식 (3.3)의 계수 $p_0(x), p_1(x), \cdots, p_{n-1}(x)$가 개구간 (a,b)에서 연속이라고 가정한다. 이때 미분방정식 (3.3)의 해 $u_1, u_2, \cdots, u_n$ 이 개구간 (a,b)에서 일차독립으로 되기 위한 필요충분조건은, 해의 론스키안 (3.22)가 구간의 내의 한 점 $x_0 \in (a,b)$에서 0으로 되지 않는 것이다.

예제 3.1

네 개의 함수 $u_1(x) = \cos^2 x,\ u_2(x) = \sin^2 x,\ u_3(x) = \sec^2 x,\ u_4(x) = \tan^2 x$가 구간 $(-\pi/2, \pi/2)$에서 일차종속임을 밝혀라.

풀이

(a) 해석적인 방법에 의한 해 :
식 (3.22)를 이용하여 론스키안의 값을 확인할 수 있으나, 계산기의 도움을 받지 않고서는 그 계산이 쉽지 않다. 그러나 만약 [요점 3.2]를 이용하면 다음과 같이 확인할 수 있다. 예를 들어 $k_1 = k_2 = 1, k_3 = -1, k_4 = 1$로 두면

$$k_1\cos^2 x + k_2\sin^2 x + k_3\sec^2 x + k_4\tan^2 x = 0$$

으로 되므로 $u_i(x), (i=1,\cdots,4)$는 일차종속임을 알 수 있다.

(b) MATLAB의 Symbolic Toolbox를 이용한 방법 :
일반해는 MATLAB를 이용하면 론스키안이 영의 값을 가진다는 것을 다음과 같이 간단히 확인할 수 있다.

```
>> syms x
>> u1 = cos(x)^2;u2 = sin(x)^2;u3 = sec(x)^2;u4 = tan(x)^2;
>> Wx = [u1 u2 u3 u4;diff(u1) diff(u2) diff(u3) diff(u4);...
   diff(u1,2),diff(u2,2),diff(u3,2),diff(u4,2);...
   diff(u1,3),diff(u2,3),diff(u3,3),diff(u4,3)];
>> simplify(det(Wx)) ↵

   ans =
    0
```

예제 3.2

$x>0$에 대하여 다음 두 개의 함수

$$u_1(x) = x^m,\ u_2(x) = x^m \ln x \qquad ①$$

가 일차독립으로 됨을 확인하여 보자.

풀이

위 두 개의 함수는 2.8절에서 설명한 코시-오일러의 미분방정식

$$x^2u'' + (1-2m)xu' + m^2u = 0 \qquad ②$$

의 해라는 점에 유의한다. [요점 3.6]에 의해 ①로 주어진 두 함수의 론스키안이 $x>0$에서 '0'으로 되지 않는다는 것을 보이면 된다. 따라서 임의의 $x, (>0)$에 대해

$$W(u_1,u_2)(x) = \begin{vmatrix} x^m & x^m\ln x \\ mx^{m-1} & mx^{m-1}\ln x + x^{m-1}\end{vmatrix}$$

$$= x^m x^{m-1}\begin{vmatrix} 1 & \ln x \\ m & m\ln x + 1\end{vmatrix}$$

$$= x^{2m-1}(1+m\ln x - m\ln x) = x^{2m-1} \neq 0$$

로 되어 확인되었다.

제2장의 [요점 2.2]에서 언급한 바와 같이 2계미분방정식이 가지는 두 개의 선형독립인 해를 기본해라고 불렀다. 이를 고계미분방정식에 확장한 것이 다음의 요점이다.

요점 3.8 n **계미분방정식의 기본해와 일반해**

개구간 (a,b)에서 n계미분방정식 (3.3)을 만족하는 n개의 해 $u_1(x), u_2(x), \cdots, u_n(x)$가 일차독립으로 되었다고 하자. 이 경우 n개의 해를 구간 (a,b)에서의 기본해 혹은 기저(basis)라고 부른다.
또한 n개의 임의의 정수 $c_1, c_2, \cdots, c_n$으로 표현된 다음 형식의 함수

$$u(x) = c_1u_1(x) + c_2u_2(x) + \cdots + c_nu_n(x) \tag{3.23}$$

을 n계미분방정식 (3.3)의 일반해(general solution)라고 한다.

n 계미분방정식 (3.3)이 식 (3.23)으로 정의되는 일반해를 가지기 위한 조건은 다음 요점으로 주어진다.

요점 3.9 일반해의 존재조건

식 (3.3)의 계수인 함수 $p_0(x), p_1(x), \cdots, p_{n-1}(x)$가 개구간 (a,b)에서 연속이라고 한다. 이때 n계 제차미분방정식 (3.3)은 개구간 (a,b)에서 일반해를 가진다.

위 [요점 3.9]를 확인하여 보자. 예를 들어 다음의 초기값 문제를 생각한다.

$$Lu = 0, \left\{u^{(i-1)}(x_0) = 1,\ u^{(j-1)}(x_0) = 0, j \neq i\right\} \tag{3.24}$$

이 경우 [요점 3.3]에 의하면 기본해 $u_i(x), (i = 1, \cdots, n)$는

$$u_i^{(i-1)}(x_0) = 1,\ u_i^{(j-1)}(x_0) = 0,\ j = 1, 2, \cdots, i-1, i+1, \cdots, n \tag{3.25}$$

를 만족하며 일의적이다. 이때 $u_i(x)$의 론스키안은

$$W(u_1, u_2, \cdots, u_n)(x_0) = \begin{vmatrix} u_1(x_0) & u_2(x_0) & \cdots & u_n(x_0) \\ u_1{}'(x_0) & u_2{}'(x_0) & \cdots & u_n{}'(x_0) \\ \vdots & & \ddots & \vdots \\ u_1^{(n-1)}(x_0) & u_2^{(n-1)}(x_0) & \cdots & u_n^{(n-1)}(x_0) \end{vmatrix} = |I_n| = 1$$

로 된다. 여기서 I_n 은 n 차의 단위행렬을 의미한다. 따라서 [요점 3.6]에 의해 $u_i(x)$, $(i=1,\cdots,n)$는 일차독립으로 되어 일반해가 존재한다는 사실을 알 수 있다.

예제 3.3

함수 $u_1 = e^x, u_2 = e^{2x}, u_3 = e^{3x}$는 미분방정식 $u''' - 6u'' + 11u' - 6u = 0$를 만족한다. 일반해의 표현식을 구하여 보자.

풀이

먼저 함수 $u_i, (i = 1,2,3)$이 3계미분방정식의 기본해로 되는지를 확인한다.

$$W(u_1, u_2, u_3) = \begin{vmatrix} e^x & e^{2x} & e^{3x} \\ e^x & 2e^{2x} & 3e^{3x} \\ e^x & 4e^{2x} & 9e^{3x} \end{vmatrix} = 2e^{6x} \neq 0$$

으로 되어 $u_i, (i = 1,2,3)$는 일차독립이다. 따라서 일반해는 .

$$u(x) = c_1 e^x + c_2 e^{2x} + c_3 e^{3x}$$

로 주어진다.

3.2 정수계수를 가지는 제차선형미분방정식

여기서는 정수계수 $p_0, p_1, \cdots, p_{n-1}$ 을 가지는 n 계의 상미분방정식

$$u^{(n)} + p_{n-1}u^{(n-1)} + \cdots + p_1 u' + p_0 u = 0 \tag{3.26 a}$$

을 생각한다. 식 (2.4)로 정의된 연산자 $L[D]$를 이용하면 식 (3.26 a)은

$$L[D]u(x) = \left(D^n + p_{n-1}D^{n-1} + \cdots + p_1 D + p_0\right)u(x) = 0 \tag{3.26 b}$$

로 표현된다. 여기서 연산자 $L[D]$의 D 위치에 λ를 대입하여 얻어진 λ에 관한 n차의 다항식

$$p(\lambda) = \lambda^n + p_{n-1}\lambda^{n-1} + \cdots + p_1\lambda + p_0 \tag{3.27}$$

를 특성다항식이라고 부른다[10]. 또한 특성다항식을 0으로 하는 λ의 값, 즉 $p(\lambda)=0$를 만족하는 n개의 λ를 특성근이라고 한다.

특성다항식 $p(\lambda)=0$의 n개의 근 $\lambda_i, (i=1,\cdots,n)$이 $\lambda_i \neq \lambda_j, (i \neq j)$을 만족한다면, 미분방정식 (3.26)은 n개의 일차독립인 기본해

$$u_1(x)=e^{\lambda_1 x}, u_2(x)=e^{\lambda_2 x}, \cdots, u_n(x)=e^{\lambda_n x} \tag{3.28}$$

를 가지며 이 경우의 일반해는

$$u(x)=c_1 e^{\lambda_1 x}+c_2 e^{\lambda_2 x}+\cdots+c_n e^{\lambda_n x} \tag{3.29}$$

으로 된다.

만약 특성다항식 (3.27)이 2중근을 가지는 경우, 예를 들어 $\lambda_1=\lambda_2$이면 미분방정식 (3.26)은 이와 관련된 다음과 같은 두 개의 기본해

$$u_1(x)=e^{\lambda_1 x}, u_2(x)=xe^{\lambda_1 x}$$

를 가진다. 마찬가지로 3중근의 경우, 예를 들어 $\lambda_1=\lambda_2=\lambda_3$를 가진다면 (3.26)은 다음과 같은 세 개의 기본해를 가진다.

$$u_1(x)=e^{\lambda_1 x}, u_2(x)=xe^{\lambda_1 x}, u_3(x)=x^2 e^{\lambda_1 x}$$

이상의 관계를 요점으로 정리하면 다음과 같다.

요점 3.10 **n계미분방정식의 기본해**

특성다항식 (3.27)이 m 중근 μ을 가진다고 한다. 이 경우 미분방정식 (3.26)은 m개의 일차독립인 기본해

$$u_1(x)=e^{\mu x}, u_2(x)=xe^{\mu x}, \cdots, u_m(x)=x^{m-1}e^{\mu x} \tag{3.30}$$

를 가진다.

식 (3.30)은 다음과 같이 간단히 확인할 수 있을 것이다. 특성다항식이 m 중근인 μ을 가지므로 특성다항식은

10) 제2장의 식 (2.24) 참조.

$$p(\lambda) = (\lambda - \mu)^m q(\lambda) \tag{3.31}$$

로 둘 수 있다. 단 $q(\lambda)$는 $p(\lambda)$를 $(\lambda - \mu)^m$으로 나누었을 경우의 몫이다. 식 (3.31)을 미분연산자 D를 사용하여 미분방정식의 형태로 나타내면

$$p(D)u(x) = q(D)(D - \mu)^m u(x) = 0 \tag{3.32}$$

으로 쓸 수 있다. 여기서 식 (3.30)으로 주어진 m개의 함수

$$x^k e^{\mu x}, (k = 0, 1, \cdots, m-1)$$

가 식 (3.32)의 미분방정식을 만족하는 지의 여부를 알아본다. 즉

$$\begin{aligned}
(D - \mu)(x^k e^{\mu x}) &= k x^{k-1} e^{\mu x} + \mu x^k e^{\mu x} - \mu x^k e^{\mu x} \\
&= k x^{k-1} e^{\mu x} \\
(D - \mu)^2 (x^k e^{\mu x}) &= (D - \mu)(k x^{k-1} e^{\mu x}) \\
&= k(k-1) x^{k-2} e^{\mu x} \\
&\vdots \\
(D - \mu)^k (x^k e^{\mu x}) &= k! e^{\mu x} \\
(D - \mu)^{k+1} (x^k e^{\mu x}) &= k! (\mu e^{\mu x} - \mu e^{\mu x}) = 0
\end{aligned} \tag{3.33}$$

로 된다. 여기서 $m \geq k + 1$의 관계가 있으므로

$$(D - \mu)^m (x^k e^{\mu x}) = 0, \ (k = 0, 1, \cdots, m-1)$$

이 성립한다. 따라서 만약 식 (3.30)으로 주어진 m개의 해가 일차독립이라면 식 (3.30)은 미분방정식 (3.26)의 기본해로 될 것이다. 이 경우 식 (3.30)의 일차독립성이 일반해의 구성에 중요한 역할을 한다.

일차독립성은 [요점 3.6]에 의해 이들 함수로 구성되는 론스키안이 0의 값을 가지는지를 확인함으로서 파악할 수 있다. 이 경우 [요점 3.7]에 의해 론스키안이 $x = 0$에서 0으로 되지 않는다는 사실을 확인하면 일차독립성이 보장된다. 식 (3.33)의 풀이과정에서부터

$$(D - \mu)^k (x^k e^{\mu x}) = k! e^{\mu x}$$

이므로 이로부터

$$D^k\left(x^k e^{\mu x}\right)= k!\, e^{\mu x}+\left\{x^l e^{\mu x}\right\},\ (l=1,2,\cdots,k-1) \tag{3.34}$$

가 성립한다. 여기서 $\{x^l e^{\mu x}\}$는 $(D-\mu)^k$를 전개하였을 때 나타나는 D^k를 제외한 항을 의미한다. 따라서

$$D^k\left(x^k e^{\mu x}\right)\big|_{x=0} = k!,\ D^k\left(x^{k+l} e^{\mu x}\right)\big|_{x=0} = 0\ ,\ (l \geq 1) \tag{3.35}$$

로 된다. 이상의 관계를 론스키안 식 (3.21)에 대입하면 행렬은 대각선과 그의 아랫부분에만 값을 가지는 아래삼각행렬

$$W(0)=\begin{vmatrix} 0! & 0 & 0 & \cdots & 0 \\ * & 1! & 0 & \cdots & 0 \\ * & * & 2! & \cdots & 0 \\ \vdots & & & \ddots & \vdots \\ * & * & * & \cdots & (m-1)! \end{vmatrix} = \prod_{k=0}^{m-1} k! \neq 0 \tag{3.36}$$

로 되어 영의 값을 가지지 않는다. 따라서 식 (3.30)의 m개의 함수는 일차독립으로 됨을 확인할 수 있다.

예제 3.4

다음 4계미분방정식의 일반해를 구하여 보자.

$$u^{(4)}(x) - 13u''(x) + 36u(x) = 0 \quad ①$$

풀이

①의 특성다항식의 인수분해를 통하여 4개의 근을 얻는다. 즉

$$\lambda^4 - 13\lambda^2 + 36 = \left(\lambda^2 - 9\right)\left(\lambda^2 - 4\right)$$
$$= (\lambda+3)(\lambda-3)(\lambda+2)(\lambda-2)$$

로 되어 네 개의 근은 $-3,\ 3,\ -2,\ 2$로 됨을 알 수 있다. 따라서 일반해는

$$u_1(x) = c_1 e^{-3x} + c_1 e^{3x} + c_1 e^{-2x} + c_1 e^{2x}$$

로 된다.

예제 3.5

코시-오일러의 미분방정식

$$x^3u'''(x) - 3x^2u''(x) + 6xu'(x) - 6u(x) = 0 \qquad ①$$

의 일반해를 계산하여 보자.

풀이

(a) 해석적인 방법에 의한 해 :
식 (2.60)에 의해

$$u(x) = x^m$$

을 미분방정식 ①에 대입하면

$$m(m-1)(m-2)x^m - 3m(m-1)x^m + 6mx^m - 6x^m = 0$$

을 얻는다. 양변을 x^m 으로 나누면 다음의 특성다항식을 얻는다.

$$m(m-1)(m-2) - 3m(m-1) + 6m - 6 = 0$$

위식을 인수분해하면

$$(m-1)[m(m-2) - 3m + 6] = (m-1)(m-2)(m-3) = 0$$

이므로 코시-오일러 방정식의 해에 의해 일반해는

$$u(x) = c_1x + c_2x^2 + c_3x^3 \qquad ②$$

로 된다.

(b) MATLAB의 Symbolic Toolbox를 이용하는 방법 :

```
>> syms x
>> ux = dsolve('x^3*D3u-3*x^2*D2u+6*x*Du-6*u=0','x')

   ux =
    C3*x^3 + C2*x^2 + C4*x
```

예제 3.6 함수

$$u_1(x) = e^{x^2} \quad ①$$

가 다음 2계미분방정식

$$L[D]u = u'' - 4xu' + (4x^2 - 2)u = 0 \quad ②$$

의 해로 된다는 사실을 사용하여 다른 하나의 일차독립인 해를 구하여 보자.

풀이

(a) 해석적인 방법에 의한 해 :

정수변화법[11]을 사용한다. 먼저 다른 하나의 일차독립인 해를

$$u_2(x) = \alpha(x)u_1(x) \quad ③$$

으로 두고 이를 ②의 왼쪽의 각 항에 대입하여 정리하면

$$(4x^2 - 2)u_2 = (4x^2 - 2)\alpha u_1$$

$$-4xu_2{}' = -4x\alpha u_1{}' - 4x\alpha' u_1$$

$$u_2{}'' = \alpha u_1{}'' + 2\alpha' u_1{}' + \alpha'' u_1$$

을 얻는다. 위의 식을 전부 더하면

$$L[D]u_2 = \alpha L[D]u_1 + (2u_1{}' - 4xu_1)\alpha' + u_1\alpha'' \quad ④$$

로 된다. 여기서 u_1은 미분방정식의 해이므로 $L[D]u_1 = 0$이며, u_2 역시 해로 가정했기 때문에 $L[D]u_2 = 0$로 된다. 이 관계를 ④에 대입하면 α에 관한 미분방정식

$$e^{x^2}\alpha'' + \left(4xe^{x^2} - 4xe^{x^2}\right)\alpha' = 0 \quad ⑤$$

를 얻는다. 이로부터

$$\alpha'' = 0 \;\Rightarrow\; \alpha' = c_1 \;\Rightarrow\; \alpha = c_1 x + c_2$$

로 되어 u_1과 일차독립인 해는

$$u_2(x) = (c_1 x + c_2)e^{x^2}$$

로 됨을 알 수 있다. 이때 $c_2 e^{x^2}$의 항은 u_1에 포함되어 있기 때문에 $c_2 = 0$으로 두어도 독립성을 잃지 않는다. 또한 u_1과의 관계로부터 $c_1 = 1$로 두어도 문제가 발생하지 않는다. 이 결과 $u_2 = xe^{x^2}$으로 되어, ②의 일반해는

$$u(x) = (c_1 + c_2 x)e^{x^2} \quad ⑥$$

로 주어진다.

---

11) 3.5절을 참조한다.

(b) MATLAB을 이용한 수치적인 방법에 의한 해

ⓐ Symbolic Toolbox의 이용 : 이 경우는 함수 dsolve에 의한 풀이과정에서 에러가 발생하여 ⑥형식의 해를 얻을 수 없다. 따라서 이 경우는 다음과 같이 MATLAB의 미분방정식 풀이용 함수인 ode45 등을 사용하여야한다.

```
>> syms x
>> ux = dsolve('D2u-4*x*Du+(4*x^2-2)*u=0','x')

   Error using mupadengine/feval (line 157) % 에러메시지
   MuPAD error: Error: Division by zero.
```

ⓑ MATLAB 함수의 사용 : 아래의 프로그램을 실행하면 [그림 3.1[과 같은 해곡선을 얻는다. 자세한 내용은 [예제 3.7]의 풀이과정을 참조한다.

```
% 아래 함수를 exp3_6.m으로 저장한다.
function uprime = exp3_6(x,u)
uprime = [u(2);4*x*u(2)-(4*x^2-2)*u(1)];
--------------------------------------------
>> xspan = [0 2];u0 = [1 0]';
>> [x,u] = ode45('exp3_6',xspan,u0);
>> subplot(221),plot(x,u(:,1)) % [그림 3.1]의 생성
>> xlabel('x'),ylabel('u(x)')
```

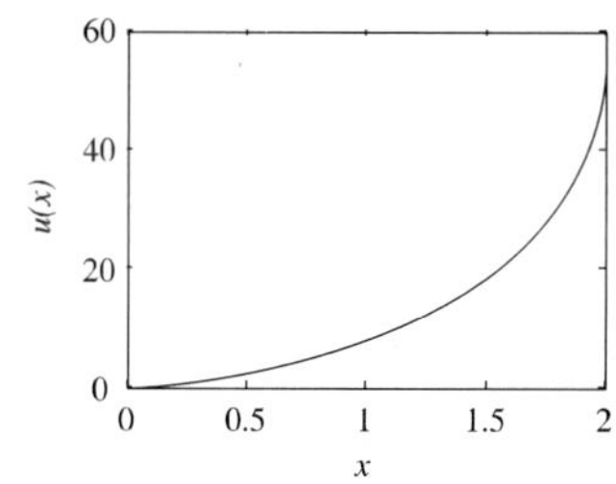

그림 3.1 [예제 3.6]의 해곡선

3.3 비제차선형미분방정식

n 계의 비제차선형미분방정식

$$u^{(n)}(x) + p_{n-1}u^{(n-1)}(x) + \cdots + p_1 u'(x) + p_0 u(x) = g(x) \tag{3.37}$$

를 생각한다. 여기서 $u_1(x), \cdots, u_n(x)$ 가 제차미분방정식

$$L[D]u(x) = \left(D^n + p_{n-1}D^{n-1} + \cdots + p_1 D + p_0\right)u(x) = 0$$

를 만족한다면 제차미분방정식의 일반해는

$$u_h(x) = c_1 u_1(x) + c_2 u_2(x) + \cdots + c_n u_n(x)$$

으로 주어진다. 제2장의 [요점 2.5]에서 언급한 바와 같이 식 (3.37)의 비제차방정식을 만족하는 하나의 해를 특수해(particular solution)라고 한다. 여기서 $u_p(x)$를 식 (3.37)의 특수해라고 하면 식 (3.37)의 일반해는

$$u_g(x) = u_h(x) + u_p(x)$$

의 형태로 주어진다. 실제로 $u_g(x)$를 식 (3.37)에 대입하면

$$L[D](u_h + u_p) = L[D]u_h + L[D]u_p = 0 + g(x)$$

로 되어 $u_g(x)$는 식 (3.37)의 해로 되며, 동시에 n개의 임의정수를 가지고 있으므로 $u_g(x)$가 일반해라는 사실을 확인할 수 있다.

이상의 사실로부터 비제차고계미분방정식의 일반해를 구하기 위해서는 특수해가 필요하다. 특수해를 계산하는 방법으로 i) 미정계수법과, ii) 정수변화법이 있다. 미정계수법은 미분의 계수가 높아지면 식의 형태가 번잡하게 되어 쉽게 해결할 수 없는 경우가 발생하기 때문에, 일반적으로 이 방법은 정수변화법에 비하여 그 적용범위가 제한되어 있다. 그러나 정수변화법이 제차방정식의 일반해를 필요로 한다는 점에 비하여, 미정계수법에서는 제차방정식의 일반해를 필요로 하지 않는다는 점을 계산상의 특징으로 들 수 있다.

미정계수법을 적용하여 특수해를 구하는 실제적인 과정은 2.6절을 참조하고 여기서는 해공간 등을 이용하여 미정계수법이 적용 가능한 조건을 알아본다.

요점 3.11 미정계수법의 조건

n계비제차선형미분방정식

$$u^{(n)}(x) + p_{n-1}u^{(n-1)}(x) + \cdots + p_1 u'(x) + p_0 u(x) = g(x) \qquad (3.37)$$

의 외부입력 $g(x)$와 그의 모든 도함수로서 구성되는 함수공간이 유한차원이면 식 (3.37)에 미정계수법을 적용하여 특수해 $u_p(x)$를 계산할 수 있다.

도함수로 구성되는 함수공간이 유한 차원으로 되는 함수 $g(x)$의 예를 몇 가지 들어본다.

(1) $g(x)=x^2+2x+1$의 경우 도함수는

$$g'(x)=2x+2,\ g''(x)=2,\ g^{(k)}(x)=0,\ (k=3,4,\cdots)$$

로 되기 때문에 $g(x)$, $g'(x)$, $g''(x)$은 $g(x)$의 도함수로서 이루어지는 함수공간의 기저로 된다. 따라서 도함수로 구성되는 함수공간의 차원은 '3'이다.

(2) $g(x)=\cos 2x+\sin 2x$의 경우 도함수는

$$g'(x)=-2\sin 2x+2\cos 2x,\ g''(x)=-4g(x)$$

로 되기 때문에 $g'''(x)=-4g'(x)$의 관계를 얻는다. 이로부터 일반적으로 $k=1,2,\cdots$의 경우

$$g^{(2k)}(x)=-4g^{(2k-2)}(x)=(-4)^k g(x)$$
$$g^{(2k+1)}(x)=-4g^{(2k-1)}(x)=(-4)^k g'(x)$$

로 됨을 알 수 있다. 따라서 $g(x)$와 $g'(x)$가 도함수로 이루어지는 공간의 기저로 되며, 공간의 차원은 '2'임을 알 수 있다.

(3) $g(x)=xe^x$의 경우 도함수는

$$g'(x)=e^x+xe^x,\ g''(x)=2g'(x)-g(x)$$

로 되며, 위식으로부터

$$g'''(x)=2g''(x)-g'(x)=4g'(x)-2g(x)-g'(x)=3g'(x)-2g(x)$$

을 얻는다. 이러한 관계로부터 $g(x)$와 $g'(x)$가 도함수로 이루어지는 공간의 기저로 된다는 사실을 알 수 있다. 따라서 이러한 함수공간의 차원은 '2'이다.

예제 3.7

미정계수법을 사용하여 다음 미분방정식의 초기값문제

$$u'''-u'=4e^{-x}+3e^{2x},\ u(0)=0,\ u'(0)=-1,\ u''(0)=2 \qquad ①$$

의 해를 구하고 이를 그래프로 나타내어보자.

풀이

(a) 해석적인 방법에 의한 해 :
①의 특성다항식은

$$\lambda^3 - \lambda = \lambda(\lambda - 1)(\lambda + 1) = 0$$

이다. 따라서 제차방정식의 일반해는 다음으로 주어진다.

$$u_h(x) = c_1 + c_2 e^x + c_3 e^{-x} \quad ②$$

다음 외부입력은 $g(x) = 4e^{-x} + 3e^{2x}$ 이므로 이것의 도함수는

$$g^{(k)}(x) = 4(-1)^k e^{-x} + 3 \cdot 2^k e^{2x},\ k = 1, 2, \cdots \quad ③$$

으로 된다. 따라서 도함수로 이루어지는 공간은 기저로서 e^{-x} 와 e^{2x} 를 가지므로 차원은 '2' 이며, 이 결과 [요점 3.11]에 의해 미정계수법의 적용이 가능하다는 사실을 알 수 있다. 다음 2.6절의 방법에 따라 시도형식의 함수를 선정한다. 먼저 외부입력 $g(x)$ 의 첫 번째 e^{-x} 는 '-1'이 특성다항식의 근이므로 그 시도형식으로 Axe^{-x} 를 선정하고, 두 번째 $3e^{2x}$ 의 '2'는 특성다항식의 근이 아니므로 그 시도형식으로 Be^{2x} 로 한다. 따라서 특수해로서

$$u_p(x) = Axe^{-x} + Be^{2x}$$

로 두면

$$u' = -Axe^{-x} + Ae^{-x} + 2Be^{2x}$$

$$u'' = Axe^{-x} - 2Ae^{-x} + 4Be^{2x}$$

$$u''' = -Axe^{-x} + 3Ae^{-x} + 8Be^{2x}$$

가 얻어지기 때문에 임의의 x 에 대하여

$$\begin{aligned} u''' - u' &= 2Ae^{-x} + 6Be^{2x} \\ &= 4e^{-x} + 3e^{2x} \end{aligned}$$

로 된다. 이로부터 두 개의 미정계수는

$$A = 2,\ B = \frac{1}{2}$$

로 된다. 따라서 비제차미분방정식의 특수해는

$$u_p(x) = 2xe^{-x} + \frac{1}{2}e^{2x} \quad ④$$

이며, 비제차방정식의 일반해는

$$u_g(x) = u_h(x) + u_p(x) = c_1 + c_2 e^x + c_3 e^{-x} + 2xe^{-x} + \frac{1}{2}e^{2x} \qquad ⑤$$

이다. 여기에 초기값의 조건을 적용하여 임의정수 c_1, c_2 및 c_3를 결정하여본다.

$$\begin{cases} u(0) = c_1 + c_2 + c_3 + \frac{1}{2} = 0 \\ u'(0) = c_2 - c_3 + 3 = -1 \\ u''(0) = c_2 + c_3 - 2 = 2 \end{cases}$$

를 풀면

$$c_1 = -\frac{9}{2},\ c_2 = 0,\ c_3 = 4$$

가 얻어진다. 따라서 초기값을 만족하는 일반해는 다음으로 주어진다.

$$u(x) = -\frac{9}{2} + 4e^{-x} + 2xe^{-x} + \frac{1}{2}e^{2x} \qquad ⑥$$

(b) MATLAB을 이용한 수치적인 방법에 의한 해

ⓐ Symbolic Toolbox의 이용 : 일반해는 다음으로 얻어진다.

```
>> syms x
>> ux = dsolve('D3u -Du=4*exp(-x)+3*exp(2*x)',...
   'u(0)=0','Du(0)=-1','D2u(0)=2','x');
>> expand(ux)

   ans =
   4*exp(-x) + exp(2*x)/2 + 2*x*exp(-x) - 9/2
```

ⓑ MATLAB 함수의 사용 : 제2장에서도 언급한 바와 같이 미분방정식의 해를 위한 MATLAB 함수 ode23 등을 사용하기 위해서는 3계미분방정식 ①을 1계미분방정식의 형식으로 변환하기 위해 새로운 변수를 도입하여

$$z_1 = u,\ z_2 = u',\ z_3 = u'' \qquad ⑦$$

로 두면 ①은 다음과 같이 쓸 수 있다.

$$\begin{aligned} z_1' &= z_2 \\ z_2' &= z_3 \\ z_3' &= z_2 + 4e^{-x} + 3e^{2x} \end{aligned} \qquad ⑧$$

⑧을 다음과 같은 함수파일로 작성하여 이를 'exp3_7.m'으로 하여 저장한다.

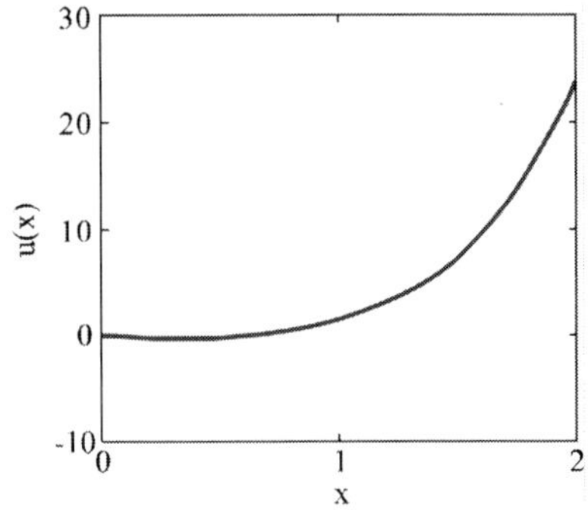

그림 3.2 [예제 3.7]의 해곡선

```
function uprime = exp3_7(x,u)
uprime = [u(2);u(3);u(2)+4*exp(-x)+3*exp(2*x)];
```

```
>> xspan = [0 2];              % x의 계산범위를 설정 ,x=0에서 x=2까지
>> u0 = [0;-1;2];              % 초기값의 지정
>> [x,u] = ode23('exp3_7',xspan,u0);      % 미분방정식의 계산
>> subplot(221),plot(x,u(:,1))             % [그림 3.2]
>> xlabel('x'),ylabel('u(x)')
```

위 프로그램을 실행하면 [그림 3.2]를 얻는다.

3.4 정수변화법에 의한 특수해

변수계수 $p_0(x), p_1(x), \cdots, p_{n-1}(x)$를 가지는 n계 선형미분방정식을

$$L[D]u := u^{(n)} + p_{n-1}(x)u^{(n-1)} + \cdots + p_1(x)u' + p_0(x)u \tag{3.38 a}$$

와 같이 표현한다면 비제차미분방정식은

$$L[D]u(x) = g(x) \tag{3.38 b}$$

로 쓸 수 있다. 먼저 제차방정식 $L[D]u = 0$의 일반해를

$$u_h(x) = c_1 u_1(x) + c_2 u_2(x) + \cdots + c_n u_n(x) \tag{3.39}$$

로 둔다. 이하 $n = 3$으로 하여 정수변화법의 설명을 진행하지만 $n > 3$인 경우에도 동일한 방식으로 해를 얻을 수 있다. $n = 3$이면 식 (3.38)은

$$u'''(x) + p_2(x)u''(x) + p_1(x)u'(x) + p_0(x)u(x) = g(x)$$

로 되지만 연산자를 사용하여 $L[D]u(x) = g(x)$로 표현하기로 한다.

이하 설명하는 정수변화법은 라그란제(Lagrange)에 의한 것으로서, 제차방정식의 일반해의 미지정수 c_1, c_2, c_3를 x의 함수로 변경하여 비제차방정식의 특수해로서 사용하는 것이다. 다시 말하면 특수해를

$$u_h(x) = c_1(x)u_1(x) + c_2(x)u_2(x) + c_3(x)u_3(x) \tag{3.40}$$

의 형식으로 계산하는 것이다.

$u_h(x)$를 미분하면

$$\begin{aligned} u_h{}'(x) = & \left[c_1{}'(x)u_1(x) + c_2{}'(x)u_2(x) + c_3{}'(x)u_3(x)\right] \\ & + c_1(x)u_1{}'(x) + c_2(x)u_2{}'(x) + c_3(x)u_3{}'(x) \end{aligned} \tag{3.41}$$

를 얻는다. 특수해를 계산하기 위해서는 세 개의 미지의 함수 $c_1(x), c_2(x), c_3(x)$를 결정하여야 한다. 이를 위해 미분방정식에 세 가지의 조건을 부가한 결과로 얻어지는 세 개의 함수를 이용하여 미지의 함수를 결정하기로 한다. 먼저 식 (3.41)의 오른쪽 항의 $[\,\cdot\,]$의 부분이 '0'이라는 조건을 부가한다. 즉

$$c_1{}'(x)u_1(x) + c_2{}'(x)u_2(x) + c_3{}'(x)u_3(x) = 0 \tag{3.42}$$

로 두면 식 (3.40)은

$$u_h{}'(x) = c_1(x)u_1{}'(x) + c_2(x)u_2{}'(x) + c_3(x)u_3{}'(x)$$

로 된다. 이를 다시 미분하면, 즉 $u_h{}''(x)$는

$$\begin{aligned} u_h{}''(x) = & \left[c_1{}'(x)u_1{}'(x) + c_2{}'(x)u_2{}'(x) + c_3{}'(x)u_3{}'(x)\right] \\ & + c_1(x)u_1{}''(x) + c_2(x)u_2{}''(x) + c_3(x)u_3{}''(x) \end{aligned} \tag{3.43}$$

로 된다. 여기서 식 (3.43)의 [•]의 부분을 '0'이라는 두 번째의 조건을 부가한다. 즉

$$c_1'(x)u_1'(x)+c_2'(x)u_2'(x)+c_3'(x)u_3'(x)=0 \tag{3.44}$$

의 조건을 부가하면 식 (3.43)은

$$u_h''(x)=c_1(x)u_1''(x)+c_2(x)u_2''(x)+c_3(x)u_3''(x)$$

로 된다. 다시 위식을 미분하면

$$\begin{aligned}u_h'''(x)= &\left[c_1'(x)u_1''(x)+c_2'(x)u_2''(x)+c_3'(x)u_3''(x)\right]\\ &+c_1(x)u_1'''(x)+c_2(x)u_2'''(x)+c_3(x)u_3'''(x)\end{aligned}$$

을 얻는다. 이들의 $u_p(x), u_p'(x), u_p''(x)$ 및 $u_p'''(x)$를 미분방정식 $L[D]u(x)$에 대입하고, 이 과정에서 u_1, u_2, u_3 가 $L[D]u(x)=0$의 해라는 사실을 사용하면

$$\begin{aligned}L[D]u_p &= c_1'u_1''+c_2'u_2''+c_3'u_3''+\{c_1L[D]u_1+c_2L[D]u_2+c_3L[D]u_3\}\\ &=c_1'u_1''+c_2'u_2''+c_3'u_3''\\ &=g(x)\end{aligned}$$

을 얻는다. 여기서 $L[D]u_p(x)=g(x)$를 만족하도록 $u_p(x)$가 구성되어야 하므로

$$c_1'(x)u_1''(x)+c_2'(x)u_2''(x)+c_3'(x)u_3''(x)=g(x) \tag{3.45}$$

가 만족되도록(세 번째 조건) 세 개의 함수 $c_1(x), c_2(x), c_3(x)$를 결정하면 된다. 이상의 조건식에 의해 미지의 세 함수는 부가한 세 가지의 조건식을 이용하여 계산가능하게 되었다, 다시 말하면 식 (3.42), (3.44) 및 (3.45)로부터 $c_1'(x), c_2'(x), c_3'(x)$를 미지수로 하는 연립 방정식을 구성하고 이를 행렬표현으로 나타내면

$$\begin{bmatrix} u_1(x) & u_2(x) & u_3(x)\\ u_1'(x) & u_2'(x) & u_3'(x)\\ u_1''(x) & u_2''(x) & u_3''(x)\end{bmatrix}\begin{bmatrix} c_1'(x)\\ c_2'(x)\\ c_3'(x)\end{bmatrix}=\begin{bmatrix}0\\0\\g(x)\end{bmatrix} \tag{3.46}$$

로 되며 이는

$$[A(x)]\,[c'(x)] = \begin{bmatrix} 0 \\ 0 \\ g(x) \end{bmatrix}$$

의 형식으로 쓸 수 있다. 제차미분방정식의 일반해 u_1, u_2, u_3가 함수공간의 기저를 이루기 때문에 [요점 3.6]으로부터 이들의 론스키안이 '0'으로 되지 않는다. 즉

$$\det[A(x)] = W(u_1, u_2, u_3) \neq 0$$

이므로 식 (3.46)의 연립방정식은 유일한 해 $[c'(x)]$를 가지며, 이를 적분, 즉

$$[c(x)] = \int [c'(x)]\,dx$$

를 수행하면 특수해를 얻을 수 있다. 따라서 미분방정식 (3.38)의 일반해는

$$\begin{aligned} u_g(x) = {} & Au_1(x) + Bu_2(x) + Cu_3(x) \\ & + c_1(x)u_1(x) + c_2(x)u_2(x) + c_3(x)u_3(x) \end{aligned} \tag{3.47}$$

으로 주어진다.

예제 3.8

구간 $I = \left(-\frac{\pi}{2}, \frac{\pi}{2}\right)$에서 다음 미분방정식의 특수해와 일반해를 각각 구하여보자.

$$\frac{d^2u}{dx^2} + u = \tan x \qquad ①$$

풀이

(a) 해석적인 방법에 의한 해 :

①의 경우 $g(x) = \tan x$의 도함수로 구성되는 공간은 유한차원으로 되지 않기 때문에 미정계수법을 적용할 수 없다. 따라서 정수변화법에 의해 특수해를 계산하기로 한다.

먼저 제차방정식의 해는 $L[D]u = d^2u/dx^2 + u = 0$에 대한 특성다항식은

$$L[m] = m^2 + 1 = (m - j)(m + j) = 0$$

이므로 근은 $m = \pm j$이다. 따라서 2.4절의 [표 2.1]에 따라 제차방정식의 일반해는

$$u_h(x) = c_1 \cos x + c_2 \sin x \qquad ②$$

로 된다. 한편 비제차방정식의 특수해는 위에서 설명한 바와 같이 ②의 임의정수 c_1과 c_2를 x의 함수, 즉 $c_1(x)$와 $c_2(x)$로 두어 식 (3.39)와 같이 특수해의 형식을

$$u_p(x) = c_1(x)\cos x + c_2(x)\sin x \qquad ③$$

로 둔다. 이때 $\cos x$와 $\sin x$의 론스키안은

$$W(\cos x,\, \sin x) = \begin{vmatrix} \cos x & \sin x \\ -\sin x & \cos x \end{vmatrix} = \cos^2 x + \sin^2 x = 1$$

이므로 0이 아님을 알 수 있다. 두 개의 함수 $c_1(x)$와 $c_1(x)$에 대한 식 (3.46)은

$$\begin{bmatrix} u_1 & u_2 \\ u_1' & u_2' \end{bmatrix} \begin{bmatrix} c_1' \\ c_2' \end{bmatrix} = \begin{bmatrix} 0 \\ \tan x \end{bmatrix}$$

로 된다. 따라서 두 개의 함수는

$$c_1' = -\frac{\sin x \cdot \tan x}{u_1 u_2' - u_2 u_1'},\ c_2' = \frac{\cos x \cdot \tan x}{u_1 u_2' - u_2 u_1'} \qquad ④$$

로 됨을 알 수 있다. 위식을 적분하면

$$\begin{aligned} c_1(x) &= -\int \tan x \sin x dx \\ &= -\int \frac{\sin^2 x}{\cos x} dx = -\int \frac{1-\cos^2 x}{\cos x} dx \\ &= \sin x - \ln(\sec x + \tan x) \end{aligned}$$

$$c_2(x) = \int \sin x\, dx = -\cos x$$

가 얻어진다. 이로부터 주어진 방정식의 특수해는

$$\begin{aligned} u_p(x) &= [\sin x - \ln(\sec x + \tan x)]\cos x - \cos x\ \sin x \\ &= -\cos x \ln(\sec x + \tan x) \end{aligned} \qquad ⑤$$

이며 일반해는

$$\begin{aligned} u(x) &= u_h(x) + u_p(x) \\ &= c_1 \cos x + c_2 \sin x - \cos x \ln(\sec x + \tan x) \end{aligned} \qquad ⑥$$

로 된다.

(b) MATLAB의 Symbolic Toolbox의 이용한 해 :

```
>> ug = dsolve('D2u+u=tan(x)','x');
>> simplify(ug)

ans =
 log(tan(x/2) - 1)*cos(x) - log(tan(x/2) + 1)*cos(x) + C2*cos(x) + C3*sin(x)
```

예제 3.9

정수변화법을 사용하여 미분방정식

$$u''' - u' = \cosh x \quad ①$$

의 일반해를 구하여 보자.

풀이

특성다항식과 특성근은

$$\lambda^3 - \lambda = \lambda(\lambda^2 - 1) = 0 \quad \Rightarrow \quad \lambda_1 = 0, \lambda_2 = 1, \lambda_3 = -1 \quad ②$$

로 주어진다. 따라서 제차방정식의 일반해는

$$u_h(x) = c_1 + c_2 e^x + c_3 e^{-x}$$

이다. 정수변화법에 의해 비제차방정식의 특수해를 구하기 위해

$$u_p(x) = c_1(x) + c_2(x) e^x + c_3(x) e^{-x} \quad ③$$

으로 두고 식 (3.45)를 계산한다.

$$\begin{bmatrix} 1 & e^x & e^{-x} \\ 0 & e^x & -e^{-x} \\ 0 & e^x & e^{-x} \end{bmatrix} \begin{bmatrix} c_1'(x) \\ c_2'(x) \\ c_3'(x) \end{bmatrix} = \begin{bmatrix} 0 \\ 0 \\ \cosh x \end{bmatrix}$$

위 연립방정식에 가우스소거법[12]을 적용하면

$$\begin{bmatrix} 1 & e^x & e^{-x} \\ 0 & e^x & -e^{-x} \\ 0 & 0 & 2e^{-x} \end{bmatrix} \begin{bmatrix} c_1'(x) \\ c_2'(x) \\ c_3'(x) \end{bmatrix} = \begin{bmatrix} 0 \\ 0 \\ \cosh x \end{bmatrix}$$

즉

12) 가우스소거법에 대해서는 제7장의 행렬을 참조한다.

$$\begin{aligned} c_3' &= \frac{1}{2}e^x \cosh x = \frac{1}{2}e^x\left(\frac{e^x+e^{-x}}{2}\right) = \frac{1}{4}(e^{2x}+1) \\ c_2' &= e^{-2x}c_3' = \frac{1}{4}(1+e^{-2x}) \\ c_1' &= -e^x c_2' - e^{-x}c_3' = -\frac{1}{2}(e^x+e^{-x}) = -\cosh x \end{aligned} \qquad ④$$

를 얻는다. ④를 적분하면

$$\begin{cases} c_1 = -\sinh x \\ c_2 = \dfrac{1}{4}\left(x - \dfrac{1}{2}e^{-2x}\right) \\ c_3 = \dfrac{1}{4}\left(\dfrac{1}{2}e^{2x} + x\right) \end{cases}$$

로 되기 때문에 특수해는

$$\begin{aligned} u_p(x) &= -\sinh x + \frac{1}{4}\left(xe^x - \frac{1}{2}e^{-x}\right) + \frac{1}{4}\left(\frac{1}{2}e^x + xe^{-x}\right) \\ &= -\sinh x + \frac{1}{4}x(e^x+e^{-x}) + \frac{1}{8}(e^x - e^{-x}) \\ &= \frac{1}{2}x\cosh x - \frac{3}{4}\sinh x \end{aligned} \qquad ⑤$$

로 된다. 여기서 함수

$$\sinh = \frac{e^x - e^{-x}}{2}$$

가 제차방정식의 일반해에 포함되어 있다는 점에 유의하면 비제차방정식의 일반해는 다음과 같이 쓸 수 있다.

$$\begin{aligned} u_g(x) &= A + B'e^x + C'e^{-x} + \frac{1}{2}x\cosh x - \frac{3}{4}\sinh x \\ &= A + Be^x + Ce^{-x} + \frac{1}{2}x\cosh x \end{aligned} \qquad ⑥$$

이 문제는 미정계수법을 사용하여 해를 구할 수도 있다. 즉 미분방정식 ①의 $g(t)$는

$$\cosh = \frac{e^x + e^{-x}}{2}$$

의 관계가 성립하고, 또한 특성다항식이 근을 $0, 1,$ 및 -1에 가지기 때문에, 제2장의 식 (2.50)으로부터 ①의 특수해의 시도형식으로

$$u_p(x) = c_1xe^x + c_2xe^{-x} \qquad ⑦$$

를 사용할 수 있다. 그러나 xe^x와 xe^{-x}를 $x\cosh x$와 $x\sinh x$의 선형결합으로 표현가능하기 때문에 ⑦ 대신에

$$u_p(x) = c_1 x \cosh x + c_2 x \sinh x \quad ⑧$$

를 사용하여도 된다. 이를 ①에 대입하면

$$u_p''' - u_p' = 2c_1 \cosh x + 2c_2 \sinh x$$
$$= \cosh x$$

로 되기 때문에 이로부터

$$c_1 = \frac{1}{2},\ c_2 = 0 \quad ⑨$$

으로 두면 특수해가 얻어진다.

MATLAB의 Symbolic Toolbox로는 ⑥과 같은 형식의 해는 얻을 수 없다.

예제 3.10

다음 미분방정식이 일반해를 구하여보자.

$$u'' + 3u' + 2u = \frac{1}{1+e^x} \quad ①$$

풀이

외부입력의 도함수로 이루어지는 함수공간이 유한차원으로 되지 않기 때문에 ①에 미정계수법을 적용할 수 없으므로 정수변화법으로 특수해를 계산하기로 한다. 계산의 과정에서 간단한 대수와 미적분 등의 수행을 위해 MATLAB의 Symbolic Toolbox를 이용한다.

먼저 ①의 특성다항식과 특성근은

$$\lambda^2 + 3\lambda + 2 = (\lambda+1)(\lambda+2) = 0 \ \rightarrow\ \lambda_1 = -1,\ \lambda_2 = -2$$

로 된다. 따라서 제차방정식의 일반해는

$$u_h(x) = c_1 e^{-x} + c_2 e^{-2x} \quad ②$$

이다. 정수변화법에 의해 비제차방정식의 특수해를 구하기 위해 특수해를

$$u_p(x) = c_1(x) e^{-x} + c_2(x) e^{-2x} \quad ③$$

로 두고 식 (3.45)의 계산을 수행하면

$$\begin{bmatrix} e^{-x} & e^{-2x} \\ -e^{-x} & -2e^{-2x} \end{bmatrix} \begin{bmatrix} c_1' \\ c_2' \end{bmatrix} = \begin{bmatrix} 0 \\ 1/(1+e^x) \end{bmatrix} \quad ④$$

즉 $[A(x)]\,[c'(x)] = [b]$를 얻는다. 위식을 계산하여 얻은 c_1'과 c_2'를 적분하여 얻은 $c_1(x)$

와 $c_2(x)$를 ③에 대입하면 특수해가 계산된다.

여기서 ④의 계산을 MATLAB의 Symbolic Toolbox를 사용하여 실행한다.

```
>> syms x real;syms c dc A b up
>> A = [exp(-x) exp(-2*x);-exp(-x) -2*exp(-2*x)];% ④의 구성요소
>> b = [0 1/(1+exp(x))]';
>> dc = A\b↵                    % [c1' c2']의 계산

   dc =
       exp(x)/(exp(x) + 1)
     -exp(2*x)/(exp(x) + 1)
>> c = int(dc) ↵                % [c1' c2']의 적분

c =

            log(exp(x) + 1)
    log(exp(x) + 1) - exp(x)
>> up = c'*[exp(-x) exp(-2*x)]'↵

   up =
    exp(-x)*log(exp(x) + 1) + exp(-2*x)*(log(exp(x) + 1) - exp(x))
```

MATLAB의 Symbolic Toolbox에서 지수함수는 복소변수를 가지는 함수로서 처리하기 때문에 ">> syms x real"에 의해 x가 복소수가 아니라 실수임을 정의하였다. 따라서 비제차미분방정식의 일반해는

$$u_g(x) = Ae^{-x} + Be^{-2x} + [\ln(1+e^x)]e^{-x} + [\ln(1+e^x)]e^{-2x} \qquad ⑤$$

로 된다.

3.5 연립미분방정식

• 식의 구성

3.1절에서 n계의 미분방정식 (3.1)

$$u^{(n)} + p_{n-1}(x)u^{(n-1)} + \cdots + p_1(x)u' + p_0(x)u = g(x) \qquad (3.1)$$

에 대해 n개의 종속변수

$$z_1(x) = u(x),\ z_2(x) = u'(x), \cdots, z_n(x) = u^{(n-1)}(x) \qquad (3.7)$$

를 정의함으로서 n개의 1계미분방정식으로 이루어지는 연립선형미분방정식

$$\frac{d}{dx}\begin{bmatrix} z_1(x) \\ z_2(x) \\ \vdots \\ z_{n-1}(x) \\ z_n(x) \end{bmatrix} = \begin{bmatrix} 0 & 1 & 0 & \cdots & 0 \\ 0 & 0 & 1 & \cdots & 0 \\ \vdots & \vdots & \ddots & \ddots & \vdots \\ 0 & 0 & 0 & \cdots & 1 \\ -p_0(x) & -p_1(x) & -p_2(x) & \cdots & -p_{n-1}(x) \end{bmatrix}\begin{bmatrix} z_1(x) \\ z_2(x) \\ \vdots \\ z_{n-1}(x) \\ z_n(x) \end{bmatrix} \tag{3.8 a}$$

으로 변환할 수 있다는 사실을 확인하였다. 이때 n개의 초기값

$$u(x_0) = k_1, u'(x_0) = k_2, \cdots ,u^{(n-1)}(x_0) = k_n$$

과 외부입력 $g(x)$ 역시 다음과 같이 벡터를 이용한 표현으로 변환한다.

$$\begin{bmatrix} z_1(x_0) \\ z_2(x_0) \\ \vdots \\ z_{n-1}(x_0) \\ z_n(x_0) \end{bmatrix} = \begin{bmatrix} k_1 \\ k_2 \\ \vdots \\ k_{n-1} \\ k_n \end{bmatrix}, \ [g(x)] = \begin{bmatrix} 0 \\ 0 \\ \vdots \\ 0 \\ g(x) \end{bmatrix} \tag{3.8 b}$$

이상의 관계식을 행렬표현을 사용하여 나타낸다면 미분방정식은

$$\frac{d}{dx}[z(x)] = [A(x)][z(x)] + [g(x)], \ [z(x_0)] = [k] \tag{3.48}$$

로 표현된다는 것을 이미 언급하였다.

예제 3.11

[그림 3.3]로 주어진 역학시스템을 나타내는 미분방정식을 구하여보자.

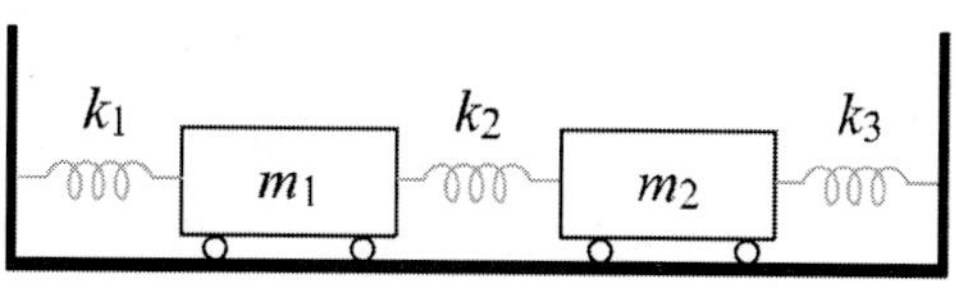

그림 3.3 [예제 3.11]의 역학시스템

풀이

[그림 3.2]은 두 개의 질량 m_1과 m_2가 스프링 상수 k_1, k_2 및 k_3를 각각 가지는 세 개의 스프

링으로 연결되어 있는 시스템을 나타내고 있다. 여기서 질량의 오른쪽 방향을 x 축의 정(+)방향으로 간주한다. 어떤 요인에 의해 두 개의 질량이 평형위치에서 각각 $x_1(t), x_2(t)$ 만큼 변동하였다고 한다. 이때 두 물체의 가속도는 각각 $x_1''(t)$ 및 $x_2''(t)$ 이므로 뉴턴의 운동법칙에 의해

$$m_1 x_1'' = -k_1 x_1 + k_2(x_2 - x_1), \quad m_2 x_2'' = -k_2(x_2 - x_1) - k_3 x_2 \qquad ①$$

을 얻는다. 여기서 새로운 변수

$$z_1 = x_1,\ z_2 = x_1',\ z_3 = x_2,\ z_3 = x_2' \qquad ②$$

를 도입하여 2개의 2계미분방정식으로 구성된 ①을, 4개의 1계미분방정식으로 연립방정식을 구성하면 다음으로 된다.

$$\begin{aligned} z_1' &= z_2 \\ z_2' &= \frac{-k_1 x_1 + k_2(x_2 - x_1)}{m_1} \\ z_3' &= z_4 \\ z_4' &= \frac{-k_2(x_2 - x_1) - k_3 x_2}{m_2} \end{aligned} \qquad ③$$

위식을 행렬표현으로 나타내면 다음과 같다.

$$\frac{d}{dt}\begin{bmatrix} z_1 \\ z_2 \\ z_3 \\ z_4 \end{bmatrix} = \begin{bmatrix} 0 & 1 & 0 & 0 \\ -\dfrac{k_1+k_2}{m_1} & 0 & \dfrac{k_2}{m_1} & 0 \\ 0 & 0 & 0 & 1 \\ \dfrac{k_2}{m_2} & 0 & -\dfrac{k_2+k_3}{m_2} & 0 \end{bmatrix}\begin{bmatrix} z_1 \\ z_2 \\ z_3 \\ z_4 \end{bmatrix} \qquad ④$$

$$\rightarrow \frac{d}{dt}[z(t)] = [A][z(t)] \qquad ⑤$$

단

$$[z(t)] = \begin{bmatrix} z_1 \\ z_2 \\ z_3 \\ z_4 \end{bmatrix},\ [A] = \begin{bmatrix} 0 & 1 & 0 & 0 \\ -\dfrac{k_1+k_2}{m_1} & 0 & \dfrac{k_2}{m_2} & 0 \\ 0 & 0 & 0 & 1 \\ \dfrac{k_2}{m_2} & 0 & -\dfrac{k_2+k_3}{m_2} & 0 \end{bmatrix},\ [z(0)] = \begin{bmatrix} x_1(0) \\ x_1'(0) \\ x_2(0) \\ x_2'(0) \end{bmatrix} \qquad ⑥$$

으로 두었다.

- **연립방정식의 해**

제차연립미분방정식

$$\frac{d}{dx}[z(x)] = [A(x)][z(x)],\ \{x \in (a,b)\} \tag{3.49}$$

의 해는 [요점 3.1]에 의해 벡터공간[13]을 구성한다. 또한 [요점 3.2]로부터 식 (3.49)를 만족하는 m 개의 벡터함수 $[z_1(x)], [z_2(x)], \cdots, [z_m(x)]$은 임의의 $x \in (a,b)$에 대해서

$$c_1[z_1(x)] + c_2[z_2(x)] + \cdots + c_m[z_m(x)] = [0]$$

로 되기 위해서는 반드시

$$c_1 = c_2 = \cdots = c_m = 0$$

으로 되어야 하는 경우에 한하여 함수 $[z_i(x)], (i = 1, \cdots, m)$은 $x \in (a,b)$에서 일차독립으로 된다.

일반적으로 연립미분방정식의 기본해로 구성되는 벡터공간 $\mathbb{R}^n$에서 취한 n개의 벡터 $[z_i(x)], (i = 1, \cdots, n)$로서 행렬식 $W(x)$를

$$W([z_1], \cdots, [z_n])(x) = \det \begin{bmatrix} z_{11}(x) & z_{12}(x) & \cdots & z_{1n}(x) \\ z_{21}(x) & z_{22}(x) & \cdots & z_{2n}(x) \\ \vdots & & \ddots & \vdots \\ z_{n1}(x) & z_{n2}(x) & \cdots & z_{nn}(x) \end{bmatrix} \tag{3.50}$$

와 같이 정의하고, 이를 고계선형미분방정식의 론스키안인 식 (3.11)의 일반화 형식으로 사용한다.

제차선형연립미분방정식 (3.48)이 가지는 n개의 일차독립인 해를 기본해 벡터라고 한다. 또한 기본해 벡터로서 구성되는 크기 $(n \times n)$인 정칙행렬

$$[Z(x)] = \begin{bmatrix} z_{11}(x) & z_{12}(x) & \cdots & z_{1n}(x) \\ z_{21}(x) & z_{22}(x) & \cdots & z_{2n}(x) \\ \vdots & & \ddots & \vdots \\ z_{n1}(x) & z_{n2}(x) & \cdots & z_{nn}(x) \end{bmatrix} \tag{3.51}$$

을 기본해 행렬이라고 한다. 이와 관련하여 다음의 사실이 알려져 있다.

---

13) 이 경우의 벡터공간의 각 요소는 함수로 구성되어 있다.

요점 3.12 기본해 행렬

행렬 $[Z(x)]$를 기본해 행렬이라고 한다. 이때 행렬 $[Y(x)] = [Z(x)][Z(x_0)]^{-1}$ 역시 기본해 행렬로서 $[Y(x_0)] = I$을 만족한다.

이상의 사실로부터 제차선형미분방정식 (3.49)의 일반해에 대한 다음 요점을 얻는다.

요점 3.13 제차연립미분방정식의 일반해

행렬 $[Z(x)]$를 제차연립선형미분방정식 $[z(x)]' = [A(x)][z(x)]$에 대한 기본해 행렬이라고 하면 일반해는

$$[z(x)] = [Z(x)][c] \tag{3.52 a}$$

로 쓸 수 있다. 또한 $[Z(x_0)] = I$의 경우

$$[z(x)] = [Z(x)][z_0] \tag{3.52 b}$$

는 초기값문제

$$[z(x)]' = [A(x)][z(x)], \ [z(x_0)] = [z_0] \tag{3.53}$$

의 유일한 해이다. 단 벡터 $[z_0]$는 연립미분방정식의 초기값 벡터이다.

다음 비제차 초기값문제인 식 (3.48)의 해는 다음 요점을 이용하여 얻을 수 있다.

요점 3.14 수반시스템의 기본해

제차연립미분방정식 (3.49)에 대한 기본해 행렬을 $[Z(x)]$로 둔다. 이때 $[Z^T(x)]^{-1}$은 식 (3.49)의 수반시스템에 대한 미분방정식

$$[z(x)]' = -[A^T(x)][z(x)] \tag{3.54}$$

의 기본해 행렬로 된다.

요점 3.15 **비제차 연립미분방정식의 해 공식**

제차연립미분방정식 (3.49)에 대한 기본해 행렬을 $[Z(x)]$로 둔다. 이때

$$[z(x)] = [Z(x)][Z(x_0)]^{-1} + [Z(x)]\int_{x_0}^{x}[Z(t)]^{-1}[g(t)]dt \tag{3.55}$$

는 초기값문제 식 (3.48)의 유일한 해로 된다.

3.5.1 정수계수를 가지는 제차연립미분방정식

연립미분방정식 (3.8)의 계수가 정수계수, 즉 $p_0, p_1, \cdots, p_{n-1}$로 주어진 경우의 해는 계수행렬 $[A(x)]$가 $[A]$로 되어 그 계산이 용이해 진다. 다시 말하면 해를 계수행렬의 고유벡터를 사용하여 표현할 수 있게 된다.

선형연립미분방정식

$$\frac{d}{dx}[z(x)] = [A][z(x)] \tag{3.56}$$

를 생각하여 보자. 여기서 계수행렬 $[A]$는 크기가 $(n \times n)$이며 실수값의 정수를 성분으로 가진다고 한다. 이때 스칼라 λ와 벡터 $[v]$에 대하여

$$[z(x)] = e^{\lambda x}[v] \tag{3.57}$$

인 형식으로 주어지는 해를 구하여보자. 식 (3.57)을 식 (3.56)에 대입하고 양변을 $e^{\lambda x}$로 나누면 고유값문제

$$([A] - \lambda[I])[v] = [0], ([v] \neq [0]) \tag{3.58}$$

를 얻는다. 상기의 방정식이 항등적으로 $[0]$이 아닌 해 $[v]$를 가지기 위한 필요충분조건은

$$\det([A] - \lambda[I]) = 0 \tag{3.59}$$

으로 되는 것이다[14]. 위 다항식 왼쪽 항은 n차의 다항식이기 때문에 n개의 근을 가진다.

14) 제7장의 행렬편을 참조한다.

이 n개의 근을 고유값(eigenvalue)라고 하며, 각각의 고유값 $\lambda_i, (i=1,\cdots,n)$에 대하여 존재하는 영-벡터가 아닌 벡터 $[v_i], (i=1,\cdots,n)$을 고유벡터라고 한다. 실제로 이들을 계산하는 방법 등에 대해서는 제6, 7장을 참조한다.

예제 3.12

다음 연립미분방정식의 일반해를 구하여 보자.

$$[z(z)]' = \begin{bmatrix} 2 & 1 \\ 1 & 2 \end{bmatrix} [z(x)]$$

풀이

(a) 해석적인 방법에 의한 해 :
행렬 $[A]$ 의 특성다항식은

$$\det([A]-\lambda[I]) = \lambda^2 - 4\lambda + 3 = (\lambda-1)(\lambda-3) = 0$$

이므로 고유값으로 $\lambda_1 = 1,\ \lambda_2 = 3$ 을 가진다. 먼저 λ_1에 대한 고유벡터는 연립방정식

$$([A]-[I])[v_1] = \begin{bmatrix} 1 & 1 \\ 1 & 1 \end{bmatrix} \begin{bmatrix} v_{11} \\ v_{21} \end{bmatrix} = \begin{bmatrix} 0 \\ 0 \end{bmatrix}$$

을 풀어서 $v_{11} = 1$로 두면 고유벡터는

$$[v_1] = \begin{bmatrix} 1 \\ -1 \end{bmatrix}$$

이 얻어진다. λ_2에 대한 고유벡터도 위와 마찬가지 과정을 수행하면 고유벡터는

$$[v_2] = \begin{bmatrix} 1 \\ 1 \end{bmatrix}$$

을 얻는다. $\lambda_1 \neq \lambda_2$이기 때문에

$$[z_1(x)] = e^x \begin{bmatrix} 1 \\ -1 \end{bmatrix}, [z_2(x)] = e^{3x} \begin{bmatrix} 1 \\ 1 \end{bmatrix}$$

는 두 개의 일차독립인 해이다. 따라서 일반해는

$$[Z(x)] = \begin{bmatrix} e^x & e^{3x} \\ -e^x & e^{3x} \end{bmatrix}$$

이다.

(b) MATLAB의 Symbolic Toolbox의 이용한 해 :

```
>> A = [2 1;1 2];
>> [V,D] = eig(A);                    % 정규화된 고유벡터의 값이 얻어진다.
>> syms x c1 c2 real
>> z = V*diag(exp(diag(D*x)))*[c1 c2]'
>> z2 = simplify(sqrt(2)*z)           % 벡터의 크기 √2 를 곱한다(비정규화한다) ↵

   z2 =
     c2*exp(3*x) - c1*exp(x)
     c1*exp(x) + c2*exp(3*x)
```

위에서 언급한 바와 같이 정수계수를 가지는 연립미분방정식의 해는 계수행렬 $[A]$의 고유값과 그의 고유벡터의 계산에 달려있다. 그러나 $[A]$의 고유벡터는 $[A]$의 고유값의 특성에 따라 그 계산방법이 다르다, 각 경우에 대한 고유벡터의 자세한 계산방법은 제7장을 참조하고, 여기서는 간단한 예제를 이용하여 각 경우에 대한 연립미분방정식의 해의 계산 과정만을 간단히 설명한다.

예제 3.13

[예제 3.11]에서 취급한 역학시스템의 미분방정식에서

$$m_1 = 10,\ m_2 = 20,\ k_1 = k_2 = k_3 = 1$$

과 초기값이 $x_1(0) = 0.8,\ x_2(0) = 0$로 주어졌을 경우의 해를 계산하고 이에 대한 개략적인 그래프를 그려보자.

풀이

MATLAB을 이용한 수치적인 방법에 의한 해를 구하여보자. 먼저 계수행렬은

$$[A] = \begin{bmatrix} 0 & 1 & 0 & 0 \\ -0.2 & 0 & 0.1 & 0 \\ 0 & 0 & 0 & 1 \\ 0.05 & 0 & -0.1 & 0 \end{bmatrix}$$

로 된다. 해 $x_1(t)$와 $x_2(t)$를 계산하고 이를 그래프로 나타내는 MATLAB의 스크립터는 다음과 같다.

```
>> A = [0 1 0 0;-0.2 0 0.1 0;0 0 0 1;0.05 0 -0.1 0];
>> z0 = [0.8 0 0 0]';
```

```
>> [V,D] = eig(A);
>> t = 0:0.02:60;c = inv(V)*z0;z = z0;
>> for i = 1:length(t)-1
>>    zz = V*diag(exp(diag(D)*t(i+1)))*c;
>>    z = [z,zz];
>> end
>> rz = real(z);
>> plot(t,rz(1,:),t,rz(3,:),'.-')        % [그림 3.4]
>> xlabel('Time [s]'),ylabel('x_1(t)   and   x_2(t) ')
```

만약 상미분방정식을 위한 함수인 ode45을 사용하는 경우에는 다음 함수를 'exp3_13.m'으로 저장하고 아래의 스크립터를 실행한다.

```
function zprime = exp3_13(t,z)
A = [0 1 0 0;-0.2 0 0.1 0;0 0 0 1;0.05 0 -0.1 0];
zprime = A*z;
```

```
>> z0 = [0.8 0 0 0]';tspan = [0 60];
>> [t,z] = ode45('exp3_13',tspan,z0);
>> plot(t,z(:,1),t,z(:,3),'--')  % [그림 3.4]와 동일
```

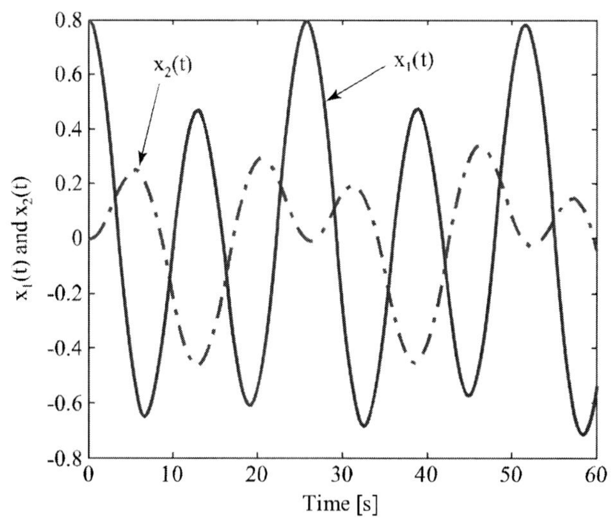

그림 3.4 [예제 3.13]의 해곡선

만일의 함수 파일 'exp3_13.m'을 미리 만들어 저장하는 대신 다음과 같이 익명함수 (anonymous function)을 사용하여도 동일한 결과를 얻는다.

```
>> zprime = @(t,z)([0 1 0 0;-0.2 0 0.1 0;0 0 0 1;0.05 0 -0.1 0]*z);
>> [t,z] = ode45(zprime,tspan,z0);
```

행렬 $[A]$가 중복하는 고유값을 가지는 경우의 고유벡터의 계산은 일반적으로 간단하지 않으며, 또한 얻어진 고유벡터로부터 연립방정식의 일반해 형식은 중복하는 고유값 λ에 대한 행렬 $([A]-\lambda[I])$의 랭크와 밀접한 관련이 있다. 예를 들어 λ_i가 행렬 $[A]$의 m중 고유벡터라고 가정한다, 다시 말하면 이는 식 (3.58)을 전개하여 인수분해 하였을 경우 다음의 관계식을 만족한다는 것을 의미한다.

$$\det([A]-\lambda[I]) = \cdots (\lambda-\lambda_i)^m \cdots = 0 \tag{3.60}$$

따라서 연립미분방정식의 해를 구하기 위해서는 고유값 λ_i에 대해 m개의 고유벡터가 필요하다. 그러나 특별한 경우를 제외하고는 이와 같은 경우 m보다 작은 개수인 $k, (< m)$개의 선형독립인 고유벡터가 존재한다. 이때 자연수

$$r = m - k \tag{3.61}$$

을 고유값 λ_i의 부족지수라고 한다[15].

이와 같이 고유값이 중복하는 행렬을 가지는 연립미분방정식의 해와 관련하여 다음 요점이 주어진다.

요점 3.16 중복하는 고유값을 가지는 경우의 해

행렬 $[A]$에서 부족지수 r을 가지는 고유값 λ에 대하여 $[v_1]$을 $[A]$의 고유값 λ에 대한 고유벡터라고 한다. 이때

$$\begin{aligned}([A]-\lambda[I])[v_2] &= [v_1]\\ ([A]-\lambda[I])[v_3] &= [v_2]\\ &\vdots\\ ([A]-\lambda[I])[v_r] &= [v_{r-1}]\end{aligned} \tag{3.62}$$

15) 제7장에서는 r을 기하학적인 중복도, m을 대수적인 중복도 등으로 설명한다.

을 만족하는 고유벡터의 집합 $\{[v_1], [v_2], \cdots, [v_r]\}$을 구성한다. 이 경우 각 고유벡터에 대하여

$$[z_1(x)] = e^{\lambda x}[v_1],\ [z_2(x)] = e^{\lambda x}(x[v_1] + [v_2])$$
$$[z_3(x)] = e^{\lambda x}\left(\frac{x^2}{2}[v_1] + x[v_2] + [v_3]\right), \cdots \tag{3.63}$$

로 두면 이는 미분방정식 (3.56)의 해로 된다.

예제 3.14

연립미분방정식 $[z(x)]' = [A][z(x)]$에서 $[A]$가 다음과 같이 주어졌다. 해를 계산하여 보자.

$$[A] = \begin{bmatrix} 0 & 1 & 0 \\ 0 & 0 & 1 \\ 1 & -3 & 3 \end{bmatrix} \quad ①$$

풀이

행렬 $[A]$는 3중근인 고유값 $\lambda = 1$을 가진다. 먼저 $([A]-[I])$은 랭크가 2이므로 $([A]-[I])[v_1] = 0$을 만족하는 하나의 고유벡터가 존재한다. 이를 적당한 방법으로 계산하면 연립방정식의 하나의 해는

$$[z_1(x)] = e^x \begin{bmatrix} 1 \\ 1 \\ 1 \end{bmatrix} \quad ②$$

로 주어진다. 나머지 두 개의 해는 식 (3.61)과 (3.62)를 적용하면 얻어진다. 즉

$$([A]-[I])[v_2] = [v_1] \quad \Rightarrow [v_2] = \begin{bmatrix} -2 \\ -1 \\ 0 \end{bmatrix}$$

로 되어 ②와 일차독립인 해는

$$[z_2(x)] = (x[v_1] + [v_2])e^x = \left(x\begin{bmatrix} 1 \\ 1 \\ 1 \end{bmatrix} + \begin{bmatrix} -2 \\ -1 \\ 0 \end{bmatrix}\right)e^x \quad ③$$

으로 된다. 마지막 하나의 해 역시

$$([A]-[I])[v_3] = [v_2] \quad \Rightarrow [v_2] = \begin{bmatrix} 3 \\ 1 \\ 0 \end{bmatrix}$$

에서

$$[z_3(x)] = \left(\frac{x^2}{2}[v_1] + x[v_2] + [v_3]\right)e^x = \left(\frac{x^2}{2}\begin{bmatrix}1\\1\\1\end{bmatrix} + x\begin{bmatrix}-2\\-1\\0\end{bmatrix} + \begin{bmatrix}3\\1\\0\end{bmatrix}\right)e^x \quad ④$$

로 된다.

3.5.2 비제차 연립미분방정식의 해

3.3절에서 비제차미분방정식의 특수해를 계산하기 위하여 미정계수법과 정수변화법을 사용하였다. 여기서는 이들 방법을 선형연립미분방정식

$$\frac{d}{dx}[z(x)] = [A(x)][z(x)] + [g(x)],\ [z(x_0)] = [k] \tag{3.48}$$

에 확장하는 것을 생각한다. 특수해 $[z_p(x)]$가 계산되면 일반해는 이미 앞에서 언급한 바와 같이 제차연립방정식의 해 $[z_h(x)]$와의 합으로 쉽게 얻을 수 있다
여기서는 정수변화법은 생략하고 미정계수법만을 예제를 중심으로 간단히 설명한다.

• 미정계수법

식 (3.48)의 계수행렬 $[A]$가 정수행렬이며, 오른쪽 항의 $[g(x)]$와 이것의 도함수로 이루어지는 벡터공간이 유한차원이라면 미정계수법을 사용할 수 있다. 예를 들어 외부입력 $[g(x)]$의 성분을 삼각함수, 지수함수, 쌍곡선함수 및 다항식 등의 합으로 쓸 수 있는 경우에는 미정계수법을 적용할 수 있다. 이와 같은 경우 특수해 $[z_p(x)]$의 시도형식으로서는 $[g(x)]$에 나타난 모든 함수와 그의 도함수로 이루어지는 벡터의 선형결합을 사용하면 편리하다.

예제 3.15

비제차 연립미분방정식

$$\frac{d}{dx}[z(x)] = \begin{bmatrix}0 & 1\\-1 & 0\end{bmatrix}[z(x)] + \begin{bmatrix}4e^{-3x}\\e^{-2x}\end{bmatrix} \quad ①$$

의 일반해를 구하여 보자.

풀이

미분방정식의 계수행렬 $[A]$의 고유값은 $\lambda_{1,2} = \pm j$ 이며, 각각에 대응하는 고유벡터는

$$[v_1] = \begin{bmatrix} -j \\ 1 \end{bmatrix}, [v_1] = \begin{bmatrix} j \\ 1 \end{bmatrix}$$

로 된다. 따라서 제차방정식의 일반해는 k_1과 k_2를 임의정수로 하면

$$[z_h(x)] = k_1 e^{jx} \begin{bmatrix} -j \\ 1 \end{bmatrix} + k_2 e^{-jx} \begin{bmatrix} j \\ 1 \end{bmatrix} \quad ②$$

이다. ②의 표현식에서 복소지수함수 부분에 오일러 공식을 적용하여 삼각함수의 형식으로 변환하면 다음의 관계식을 얻을 수 있다.

$$[z_h(x)] = c_1 \begin{bmatrix} \cos x \\ -\sin x \end{bmatrix} + c_2 \begin{bmatrix} \sin x \\ \cos x \end{bmatrix} \quad ③$$

단

$$c_1 = -j(k_1 - k_2),\ c_2 = k_1 + k_2 \quad ④$$

로 두었다. ①에서 함수 $[g(x)]$는

$$[g(x)] = 4 \begin{bmatrix} 1 \\ 0 \end{bmatrix} e^{-3x} + \begin{bmatrix} 1 \\ 0 \end{bmatrix} e^{-2x} = 4[e_1]e^{-3x} + [e_2]e^{-2x} \quad ⑤$$

로 둘 수 있다. 여기서 벡터 $[e_1]$과 $[e_2]$는 표준적인 단위벡터를 나타낸다. $[g(x)]$와 $[z_h(x)]$ 사이에는 공통하는 부분이 전혀 없기 때문에 특수해의 시도형식으로

$$[z_p(x)] = [a]e^{-3x} + [b]e^{-2x} \quad ⑥$$

를 사용한다. ⑥을 ①에 대입하여 정리하면 다음의 식을 얻는다.

$$[0] = (3[a] + [A][a] + 4[e_1])e^{-3x} + (2[b] + [A][b] + [e_2])e^{-2x} \quad ⑦$$

여기서 지수함수 e^{-3x}와 e^{-2x}는 서로 독립이기 때문에 ⑦이 성립하기 위해서는 계수가 0으로 되어야 한다. 따라서 $[a]$와 $[b]$에 관한 방정식

$$([A] + 3[I])[a] = -4[e_1],\ ([A] + 2[I])[b] = -[e_2] \quad ⑧$$

을 얻는다. 이상으로부터

$$[a] = -([A] + 3[I])^{-1}(4[e_1]) = -\frac{1}{5}\begin{bmatrix} 6 \\ 2 \end{bmatrix}$$

$$[b] = -([A] + 2[I])^{-1}([e_2]) = \frac{1}{5}\begin{bmatrix} 1 \\ -2 \end{bmatrix}$$

로 되어 특수해는

$$[z_p(x)] = -\begin{bmatrix} \frac{6}{5}e^{-3x} - \frac{1}{5}e^{-2x} \\ \frac{2}{5}e^{-3x} + \frac{2}{5}e^{-2x} \end{bmatrix}$$

로 된다. 따라서 일반해는

$$[z(x)] = [z_h(x)] + [z_p(x)]$$

이다.

연습문제

1. 정수계수를 가지는 고계상미분방정식의 해를 구하여라.

(1) $u''' + 6u'' = 0$ (2) $u''' + 3u'' - 4u' - 12u = 0$

(3) $u^{(4)} + u''' - 3u'' - u' + 2u = 0$

2. 아래의 초기값문제에 대하여 해를 구하고, 이것의 그래프를 $x \geq 0$의 범위에서 개략적으로 나타내어라.

(1) $u''' + 12u'' + 36u' = 0,\ \{u(0) = 0, u'(0) = 1, u''(0) = -7\}$

(2) $u^{(4)} - u = 0,\ \{u(0) = 0, u'(0) = 0, u''(0) = 0, u'''(0) = 1\}$

(3) $u''' - u'' - u' + u = 0,\ \{u(0) = 0, u'(0) = 5, u''(0) = 2\}$

(4) $u''' - 2u'' + 4u' - 8u = 0,\ \{u(0) = 2, u'(0) = 0, u''(0) = 0\}$

3. 다음의 함수가 $-\infty < x < \infty$ 의 구간에서 일차독립인지의 여부를 확인하여라.

(1) $u_1(x) = x,\ u_2(x) = x^2,\ u_3(x) = 2x - 5x^2$

(2) $u_1(x) = 2,\ u_2(x) = \sin^2 x,\ u_3(x) = \cos^2 x$

(3) $u_1(x) = e^x,\ u_2(x) = e^{-x},\ u_3(x) = \cosh x$

4. 론스키안의 계산을 통하여 주어진 함수가 지정된 구간에서 일차독립인지의 여부를 확인하여라.

(1) $e^x, e^{2x}, e^{-x} : \{-\infty < x < \infty\}$

(2) $x + 2, x^2 : \{-\infty < x < \infty\}$

(3) $x^{1/3}, x^{1/4} : \{0 < x < \infty\}$

5. 아래와 같이 주어진 두 종류의 함수가 구간 $(-1, 1)$에서 일차독립으로 된다는 것을 보이고, 론스키안을 계산하여라.

$$f_1(x) = x^2,\ \ f_2(x) = x|x| = \begin{cases} x^2, & x \geq 0 \\ -x^2, & x < 0 \end{cases}$$

6. $u_1(x)$가 주어진 미분방정식의 하나의 기본해라고 한다. 이때 나머지의 기본해를 계산하여라.

(1) $xu'' + u' = 0,\ u_1(x) = \ln x$

(2) $x(x-2)u'' - (x^2-2)u' + 2(x-1)u = 0,\ u_1(x) = e^x$

(3) $(1-x^2)u'' - 2xu' = 0,\ u_1(x) = 1$

7. 다음 비제차미분방정식의 해를 구하고 이를 $x \geq x_0$에서 그래프로 나타내어라.

(1) $u'' + u = 2\cos x,\ \{u(0) = 1, u'(0) = 0\}$

(2) $u''' + u' = x,\ \{u(0) = 0, u'(0) = 1, u''(0) = 0\}$

(3) $u'' + u = 3x^2 - 4\sin x,\ \{u(0) = 0, u'(0) = 1\}$

(4) $u'' + u = \tan x,\ \{u(0) = 1, u'(0) = 0\}$

(5) $u'' - 2u' + u = \dfrac{e^x}{x},\ \{u(1) = e, u'(1) = 0\}$

(6) $2x^2u'' + xu' - 3u = x^{-3},\ \{u(1) = 0, u'(1) = 2\}$

8. 다음에 주어진 행렬 $[A]$에 대하여 연립미분방정식 $[z]' = [A][z]$의 해를 구하여라.

(1) $[A] = \begin{bmatrix} 0 & 1 \\ -2 & -3 \end{bmatrix}$ (2) $[A] = \begin{bmatrix} 2 & 0 & 4 \\ 0 & 2 & 0 \\ -1 & 0 & 2 \end{bmatrix}$

(3) $[A] = \begin{bmatrix} -1 & 1 & 4 \\ -2 & 2 & 4 \\ -1 & 0 & 4 \end{bmatrix}$

9. 다음에 주어진 행렬 $[A]$와 외부입력 $[g(x)]$에 대하여 제차연립미분방정식 $[z(x)]' = [A(x)][z(x)] + [g(x)]$의 해를 구하여라.

(1) $[A] = \begin{bmatrix} -3 & -2 \\ 1 & 0 \end{bmatrix},\ [g(x)] = \begin{bmatrix} 2e^{-x} \\ -e^{-x} \end{bmatrix}$

(2) $[A] = \begin{bmatrix} 1 & 1 \\ 3 & 1 \end{bmatrix},\ [g(x)] = \begin{bmatrix} 1 \\ 1 \end{bmatrix}$

(3) $[A] = \begin{bmatrix} -2 & 1 \\ 1 & -2 \end{bmatrix},\ [g(x)] = \begin{bmatrix} 2e^{-x} \\ 3x \end{bmatrix}$

CHAPTER 4

선형미분방정식의 급수해

4.1 멱급수의 성질
4.2 르장드르 방정식
4.3 푸리에· 르장드르 급수
4.4 감마함수

지금까지 주로 상수계수를 가진 선형미분방정식의 해를 지수함수를 이용하여 계산하는 방법에 대하여 설명하였다. 일반적으로 변수계수를 가지는 선형미분방정식의 경우에는 지수함수의 방법만으로는 해를 구할 수 없는 경우가 많다. 그러나 어떤 특별한 형태의 변수계수를 가지는 경우에는 x^n 와 같은 무한급수 형식으로 해가 존재한다고 가정하면 해를 구할 수 있는 경우가 있다.

먼저 간단한 예제를 사용하여 미분방정식의 급수해에 대하여 알아보자.

예제 4.1 초기값 문제

$$u'' + 25u = 0,\ u(0) = 3,\ u'(0) = 13 \quad ①$$

의 급수해

$$u(x) = a_0 + a_1 x + a_2 x^2 + \cdots \quad ②$$

를 구하여 보자.

풀이

위 미분방정식에 대한 일반해는 지금까지의 방법을 이용하면

$$u(x) = c_1 \cos 5x + c_2 \sin 5x \quad ③$$

로 된다는 것은 쉽게 확인할 수 있다. 임의정수는 초기값을 대입하면

$$u(0) = c_1 = 3 \quad \rightarrow \quad c_1 = 3$$
$$u'(0) = 5c_2 = 13 \quad \rightarrow \quad c_2 = \frac{13}{5}$$

로 된다. 여기서 일반해 ③을 구성하는 두 개의 함수는

$$\cos 5x = 1 - \frac{(5x)^2}{2!} + \frac{(5x)^4}{4!} - \frac{(5x)^6}{6!} + \cdots \tag{4}$$

$$\sin 5x = 5x - \frac{(5x)^3}{3!} + \frac{(5x)^5}{5!} - \frac{(7x)^2}{7!} + \cdots \tag{5}$$

와 같이 무한급수로 표현가능하다 것은 이미 잘 알려진 사실이다. 따라서 ④, ⑤의 표현을 이용하면 급수해 ②를 얻을 수 있을 것이다.
다음은 위와는 반대로 급수식 ②가 미분방정식 ①의 해로 될 수 있는지를 확인하여 보자. ②로부터

$$u''(x) = 2a_2 + 3\times 2a_3x + 4\times 3a_4x^2 + 5\times 4a_5x^3 + 6\times 5a_6x^4 + \cdots$$

$$25u(x) = 25a_0 + 25a_1x + 25a_2x^2 + 25a_3x^3 + 25a_4x^4 + \cdots$$

이므로, 이를 미분방정식 ①에 대입하면

$$0 = (2a_2 + 25a_0) + (3\times 2a_3 + 25a_1)x + (4\times 3a_4 + 25a_2)x^2 + \cdots \tag{6}$$

을 얻는다. 위식은 $x^0, x^1, x^2, x^3, \cdots$에 관하여 항등식이기 때문에 ⑥이 모든 x에 대하여 만족되기 위해서는 오른쪽 항의 모든 계수가 0으로 되어야 한다. 이로부터

$$\begin{aligned}
2a_2 + 25a_0 = 0 \quad &\rightarrow a_2 = -\frac{5^2}{2!}a_0 \\
3\times 2a_3 + 25a_1 = 0 \quad &\rightarrow a_3 = -\frac{5^2}{3!}a_1 \\
4\times 3a_4 + 25a_2 = 0 \quad &\rightarrow a_4 = \frac{5^4}{4!}a_0 \\
5\times 4a_5 + 25a_3 = 0 \quad &\rightarrow a_5 = \frac{5^4}{5!}a_1 \\
&\vdots
\end{aligned} \tag{7}$$

의 관계식이 얻어진다. ⑦의 관계를 급수해 ②에 대입하면, $u(x)$에 대한

$$\begin{aligned}
u(x) = &\ a_0\left[1 - \frac{1}{2!}(5x)^2 + \frac{1}{4!}(5x)^4 - \frac{1}{6!}(5x)^6 + \cdots\right] \\
&+ \frac{a_1}{5}\left[5x - \frac{1}{3!}(5x)^3 + \frac{1}{5!}(5x)^5 - \frac{1}{7!}(5x)^7 + \cdots\right] \\
&= a_0\cos 5x + \frac{a_1}{5}\sin 5x
\end{aligned} \tag{8}$$

와 같은 전개식을 얻을 수 있다. 여기서 미지변수 a_0는 초기값 $u(0)=3$에 의해

$$a_0 = 3$$

으로 되며, a_1을 결정하기 위해서는 ⑦을 미분하면

$$u'(x) = -5a_0 \sin 5x + a_1 \cos 5x$$

로 된다. 여기에 $x=0$를 대입하여 초기값 $u'(0)=13$을 적용하면

$$u'(0) = a_1 = 13$$

으로 되어 급수해 ⑧은 지금까지의 일반적인 방법으로 구한 미분방정식의 일반해 ③과 일치한다는 사실을 알 수 있다.

4.1 멱급수의 성질

멱급수(power series)란 $b_k(x-a)^k$ 형식으로 주어진 함수의 무한개의 합을 의미하며, 보통 다음과 같은 형태로 주어진다.

$$b_0 + b_1(x-a) + b_2(x-a)^2 + \cdots = \sum_{n=0}^{\infty} b_n (x-a)^n \tag{4.1}$$

여기서 x는 변수이며, $b_0, b_1, \cdots$ 은 정수로서 급수의 계수(coefficients)이며 a는 정수로서 급수의 중심(center)이라고 한다. 멱급수는 변수 x에 대한 음 또는 분해된 형식의 급수[1]를 가지는 항을 포함해서는 안 된다. 다음에 멱급수가 될 수 없는 몇 가지를 열거하였다.

(a) $1 + (x-1) + (x-1)(x-2) + (x-1)(x-2)(x-3) + \cdots$: (분해된 형식의 급수)

(b) $1 + (x^2-1) + (x^2-1)^2 + (x^2-1)^3 + \cdots$: (계수가 미확정)

(c) $\dfrac{1}{x} + 1 + x + x^2 + \cdots$: (음의 멱급수)

(d) $x^{1/2} + x^{3/2} + x^{5/2} + \cdots$: (지수가 정수가 아님)

식 (4.1)로 주어진 무한급수가 수렴하기 위한 조건을 생각해보자. 식 (4.1)의 멱급수는

1) 예를 들어 인수분해 된 형식 등이 있다.

$x=a$에서 수렴한다는 것은 명백하며, 일반적으로 멱급수는 $x=a$를 중심으로 하는 어떤 구간 내에서 수렴하는 영역이 존재한다. 다시 말하면 x가

$$|x-a|< R \tag{4.2}$$

를 만족하는 영역 내에서 멱급수가 수렴한다면 식 (4.2)의 R를 수렴반경(radius of convergence)이라고 한다. 이러한 수렴반경은 다음과 같이 정의된다.

$$\frac{1}{R}=\lim_{n\to\infty}\left|\frac{b_{n+1}}{b_n}\right| \quad \text{또는} \quad \frac{1}{R}=\lim_{n\to\infty}\sqrt[n]{|b_n|} \tag{4.3}$$

물론 위 식의 극한이 존재하지 않는다면 수렴반경이 존재하지 않는 것, 즉 멱급수가 수렴하지 않는다는 것을 의미한다.

어떤 함수 $f(x)$가 $\Sigma_{n=0}^{\infty}b_n(x-a)^n$ (단 $R>0$으로 한다)와 같은 멱급수 표현이 가능하다면, 이 함수는 $x=a$에서 해석적(analytic)이라고 한다. (4.1)의 멱급수에서 계수 b_n, $(n=0,1,\cdots)$이 임의의 함수 $f(x)$의 $x=a$에서의 도함수를 이용하여

$$b_n=\frac{1}{n!}f^{(n)}(x)\bigg|_{x=a} \tag{4.4}$$

로 정의되어 있고, 이때 멱급수 $\Sigma_{n=0}^{\infty}b_n(x-a)^n$가 구간 $|x-a|<R$에서 함수 $f(x)$로 수렴한다면, 멱급수 (4.1)은

$$f(x)=\sum_{n=0}^{\infty}b_n(x-a)^n, \quad |x-a|<R \tag{4.5}$$

로 쓸 수 있다. 이때 식 (4.5)은 함수 $f(x)$를 중심 $x=a$에 관하여 전개한 것으로서, 이를 테일러급수(Taylor Series)라고 한다. 특별히 $a=0$인 경우를 매클로린급수(Maclaurian series)라고 한다.

어떤 함수 $f(x)$가 식 (4.5)의 형식으로 표현 가능하다면 이 함수는 반드시 극(pole)[2]을 가진다. 예를 들어 다음 [표 4.1]의 $f(x)=1/(1-x)$의 경우 $x\to 1$에서 $f(x)\to\infty$로 되기 때문에 $x=1$은 $f(x)$의 극으로 된다. 또한 이 함수의 $x=0$에서의 멱급수는 $|x|<1$에서 수렴하기 때문에 멱급수의 수렴반경 R은 $f(x)$의 극과 밀접한 관계가 있음을 알 수 있다.

2) 분모를 영으로 하는 x의 값을 그 함수의 극, 또는 특이점이라고 한다.

예제 4.2

멱급수의 예를 들어본다.

(1) 멱급수

$$\frac{1}{1-x} = \sum_{n=0}^{\infty} x^n = 1 + x + x^2 + \cdots \quad ,(\text{단 } |x| < 1\text{이다})$$

의 계수는 모든 n 값에 대해서 $a_n = 1$이다. 따라서 식 (4.3)에 의한 수렴반경은 $R = 1$로 되어 위 멱급수는 $|x| < 1$에서 항상 수렴한다.

(2) 지수함수의 멱급수

$$e^x = \sum_{n=0}^{\infty} \frac{x^n}{n!} = 1 + x + \frac{x^2}{2!} + \cdots$$

에서는 계수가 $b_n = 1/n!$이므로 식 (4.3)으로부터

$$\frac{b_{n+1}}{b_n} = \frac{1/(n+1)!}{1/n!} = \frac{1}{n+1}$$

이므로 $n \to \infty$에서 수렴한다. 따라서 위 급수는 x의 모든 값에서 수렴한다.

예제 4.3

다음 멱급수의 수렴반경을 구하여 보자.

$$\sum_{n=0}^{\infty} \frac{(-1)^n}{8^n} x^{3n} = 1 - \frac{x^3}{8} + \frac{x^6}{64} - \frac{x^9}{512} + \cdots$$

풀이

위 멱급수의 계수는 $b_n = (-1)^n/8^n$이다. 식 (4.3)에 의해

$$\left|\frac{b_{n+1}}{b_n}\right| = \frac{8^n}{8^{n+1}} = \frac{1}{8}$$

이므로 수렴반경은 $R = 8$이다. 따라서 위 멱급수가 수렴하기 위해서는 $|x^3| < 8$, 즉 $|x| < 2$이어야 함을 알 수 있다.

잘 알려진 몇몇의 함수에 대한 $x = 0$에서의 테일러급수를 [표 4.1]에 나타내었다.

[표 4.1] 몇몇 함수에 대한 테일러 급수

테일러 급수	수렴영역
$\frac{1}{1-x}=1+x+x^2+\cdots$	$\|x\|<1$
$e^x=1+x+\frac{x^2}{2!}+\cdots$	$\|x\|<\infty$
$\sin x=x-\frac{x^3}{3!}+\frac{x^5}{5!}-\cdots$	$\|x\|<\infty$
$\cos x=1-\frac{x^2}{2!}+\frac{x^4}{4!}-\cdots$	$\|x\|<\infty$
$\ln(1+x)=x-\frac{x^2}{2}+\frac{x^3}{3}-\cdots$	$-1\leq x<1$
$\sinh x=x+\frac{x^3}{3!}+\frac{x^5}{5!}+\cdots$	$\|x\|<\infty$
$\cosh x=1+\frac{x^2}{2!}+\frac{x^4}{4!}+\cdots$	$\|x\|<\infty$
$(1+x)^\alpha=1+\alpha x+\frac{1}{2!}\alpha(\alpha-1)x^2+\cdots$	$\|x\|<1$

요점 4.1 멱급수의 성질

만약

$$f(x)=\sum_{n=0}^{\infty}b_n(x-a)^n \tag{4.6}$$

로 표현되었다면, 이 함수의 미분과 적분은 다음과 같다.

$$f'(x)=\sum_{n=1}^{\infty}nb_n(x-a)^{n-1} \tag{4.7 a}$$

$$\int_a^x f(t)dt=\sum_{n=0}^{\infty}\frac{b_n}{n+1}(x-a)^{n+1} \tag{4.7 b}$$

위 요점은, $f(x)$가 $x=a$에서 해석적이라면 $f(x)$의 미분과 적분 역시 $x=a$에서 해석적이며, 또 $x=a$에서의 멱급수의 미분과 적분은 멱급수의 각 항에 대해 미분과 적분을 수행함으로써 얻어진다는 것을 나타낸다.

예제 4.4

[표 4.1]을 이용하여 함수 $1/(x^2-4)$ 의 멱급수를 구하여 보자.

풀이

(a) 해석적인 방법에 의한 해 :
먼저 주어진 함수를 부분분수 전개한다. 즉

$$\frac{1}{x^2-4} = \frac{1}{4}\left(\frac{1}{x-2} - \frac{1}{x+2}\right) \qquad ①$$

다음에 ①의 오른쪽의 각 항에 대한 멱급수를 [표 4.1]을 사용하여 구한다.

$$\frac{1}{x-2} = -\frac{1}{2-x} = -\frac{1}{2}\left(\frac{1}{1-x/2}\right) \qquad ②$$

$$\frac{1}{x+2} = \frac{1}{2+x} = \frac{1}{2}\left(\frac{1}{1+x/2}\right) \qquad ③$$

②와 ③은 [표 4.1]의 첫 번째 함수의 테일러 전개에서 x 를 $x/2$로 대치하면 얻을 수 있다. 즉

$$\frac{1}{x-2} = -\frac{1}{2}\left[1+\frac{x}{2}+\left(\frac{x}{2}\right)^2+\left(\frac{x}{2}\right)^3+\cdots\right]$$

$$= -\frac{1}{2}-\frac{x}{4}-\frac{x^2}{8}-\frac{x^3}{16}+\cdots$$

$$\frac{1}{x+2} = \frac{1}{2}\left[1+\left(-\frac{x}{2}\right)+\left(-\frac{x}{2}\right)^2+\left(-\frac{x}{2}\right)^3+\cdots\right]$$

$$= \frac{1}{2}-\frac{x}{4}+\frac{x^2}{8}-\frac{x^3}{16}+\cdots$$

이다. 따라서 위 식을 ①에 대입하면

$$\frac{1}{x^2-4} = -\frac{1}{4}\left(1+\frac{x^2}{4}+\frac{x^4}{16}+\cdots\right)$$

이다.

(b) MATLAB의 Symbolic Toolbox를 이용한 방법 :

```
>> syms x
>> f = 1/(x^2-4);
>> F = taylor(f,x,'Order',6);pretty(F) ↵  % 6차까지의 급수전개
        4      2
       x      x
    - ---- - ---- - 1/4   % 위 결과와 비교
       64     16
```

예제 4.5

$x=1$ 근방에서 함수 $\tan^{-1}x$ 의 테일러급수를 구하여 보자.

풀이

(a) 해석적인 방법에 의한 해 :
먼저 주어진 함수는

$$\tan^{-1}x=\int_0^x \frac{dt}{1+t^2} \quad ①$$

의 관계가 있으므로, [표 4.1]을 이용하여 함수 $1/(1+t^2)$ 를 $t=0$ 부근에서 전개하면

$$\frac{1}{1+t^2}=1-t^2+t^4-\cdots \quad ②$$

이다. 따라서 ②를 적분하면

$$\tan^{-1}x=\int_0^x \frac{dt}{1+t^2}=\int_0^x (1-t^2+t^4-\cdots)\,dt = x-\frac{x^3}{3}+\frac{x^5}{5}-\cdots \quad ③$$

를 얻을 수 있다. 이로부터 함수 $\tan^{-1}x$ 의 멱급수는 $x=1$ 에서 수렴한다는 것을 알 수 있다. 다시 말하면 $\tan^{-1}x$ 의 멱급수 계수의 부호는 (+)와 (−)로 변동하지만, 그 크기는 영으로 수렴한다는 것을 의미한다. ③을 이용하면 $\pi/4 \approx 0.78$ 은 다음과 같은 무한급수로 나타낼 수 있다.

$$\tan^{-1}1=\frac{\pi}{4}=1-\frac{1}{3}+\frac{1}{5}-\frac{1}{7}+\cdots$$

(b) MATLAB의 Symbolic Toolbox를 이용한 방법 :
$\tan^{-1}x$ 를 Symbolic Toolbox의 함수 'taylor'를 이용하여 직접적으로 급수전개는 불가능하므로 위와 마찬가지로 ①의 관계를 적용하여 해를 확인한다.

```
>> syms x t
>> f = tan(x)^(-1); taylor(f)                    % 계산이 불가능
>> ft = 1/(1+t^2);
>> Ft = taylor(ft,x,'Order',8);
>> F = int(Ft,t);F = subs(F,t,x);pretty(F) % 변수 t를 x로 변경

   atan(x)                                       % 즉 tan^-1x 가 얻어졌다.
```

예제 4.6

함수 $e^{\sin x}$를 $x=0$ 부근에서 테일러 급수전개 하였을 때 처음부터 세 번째 항까지의 계수를 구하여 보자.

풀이

(a) 해석적인 방법에 의한 해 :
[표 4.1]로부터

$$e^x = 1 + x + \frac{x^2}{2!} + \cdots$$

이므로

$$\begin{aligned} e^{\sin x} &= 1 + \sin x + \frac{\sin^2 x}{2} + \cdots \\ &= 1 + \left(x - \frac{x^3}{3!} + \cdots\right) + \frac{1}{2}\left(x - \frac{x^3}{3!} + \cdots\right)^2 + \cdots \\ &= 1 + x + \frac{x^2}{2} - \frac{x^4}{8} + \cdots \end{aligned}$$

임을 알 수 있다. 위 식에서 $e^{\sin x}$의 테일러 급수전개의 첫 세 번째 항까지의 계수는 e^x의 계수와 동일함을 알 수 있다. 이것은 x가 작은 값을 가질 때 $\sin x \approx x$라는 사실로부터 명백하다.

(b) MATLAB의 Symbolic Toolbox를 이용한 방법 :

```
>> syms x
>> f = exp(sin(x));
>> F = taylor(f,x,'Order',5); pretty(F)

     4     2
    x     x
  - -- + -- + x + 1
    8     2
```

• 복소평면에서의 멱급수

지금까지 x가 실수, 즉 $x \in R$인 경우의 테일러급수에 대하여 설명하였다. 그러나 x를 복소수로 확장하다면 여러 계산에 있어 상당히 편리하다. 복소수를 사용하기 위해서는 먼저 복소평면의 개념이 필요하다.

수학에서, 복소평면(complex plane)은 복소수를 기하학적으로 표현하기 위해 개발된 좌표평면으로 서로 직교하는 실수축과 허수축, 즉 복소수의 실수부가 x 축에, 허수부가 y 축에 대응된 형태의 데카르트 좌표계이다. 따라서 복소평면 상의 한 점 z 는 항상 복소수로서 다음과 같이 세 종류의 표현이 가능하다.

(1) 직교표시

$$z = x + jy, \quad j^2 = -1 \tag{4.8 a}$$

(2) 삼각함수 표시

$$z = r(\cos\theta + j\sin\theta) \tag{4.8 b}$$

(3) 극좌표 혹은 지수표시

$$z = re^{j\theta}, \left(r = \sqrt{x^2 + y^2}, \theta = \arg z = \arctan\frac{y}{x}\right) \tag{4.8 c}$$

복소수는 항상 그의 켤레(conjugate)인 복소수가 존재하며 일반적으로 $\bar{z} = x - jy$로 나타낸다. 켤레복소수의 절대값은 당연히 z 의 그것과 같으며 다음과 같이 주어진다([그림 4.1] 참조).

$$|z| = \sqrt{x^2 + y^2} = \sqrt{z\bar{z}} = r \tag{4.9}$$

실수 값을 가지는 x를 복소수인 z로 확장하면 식 (4.1)의 멱급수는 다음으로 표현된다.

$$\sum_{n=0}^{\infty} a_n (z - z_0)^n \tag{4.10}$$

식 (4.1)의 경우와 마찬가지로, 어떤 정수 R이 존재하여 식 (4.10)이 $|z - z_0| < R$에서 수렴하는 경우 영역 $\{z \in C : |z - z_0| < R\}$을 수렴영역, 선분 $|z - z_0| = R$를 수렴원이라고 각각 부르고 있다[3].

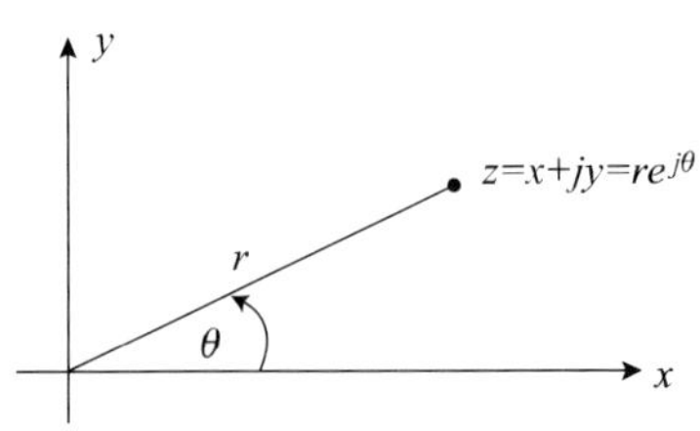

그림 4.1 복소평면 C 상의 점 z

3) z 가 복소수이기 때문에 $|z - z_0| = R$은 복소평면에서 원을 나타낸다.

예제 4.7

함수

$$f(x) = \frac{1}{1-x} \qquad ①$$

를 복소평면으로 확장하고 확장한 함수를 중심을 각각 $z_0 = 0, z_0 = -1,$ 및 $z_0 = j$ 로 두었을 경우의 멱급수를 구하여 보자.

풀이

①을 복소평면으로 확장하면

$$f(z) = \frac{1}{1-z}, \ (z = x + jy \in \mathrm{C}) \qquad ②$$

로 된다. 이 함수는 $z = 1$에 극을 가지는 유리함수[4)]이다.

(1) $f(z)$ 를 $z = 0$ 에서 테일러전개 하는 경우 :
이 경우 [표 4.1]에서 x의 자리에 z를 대입하면

$$f(z) = 1 + z + z^2 + z^3 + \cdots = \sum_{n=0}^{\infty} z^n \qquad ③$$

으로 된다. 이 급수는 $|z| = \sqrt{x^2 + y^2} < 1$에서 수렴한다. 또한 ①은 $z = 1$에 극을 가지기 때문에 이 함수의 수렴반경은 $R = 1$로 된다.

(2) $f(z)$ 를 $z = -1$에서 테일러전개 하는 경우 :
데일러급수식 (4.5)에 $f(z)$를 대입하여도 전개식을 얻을 수 있으나, $f(z)$를 $z = -1$를 중심으로 하는 전개이므로 식 (4.5)는 $b_n(z+1)^n$의 급수형식을 취하게 될 것이라는 점에 유의하면 다음과 같은 수식적인 전개도 가능하다.

$$\begin{aligned} f(z) &= \frac{1}{1-z} = \frac{1}{1-(z+1-1)} \\ &= \frac{1}{2-(z+1)} = \frac{1}{2}\frac{1}{1-\left(\dfrac{z+1}{2}\right)} \\ &= \frac{1}{2}\left\{1 + \frac{z+1}{2} + \left(\frac{z+1}{2}\right)^2 + \left(\frac{z+1}{2}\right)^3 + \left(\frac{z+1}{2}\right)^4 + \cdots\right\} \end{aligned}$$

상기의 급수는

$$\left|\frac{z+1}{2}\right| < 1 \ \rightarrow \ |z-(-1)| < 2 \qquad ④$$

---

4) 유리함수(rational polynomial)이란 다항식의 비, 즉 다항식을 분수형태로 나타낼 수 있는 함수를 말한다.

에서 수렴한다. 또한 $z=1$이 $f(z)$의 극이라는 사실로부터 이 급수의 수렴원의 중심은 $z=-1$이며 그 반지름은 $R=2$로 된다.

(3) $f(z)$를 $z=j$에서 테일러전개 하는 경우 :
(2)의 경우와 동일한 방법으로 전개한다.

$$\begin{aligned} f(z) &= \frac{1}{1-z} = \frac{1}{1-(z-j+j)} \\ &= \frac{1}{(1-j)-(z-j)} = \frac{1}{1-j}\frac{1}{1-\left(\dfrac{z-j}{1-j}\right)} \\ &= \frac{1}{1-j}\left\{1+\frac{z-j}{1-j}+\left(\frac{z-j}{1-j}\right)^2+\left(\frac{z-j}{1-j}\right)^3+\left(\frac{z-j}{1-j}\right)^4+\cdots\right\} \end{aligned}$$

따라서 위 급수는

$$\left|\frac{z-j}{1-j}\right|<1 \;\Rightarrow\; |z-j|<|1-j|=\sqrt{2} \qquad ⑤$$

에서 수렴한다. 또한 $z=1$이 $f(z)$의 극이라는 사실로부터 이 급수의 수렴원의 중심은 $z=j$이며 수렴원의 반지름은 $R=\sqrt{2}=|1-j|$이다([그림 4.2] 참조).

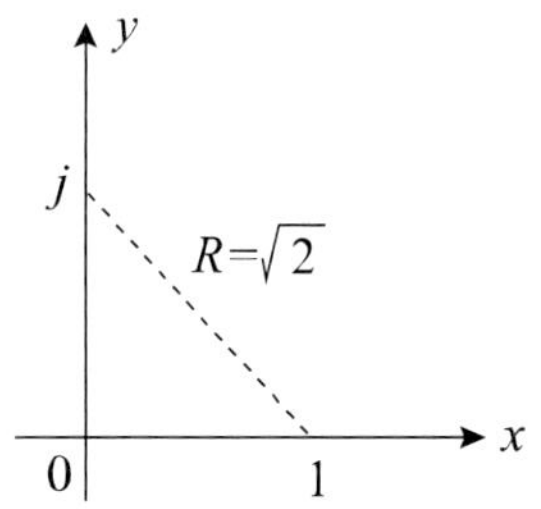

그림 4.2 중심 $z=j$에서 가장 가까운 $z=1$ 까지의 거리

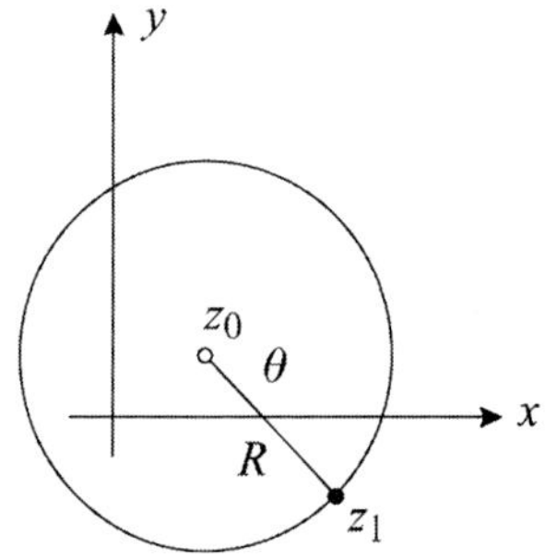

그림 4.3 중심 z_o로부터 가장 가까운 $f(z)$의 특이점 z_1까지의 거리 R

[예제 4.7]로부터 알 수 있는 바와 같이, 함수 $f(z)$를 $z=z_o$를 중심으로 수렴반지름 R을 가지는 테일러전개가 가능하다는 것은 z_o에 가장 가까운 $f(z)$의 특이점(극을 의미) z_1이 적어도 하나 이상 수렴원주 상에 존재하며, 동시에 $|z-z_o|>R$에서는 멱급수식이 발산한다는 것을 의미한다([그림 4.3] 참조). 이러한 사실은 일반적으로 수렴하는 멱급수에 대해서도 성립한다.

이상의 관계를 이용하여 앞에서 함수가 해석적이라는 의미를 복소수 영역으로 확장한다.

요점 4.2 해석적인 함수

함수 $f(z)$가 중심 z_o에서 반지름 $R,(>0)$을 가지는 개원판(open disk) $D(z_o, R)$에서 해석적이라고 하는 것은, $z=z_o$를 중심으로 하는 멱급수

$$\sum_{n=0}^{\infty} b_n(z-z_o)^n$$

가 존재하여, 이 멱급수는 $D(z_o, R)$에 포함되는 임의의 한 점에서 수렴하며 동시에

$$f(z)=\sum_{n=0}^{\infty} b_n(z-z_o)^n \tag{4.11}$$

가 성립되는 경우를 말한다.

따라서 함수 $f(z)$가 영역 $D(z_o, R)$에서 해석적이라면 실수함수에 대한 식 (4.4)와 (4.5)의 표현이 복소함수에서도 가능하게 된다. 즉 $f(z)$는

$$f(z)=\sum_{n=0}^{\infty} \frac{f^{(n)}(z_o)}{n!}(z-z_o)^n \tag{4.12}$$

의 멱급수 표현이 가능하며 식 (4.12)는 $D(z_o, R)$ 내의 모든 점에서 수렴한다. 또한 $f(z)$가 무제한으로 미분가능하다면 $f(z)$의 미분은 개원판 $D(z_o, R)$에서

$$f^{(k)}(z)=\sum_{n=k}^{\infty} \frac{f^{(n)}(z_o)}{(n-k)!}(z-z_o)^{n-k},\ (k=0,1,2,\cdots) \tag{4.13}$$

이 성립한다.

• 멱급수와 미분방정식의 해

멱급수를 이용하여 미분방정식의 해를 구하기 위한 준비로서 다음 요점이 필요하다. 먼저 2계 선형미분방정식

$$\frac{d^2u}{dx^2} + p_1(x)\frac{du}{dx} + p_0(x)u = 0 \tag{4.14}$$

에서 함수 $p_0(x)$와 $p_1(x)$가 점 $x = a$에서 해석적이라면, $x = a$를 미분방정식의 보통점(ordinary point)이라고 하고, 보통점이 아닌 점을 방정식의 특이점(singular point)이라고 한다. 따라서 $x = a$ 가 식 (4.14)의 특이점이라면 이 점은 함수 $p_0(x)$ 또는 $p_1(x)$의 특이점으로 된다.

요점 4.3 미분방정식의 급수해

만약 $x = 0$이 미분방정식 (4.14)의 보통점이라면 미분방정식은 다음과 같은 급수로 주어지는 두 개의 기본해를 가진다.

$$u_1(x) = \sum_{n=0}^{\infty} a_n x^n, \quad u_2(x) = \sum_{n=0}^{\infty} b_n x^n \tag{4.15}$$

위 급수해는 $|x| < R$에서 수렴한다고 한다. 이때 미분방정식은, (복소)평면 상의 원점을 중심으로 원점에 가장 가까운 $p_0(x)$ 또는 $p_1(x)$의 특이점까지의 거리를 최소한도의 수렴반경으로 가진다.

따라서 만약 $p_0(x)$ 및 $p_1(x)$가 다항식으로 주어졌다면, 미분방정식의 기본해는 x의 모든 값에서 수렴한다. 여기서 함수 $p_0(z)$와 $p_1(z)$가 [그림 4.4]과 같은 특이점을 가지는 복소함수라고 가정하고, $3 < z < 6$의 구간에서 식 (4.15)로 주어진 기본해에 대하여 알아보자. 이 경우에는 주어진 구간의 중간점 $z_0 = 4.5$를 중심으로 기본해를 전개하면

$$u_1(z) = \sum_{n=0}^{\infty} a_n (z - z_0)^n, \quad u_2(z) = \sum_{n=0}^{\infty} b_n (z - z_0)^n \tag{4.16}$$

이다. 식 (4.16)의 독립변수 z를 $t = z - z_0$를 이용하여 변수 t로 변환하면 기본해는

$$u_1(t) = \sum_{n=0}^{\infty} a_n t^n, \quad u_2(t) = \sum_{n=0}^{\infty} b_n t^n$$

로 되어 식 (4.15)와 동일한 형식이라는 것을 알 수 있다. 이는 수렴반경이 정해지면 기본해의 표현식은 항상 동일하게 나타낼 수 있다는 것을 의미한다.

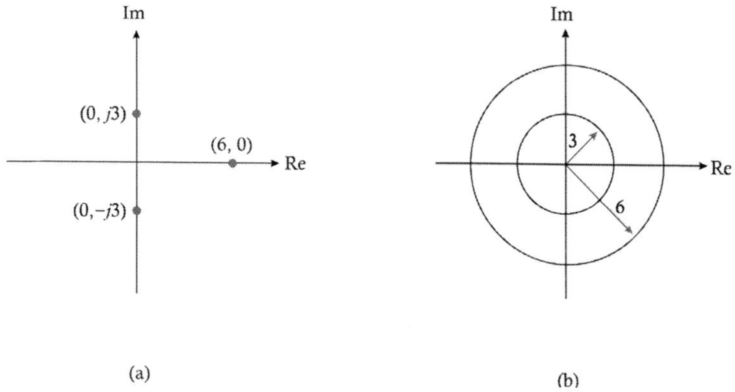

그림 4.4 함수 $z/[(z^2+9)(z-6)]$ 의 특이점과 수렴영역

다음 멱급수를 이용하여 간단한 2계 상미분방정식의 해를 구하는 과정을 알아보자.

• 멱급수해에 의한 해의 유도

[요점 4.3]으로부터 식 (4.14)의 미분방정식의 해로 다음과 같은 멱급수를 생각한다.

$$u(x) = \sum_{n=0}^{\infty} a_n x^n = a_0 + a_1 x + a_2 x^2 + a_3 x^3 + \cdots \tag{4.17}$$

위 식을 미분방정식에 대입하기 위하여 먼저 1계와 2계 도함수를 구하면

$$u'(x) = \sum_{n=1}^{\infty} n a_n x^{n-1} = a_1 + 2a_2 x + 3a_3 x^2 + 4a_4 x^3 + \cdots \tag{4.18 a}$$

$$u''(x) = \sum_{n=2}^{\infty} n(n-1) a_n x^{n-2} = 2a_2 + 3 \cdot 2a_3 x + 4 \cdot 3a_4 x^2 + \cdots \tag{4.18 b}$$

이다. 이것을 식 (4.14)에 대입하여 x의 멱지수별로 정리한 뒤 각 계수를 영으로 두면 무한개의 미지수를 갖는 무한차수의 연립방정식으로 되어 순차적으로 식 (4.17)에서 정의한 미지수 $a_0,\ a_1,\ a_2, \cdots$를 결정할 수 있을 것이다.

이와 같이 많은 양의 계산을 필요로 하는 원시적인 방법으로 해를 구하는 방법에 대한 간단한 예를 들어본다.

예제 4.8

다음 미분방정식을 멱급수를 사용하여 해를 구하여 보자.

$$u' - xu - 1 = 0,\ u(0) = 1 \qquad ①$$

풀이

미분방정식의 해가

$$u(x) = a_0 + a_1 x + a_2 x^2 + a_3 x^3 + \cdots \qquad ②$$

라고 가정하고 이를 ①의 각항에 대입하면

$$\begin{cases} u' &= a_1 + 2a_2 x + 3a_3 x^2 + 4a_4 x^3 + \cdots \\ -xu &= \qquad -a_0 x - a_1 x^2 - a_2 x^3 - \cdots \\ -1 &= -1 \end{cases}$$

로 된다. 이를 ①에 대입하여 정리하면

$$0 = (a_1 - 1) + (2a_2 - a_0)x + (3a_3 - a_1)x^2 + (4a_4 - a_2)x^3 + \cdots \qquad ③$$

의 관계식이 얻어진다. ③이 만족되기 위해서는 모든 $x^s, (s = 0,1,2,\cdots)$의 계수가 0으로 되어야 한다. 더욱이 미분방정식이 1계라는 사실로부터 해는 하나의 임의정수, 즉 a_0를 가진다. 따라서

$$\begin{cases} a_1 - 1 = 0 \ \rightarrow \ a_1 = 1 \\ 2a_2 - a_0 = 0 \ \rightarrow \ a_2 = \dfrac{a_0}{2} \\ 3a_3 - a_1 = 0 \ \rightarrow \ a_3 = \dfrac{a_1}{3} = \dfrac{1}{3} \\ 4a_4 - a_2 = 0 \ \rightarrow \ a_4 = \dfrac{a_2}{4} = \dfrac{a_0}{8} \\ 5a_5 - a_3 = 0 \ \rightarrow \ a_5 = \dfrac{a_3}{5} = \dfrac{1}{15} \\ \qquad \vdots \end{cases} \qquad ④$$

을 얻는다. 여기서 초기값 $u(0) = 1$로부터 $a_0 = 1$이 얻으지므로 ④로부터 멱급수해는

$$u(x) = 1 + x + \frac{x^2}{2} + \frac{x^3}{3} + \frac{x^4}{8} + \frac{x^5}{15} + \cdots \qquad ⑤$$

로 됨을 알 수 있다.

예제 4.9

다음 미분방정식의 급수해를 구하여 보자.

$$u'' + u = 0 \quad ①$$

풀이

(a) 해석적인 방법에 의한 해 :
식 (4.17)와 (4.18 b)를 ①에 대입하면

$$\sum_{n=2}^{\infty} n(n-1)a_n x^{n-2} + \sum_{n=0}^{\infty} a_n x^n = 0$$

이다. 동일한 멱지수에 대한 계수를 비교함으로써 $(s+2)(s+1)a_{s+2} = -a_s$ 의 관계식이 얻어지며, 이것은 다음과 같은 반복공식(recursion formula)으로 나타낼 수 있다.

$$a_{s+2} = -\frac{a_s}{(s+2)(s+1)}, \quad (s = 0, 1, 2, 3, \cdots) \quad ③$$

이로부터 각 계수를 반복적으로 계산하면

$$a_2 = -\frac{a_0}{2 \cdot 1} = -\frac{a_0}{2!}, \quad a_3 = -\frac{a_1}{3 \cdot 2} = -\frac{a_1}{3!}$$
$$a_4 = -\frac{a_2}{4 \cdot 3} = \frac{a_0}{4!}, \quad a_5 = -\frac{a_3}{5 \cdot 4} = \frac{a_1}{5!} \quad ④$$

이며, a_0 와 a_1 은 2계 미분방정식이 반드시 가지는 임의정수이다. ④의 계수를 식 (4.17)에 대입하면 ①의 급수해는 다음과 같다.

$$u(x) = a_0 + a_1 x - \frac{a_0}{2!}x^2 - \frac{a_1}{3!}x^3 + \frac{a_0}{4!}x^4 + \frac{a_1}{5!}x^5 + \cdots$$

이것을 다시 x 의 짝수와 홀수의 멱지수별로 정리하면

$$u(x) = a_0\left(1 - \frac{x^2}{2!} + \frac{x^4}{4!} - \cdots\right) + a_1\left(x - \frac{x^3}{3!} + \frac{x^5}{5!} - \cdots\right) \quad ⑤$$

이며, 이것은 결국 다음과 같은 미분방정식 ①의 일반해임을 쉽게 확인할 수 있다.

$$u(x) = a_0 \cos x + a_1 \sin x$$

(b) MATLAB의 Symbolic Toolbox를 이용한 방법 :

```
>> syms x C1 C2
>> u = dsolve('D2u+u=0','x')
```

```
>> F1 = taylor(sin(x),x,'Order',8);
>> F2 = taylor(cos(x),x,'Order',8);
>> pretty(C1*F1+C2*F2)              % 테일러급수에 의한 표현식  ⑤

    /     7       5       3      \      /    6       4       2      \
    |    x       x       x       |      |   x       x       x       |
 C1 | - ---- + ----- - ----- +x  | - C2 |  ---- + ----- - ----- -1  |
    |   5040    120      6       |      |   720     24      2       |
    \                            /      \                           /
```

[예제 4.8], 또는 [예제 4.9]로부터 일반적인 미분방정식의 멱급수 해를 구하기 위해서는 상당히 길고 지루한 과정이 필요하며, 동시에 이렇게 구한 멱급수 해는 대부분의 경우 간략한 형식의 일반해로 된다는 것을 알 수 있다. 다시 말하면, 미분방정식의 해를 구하기 위해 멱급수를 이용한다는 것은 실제로 상당히 어렵기 때문에 일반적인 미분방정식의 해를 굳이 멱급수를 이용할 필요는 없다는 것이다. 그러나 다음에 설명하는 특별한 형식의 미분방정식의 해를 구하기 위해서는 멱급수 표현식이 상당히 도움이 된다.

4.2 르장드르 방정식

다음과 같은 미분방정식

$$(1-x^2)u'' - 2xu' + \lambda(\lambda+1)u = 0\,,\ (-1 < x < 1) \tag{4.19}$$

을 르장드르 방정식(Legendre's equation)이라고 하며, 물리학에서 구(sphere)에 대한 경계값 문제 등을 취급하는 데 자주 나타나는 특수함수인 르장드르 함수를 만들어 낸다. 식 (4.19)에서 변수 λ는 임의로 주어지는 음이 아닌 정수이다. 위 식은 다음과 같은 2계 미분방정식의 표준형으로 고쳐 쓸 수도 있다.

$$u'' - \frac{2x}{1-x^2}u' + \frac{\lambda(\lambda+1)}{1-x^2}u = 0 \tag{4.20}$$

위 미분방정식의 계수인 $p_0(x)$와 $p_1(x)$는 원점 부근에서 테일러급수 전개가 가능하므로 $x=0$에서 해석적이지만 $x=\pm 1$에서는 해석적이지 않다. 따라서 여기서는 해석적인 구간

$-1 < x < 1$에서 중심을 $x=0$에 가지는 르장드르 방정식의 멱급수 해를 구하는 방법에 대하여 알아본다.

먼저 멱급수

$$u(x) = \sum_{n=0}^{\infty} b_n x^n \tag{4.21}$$

을 식 (4.19)의 해라고 가정하고, 식 (4.21)을 식 (4.19)에 대입한다. 이때 계산상의 편의를 위해 $\lambda(\lambda+1) = \alpha$로 치환하여 전개하면

$$(1-x^2)\sum_{n=2}^{\infty} n(n-1)b_n x^{n-2} - 2x\sum_{n=1}^{\infty} nb_n x^{n-1} + \alpha \sum_{n=0}^{\infty} b_n x^n = 0 \tag{4.22 a}$$

이며, 이것은 다시 다음과 같이 쓸 수 있다.

$$\sum_{n=2}^{\infty} n(n-1)b_n x^{n-2} - \sum_{n=2}^{\infty} n(n-1)b_n x^n - \sum_{n=1}^{\infty} 2nb_n x^n + \alpha \sum_{n=0}^{\infty} b_n x^n = 0 \tag{4.22 b}$$

식 (4.22 b)의 왼쪽의 첫 번째 항은

$$\sum_{n=2}^{\infty} n(n-1)b_n x^{n-2} = \sum_{n=0}^{\infty} (n+2)(n+1)b_{n+2} x^n \tag{4.23}$$

으로 나타낼 수 있다. 이 관계를 이용하여 식 (4.22 b)의 네 개의 합($\sum$: summation) 표현식에서 각각 $n=0$과 $n=1$의 경우를 제외한다면 전체를 하나의 합 표현으로 정리할 수 있다. 즉

$$\sum_{n=2}^{\infty} \{(n+2)(n+1)b_{n+2} - [n(n-1) + 2n - \alpha]b_n\}x^n \tag{4.24}$$
$$+ 2b_2 + \alpha b_0 + (6b_3 - 2b_1 + \alpha b_1)x = 0$$

위 식은 x의 다항식 형태를 하고 있으므로, 식 (4.24)가 항등적으로 0이 되기 위해서는 각 계수가 0으로 되어야 한다는 사실로부터 다음의 관계식을 얻어진다.

$$b_2 = -\frac{\alpha}{2}b_0, \ (x^0\text{의 계수})$$
$$b_3 = \frac{2-\alpha}{6}b_1, \ (x^1\text{의 계수}) \tag{4.25}$$

$$b_{n+2} = \frac{n^2 + n - \alpha}{(n+2)(n+1)} b_n, \quad (n = 2,3,4,\cdots), \ (x^2\text{의 계수})$$

위 식에서 α를 원래의 값인 $\lambda(\lambda+1)$으로 교체하면 멱급수에 관한 다음의 관계식을 얻는다.

$$b_{n+2} = \frac{(n-\lambda)(n+\lambda+1)}{(n+2)(n+1)} b_n, \qquad n = 2, 3, 4, \cdots \tag{4.26}$$

위의 과정에서 b_0와 b_1이 임의의 값을 가진다고 하면[5], 식 (4.26)으로부터 짝수 번호를 가지는 멱급수의 계수는 b_0의 함수로, 홀수 번호를 가지는 계수는 b_1의 함수로 각각 표현된다는 것을 알 수 있다. 따라서 해 (4.21)은

$$u(x) = b_0 u_1(x) + b_1 u_2(x) \tag{4.27}$$

와 같이 쓸 수 있다. 단 $u_1(x)$와 $u_2(x)$는

$$u_1(x) = 1 - \frac{\lambda \cdot (\lambda+1)}{2!} x^2 + \frac{\lambda(\lambda-2) \cdot (\lambda+1)(\lambda+3)}{4!} x^4 + \cdots \tag{4.28}$$

$$u_2(x) = x - \frac{(\lambda-1) \cdot (\lambda+2)}{3!} x^3 + \frac{(\lambda-3)(\lambda-1) \cdot (\lambda+2)(\lambda+4)}{5!} x^5 + \cdots$$

로 주어진다. 위 두 개의 멱급수는 $|x| < R = 1$에서 수렴한다는 것은 쉽게 증명할 수 있다. 여기서 $u_1(x)$는 우함수이고, $u_1(x)$는 기함수이라는 사실에 유의한다. 또한

$$\frac{u_1(x)}{u_2(x)} \neq \text{정수} \tag{4.29}$$

로 되어 $u_1(x)$와 $u_2(x)$는 서로 일차독립이며, 동시에 미분방정식의 해로 된다는 것은 명백하기 때문에, 급수해 (4.27)은 일반해이다.

4.2.1 르장드르 다항식과 함수

다양한 형태의 응용문제를 다루는 미분방정식에 대한 멱급수 해를 (무한급수가 아니라) 다항식으로 표현할 수 있다면 상당히 편리할 것이다. 다시 말하면 해가 무한급수로 되는

5) 르장드르 방정식 (4.19)가 2계미분방정식이기 때문에, 해 $u(x)$에는 반드시 2개의 임의정수가 포함된다.

것이 아니라 한정된 몇 개의 항으로 무한급수 표현을 중단할 수 있다는 것을 의미한다. 이러한 사실을 이용한다면 해의 계산량을 상당 부분 감소시킬 수 있을 뿐 아니라, 기존의 다항식에 관한 정리도 이용할 수 있을 것이다. 이와 같은 사실을 르장드르 방정식의 멱급수 해에 적용하여 본다.

르장드르 방정식 (4.19)에서 변수 λ를 음이 아닌 정수로 정의하였기 때문에, 식 (4.26)의 오른쪽 항은 $n=\lambda$에서 영으로 되어 $b_{\lambda+2}=0$, $b_{\lambda+4}=0$, $b_{\lambda+6}=0, \cdots$ 일 것이다. 이를 식 (4.28)의 기본해의 변수 λ에 여러 가지 값을 대입하여 확인하여 보자. λ가 짝수이면

$$\begin{aligned} &\lambda=0,\ u_1(x)=1 \\ &\lambda=2,\ u_1(x)=1-3x^2 \\ &\lambda=4,\ u_1(x)=1-10x^2-\frac{35}{3}x^4 \\ &\quad\vdots \end{aligned} \tag{4.30}$$

이고, λ가 홀수이면

$$\begin{aligned} &\lambda=1,\ u_2(x)=x \\ &\lambda=3,\ u_2(x)=x-\frac{5}{3}x^3 \\ &\lambda=5,\ u_2(x)=x-\frac{14}{3}x^3+\frac{21}{5}x^5 \\ &\quad\vdots \end{aligned} \tag{4.31}$$

와 같은 다항식으로 된다. 이 결과 만약 λ가 짝수이면 기본해 $u_1(x)$는 차수가 λ인 다항식, 즉 멱급수의 급수가 짝수 급수항만으로 구성되며, 반대로 λ가 홀수이면 $u_2(x)$는 멱급수의 급수가 홀수인 급수항만으로 이루어진다. 이 사실은 식 (4.29)에서도 언급한 바와 같이 두 개의 다항식 (4.27)과 (4.28)은 주어진 λ의 값에 대한 르장드르 방정식의 일차독립인 기본해임을 나타내는 것으로 볼 수 있다. 예를 들어 $\lambda=5$인 경우 식 (4.19)의 미분방정식에 대한 하나의 기본해는 식 (4.31)으로부터 $x-(14/3)x^3+(21/5)x^5$라는 것을 의미한다.

요점 4.4 르장드르 다항식

식 (4.19)의 르장드르 미분방정식에서 λ가 짝수의 경우, 짝수의 멱급수만으로 구성되는 기본해 $u_1(x)$에 정수 k를 곱하여

$$P_\lambda(x) = k_\lambda u_1(x) \tag{4.32}$$

로 두고 $P_\lambda(1) = 1$이 성립하도록 한다. 다시 말하면 $k_\lambda = 1/u_2(1)$로 한다. 이때 다항식 $P_\lambda(x)$를 λ차의 제1종 르장드르 다항식(Legendre polynomial)이라고 한다.

처음의 몇 개의 다항식을 나열하면 다음과 같다.6)

$$\begin{aligned} &P_0(x) = 1, && P_1(x) = x \\ &P_2(x) = \frac{1}{2}(3x^2 - 1), && P_3(x) = \frac{1}{2}(5x^3 - 3x) \\ &P_4(x) = \frac{1}{8}(35x^4 - 30x^2 + 3), && P_5(x) = \frac{1}{8}(63x^5 - 70x^3 + 15x) \end{aligned} \tag{4.33}$$

높은 차수의 $P_\lambda(x)$는 본네(Bonnet)의 점화식(Bonnet's recurrence formula)7)

$$P_{\lambda+1}(x) = \frac{(2\lambda+1)xP_\lambda(x) - \lambda P_{\lambda-1}(x)}{(\lambda+1)} \tag{4.34}$$

를 이용하면 쉽게 구할 수 있다. [그림 4.5] 몇 개의 르장드르 다항식을 표시하였으며, 이 그림은 아래 예시한 바와 같이 두 가지의 방법으로 얻을 수 있다.

```
% Symbolic Toolbox의 사용
>> syms x
>> u1 = dsolve('(1-x^2)*D2u-2*x*Du=0','u(1)=1','x');          % Po(x)
>> u2 = dsolve('(1-x^2)*D2u-2*x*Du+2*u=0','u(1)=1','x');      % P1(x)
>> u3 = dsolve('(1-x^2)*D2u-2*x*Du+6*u=0','u(1)=1','x');      % P2(x)
>> u4 = dsolve('(1-x^2)*D2u-2*x*Du+12*u=0','u(1)=1','x');     % P3(x)
>> u5 = dsolve('(1-x^2)*D2u-2*x*Du+20*u=0','u(1)=1','x');     % P4(x)
>> ezplot(u1), hold on, ezplot(u2),ezplot(u3)
>> ezplot(u4),ezplot(u5),plot([0 0],[-1 1.2])                 % [그림 4.5]
>> axis([-1.0 1.0 -1 1.2])
```

6) 식 (4.30)와 식 (4.31)을 이용하면 쉽게 식 (4.33)을 얻을 수 있다.
7) 이항정리를 이용한 표현식도 가능하다. 즉

$$P_\lambda(x) = \frac{1}{2^\lambda}\sum_{k=0}^{\lambda}\binom{\lambda}{k}^2(x-1)^{\lambda-k}(x+1)^k = \sum_{k=0}^{\lambda}\binom{\lambda}{k}\binom{-\lambda-1}{k}\left(\frac{1-x}{2}\right)^k$$

```
% MATLAB의 명령어 'legendre'의 사용
>> x = -1:0.01:1;
>> Po = legendre(0,x);
>> P1 = legendre(1,x);P1 = P1(1,:);
>> P2 = legendre(2,x);P2 = P2(1,:);
>> P3 = legendre(3,x);P3 = P3(1,:);
>> P4 = legendre(4,x);P4 = P4(1,:);
>> plot(x,Po,x,P1,x,P2,x,P3,x,P4),legend('Po','P1','P2','P3','P4') % [그림 4.5]
>> xlabel(' x (-1<= x <=1) '),ylabel(' P_\lambda(x)'),axis([-1 1 -1 1.5])
```

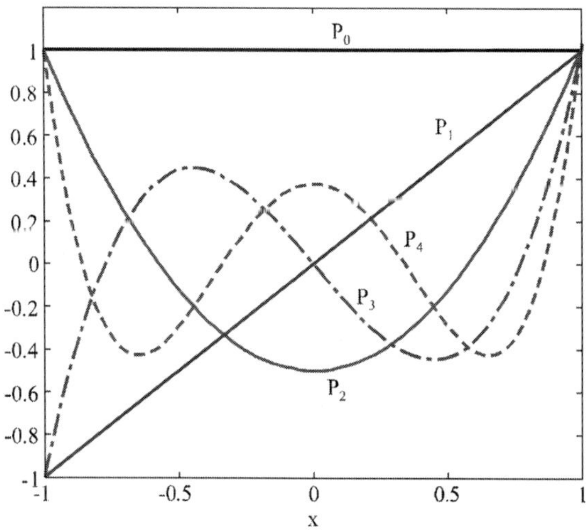

그림 4.5 처음 다섯 개의 르장드르 다항식

그림에서 보는 바와 같이 르장드르 다항식 $P_\lambda(x)$가 가지는 λ개의 영점은 개구간 $(-1,1)$에 존재한다는 점에 유의한다. 이들 영점은 중복하지 않으며, 르장드르 다항식 $P_{\lambda-1}(x)$의 $(\lambda-1)$개의 영점의 사이에 λ차의 르장드르 다항식의 λ개의 영점이 하나씩 교호하는 형태로 배치된다. 다항식 $P_\lambda(x)$가 가지는 이러한 특징은 직교관계를 가지는 다항식의 공통적인 특징이다.

또한 $P_\lambda(x)$는 구간 $-1<x<1$에서 $|P_\lambda(x)|<1$을 만족하며, 구간의 경계에서는 $P_\lambda(1)=1$, $P_\lambda(-1)=(-1)^\lambda$이다. 많이 사용되는 르장드르 다항식의 성질을 [요점 4.5]에 정리하였다.

요점 4.5 르장드르 다항식의 성질

$$P_\lambda(-x)=(-1)^\lambda P_\lambda(x) \tag{4.35 a}$$

$$\int_{-1}^{1} P_\lambda^2(x)dx=\frac{2}{2\lambda+1} \tag{4.35 b}$$

$$P_\lambda(x)=\frac{1}{2^\lambda \lambda!}\frac{d^\lambda}{dx^\lambda}(x^2-1)^\lambda \tag{4.35 c}$$ [8]

$$(\lambda+1)P_{\lambda+1}(x)+\lambda P_{\lambda-1}(x) = (2\lambda+1)xP_\lambda(x),\ (\lambda=1,2,3,\cdots) \tag{4.35 d}$$

$$\frac{d}{dx}P_{\lambda+1}(x)-\frac{d}{dx}P_{\lambda-1}(x) = (2\lambda+1)P_\lambda(x),\ (\lambda=1,2,3,\cdots) \tag{4.35 e}$$

이상의 결과를 참조하면 르장드르 다항식의 일반형은 다음 형식으로 쓸 수 있다.

$$P_\lambda(x)=\sum_{n=0}^{N}(-1)^n\frac{(2\lambda-2n)!}{2^\lambda n!(\lambda-n)!(\lambda-2n)!}x^{\lambda-2n} \tag{4.36}$$

여기서 λ가 짝수이면 $N=\lambda/2$, 홀수이면 $N=(\lambda-1)/2$ 이다.

이상과 같은 르장드르 다항식을 사용하면, 르장드르 미분방정식 (4.19)가 가지는 두 개의 기본해 $u_1(x)$와 $u_2(x)$를 나타내는 식 (4.28)중의 하나를 다항식의 형식으로 나타낼 수 있다. 나머지 하나의 기본해에 대한 (무한급수가 아닌) 다항식 형태의 식을 얻기 위해서는 다음과 같이 정의되는 제2종 르장드르 다항식이 필요하다.

식 (4.28)로부터 λ가 짝수이면 $u_2(x)$는 무한급수의 형식을 하게 되고, 반대로 λ가 홀수이면 $u_1(x)$ 역시 무한급수의 형식으로 된다. 이때 다음과 같이 정의되는 무한급수의 곱을 제2종 르장드르 다항식이라고 한다.

8) 식 (4.34)와 동일한 표현식이다.

$$Q_\lambda(x) = \begin{cases} u_1(1)u_2(x), & \lambda: \text{짝수} \\ -u_2(1)u_1(x), & \lambda: \text{홀수} \end{cases} \tag{4.37}$$

$$= \frac{\lambda!}{1 \cdot 3 \cdots (2\lambda+1)} [x^{-(\lambda+1)} + \frac{(\lambda+1)(\lambda+2)}{2(\lambda+3)} x^{-(\lambda+3)}$$

$$+ \frac{(\lambda+1)(\lambda+2)(\lambda+3)(\lambda+4)}{2 \cdot 4(2\lambda+3)(2\lambda+5)} x^{-(\lambda+5)+\cdots}]$$

제 2 종 르장드르 다항식 $Q_\lambda(x)$의 처음 몇 개를 써 보면 다음과 같다.

$$\begin{aligned} Q_0(x) &= \frac{1}{2}\ln\left(\frac{1+x}{1-x}\right) = \tanh^{-1} x \\ Q_1(x) &= Q_0(x)P_1(x) - 1 \\ Q_2(x) &= Q_0(x)P_2(x) - \frac{3}{2}x \\ Q_3(x) &- Q_0(x)P_3(x) - \frac{5}{2}x^2 + \frac{2}{3} \\ Q_4(x) &= Q_0(x)P_4(x) - \frac{35}{8}x^3 + \frac{55}{24}x^2 \\ Q_5(x) &= Q_0(x)P_5(x) - \frac{63}{8}x^4 + \frac{49}{8}x^2 - \frac{8}{15} \end{aligned} \tag{4.38}$$

위 식에서 알 수 있는 바와 같이, 모든 다항식 $Q_\lambda(x)$는 $x=1$에서 특이점을 갖기 때문에 $x \to 1$로 됨에 따라 $Q_\lambda(x) \to \infty$로 된다. 따라서 제 2 종 르장드르 다항식은 $|x| < 1$에서만 유효하다.

제 1 종과 제 2 종 르장드르 다항식을 이용하면 무한급수로 표현된 르장드르 방정식의 일반해 (4.27)은 다음과 같이 두 개의 (유한개의) 다항식으로 표현된다.

$$u(x) = c_1 P_\lambda(x) + c_2 Q_\lambda(x) \tag{4.39}$$

예제 4.10

다음 미분방정식에 대한 해 $u(x)$를 구하고, $x=1$에서 정의될 수 있음을 확인하여 보자.

$$(1-x^2)u'' - 2xu' + 12u = 0, \quad u'(0) = 4 \qquad ①$$

풀이

주어진 미분방정식은 르장드르 방정식의 형식을 하고 있으므로 λ는

$$\lambda(\lambda+1)=12$$

로부터 계산하면 $\lambda=-4, 3$이지만, 르장드르 방정식의 조건에 의해 λ는 음이 아닌 정수값을 가져야 하므로 3을 취한다. 다음 르장드르 방정식의 일반해는 식 (4.39)에 의해

$$u(x)=c_1P_3(x)+c_2Q_3(x) \quad ②$$

이다. 조건에 의해 $u(x)$가 $x=1$에서 정의되기 위해서는 $c_2=0$이어야 한다. 왜냐하면 제2종 르장드르 다항식의 정의에 의해 $Q_3(1)$을 정의할 수 없기 때문이다. 또 나머지 조건 $u'(0)=4$ 에 의해

$$4=c_1P_3'(0)=-\frac{3}{2}c_1 \rightarrow c_1=-\frac{8}{3}$$

이다. 따라서 최종적인 해는

$$u(x)=-\frac{4}{3}(5x^3-3x) \quad ③$$

이다.

식 (4.32)에서 정의한 르장드르 다항식이 가지는 직교관계를 간략히 요점으로 정리한다.

요점 4.6 르장드르 다항식의 직교관계

르장드르 다항식 $P_\lambda(x)$ 는 다음과 같은 직교관계

$$\int_{-1}^{1}P_{\lambda_1}(x)P_{\lambda_2}(x)dx=\begin{cases}0, & \lambda_1\neq\lambda_2\\ \dfrac{2}{2\lambda_1+1}, & \lambda_1=\lambda_2\end{cases} \quad (4.40)$$

를 만족한다.

4.3 푸리에·르장드르 급수

간단한 예를 이용하여 푸리에·르장드르 급수전개에 대하여 설명한다.

예제 4.11

다항식

$$p(x) = x^3 - 2x^2 + 4x + 1 \qquad ①$$

를 르장드르 다항식 $P_0(x), P_1(x), \cdots$을 사용하여 구간 $[-1,1]$에서 전개하여라.

풀이

x의 멱급수를 르장드르 다항식을 사용하여 나타내면

$$\begin{cases} P_0(x) = 1 & \rightarrow \quad 1 = P_0(x) \\ P_1(x) = x & \rightarrow \quad x = P_1(x) \\ P_2(x) = \dfrac{1}{2}(3x^2 - 1) & \rightarrow \quad x^2 = \dfrac{2}{5}P_2(x) + \dfrac{1}{3}P_0(x) \\ P_3(x) = \dfrac{1}{2}(5x^3 - 3x) & \rightarrow \quad x^3 = \dfrac{2}{5}P_3(x) + \dfrac{3}{5}P_1(x) \end{cases} \qquad ②$$

와 같이 표현된다. 이러한 관계를 이용하면

$$\begin{aligned} p(x) &= \frac{2}{5}P_3(x) + \frac{3}{5}P_1(x) - \frac{4}{3}P_2(x) - \frac{2}{3}P_0(x) + 4P_1(x) + P_0(x) \\ &= \frac{2}{5}P_3(x) - \frac{4}{3}P_2(x) + \frac{23}{5}P_1(x) + \frac{1}{3}P_0(x) \end{aligned}$$

로 된다.

예제 4.12

다항식

$$p(x) = 2 + 3x + 5x^2 \qquad ①$$

을 르장드르 다항식 $P_0(x), P_1(x), \cdots$을 사용하여 폐구간 $[3,7]$ 상에서 전개하여 보라.

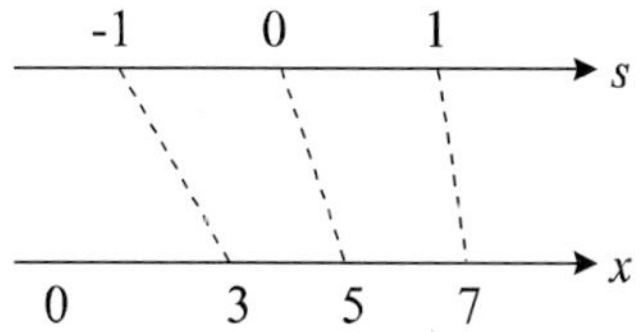

그림 4.6 $x \in [3,7]$을 $s \in [-1,1]$로 변환하는 사상

풀이

선분 $x \in [3,7]$ 을 선분 $s \in [-1,1]$ 으로 변환하기 위하여([그림 4.6] 참조) 다음과 같은 변환

$$s \mapsto x = \alpha s + \beta \qquad ②$$

이

$$-1 \mapsto 3 = -\alpha + \beta, \quad 1 \mapsto 7 = \alpha + \beta \qquad ③$$

을 만족하도록 계수를 설정한다. 이를 계산하면

$$x = 2s + 5 \qquad ④$$

로 되며, 여기에

$$\begin{aligned} p(x) &= p(2s+5) \\ &= 2 + 3(2s+5) + 5(2s+5)^2 \\ &= 142 + 106s + 20s^2 \\ &= 142P_0(s) + 106P_1(s) + 20\left[\frac{2}{3}P_2(s) + \frac{1}{3}P_0(s)\right] \end{aligned} \qquad ⑤[9]$$

위식에 ④, 즉 $s = (x-5)/2$ 의 관계를 대입하여 정리하면

$$p(x) = \left(142 + \frac{20}{3}\right)P_0\left(\frac{x-5}{2}\right) + 106P_1\left(\frac{x-5}{2}\right) + \frac{40}{3}P_2\left(\frac{x-5}{2}\right)$$

가 얻어진다.

예제 4.13

함수

$$f(x) = \begin{cases} 0, & -1 < x < 0 \\ x, & 0 < x < 1 \end{cases}$$

의 푸리에・르장드르 전개의 처음 세 개 항까지를 나타내어라.

풀이

푸리에・르장드르 급수를

$$f(x) = \sum_{\lambda=0}^{\infty} a_\lambda P_\lambda(x), \ (-1 < x < 1) \qquad ①$$

9) [예제 4.11]의 ②를 이용하였다.

로 두고 위식의 양변에 $P_\lambda(x)$를 곱하고 식 (4.40)을 이용하여 -1 에서 1까지 적분을 수행하면

$$a_\lambda = \frac{2\lambda+1}{2}\int_{-1}^{1} f(x)P_\lambda(x)dx \qquad ②$$

을 얻는다. 따라서

$$a_0 = \frac{1}{2}\int_{-1}^{1} f(x)P_0(x)dx = \frac{1}{2}\int_{0}^{1} xdx = \frac{1}{4}$$

$$a_1 = \frac{3}{2}\int_{-1}^{1} f(x)P_1(x)dx = \frac{3}{2}\int_{0}^{1} x^2dx = \frac{1}{2}$$

$$a_2 = \frac{5}{2}\int_{-1}^{1} f(x)P_2(x)dx = \frac{5}{2}\int_{0}^{1} x\frac{1}{2}(3x^2-1)dx = \frac{5}{16}$$

을 되어 처음 3항까지의 근사식

$$f(x) \approx \frac{1}{4}P_0(x) + \frac{1}{2}P_1(x) + \frac{5}{16}P_2(x) \qquad ③$$

을 얻는다.

예제 4.14

함수

$$f(x) = e^x,\ (0 \le x \le 1)$$

의 푸리에・르장드르 전개의 처음 세 개 항까지를 나타내어라.

풀이

르장드르 다항식의 직교성을 이용하기 위하여

$$s = 2\left(x - \frac{1}{2}\right) \text{ 의 관계, 즉 } x = \frac{s}{2} + \frac{1}{2} \qquad ①$$

로 둔다. ①의 관계에 의하여 $f(x)$ 의 정의역 $[0,1]$을 $[-1,1]$로 변환할 수 있다. 이때 [문제 4.13]의 식 ②에 의해

$$a_\lambda = \frac{2\lambda+1}{2}\int_{-1}^{1} e^{(1+s)/2}P_\lambda(s)ds \qquad ②$$

로 두면

$$f(x) = e^x = e^{(1+s)/2} = \sum_{\lambda=0}^{\infty} a_\lambda P_\lambda(s),\ (-1 \le s \le) \qquad ③$$

가 성립한다. 먼저 ②의 계산을 위해 다음의 적분을 순차적으로 수행한다.

$$I_0 = \int_{-1}^{1} e^{s/2} ds = 2\left(e^{1/2} - e^{-1/2}\right)$$

$$I_1 = \int_{-1}^{1} s e^{s/2} ds = 2se^{s/2}\Big|_{-1}^{1} - 2\int_{-1}^{1} e^{s/2} ds$$

$$= 2\left(e^{1/2} + e^{-1/2}\right) - 2I_0 = -2e^{1/2} + 6e^{-1/2}$$

$$I_2 = \int_{-1}^{1} s^2 e^{s/2} ds = 2s^2 e^{s/2}\Big|_{-1}^{1} - 4\int_{-1}^{1} s e^{s/2} ds$$

$$= 2\left(e^{1/2} - e^{-1/2}\right) - 4I_1 = 10e^{1/2} - 26e^{-1/2}$$

위식을 이용하여 ②에 의한 계수를 계산한다. 즉

$$a_0 = \frac{1}{2} e^{1/2} I_0 = e - 1 \approx 1.7183$$

$$a_1 = \frac{3}{2} e^{1/2} I_1 = -3e + 9 \approx 0.8452$$

$$a_3 = \frac{5}{2} e^{1/2} \frac{1}{2}\left(3I_2 - I_0\right) = 35e - 95 \approx 0.1399$$

로 되기 때문에 함수의 근사식은

$$f(x) \approx (e-1)P_0(2x-1) + 3(-e+3)P_1(2x-1) + 5(5e-19)P_2(2x-1)$$

$$\approx 1.7183P_0(2x-1) + 0.8452P_1(2x-1) + 0.1399P_2(2x-1)$$

로 된다.

4.4 감마함수

여기서는 수학의 여러 분야에서 가장 많이 사용되는 함수 중의 하나인 감마함수에 대하여 간단하게 설명한다. 감마함수(Gamma function)는

$$\Gamma(\lambda + 1) = \int_0^{\infty} e^{-t} t^{\lambda} dt \tag{4.41}$$

로 정의되며 $\lambda > -1$의 범위에서 수렴한다.

감마함수의 몇 가지 특성을 유도하기 위해, 부분적분을 이용하여 식 (4.41)의 적분을 수행하여 보자.

$$\int_0^{\infty} e^{-t} t^{\lambda} dt = -e^{-t} t^{\lambda} \Big|_0^{\infty} + \lambda \int_0^{\infty} e^{-t} t^{\lambda-1} dt \tag{4.42}$$

$$\begin{pmatrix} u = t^{\lambda}, & v = -e^{-t} \\ du = \lambda t^{\lambda-1} dt, & dv = e^{-t} dt \end{pmatrix}$$

위 적분에서 적분변수를 $t=0$에서 $t=\infty$로 가져가면 $e^{-t}t^{\lambda}$ 항은 소거되므로

$$\Gamma(\lambda+1) = \lambda \int_0^{\infty} e^{-t} t^{\lambda-1} dt \tag{4.43}$$

로 된다. 그런데 식 (4.43)의 오른쪽 적분항은 정의에 의해 $\Gamma(\lambda)$를 의미하므로

$$\Gamma(\lambda+1) = \lambda \Gamma(\lambda) \tag{4.44}$$

를 얻는다. 식 (4.41)에서 $\lambda = 0$이면

$$\Gamma(1) = \int_0^{\infty} e^{-t} dt = -e^{-t} \Big|_0^{\infty} = 1$$

를 얻는다. 위 식과 식 (4.44)로부터

$$\Gamma(2) = 1 \cdot \Gamma(1) = 1$$

$$\Gamma(3) = 2 \cdot \Gamma(2) = 2!$$

$$\Gamma(4) = 3 \cdot \Gamma(3) = 3!$$

의 관계를 확인할 수 있으며, 이것은 감마함수에 대한 또 하나의 특성을 나타내고 있다. 즉 λ가 양의 정수라면 다음의 관계식이 성립한다.

$$\Gamma(\lambda+1) = \lambda! \tag{4.45}$$

위 식은 감마함수가 사실상 계승함수(factorial function)를 일반화한 것이라는 사실을 보여주고 있다.

감마함수 (4.41)은 λ가 영을 포함하는 음의 정수값(즉 $\lambda = 0, -1, -2, \cdots$ 이다)을 가지는 경우를 제외한 λ의 모든 실수값에 대하여 성립한다. 그러나 실제로는 $1 < \lambda < 2$의 범위에서의 $\Gamma(\lambda)$의 값을 알고 있다면 감마함수의 성질인 $\Gamma(\lambda+1) = \lambda\Gamma(\lambda)$를 이용하여 λ의 모든 실수값에 대한 $\Gamma(\lambda)$를 계산할 수 있다는 점에 유의한다. [그림 4.7]에 $\Gamma(\lambda)$의 그래프를 나타내었다. λ가 정수의 $1/2$값을 가지는 경우의 감마함수 값은 $\sqrt{\pi}$의 배수로서 표현된다(식 (4.51) 참조). 이러한 사실을 확인하여 보자. 먼저

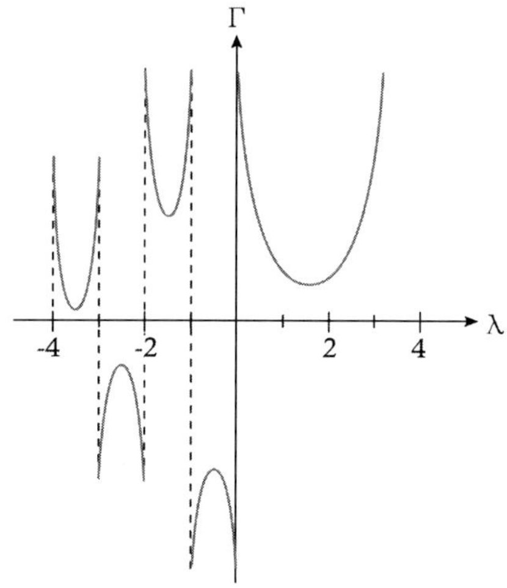

그림 4.7 감마함수

$$\int_0^{\infty} e^{-x^2} dx = \frac{\sqrt{\pi}}{2} \tag{4.46}$$

의 관계가 있으므로, 여기서 $x^2 = t$로 두면 $dx = t^{-1/2}dt$이다. 따라서 식 (4.46)은

$$\int_0^{\infty} e^{-x^2} dx = \frac{1}{2}\int_0^{\infty} e^{-t} t^{-1/2} dt = \frac{1}{2}\Gamma\left(\frac{1}{2}\right) = \Gamma\left(\frac{3}{2}\right) = \frac{\sqrt{\pi}}{2} \tag{4.47}$$

$$= 0.886227$$

임을 알 수 있다.

```
% [그림 4.7]의 작성 : MATLAB의 기본명령어 사용
>> lambda1 = 0.01:0.01:5.99;u1 = gamma(lambda1');
>> lambda2 = (-0.99:0.01:-0.01)';u2 = gamma(lambda2);
>> lambda3 = (-1.991:0.001:-1.02)';u3 = gamma(lambda3);
>> lambda4 = (-2.997:0.001:-2.01)';u4 = gamma(lambda4);
>> lambda5 = (-3.999:0.001:-3.003)';u5 = gamma(lambda5);
>> plot(lambda1,u1), axis([-5 8 -100 100]);
>> hold on
>> plot(lambda2,u2), plot(lambda3,u3), plot(lambda4,u4), plot(lambda5,u5)
>> hold off
% Symbolic Math Toolbox의 경우 lamda > 0 인 경우만 사용가능
>> u1 = mfun('GAMMA',lambda1);
>> plot(lambda1,u1)
```

예제 4.15

적분

$$\int_0^\infty x^{5/4} e^{-\sqrt{x}}\, dx$$

를 계산하여 보자.

풀이

이와 같은 형태의 적분을 수행하는 데 있어서 감마함수는 상당히 도움이 된다. 주어진 적분을 감마함수의 형식으로 만들기 위하여 지수함수의 지수부분을 $-t$ 로 둔다. 즉

$$x = t^2,\ dx = 2t\,dt \qquad ①$$

로 두면 주어진 적분은

$$\int_0^\infty x^{5/4} e^{-\sqrt{x}}\, dx = 2\int_0^\infty t^{7/2} e^{-t}\, dt \qquad ②$$

이다. 식 (4.41)에 의하면

$$2\int_0^\infty e^{-t} t^{7/2} dt = 2\Gamma\left(\frac{9}{2}\right) \qquad ③$$

이며, 여기에 식 (4.44)를 적용하면

$$\Gamma\left(\frac{9}{2}\right) = \frac{7}{2}\cdot\frac{5}{2}\cdot\frac{3}{2}\Gamma\left(\frac{3}{2}\right) = \frac{105}{8}\Gamma\left(\frac{3}{2}\right) \qquad ④$$

이며, 다시 식 (4.47)에 의하면

$$\Gamma\left(\frac{9}{2}\right) = \frac{105}{8}\,\frac{\sqrt{\pi}}{2} = \frac{105}{8}\cdot 0.8862$$

이므로 적분의 결과는 다음 값으로 된다.

$$\int_0^\infty x^{5/4} e^{-\sqrt{x}}\, dx = 2\times\frac{105}{8}\times 0.8862 = 23.27.$$

```
>> % 1) Symbolic Math Toolbox의 명령어 'mfun'을 사용한다.
>> u = mfun('GAMMA',9/2)*2 ↲

  u =
    23.2635

>> % 2) Symbolic Math Toolbox의 명령어 'int'을 사용한다.
>> syms x
>> f = x^(5/4)*exp(-sqrt(x));
>> u_int = int(f,0,inf)
>> eval(u_int)              % 위와 동일한 결과가 얻어진다
```

예제 4.16

다음의 곱셈을 감마함수를 이용하여 나타내어 보자.

$$f(r) = r(r+h)(r+2h)\cdots[r+(n-1)h]$$

풀이

식 (4.44)에서 $\lambda = r/h$로 두고 전개하면

$$\begin{aligned} f(r) &= (r/h)(r/h+1)(r/h+2)\cdots(r/h+n-1)h^n \\ &= h^n \frac{\Gamma(r/h+1)}{\Gamma(r/h)} \cdot \frac{\Gamma(r/h+2)}{\Gamma(r/h+1)} \cdot \cdots \cdot \frac{\Gamma(r/h+r)}{\Gamma(r/h+n-1)} \\ &= h^n \frac{\Gamma(r/h+n)}{\Gamma(r/h)} \end{aligned}$$

[예제 4.16]의 몇 가지 특별한 경우에 대하여 생각하여 보자. 특히 $r = 1$과 $h = 2$로 두면

$$1 \cdot 3 \cdot 5 \cdots (2n-1) = 2^n \frac{\Gamma\left(n+\frac{1}{2}\right)}{\Gamma\left(\frac{1}{2}\right)} \tag{4.48}$$

이다. 그런데, $\frac{1}{2}\Gamma\left(\frac{1}{2}\right) = \Gamma\left(\frac{3}{2}\right) = \sqrt{\pi}/2$이므로

$$1 \cdot 3 \cdot 5 \cdots (2n-1) = \frac{2^n}{\sqrt{\pi}} \Gamma\left(n+\frac{1}{2}\right) \tag{4.49}$$

이다. 이때 위 식의 왼쪽 항은 다음과 같이 전개가능하다.

$$\begin{aligned} 1 \cdot 3 \cdot 5 \cdots (2n-1) &= 1 \cdot 3 \cdot 5 \cdots (2n-1) \frac{2 \cdot 4 \cdot 6 \cdots 2n}{2 \cdot 4 \cdot 6 \cdots 2n} \\ &= \frac{(2n)!}{2^n n!} \end{aligned} \tag{4.50}$$

따라서 식 (4.49)와 (4.50)으로부터 감마함수의 성질에 관한 다음의 관계식이 얻어진다.

$$\Gamma\left(n+\frac{1}{2}\right) = \frac{(2n)!}{2^{2n} n!}\sqrt{\pi}, \quad (n = 1,\ 2,\ \cdots) \tag{4.51}$$

연습문제

1. 다음 함수를 $a=0$을 중심으로 하는 테일러급수 표현식을 구하여라.

(1) $\ln(1+x)$ (2) $\dfrac{1}{x+2}$ (3) $\dfrac{7}{x^2-x-12}$ (4) e^{-x^2}

(5) $\tan x$ (6) $\ln\left(\dfrac{4-x^2}{4}\right)$ (7) $e^{-x}\sin x$

2. 다음 급수식의 수렴영역을 구하여라.

(1) $\displaystyle\sum_{n=2}^{\infty}\frac{\ln n}{n}x^n$ (2) $\displaystyle\sum_{n=3}^{\infty}\frac{n(n-1)(n-2)}{4^n}x^n$

(3) $\displaystyle\sum_{n=0}^{\infty}\frac{(-1)^n}{k^n}x^{2n}$ (4) $\displaystyle\sum_{n=1}^{\infty}\frac{(4n)!}{(n!)^4}x^n$

3. 다음 미분방정식의 급수해를 구하여라

(1) $(1-x^2)u''-2xu'+2u=0$ (2) $u''-xu'-u=0$

(3) $(1-x)u''-u'+xu=0$ (4) $u''-4xu'+(4x^2-2)u=0$

(5) $u''-2(x-1)u'+2u=0$

4. 초기값을 가지는 다음 미분방정식의 특수해를 멱급수를 이용하여 구하고, 각 급수의 수렴영역에 대하여 설명하여라.

(1) $(4-x^2)u''+2u=0,\ \{u(0)=0,\ u'(0)=1\}$

(2) $u''-x^2u'+u\sin x=0,\ \{u(0)=0,\ u'(0)=1\}$

5. $u(0)=4$ 및 $u'(0)=-2$인 경우의 미분방정식 $(d^2u/dx^2)+x^2u=0$의 해를 멱급수를 이용하여 구하여라. 이 경우 $x=2$ 에서 $u(x)$ 의 근사값은 얼마인가?

6. 다음의 다항식 $p(x)$ 를 르장드르 다항식 $P_0(x), P_1(x), \cdots$를 이용하여 나타내어라.

(1) $p(x)=5x^3+4x^2+3x+2,\ \{-1\le x\le 1\}$

(2) $p(x)=x^3-2x^2+4x+1,\ \{-1\le x\le 2\}$

7. 다음 적분을 계산하여라.

(1) $\int_0^\infty x^2 e^{-x^2}\,dx$ (2) $\int_0^\infty x^{-4} e^{-\sqrt{x}}\,dx$

(3) $\int_0^\infty (1-x)^3 e^{\sqrt{x}}\,dx$ (4) $\int_0^\infty x^3 e^{-x^{1/2}}\,dx$

CHAPTER 5

라플라스 변환에 의한 미분방정식의 해

5.1 정의
5.2 라플라스 변환의 성질
5.3 미분과 적분의 라플라스 변환
5.4 컨볼루션(Convolution)
5.5 미분방정식의 풀이

상수계수를 가지는 선형 상미분방정식의 해는 라플라스 변환을 이용하면 비교적 쉽게 구할 수 있다. 특히 불연속이며 주기적인 외부 신호가 인가되는 시스템의 출력을 위한 비제차미분방정식의 해를 구하는 경우에는 라플라스 변환이 편리하다. 라플라스 변환을 이용하면 비제차방정식의 해를 일반해와 특수해로 구별할 필요가 없으며, 또한 초기값 문제에 있어서도 제 1 장의 경우와 달리, 어떤 특별한 과정 없이 초기값이 고려된 해를 구할 수 있기 때문이다.

라플라스 변환이 가지는 또 다른 장점은, 미분방정식이 대수방정식으로 쉽게 변환되어 해를 구하기 쉬우며, 이 결과로 원래의 식이 가지고 있는 각 변수의 물리적 의미가 확실해질 수 있다는 것이다. 이러한 여러 이유로 인해 라플라스 변환은 공학의 광범위한 분야의 기초이론으로서 중심역할을 하고 있다.

라플라스 변환을 이용하여 미분방정식의 해를 구하기 위한 일반적인 방법은, 우선 주어진 미분방정식(시간함수)을 변환을 통하여 대수방정식(s 함수)으로 전환하여 (변환된 상태의) 해를 구한 다음, 이것을 다시 라플라스 역변환을 이용하여 원래의 형태(시간함수)로 되돌리는 과정으로 이루어진다.

5.1 정의

$f(t)$를 미분방정식에 사용되는 함수라 하였을 때 다음의 적분을 수행하여 보자.

$$F(s) = \int_0^\infty f(t)e^{-st}dt \tag{5.1}$$

이 결과 독립변수 t는 적분되어 사라지고 독립변수 s의 함수인 $F(s)$를 얻는다. 이것을 시간함수 $f(t)$의 라플라스 변환(Laplace transform)이라고 부르며, 보통 다음과 같이 간략하게 표현한다.

$$\mathcal{L}[f(t)] = F(s) = \int_0^\infty f(t)e^{-st}dt \tag{5.2}$$ [1]

여기서 스크립트(script) 표현식 $\mathcal{L}$는 라플라스 변환의 선형연산자(linear operator)이다. 한편 라플라스 역변환의 연산자는 $\mathcal{L}^{-1}$로 표현하며, 이것은

$$f(t) = \mathcal{L}^{-1}[F(s)] \tag{5.3}$$

와 같은 작용을 한다.

임의의 함수 $f(t)$의 라플라스 변환 $F(s)$의 존재가능성과 관련하여 다음 두 가지가 중요한 역할을 한다. 첫 번째는 적분이 임의의 시각 $t = t_0$에서 존재하지 않을 가능성이다. 다시 말하면

$$\int_0^{t_0} f(t)e^{-st}dt$$

를 계산할 수 없는 경우, 예를 들어 $\lim\limits_{t \to t_0} f(t) = +\infty$일 때이다. 두 번째는 피적분함수 $f(t)e^{-st}$가 $t \to \infty$ (또는 $t \to 0$)에서 발산하여 적분계산이 불가능한 경우이다. 위와 같은 상황에 대처하기 위해 다음의 가정을 둔다. 즉 첫 번째의 문제와 관련하여 함수 $f(t)$가 구분적으로 연속이라는 조건을 부가하였으며, 또한 함수 $f(t)$에 대해 다음 식을 만족하는 상수 M과 b가 존재한다는 조건을 추가함으로써 두 번째 문제를 극복할 수 있다. 즉

$$|f(t)| \le Me^{bt} \quad \text{모든 } t \ge 0 \tag{5.4}$$

1) 제5장에서는 영어의 소문자는 시간함수를, 대문자는 라플라스 변환식을 나타내는 것으로 한다.

이다. 먼저 구분적 연속의 의미를 요점으로 정리한다.

요점 5.1 구분적 연속

함수 $f(t)$가 구분적(piecewise) 연속이라고 하는 것은, $f(t)$의 불연속점이 유한개이며, 그 각각의 불연속점에 있어서의 왼쪽 극한과 오른쪽 극한이 함께 (유한한 값으로) 존재하는 경우를 의미한다([그림 5.1] 참조).

여기서 왼쪽 극한과 오른쪽 극한이라고 하는 것은, 예를 들어 [그림 5.1]에서 시각 $t = t_1$에서의 왼쪽 극한값 $f(t_1^-)$은 시간 t가 t_1보다 작은 값(즉 t_1의 왼쪽)에서 t_1으로 무한히 접근하였을 때의 함수 $f(t)$의 크기이며, 오른쪽 극한 $f(t_1^+)$은 시간 t가 t_1보다 큰 값(즉 t_1의 오른쪽)에서 t_1으로 무한히 접근하였을 경우의 $f(t)$의 크기를 각각 나타낸다.

이상의 관계로부터 라플라스 변환이 존재하기 위한 조건이 정의된다.

요점 5.2 라플라스변환의 존재성

$t \geq 0$내의 모든 구간에서 함수 $f(t)$가 연속, 또는 구분적으로 연속이고, 또한 $t \geq 0$에서 식 (5.4)를 만족하는 M, b가 존재한다면, $\mathcal{L}[f]$를 모든 $s > b$에 대해서 항상 계산할 수 있다.

[요점 5.2]을 확인하여 보자. 함수 $f(t)$가 구분적으로 연속이기 때문에 식 (5.2)의 피적분 함수 $e^{-st}f(t)$는 시간 t축 상에서 적분가능하다. 따라서 $s > b$로 가정한다면, 식 (5.4)로부터

$$|\mathcal{L}(f)| = \left|\int_0^\infty e^{-st} f(t)dt\right| \leq \int_0^\infty |f(t)|e^{-st}dt \leq \int_0^\infty Me^{bt}e^{-st}dt = \frac{M}{s-b} \tag{5.5}$$

로 되어 라플라스 변환 $\mathcal{L}[f]$가 존재한다는 것을 알 수 있다. 여기서 임의의 M에 대해 식 (5.4)를 만족하지 않는 함수로서는, 예를 들어 e^{t^2}등을 들 수 있지만, 이러한 형식의 함수는 일상적인 문제에서 거의 사용되지 않기 때문에 대부분의 물리적인 양을 나타내는 함수는 그의 라플라스 변환을 가지는 것으로 보아도 무관하다. 따라서 식 (5.4)를 만족하는 함수는 $t \to \infty$에서 지수차수(exponential order)로 감소하며, 동시에 구분적으로 연속이므로 저분

$$\mathcal{L}\ [f(t)] = \int_0^{\infty} f(t)e^{-st}dt \tag{5.6}$$

는 항상 계산가능하다. 더욱이 식 (5.5)로부터

$$\lim_{s\to\infty} |sF(s)| \le \lim_{s\to\infty} \left| \frac{sM}{s-b} \right| = M \tag{5.7}$$

로 되어 일정한 값을 가진다. 또한 이로부터

$$\lim_{s\to\infty} F(s) = 0 \tag{5.8}$$

이라는 사실을 확인할 수 있다. 따라서 예를 들어 $F(s) = 1$은 위에서 언급한 두 가지의 조건을 만족하는 함수로부터 얻어진 라플라스 변환이라고 볼 수 없다. 다시 말하면, 구간 $0 < t < t_0$에서 연속이며 동시에 $t \to \infty$에서 지수차수로 감소하는 함수 $f(t)$는 라플라스 변환이 존재한다는 것이다.

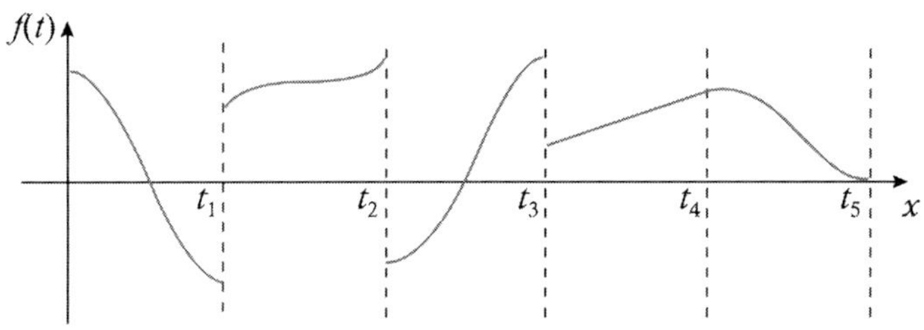

그림 5.1 구분적으로 연속인 함수

예제 5.1

다음과 같이 정의되는 단위계단(unit step)함수의 라플라스 변환을 구하여 보자.

$$1_0(t) = \begin{cases} 1, & (t > 0) \\ 0, & (t \le 0) \end{cases}$$

풀이

(a) 해석적인 방법에 의한 해 :
라플라스 변환의 정의를 이용하면

$$\mathcal{L}\,[1_0(t)] = \int_0^{\infty} 1_0(t)e^{-st}dt = \int_0^{\infty} e^{-st}dt = -\frac{1}{s}e^{-st}\Big|_0^{\infty} = \frac{1}{s}$$

이다. 이 경우 라플라스 변환식의 적분의 하한값이 0이므로 $\mathcal{L}[1] = 1/s$ 로 표기할 수 있다.

(b) MATLAB의 Symbolic Toolbox를 이용한 방법 :

```
>> f = heaviside(sym(t));F = laplace(f) ↵

   F =
      1/s
```

Symbolic 함수 'heaviside(x)'는 x<0 에서 '0'를, x>0에서 '1', 및 x=0에서 '0.5'를 출력하는 기능을 가진다.

예제 5.2

지수함수 $f(t) = e^{at}$, $(t \geq 0)$인 함수의 라플라스 변환을 계산하여 보자. 단 a는 실수이다.

풀이

(a) 해석적인 방법에 의한 해 :
식 (5.6)으로부터

$$\mathcal{L}[f(t)] = \int_0^\infty e^{-st}e^{at}dt = \frac{1}{a-s}e^{-(s-a)t}\Big|_0^\infty \quad ①$$

에서 $s-a>0$ 이면 ①의 결과는 다음과 같다.

$$\mathcal{L}[e^{at}] = \frac{1}{s-a}$$

(b) MATLAB의 Symbolic Toolbox를 이용한 방법 :

```
>> syms a t
>> f = exp(a*t);F = laplace(u) ↵

   F =
    -1/(a - s)
```

5.2 라플라스 변환의 성질

5.1절의 정의식을 이용하여 여러 종류의 함수에 대한 라플라스 변환을 수행하기 전에 먼저 라플라스 변환이 가지는 몇 가지의 중요한 성질을 아래에 정리한다.

(1) 선형성(linearity) : 라플라스 연산자 $\mathcal{L}$ 은 선형연산자이다. 즉

$$\mathcal{L}\,[af(t)+bg(t)]=a\mathcal{L}\,[f(t)]+b\mathcal{L}\,[g(t)] \tag{5.9}$$

(2) 지수함수와의 곱(multiplication by an exponential) : 이것은 때때로 제1이동정리로 불리며 다음으로 주어진다.

$$\mathcal{L}\,[e^{at}f(t)]=F(s-a) \tag{5.10}$$

여기서 $F(s)=\mathcal{L}\,[f(t)]$ 이다.

(3) 시간이동(Right-Shift in time) : 시간함수를 오른쪽으로 시간 a 만큼 수평 이동한 것으로 제 2 이동정리라고 부르며, 이것의 라플라스 변환은 다음과 같이 정의된다. 함수 $f(t)$ 의 라플라스 변환이

$$\mathcal{L}\,[f(t)]=F(s)$$

로 주어졌을 때, 만약

$$g(t)=\begin{cases} f(t-a), & (t>a) \\ 0, & (t<a) \end{cases} \tag{5.11}$$
[2)]

로 정의되는 함수 $g(t)$의 라플라스 변환은

$$\mathcal{L}\,[g(t)]=e^{-as}F(s) \tag{5.12}$$

이다.

(4) 시간 축의 변경: 함수의 시간 축을 변경하였을 경우에 얻어지는 정리이다.

2) 이것을 단위계단함수를 이용하여 나타내면 $g(t)=f(t-a)\cdot 1(t-a)$ 로 쓸 수 있다.

$$aF(as) = \mathcal{L}\left[f\left(\frac{t}{a}\right)\right] \tag{5.13}$$

위식은 시간축을 t 에서 t/a 로 변경, 즉 시간의 축소($a > 1$인 경우), 또는 확장($0 < a < 1$인 경우)하였을 경우의 라플라스변환을 원래의 식 $F(s)$로부터 간단히 얻을 수 있는 정리이다.

위에서 언급한 네 가지의 성질을 이용하면 함수 $f(t)$의 라플라스 변환을 구하거나 또는 그의 역변환을 계산하는 과정을 간략화 할 수 있으므로 많이 사용되고 있다. 이상의 사실은 다음 예제를 통하여 확인하기로 한다.

예제 5.3

함수 $f(t) = \cosh at$ 와 $g(t) = \sinh at$ 의 라플라스 변환을 계산하여 보자.

풀이

(a) 해석적인 방법에 의한 해 :
먼저 $f(t)$와 $g(t)$를 지수함수의 형식으로 변환한다. 즉

$$\cosh at = \frac{1}{2}(e^{at} + e^{-at}), \quad \sinh at = \frac{1}{2}(e^{at} - e^{-at})$$

이다. 따라서 라플라스 변환은

$$\mathcal{L}[\cosh \omega t] = \mathcal{L}\left[\frac{1}{2}e^{\omega t} + \frac{1}{2}e^{-\omega t}\right] = \frac{1}{2}\mathcal{L}[e^{\omega t}] + \frac{1}{2}\mathcal{L}[e^{-\omega t}]$$

$$\mathcal{L}[\sinh \omega t] = \mathcal{L}\left[\frac{1}{2}e^{\omega t} - \frac{1}{2}e^{-\omega t}\right] = \frac{1}{2}\mathcal{L}[e^{\omega t}] + \frac{1}{2}\mathcal{L}[e^{-\omega t}]$$

이다. 여기에 [예제 5.2]의 결과를 이용하면

$$\mathcal{L}[\cosh \omega t] = \frac{1}{2(s-\omega)} + \frac{1}{2(s+\omega)} = \frac{s}{s^2 - \omega^2} \tag{5.14 a}$$

$$\mathcal{L}[\sinh \omega t] = \frac{1}{2(s-\omega)} - \frac{1}{2(s+\omega)} = \frac{\omega}{s^2 - \omega^2} \tag{5.14 b}$$

임을 쉽게 확인할 수 있다.

(b) MATLAB의 Symbolic Toolbox를 이용한 방법 :

```
>> syms a t
>> f = cosh(a*t);g = sinh(a*t);
>> F = laplace(f),G = laplace(g)

  F =                        G =
   -s/(a^2 - s^2)             -a/(a^2 - s^2)
```

예제 5.4

[예제 5.4] 제2 이동정리를 이용하여 [그림 5.2]와 같이 오른쪽으로 이동된 단위계단함수의 라플라스 변환을 구하여 보고, 이것을 라플라스 변환의 정의식을 이용한 결과와 비교하여 보자.

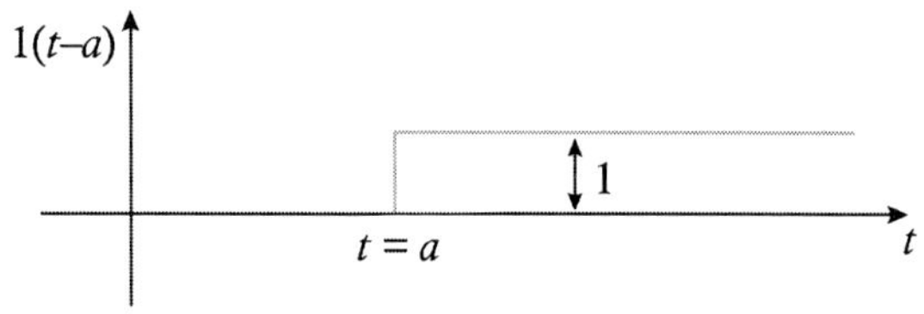

그림 5.2 시간 이동한 단위계단함수

$$1(t-a)=\begin{cases}1,(t>a)\\0,(t<0)\end{cases} \tag{5.15}$$

풀이

식 (5.12)의 제2 이동정리를 적용하면

$$\pounds\,[1(t-a)]=e^{-as}F(s)=\frac{1}{s}e^{-as}$$

이며, 여기서 $F(s)$는 단위계단함수의 라플라스 변환이다. 이것을 라플라스 변환의 정의식을 이용하면 다음과 같다.

$$\pounds\,[1(t-a)]=\int_0^\infty 1(t-a)e^{-st}dt=\int_0^a 0\cdot e^{-st}dt+\int_a^\infty e^{-st}dt$$

$$=-\frac{1}{s}e^{-st}\Big|_a^\infty=\frac{1}{s}e^{-as}$$

따라서 두 경우에 의한 결과가 일치한다는 것을 확인할 수 있다.

예제 5.5

함수 t^k 의 라플라스 변환을 구하여 보자.

풀이

(a) 해석적인 방법에 의한 해 :
정의식에 대입하면

$$\mathcal{L}[t^k] = \int_0^{\infty} t^k e^{-st}\, dt \qquad ①$$

이다. 위 식에 부분적분의 공식을 적용하기 위해서 다음과 같은 변수변환을 실시한다.

$$\tau = st, \quad dt = \frac{d\tau}{s} \qquad ②$$

이 결과 ①은

$$\mathcal{L}[t^k] = \int_0^{\infty} t^k e^{-st} dt = \frac{1}{s^{k+1}} \int_0^{\infty} \tau^k e^{-\tau}\, d\tau = \frac{1}{s^{k+1}} \Gamma(k+1) \qquad ③$$

으로 된다. 여기서 감마함수 $\Gamma(k+1)$은 제4장의 식 (4.41)로 주어진다. 따라서 k 가 양의 정수, 예를 들어 $k = n$ 이라면

$$\Gamma(n+1) = n!$$

이다. 따라서 ③은

$$\mathcal{L}[t^k] = \frac{k!}{s^{k+1}} \qquad ④$$

이다.

(b) MATLAB의 Symbolic Toolbox를 이용한 방법 :

```
>> syms t
>> u = t^4;          % k=4 인 경우
>> U = laplace(u)

   U =
       24/s^5
```

예제 5.6

[그림 5.3]의 구형파에서 $\epsilon \to 0$이면, 폭은 영에 가까워지고 높이는 거의 무한대인 함수로 바뀌게 된다(면적은 1의 값을 유지한다). 이러한 함수를 임펄스(impulse)함수라고 하며 $\delta_0(t)$로 표현한다. (a) $t=0$에서 임펄스 $\delta_0(t)$와, (b) $t=a$에서의 임펄스 $\delta_a(t)$의 라플라스 변환을 각각 구하여 보자.

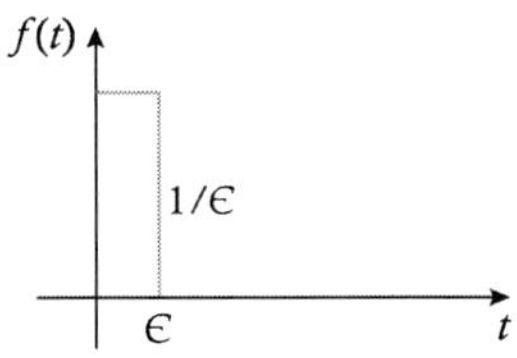

그림 5.3 임펄스 함수

풀이

[그림 5.3]의 함수 $f(t)$를 단위계단 함수를 이용하여 나타내면

$$f(t) = \frac{1}{\epsilon}1(t) - \frac{1}{\epsilon}1(t-\epsilon) \quad ①$$

로 된다. 식 (5.12)를 이용하여 ①의 양변을 라플라스 변환하면

$$\mathcal{L}[f(t)] = \frac{1}{\epsilon s}[1-e^{-\epsilon s}] \quad ②$$

로 된다. 여기서 $e^{-\epsilon s}$를 테일러급수전개한 뒤 $\epsilon \to 0$으로 가져간다. 즉

$$e^{-\epsilon s} = 1 - \epsilon s + \frac{\epsilon^2 s^2}{2!} - \frac{\epsilon^3 s^3}{3!} + \cdots \quad ③$$

이므로

$$\frac{1-e^{-\epsilon s}}{\epsilon s} = 1 - \frac{\epsilon s}{2!} + \frac{\epsilon^2 s^2}{3!} - \cdots \quad ④$$

임을 알 수 있다. 여기서 $\epsilon \to 0$로 두면 ③의 오른쪽은 1로 되어

$$\mathcal{L}[\delta_0(t)] = 1 \quad (5.16\ a)$$

이라는 것을 알 수 있다. 한편 시각 $t=a$에서 발생하는 임펄스함수는 제2 이동정리를 이용하면

$$\mathcal{L}[\delta_a(t)] = e^{-as} \quad (5.16\ b)$$

이라는 것을 쉽게 확인할 수 있다.

예제 5.7

다음과 같은 함수의 라플라스 변환을 구하여 보자.

$$F(t) = \begin{cases} 0, & (0<t<1) \\ t^2, & (1<t<2) \\ 0, & (2<t) \end{cases} \quad ①$$

풀이

먼저 ①을 계단함수를 이용하여 표현하면

$$f(t) = 1(t-1) \cdot t^2 - 1(t-2) \cdot t^2 \quad ②$$

로 된다. 그런데 여기에 라플라스 변환의 이동정리를 적용하기 위해서는 식 (5.11)에 따라 $f(t)$가 다음과 같은 형식으로 되어야 한다. 즉

$$f(t) = 1(t-1) \cdot f_1(t-1) - 1(t-2) \cdot f_2(t-2) \quad ③$$

이다. 따라서 ②와 ③이 동일한 표현으로 되기 위해서 $f_1(t) = (t+1)^2$, $f_2(t) = (t+2)^2$ 로 두면 ③은 ②로 됨을 알 수 있다. 따라서

$$f_1(t) = t^2 + 2t + 1,\ f_2(t) = t^2 + 4t + 4 \quad ④$$

에 대한 라플라스 변환은 각각

$$\mathcal{L}[f_1] = \frac{2}{s^3} + \frac{2}{s^2} + \frac{1}{s},\quad \mathcal{L}[f_2] = \frac{2}{s^3} + \frac{4}{s^2} + \frac{4}{s} \quad ⑤$$

로 되어 제2 이동정리를 적용할 수 있게 되었다. 이 결과

$$\mathcal{L}[f(t)] = e^{-s}\left[\frac{2}{s^3} + \frac{2}{s^2} + \frac{1}{s}\right] - e^{-2s}\left[\frac{2}{s^3} + \frac{4}{s^2} + \frac{4}{s}\right] \quad ⑤$$

을 얻는다.

예제 5.8

[그림 5.5]와 같은 정방형의 함수에 대한 라플라스 변환을 구하여 보자.

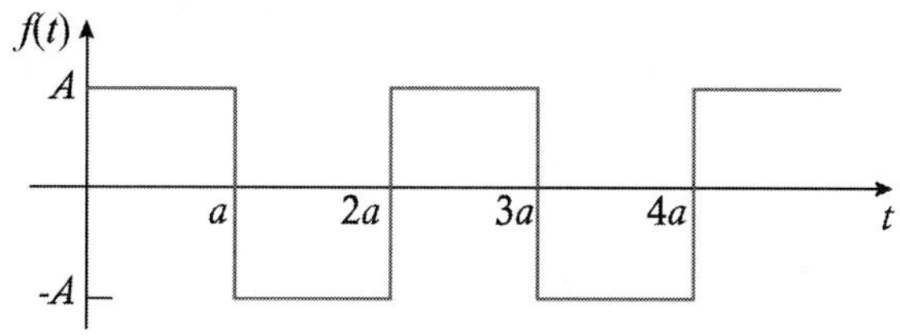

그림 5.4 연속저인 구형파함수

풀이

그림의 함수를 단위계단함수를 이용하여 나타내면 다음과 같다.

$$f(t) = A \cdot 1(t) - 2A \cdot 1(t-a) + 2A \cdot 1(t-2a) - 2A \cdot 1(t-3a) + \cdots \quad ①$$

[예제 5.4]의 결과를 이용하여 ①의 라플라스 변환을 계산하면

$$\begin{aligned}\mathcal{L}[f(t)] &= A\left[\frac{1}{s}-\frac{2}{s}e^{-as}+\frac{2}{s}e^{-2as}-\frac{2}{s}e^{-3as}+\cdots\right] \\ &= \frac{A}{s}\left[1-2e^{-as}(1-e^{-as}+e^{-2as}-\cdots)\right]\end{aligned} \qquad ②$$

이다. 여기서 $e^{-as}=\xi$ 로 두면 ②는

$$\mathcal{L}[f(t)]=\frac{A}{s}\left[1-2\xi(1-\xi+\xi^2-\xi^3+\cdots)\right] \qquad ③$$

이고, ③의 괄호 안은 $1/(1+\xi)$를 급수전개한 것이므로 ③은

$$\mathcal{L}[f(t)]=\frac{A}{s}\left[1-\frac{2e^{-as}}{1+e^{-as}}\right] \qquad ④$$

이다. ④의 오른쪽 항을 다음과 같이 전개하면 쌍곡선함수(hyperbolic function)로 나타낼 수 있다.

$$\mathcal{L}[f(t)]=\frac{A}{s}\frac{1-e^{-as}}{1+e^{-as}}=\frac{A}{s}\frac{e^{as/2}-e^{-as/2}}{e^{as/2}+e^{-as/2}}\frac{e^{-as/2}}{e^{-as/2}}=\frac{A}{s}\frac{e^{as/2}-e^{-as/2}}{e^{as/2}+e^{-as/2}} \qquad ⑤$$

따라서

$$\mathcal{L}[f(t)]=\frac{A}{s}\tanh\frac{as}{2}$$

이다.

[표 5.1] 기본적인 함수의 라플라스 변환표

	$f(t)$	$\mathcal{L}[f]$		$f(t)$	$\mathcal{L}[f]$
1	1	$1/s$	7	$\cos\omega t$	$\frac{s}{s^2+\omega^2}$
2	t	$1/s^2$	8	$\sin\omega t$	$\frac{\omega}{s^2+\omega^2}$
3	t^2	$2!/s^3$	9	$\cosh at$	$\frac{s}{s^2-a^2}$
4	$t^n\ (n=0, 1, 2, \cdots)$	$\frac{n!}{s^{n+1}}$	10	$\sinh at$	$\frac{a}{s^2-a^2}$
5	t^a (a는 양의 정수)	$\frac{\Gamma(a+1)}{s^{a+1}}$	11	$e^{at}\cos\omega t$	$\frac{s-a}{(s-a)^2+\omega^2}$
6	e^{at}	$\frac{1}{s-a}$	12	$e^{at}\sin\omega t$	$\frac{\omega}{(s-a)^2+\omega^2}$

5.3 미분과 적분의 라플라스 변환

여기서는 라플라스 변환이 가지는 중요한 성질 중의 하나인 시간함수의 미분과 적분에 관한 라플라스 변환에 대해 알아본다. 이러한 성질을 이용하면 미분방정식의 해를 쉽게 계산할 수 있다.

5.3.1 미분의 라플라스 변환

주어진 함수 $f(t)$는 연속이며 이 함수의 1계 도함수 $f'(t)$가 구분적으로 연속이라고 가정한다. 이러한 특성을 가지는 함수의 예를 [그림 5.5]에 표시하였다. 이때 1 계도함수의 라플라스 변환은 정의식에 의해

$$\mathcal{L}\,[f'(t)] = \int_0^\infty f'(t)e^{-st}dt \tag{5.17}$$

로 된다. 부분적분을 이용하여 위 적분을 수행하기 위해

$$\begin{aligned} u &= e^{-st} \quad \rightarrow \quad du = -se^{-st}dt \\ v &= f \quad\;\; \rightarrow \quad dv = f'(t)dt = df \end{aligned} \tag{5.18}$$

로 두고 이를 식 (5.17)에 적용하여 적분을 수행하면

$$\mathcal{L}\,[f'(t)] = f(t)e^{-st}\Big|_0^\infty + s\int_0^\infty f(t)e^{-st}dt$$

가 얻어진다. 이때 $f(t)e^{-st}$는 $t\rightarrow\infty$에서 영으로 된다고 하면, 위식은

$$\mathcal{L}\,[f'(t)] = -f(0) + s\int_0^\infty f(t)e^{-st}dt = sF(s) - f(0) \tag{5.19}$$

로 되어 1계 도함수의 라플라스 변환에 대한 식이 얻어진다. 이때 $\mathcal{L}\,[f(t)] = F(s)$로 두었다. 이 결과는 쉽게 2계 도함수에도 적용할 수 있다. 이 경우 $f(t)$의 1계 도함수가 연속이어야 한다는 조건이 필요하다. 식 (5.19)를 이용하면

$$\begin{aligned} \mathcal{L}\,[f''(t)] &= s\,\mathcal{L}\,[f'(t)] - f'(0) \\ &= s\,[sF(s) - f(0)] - f'(0) \\ &= s^2F(s) - sf(0) - f'(0) \end{aligned} \tag{5.20}$$

이다. 따라서 여기서 계산을 수행하기 위해서는 $t=0$에서 $f(t)$와 $f'(t)$의 값, 즉 $f(0)$과 $f'(0)$이 반드시 필요하다는 사실을 알 수 있다.

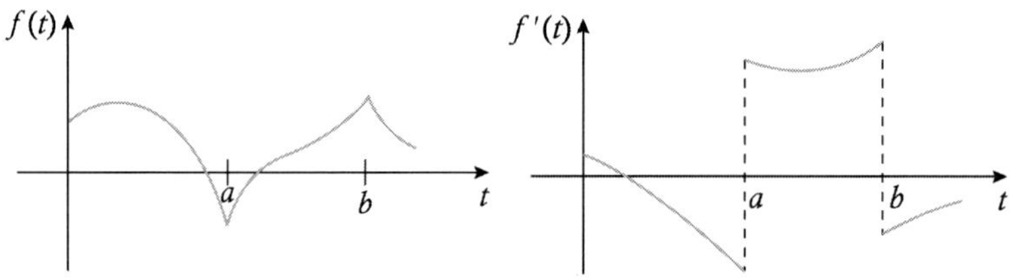

그림 5.5 구분적으로 연속인 도함수를 가지는 함수

식 (5.20)을 연속으로 적용하면 고계 도함수에 대한 라플라스 변환의 관계식을 얻을 수 있다. 즉

$$\mathcal{L}\,[f^{(n)}(t)] = s^n F(s) - s^{n-1} f(0) - s^{n-2} f'(0) - \cdots - f^{(n-1)}(0) \tag{5.21}$$

이다. 물론 이 경우에도 함수 $f(t)$, $f'(t)$, $\cdots$, $f^{(n-1)}(t)$는 연속이어야 하며, 동시에 $f^{(n-1)}(t)e^{-st}$의 항은 $t\to\infty$ 에서 0으로 되어야 한다. 이러한 사실은 n 계 도함수 $f^{(n)}(t)$가 구분적으로 연속이라는 사실을 나타낸다.

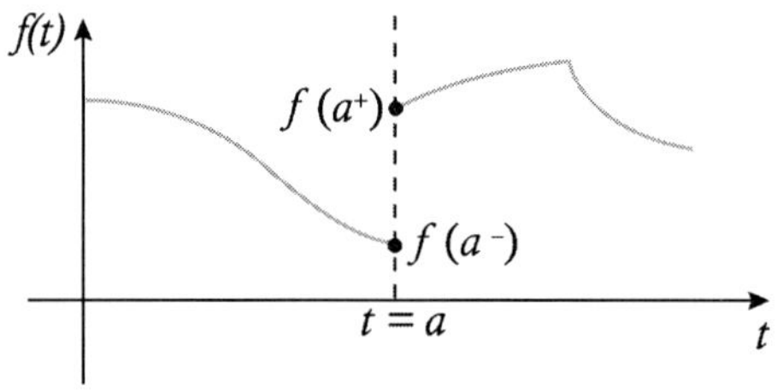

그림 5.6 $t=a$ 에서 불연속인 점을 가지는 함수 $f(t)$

다음에 함수 $f(t)$가 $t=a$에서 불연속, 즉 [그림 5.6]과 같이 $f(a^+)$의 오른쪽과 $f(a^-)$의 왼쪽이 다른 값을 가지는 함수인 경우에 라플라스 변환을 구하여 보자. 우선 $f(t)$의 1계 도함수에 대한 라플라스 변환은

$$\mathcal{L}\,[f'(t)] = \int_0^a f'(t)e^{-st}dt + \int_a^{\infty} f'(t)e^{-st}dt$$

이며, 위 식을 부분적분하면 다음과 같다.

$$\begin{aligned}\mathcal{L}\,[f'(t)] &= f(t)e^{-st}\big|_0^{a^-} + s\int_0^{a^-} f(t)e^{-st}dt + f(t)e^{-st}\big|_{a^+}^{\infty} + s\int_{a^+}^{\infty} f(t)e^{-st}dt \\ &= f(a^-)e^{-as} - f(0) + s\int_0^{a^-} f(t)e^{-st}dt - f(a^+)e^{-as} \\ &\quad + s\int_{a^+}^{\infty} f(t)e^{-st}dt\end{aligned}$$

[그림 5.6]에서 알 수 있듯이 구간 $a^- < t < a^+$ 에서는 $f(t)$가 값을 가지지 않기 때문에 위식의 두 적분은 하나로 묶을 수 있다. 따라서

$$\begin{aligned}\mathcal{L}\,[f'(t)] &= s\int_0^{\infty} f(t)e^{-st}dt - f(0) - \left[f(a^+) - f(a^-)\right]e^{-as} \\ &= s\,F(s) - f(0) - \left[f(a^+) - f(a^-)\right]e^{-as}\end{aligned} \tag{5.22}$$

이다. 만약 $f(t)$가 $t = b$에 또 하나의 불연속점을 가진다면, 식 (5.22)에 단순히 $\left[f(b^+) - f(b^-)\right]$의 항을 추가하면 된다.

예제 5.9

함수 $f(t) = t^2$의 라플라스 변환을 미분에 관한 라플라스의 성질을 이용하여 계산하여 보자.

풀이

식 (5.21)을 이용하여 주어진 함수의 3 계도함수의 라플라스 변환을 계산하여보자. 이때 $f(0),\, f'(0) = 1$ 및 $f''(0) = 2$ 이므로 식 (5.21)에 의해

$$\mathcal{L}\,[f^{(3)}(t)] = s^3F(s) - s^2f(0) - sf'(0) - f''(0) \qquad ①$$

이다. 여기서 $f^{(3)}(t) = 0$이라는 사실을 이용하면 ①은

$$\mathcal{L}\,[0] = s^3F(s) - 2 = 0$$

이다. 따라서

$$\mathcal{L}\,[t^3] = \frac{2}{s^3}$$

임을 알 수 있다.

예제 5.10

미분에 관한 라플라스 변환의 성질을 이용하여 $f(t)=t\sin t$의 라플라스 변환 $\mathcal{L}[f(t)]=F(s)$를 구하여 보자.

풀이

(a) 해석적인 방법에 의한 해 :

먼저 $f(t)$의 도함수는 $f'(t)=t\cos t+\sin t$, $f''(t)=2\cos t-t\sin t$이다. 식 (5.21)에 의해

$$\mathcal{L}[f''(t)]=s^2F(s)-sf(0)-f'(0) \qquad ①$$

이다. 이때 $f(0)=f'(0)=0$이므로 ①은

$$\mathcal{L}[2\cos t-t\sin t]=s^2F(s) \qquad ②$$

이다. 라플라스 변환의 선형성의 성질에 의해 ②는

$$2\mathcal{L}[\cos t]-F(s)=s^2F(s) \rightarrow (s^2+1)F(s)=2\mathcal{L}[\cos t] \qquad ③$$

이다. 여기서 $\mathcal{L}[\cos t]=s/(s^2+1)$이므로 ③을 정리하면

$$\mathcal{L}[t\sin t]=F(s)=\frac{2s}{(s^2+1)^2}$$

를 얻는다.

(b) MATLAB의 Symbolic Toolbox를 이용한 방법 :

```
>> syms t
>> ft = t*sin(t);
>> Fs = laplace(ft);
>> pretty(factor(simple(Fs)))

    2 s
  ----------
    2    2
  (s  + 1)
```

5.3.2 적분의 라플라스 변환

시간함수의 적분으로 주어진 함수

$$g(t)=\int_0^t f(\tau)d\tau \tag{5.23}$$

의 라플라스 변환을 구하여 보자. $g(t)$의 도함수는 $g'(t)=f(t)$이며, 여기에 미분에 관한 라플라스 변환 성질 식 (5.19)를 적용하면

$$\mathcal{L}\left[g'(t)\right]=s\mathcal{L}\left[g(t)\right]-g(0)$$

이다. 이때 $g(0)=0$이므로 정리하면

$$\mathcal{L}\left[g(t)\right]=\frac{\mathcal{L}\left[g'(t)\right]}{s}=\frac{1}{s}\mathcal{L}\left[f(t)\right]$$

이다. 위 식에 원래의 (5.23)을 대입하여 다시 전개하면 함수 $f(t)$의 적분과 관련된 다음 성질을 얻는다.

$$\mathcal{L}\left[\int_0^t f(\tau)d\tau\right]=\frac{1}{s}\mathcal{L}\left[f(t)\right]=\frac{1}{s}F(s) \tag{5.24}$$

지금까지 설명한 미분과 적분에 관한 라플라스 변환의 성질은, 특히 미분방정식의 해를 구하고자 하는 경우에 상당히 유용하게 사용된다.

예제 5.11

임의 함수 $f(t)$의 라플라스 변환이 $F(s)=16/(s^2+4)^2$이라고 한다. 이때 $\mathcal{L}\left[t\sin 2t\right]=4s/(s^2+4)^2$이라는 사실을 이용하여 $f(t)$를 구하여 보자.

풀이

(a) 해석적인 방법에 의한 해 :
주어진 변환을 다시 쓰면

$$\mathcal{L}\left[f(t)\right]=F(s)=\frac{1}{s}\frac{16s}{(s^2+4)^2} \qquad ①$$

이다. 이때 식 (5.24)로부터 ①은

$$\mathcal{L}\left[\int_0^t 4\tau \sin 2\tau d\tau\right] = \frac{1}{s}\frac{16s}{(s^2+4)^2} \quad ②$$

과 같이 적분의 라플라스 변환이라는 것을 알 수 있다. 따라서

$$f(t) = 4\int_0^t \tau \sin 2\tau d\tau \quad ③$$

이다. ③의 적분을 부분적분의 공식을 이용하여 수행하기 위해서

$$u = \tau \;\rightarrow du = d\tau$$

$$v = -\frac{1}{2}\cos 2\tau \;\rightarrow dv = \sin 2\tau d\tau \quad ④$$

로 두고 ③의 적분을 계산하면

$$f(t) = -2t\cos 2t + 2\int_0^t \cos 2\tau d\tau = -2t\cos 2t + \sin 2t \quad ⑤$$

이다.

(b) MATLAB의 Symbolic Toolbox를 이용한 방법 :

```
>> syms t s
>> Fs = 16/(s^2+4)^2;
>> ft = ilaplace(Fs) % Laplace 역변환

   ft =
    sin(2*t) - 2*t*cos(2*t)
```

5.3.3 미분・적분과 관련된 라플라스 변환의 성질

시간 t와 함수 $f(t)$의 곱과 관련하여 다음의 요점이 주어진다.

요점 5.3 시간 t와 함수 $f(t)$의 곱의 라플라스 변환

함수 $f(t)$가 구간 $[0, \infty)$에서 구분적으로 연속이라고 한다. 이때 $F(s) = \mathcal{L}[f(t)]$로 두면

$$\mathcal{L}[tf(t)] = -\frac{d}{ds}F(s) \quad (5.25)$$

가 성립한다. 또한 극한

$$\lim_{t \to +0} \frac{f(t)}{t} \tag{5.26}$$

이 존재한다면 다음 식이 성립한다.

$$\mathcal{L}\left[\frac{f(t)}{t}\right] = \int_0^{\infty} F(\sigma)d\sigma \tag{5.27}$$

식 (5.25)를 일반화하면 다음과 같은 함수 $f(t)$와 시간 t의 멱급수와의 곱에 관한 라플라스 변환의 성질을 얻는다.

$$\mathcal{L}\,[t^N f(t)] = (-1)^N \frac{d^N}{ds^N} F(s) \tag{5.28}$$

여기서 N은 양의 정수이다.

예제 5.12

다음 변환식을 이용하여 함수 $(e^{-t}-1)/t$ 의 라플라스 변환을 구하여 보자.

$$\mathcal{L}\,[e^{-t}] = \frac{1}{s+1}, \quad \mathcal{L}\,[1] = \frac{1}{s}$$

풀이

(a) 해석적인 방법에 의한 해 :

먼저 $f(t) = e^{-t} - 1$의 라플라스 변환은

$$\mathcal{L}\,[f(t)] = \frac{1}{s+1} - \frac{1}{s}$$

이다. 따라서 $(e^{-t}-1)/t$ 의 라플라스 변환은 식 (5.27)을 이용하면 얻을 수 있다.

$$\begin{aligned}\mathcal{L}\,[f(t)/t] &= \int_s^{\infty}\left(\frac{1}{\sigma+1} - \frac{1}{\sigma}\right)d\sigma \\ &= [\ln(\sigma+1) - \ln\sigma]\Big|_s^{\infty} = \ln\frac{\sigma+1}{\sigma}\Big|_s^{\infty} = \ln\frac{s}{s+1}\end{aligned}$$

(b) MATLAB의 Symbolic Toolbox를 이용한 방법 :

```
>> syms t
>> ft = (exp(-t)-1)/t;
>> Fs = laplace(ft)

   Fs =
    log(s) - log(s + 1)
```

예제 5.13

식 (5.25)를 이용하여 다음 라플라스 변환표를 확인하여 보자.

$f(t)$	$F(s)$
$\frac{1}{2\beta^3}[\sin\beta t - \beta t\cos\beta t]$	$\frac{1}{(s^2+\beta^2)^2}$
$\frac{t}{2\beta}\sin\beta t$	$\frac{s}{(s^2+\beta^2)^2}$
$\frac{1}{2\beta}[\sin\beta t + \beta t\cos\beta t]$	$\frac{s^2}{(s^2+\beta^2)^2}$

풀이

(a) 해석적인 방법에 의한 해 :

식 (5.25)을 이용하면 위 표의 두 번째 변환은

$$\mathcal{L}\,[t\sin\beta t] = -\frac{d}{ds}\left[\frac{\beta}{s^2+\beta^2}\right] = \frac{2\beta s}{(s^2+\beta^2)^2}$$

라는 사실에서 양변을 2β 로 나누면 얻어진다. 마찬가지로 식 (5.25)로부터

$$\mathcal{L}\,[t\cos\beta t] = -\frac{d}{ds}\left[\frac{s}{s^2+\beta^2}\right]$$

$$= -\frac{s^2+\beta^2-2s^2}{(s^2+\beta^2)^2} = \frac{s^2-\beta^2}{(s^2+\beta^2)^2}$$

이 성립하기 때문에

$$\mathcal{L}\left[t\cos\beta t \pm \frac{1}{\beta}\sin\beta t\right] = \frac{s^2-\beta^2}{(s^2+\beta^2)^2} \pm \frac{1}{s^2+\beta^2} = \frac{(s^2+\beta^2)\pm(s^2-\beta^2)}{(s^2+\beta^2)^2}$$

을 얻는다. 위 식에서 '+'기호를 취하고 양변을 2 로 나누면 표의 세 번째의 변환을 얻을 수 있으며, '−'기호를 취하여 양변을 $2\beta^2$ 으로 나누면 표의 첫 번째 변환을 얻는다.

(b) MATLAB의 Symbolic Toolbox를 이용한 방법 :

```
>> syms t beta s
>> ft = (sin(beta*t)-beta*t*cos(beta*t))/(2*beta^3);
>> Fs = simple(laplace(ft,t,s))

   Fs =
    1/(beta^2 + s^2)^2

>> gt = t*sin(beta*t)/(2*beta);Gs = laplace(gt,t,s)

   Gs =
    s/(beta^2 + s^2)^2

>> ht = (sin(beta*t)+beta*t*cos(beta*t))/(2*beta);
>> Hs = simple(laplace(ht,t,s))

   Hs =
    s^2/(beta^2 + s^2)^2
```

5.3.4 주기함수의 라플라스 변환

주기함수란 임의의 a 값에 대해

$$f(t) = f(t+a) = f(t+2a) = f(t+3a) = \cdots = f(t+na) = \cdots \tag{5.29}$$

을 만족하는 함수이다. 다시 말하면 [그림 5.7]과 같이 간격 a 마다 동일한 모양의 함수가 반복되는 것을 의미한다. 이때 식 (5.29)의 라플라스 변환은

$$\mathcal{L}\,[f(t)] = \int_0^\infty f(t)e^{-st}\,dt \tag{5.30}$$

$$= \int_0^a f(t)e^{-st}\,dt + \int_a^{2a} f(t)e^{-st}\,dt + \int_{2a}^{3a} f(t)e^{-st}\,dt + \cdots$$

로 쓸 수 있다. 이때 위 식의 두 번째 적분에서는 $t = \tau + a$, 세 번째 적분에서는 $t = \tau + 2a$

등과 같이 변수변환을 수행하면 각 적분의 하한과 상한을 모두 0과 a로 만들 수 있다. 즉 식 (5.30)은

$$\mathcal{L}\,[f(t)] = \int_0^a f(t)e^{-st}\,dt + \int_0^a f(\tau+a)e^{-s(\tau+a)}\,d\tau \tag{5.31}$$

$$+ \int_0^a f(\tau+2a)e^{-s(\tau+2a)}\,d\tau + \cdots$$

이다. 이때 $f(t)$는 식 (5.29)의 관계가 성립하는 주기함수이므로 식 (5.31)은

$$\mathcal{L}\,[f(t)] = \int_0^a f(t)e^{-st}\,dt + e^{-as}\int_0^a f(t)e^{-st}\,dt + e^{-2as}\int_0^a f(t)e^{-st}\,dt + \cdots \tag{5.32}$$

$$= \left[1 + e^{-as} + e^{-2as} + \cdots\right]\int_0^a f(t)e^{-st}\,dt + \cdots$$

로 된다. 여기서 무한급수의 공식 $1/(x-1) = 1 + x + x^2 + \cdots$ 을 적용하면 식 (5.32)은

$$\mathcal{L}\,[f(t)] = \frac{1}{1-e^{-as}}\int_0^a f(t)e^{-st}\,dt \tag{5.33}$$

와 같은 주기 a인 주기함수의 라플라스 변환에 관한 공식을 얻을 수 있다.

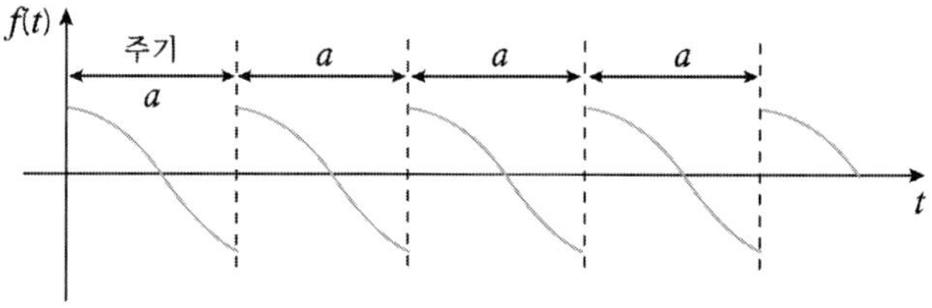

그림 5.7 주기 a를 가지는 주기함수

예제 5.14

[그림 5.8]와 같은 정방형(square wave) 주기함수의 라플라스 변환을 구하여 보자.

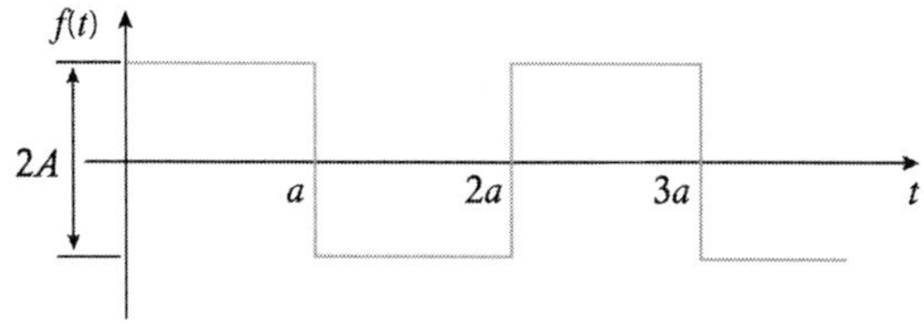

그림 5.8 정방형 주기함수

풀이

(a) 해석적인 방법에 의한 해 :

위 함수는 주기가 $2a$ 인 주기함수이므로 식 (5.33)을 이용하여 계산할 수 있다. 즉

$$\begin{aligned}\mathcal{L}\,[f(t)] &= \frac{1}{1-e^{-2as}}\int_0^{2a} f(t)e^{-st}\,dt \\ &= \frac{1}{1-e^{-2as}}\left[\int_0^a Ae^{-st}\,dt + \int_a^{2a}(-A)e^{-st}\,dt\right] \\ &= \frac{1}{1-e^{-2as}}\left[-\frac{A}{s}e^{-st}\Big|_0^a + \frac{A}{s}e^{-st}\Big|_a^{2a}\right] \\ &= \frac{A}{s}\frac{1-2e^{-as}+e^{-2as}}{1-e^{-2as}} = \frac{A}{s}\frac{1-e^{-as}}{1+e^{-as}}\end{aligned}$$

이다. 위 식을 삼각함수를 이용하여 표현하면

$$\mathcal{L}\,[f(t)] = \frac{A}{s}\tanh\frac{as}{2}$$

로 된다.

(b) MATLAB의 Symbolic Toolbox를 이용한 방법 :

```
>> syms s t A a
>> f1 = A*exp(-s*t);f2 = -A*exp(-s*t);
>> Fi1 = int(f1,t,0,a);              % 0 에서 a 까지의 적분
>> Fi2 = int(f2,t,a,2*a);            % a 에서 2a 까지의 적분
>> F = 1/(1-exp(-2*a*s))*(Fi1+Fi2);pretty(simple(F))

  A tanh  / a s \
          |-----|
          \  2  /
         ---------
             s
```

예제 5.15

[그림 5.9]의 주기적인 삼각함수의 라플라스 변환을 구하여 보자.

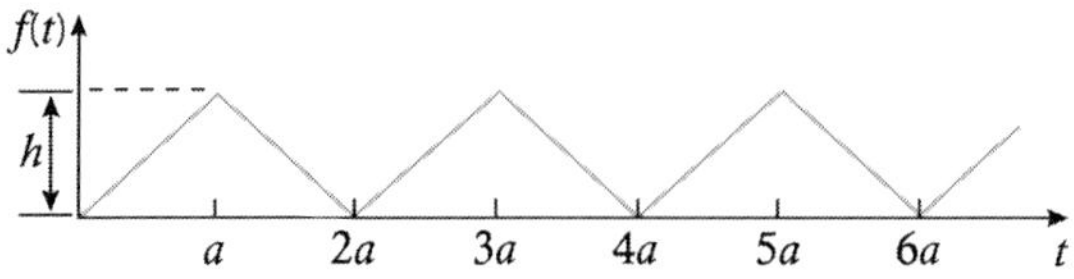

그림 5.9 주기적인 삼각함수

풀이

(a) 해석적인 방법에 의한 해 :

식 (5.33)을 적용하기 위해 삼각함수를 다음과 같이 수식으로 나타내어야 한다.

$$f(t)=\begin{cases}\dfrac{h}{a}t, & (0<t<a)\\ \dfrac{h}{a}(2a-t), & (a<t<2a)\end{cases} \quad ①$$

위와 같이 주어지는 함수의 라플라스 변환의 계산은 그다지 어려운 것은 아니나, [예제 5.14]의 정방형함수를 적분하면 [그림 5.9]의 삼각함수로 된다는 사실에 유의하면, ①의 라플라스 변환은 식 (5.24)를 이용하여 간단히 수행할 수 있다. 즉

$$\mathcal{L}[f(t)]=\mathcal{L}\left[\int_0^t g(\tau)d\tau\right]=\frac{1}{s}\mathcal{L}[g(t)] \quad ②$$

이다. 여기서 $\mathcal{L}[g(t)]$는 [예제 5.14]에 이미 계산되어 있으므로, ②에 대입하면

$$\mathcal{L}[f(t)]=\frac{h}{as^2}\tanh\frac{as}{2} \quad ③$$

이다.

(b) MATLAB의 Symbolic Toolbox를 이용한 방법 :

```
>> syms a h t s
>> f1 = h/a*t;f2 = h/a*(2*a-t);
>> Fi1 = int(f1*exp(-s*t),t,0,a);          % 0 에서 a 까지의 적분
>> Fi2 = int(f2*exp(-s*t),t,a,2*a);        % a 에서 2a 까지의 적분
>> F = 1/(1-exp(-2*a*s))*(Fi1+Fi2);pretty(simple(F))


    h tanh  / a s \
            | --- |
            \  2  /
    -------------
           2
        a s
```

5.3.5 라플라스 역변환

함수 $f(t)$의 라플라스 변환 $F(s)$에 대한 라플라스 역변환(inverse Laplace transformation)이란, 시간적으로 연속인 $\mathcal{L}[f(t)] = F(s)$를 만족하는 유일한 함수 $f(t)$를 뜻하고

$$f(t) = \mathcal{L}^{-1}[F(s)] \tag{5.34}$$

로 표현한다. 만약에 $\mathcal{L}[f(t)] = F(s)$를 만족하는 유일한 함수가 시간적으로 불연속인 점을 가지는 경우에는 구분적으로 연속인 함수를 $\mathcal{L}^{-1}[F(s)]$로 택한다. 당연히 라플라스 변환표를 이용하면 $F(s)$의 라플라스 역변환을 구하는 데 많은 도움이 되지만, 변환표에서 직접 구할 수 없는 경우에는 $F(s)$를 적절히 변형하여 변환 등을 이용한다. 더 이상의 자세한 내용은 생략하고 몇 종류의 예제로서 이를 대신한다.

예제 5.16 ($F(s)$의 분모다항식이 중복하는 인수를 가지는 경우)

다음 함수의 라플라스 역변환을 구하여 보자.

$$F(s) = \frac{s^2-1}{(s-2)^2(s^2+s-6)} \quad ①$$

풀이

(a) 해석적인 방법에 의한 해 :

일반적으로 라플라스 역변환은 $F(s)$를 부분분수로 전개하여 라플라스 변환에 사용한 공식을 적용하는 것이 일반적이다. 따라서 ①을 부분분수로 전개하기 위해서는 위 식의 분모를 인수분해하여야 할 필요가 있다. 즉

$$Q(s) = (s-2)^3(s+3)$$

이므로 $Q(s)$는 $s=2$에서 3 중근을 가진다. 따라서 ①은 다음과 같이 나타낼 수 있다.

$$F(s) = \frac{B_3}{(s-2)^3} + \frac{B_2}{(s-2)^2} + \frac{B_1}{(s-2)} + \frac{A}{(s+3)} \quad ②$$

위식 각 항의 분자 $B_i, (i=1,\ 2,\ 3)$의 계산은 일반적으로 다음의 과정을 따른다.

(1) ②의 양변에 $(s-2)^3$을 곱하면

$$(s-2)^3F(s) = B_3 + B_2(s-2) + B_1(s-2) + \frac{A(s-2)^3}{(s+3)} \quad ③$$

으로 된다. 여기에 $s=2$를 대입하면 B_3를 얻는다. 즉

$$B_3 = \left[\frac{s^2-1}{s+3}\right]_{s=2} = \frac{3}{5}$$

(2) B_2 는 ③의 양변을 s 로 미분한 뒤 $s=2$를 대입하면 얻을 수 있다. 즉

$$B_2 = \frac{1}{1!}\frac{d}{ds}\left[\frac{s^2-1}{s+3}\right]_{s=2} = \left[\frac{s^2+6s+1}{(s+3)^2}\right]_{s=2} = \frac{17}{25}$$

(3) B_3 는 ③의 양변을 s 로 두 번 미분한 뒤 $s=2$ 를 대입한다.

$$B_1 = \frac{1}{2!}\frac{d^2}{ds^2}\left[\frac{s^2-1}{s+3}\right]_{s=2} = \frac{82}{125}$$

(4) $(s+3)$ 은 중복하지 않기 때문에 A 는 ②의 양변에 $(s+3)$ 을 곱하고 $s=-3$을 대입하면 얻을 수 있다.

$$A = \frac{P(-3)}{[Q(s)/(s+3)]_{s=-3}} = \frac{8}{125}$$

이상의 결과와 라플라스 변환표 등을 이용하면 $F(s)$ 의 라플라스 역변환은

$$f(t) = \frac{3}{10}t^2e^{2t} + \frac{17}{25}te^{2t} + \frac{82}{125}e^{2t} + \frac{8}{125}e^{-3t} \quad ④$$

이다.

(b) MATLAB의 Symbolic Toolbox를 이용한 방법 :

```
>> syms s
>> Fs = (s^2-1)/(s-2)^2/(s^2+s-6);
>> ft = ilaplace(Fs);pretty(ft)

                                                                     2
 8 exp(2 t)          8 exp(-3 t)          17 t exp(2 t)          3 t  exp(2 t)
 ----------    -     -----------    +     -------------    +     -------------
    125                  125                   25                     10
```

예제 5.17 ($F(s)$ 의 분모다항식이 복소수 인수를 가지는 경우)

질량-스프링-마찰을 가지는 시스템을 나타내는 미분방정식에서 출력(질량의 움직인 거리)이 어떤 특정한 초기조건 아래서 다음과 같이 주어졌다고 한다. 이때 $y(t)$ 를 계산하여 보자.

$$Y(s) = \frac{\omega F_0 / M}{\left(s^2 + \omega_0^2\right)\left(s^2 + \omega^2\right)} \qquad ①$$

풀이

(a) 해석적인 방법에 의한 해 :

①을 라플라스 역변환하기 위해 인수분해하면

$$Y(s) = \frac{\omega F_0 / M}{\left(s^2 + \omega_0^2\right)\left(s^2 + \omega^2\right)} = \frac{A_1 s + A_2}{s^2 + \omega_0^2} + \frac{B_1 s + B_2}{s^2 + \omega^2} \qquad ②$$

이다. 위식의 계수 A_1, A_2, 및 B_1, B_2의 계산은 [예제 5.16]에서 사용한 것과 동일한 방법을 적용한다. 즉 ②의 양변에 $\left(s^2 + \omega_0^2\right)$ 과 $\left(s^2 + \omega^2\right)$를 곱한 뒤 각각 $s = j\omega_0$ 와 $s = j\omega$를 대입하여 전개하면 다음 관계식을 얻는다.

$$\begin{aligned} A_1(j\omega_0) + A_2 &= \frac{\omega F_0 / M}{(j\omega_0)^2 + \omega^2} = \frac{\omega F_0 / M}{\omega^2 - \omega_0^2} \\ B_1(j\omega) + B_2 &= \frac{\omega F_o / M}{(j\omega)^2 + \omega_0^2} = -\frac{\omega F_o / M}{\omega^2 - \omega_0^2} \end{aligned} \qquad ③$$

위 식의 실수부와 허수부를 비교하면 ②의 계수를 구할 수 있다. 즉

$$A_1 = 0, \quad A_2 = \frac{\omega F_0 / M}{\omega^2 - \omega_0^2}$$

$$B_1 = 0, \quad B_2 = -\frac{\omega F_0 / M}{\omega^2 - \omega_0^2}$$

이다. 이 결과를 ②에 대입하면

$$Y(s) = \frac{\omega F_0 / M}{\omega^2 - \omega_0^2}\left[\frac{1}{s^2 + \omega_0^2} - \frac{1}{s^2 + \omega^2}\right]$$

로 된다. 위식에 라플라스 변환표 적용하여 라플라스 역변환을 수행하면

$$y(t) = \frac{\omega F_0 / M}{\omega^2 - \omega_0^2}\left[\frac{1}{\omega_0}\sin\omega_0 t - \frac{1}{\omega}\sin\omega t\right] \qquad ④$$

를 얻는다.

(b) MATLAB의 Symbolic Toolbox를 이용한 방법 :

```
>> syms s w Fo M wo
>> Ys = (w*Fo/M)/(s^2+wo^2)/(s^2+w^2);
>> yt =  ilaplace(Ys);pretty(simplify(yt))

         Fo (w sin(t wo) - wo sin(t w))
    ----------------------------------------
                      2    2
              M wo (w  - wo )
```

5.4 컨볼루션(Convolution)[3]

여기서는 라플라스 변환을 이용한 시간함수의 컨볼루션에 대하여 언급한다.

요점 5.4 컨볼루션의 정의

함수 $f(t)$와 $g(t)$로 이루어지는 다음 함수

$$h(t)=\int_0^t f(\tau)g(t-\tau)d\tau \tag{5.35}$$

를 컨볼루션 적분(convolution integral)이라고 하며 일반적으로 $f(t)*g(t)$로 나타낸다. 보통은 컨볼루션이라고 불리고 있다.

식 (5.35)의 계산에 있어서 주의할 점은 함수 $f(t)$와 $g(t)$가 인과적(causal)이라는 점이다, 다시 말하면 $t<0$에서 $f(t)=g(t)=0$로 된다는 것이다. 이와 같은 경우 식 (5.35)의 두 함수는 $\tau<0$에서 $f(\tau)=0$로 되며, $t<\tau$ 일 때 $g(t-\tau)=0$로 된다는 점을 고려하면 $\tau<0$ 또는 $t<\tau$의 경우 식 (5.35)의 피적분함수 $f(\tau)g(t-\tau)=0$을 만족한다. 특히 $t<0$의 경우 모든 $\tau\in\mathrm{R}$에 대해서 $f(\tau)g(t-\tau)=0$로 된다. 따라서

$$\int_{-\infty}^{\infty} f(\tau)g(t-\tau)d\tau=\int_0^t f(\tau)g(t-\tau)d\tau=h(t) \tag{5.36}$$

3) 합성적이라고도 한다.

이 성립하기 때문에 $h(t)$ 역시 인과적으로 된다는 점에 유의한다.

요점 5.5 컨볼루션 정리

함수 $f(t)$와 $g(t)$가 $t \geq 0$에서 구분적으로 연속이며, 동시에 유한한 크기를 가진다고 한다. 이때

$$F(s) = \mathcal{L}[f(t)],\ G(s) = \mathcal{L}[g(t)],\ H(s) = F(s)G(s),\ h(t) = \mathcal{L}^{-1}[H(s)] \tag{5.37}$$

로 두면 다음의 식이 성립한다.

$$h(t) = f(t) * g(t) = \mathcal{L}^{-1}[F(s)G(s)] \tag{5.38}$$

위 요점의 식 (5.38)은 다음과 같이 간단히 확인할 수 있다. 제2이동정리인 식 (5.12)에 의해

$$\begin{aligned} e^{-s\tau}G(s) &= \mathcal{L}[g(t-\tau)1(t-\tau)] \\ &= \int_0^\infty e^{-st} g(t-\tau)1(t-\tau)dt \\ &= \int_\tau^\infty e^{-st} g(t-\tau)dt,\ (s>0) \end{aligned} \tag{5.39}$$

이 성립한다. 라플라스 변환의 정의에 의해 $F(s)G(s)$는

$$\begin{aligned} F(s)G(s) &= \int_0^\infty e^{-s\tau} f(\tau)G(s)d\tau \quad \Leftarrow \text{식 } (5.39) \\ &= \int_0^\infty f(\tau)\left[\int_\tau^\infty e^{-st} g(t-\tau)dt\right]d\tau,\ (s>\tau) \end{aligned} \tag{5.40}$$

로 된다. 다음 적분의 순서를 교환하면

$$F(s)G(s) = \int_\tau^\infty e^{-st}\left[\int_0^\infty f(\tau)g(t-\tau)d\tau\right]dt,\ (s>\tau) \tag{5.41}$$

로 되었다. 여기서 식 (5.36)에서 언급한 바와 같이 컨볼루션이 값을 가지기 위해서는 $t > \tau$의 조건이 필요하므로, 식 (5.41)의 내부 적분, 즉 컨볼루션이 성립한다면 자연히 바깥쪽의 적분의 하한은 그에 따라 결정되므로 식 (5.41)은

$$
\begin{aligned}
F(s)G(s) &= \int_0^\infty e^{-st}\left[\int_0^\infty f(\tau)g(t-\tau)d\tau\right]dt \\
&= \mathcal{L}\,[f(t)*g(t)] = \mathcal{L}\,[h(t)] \\
&= H(s)
\end{aligned}
$$

로 되어 식 (5.38)이 확인되었다.

요점 5.6 컨볼루션의 성질

(1) 교환법칙(commutative law)

$$f(t)*g(t)=g(t)*f(t),\ f(t)*0=0*f(t)=0 \tag{5.42 a}$$

(2) 준선형성(pseudo linearity): c_1, c_2 가 임의의 상수일 때

$$
\begin{aligned}
(c_1f_1(t)+c_2f_2(t))*g(t)&=c_1f_1(t)*g(t)+c_2f_2(t)*g(t)\\
f(t)*(c_1g_1(t)+c_2g_2(t))&=c_1f(t)*g_1(t)+c_2f(t)*g_2(t)
\end{aligned}
\tag{5.42 b}
$$

(3) 결합법칙(associative law)

$$(f(t)*g(t))*h(t)=f(t)*(g(t)*h(t)) \tag{5.42 c}$$

(4) 분배법칙(distributive law)

$$f(t)*(g(t)+h(t))=(f(t)*g(t))+(f(t)*h(t)) \tag{5.42 d}$$

식 (5.42 a)의 교환법칙은 다음과 같이 확인할 수 있다.

$$
\begin{aligned}
f(t)*g(t) &= \int_0^t f(\tau)g(t-\tau)d\tau \leftarrow (t-\tau=\sigma,\ d\tau=-d\sigma) \\
&= -\int_t^0 f(t-\sigma)g(\sigma)d\sigma \\
&= \int_0^t g(\sigma)f(t-\sigma)d\sigma \\
&= g(t)*f(t)
\end{aligned}
$$

예제 5.18

$e^t * e^t$ 를 계산하여 보자.

풀이

$$e^t * e^t = \int_0^t e^{\tau} e^{t-\tau} d\tau$$

$$= \int_0^t e^t \, d\tau = te^t$$

예제 5.19

다음 함수를 컨볼루션 정리를 이용하여 라플라스 역변환을 구하여보자.

$$\frac{1}{(s+a)(s+b)}$$

풀이

$F(s) = \dfrac{1}{s+a}$, $G(s) = \dfrac{1}{s+b}$ 로 두면

$$\mathcal{L}^{-1}[F(s)] = f(t) = e^{-at}, \quad \mathcal{L}^{-1}[G(s)] = g(t) = e^{-bt}$$

이므로 식 (5.38)로부터

$$\mathcal{L}^{-1}\left[\frac{1}{(s+a)(s+b)}\right] = f(t) * g(t)$$

이므로 컨볼루션을 실행하면

$$f(t) * g(t) = \int_0^t g(t-\tau) f(\tau) d\tau$$

$$= \int_0^t e^{-b(t-\tau)} e^{-a\tau} d\tau = e^{-bt} \int_0^t e^{-(a-b)\tau} d\tau$$

$$= \frac{e^{-at} - e^{-bt}}{b-a}$$

로 된다.

예제 5.20

적분방정식의 해를 구하여 보자.

$$u(t) = t + \int_0^t u(\tau)\sin(t-\tau)d\tau \qquad ①$$

풀이

①의 오른쪽 항은 컨볼루션의 형식을 하고 있으므로

$$u(t) = t + u(t)*\sin(t)$$

로 쓸 수 있다. 위식의 라플라스 변환은

$$U(s) = \frac{1}{s^2} + U(s)\frac{1}{s^2+1}$$

이므로 이로부터

$$U(s) = \frac{s^2+1}{s^4} = \frac{1}{s^2} + \frac{1}{s^4}$$

을 얻는다. 따라서

$$u(t) = t + \frac{1}{6}t^3$$

로 됨을 알 수 있다.

5.5 미분방정식의 풀이

라플라스 변환을 이용한 미분방정식의 해를 구하는 과정을 상수계수를 가지는 2계선형 미분방정식을 이용하여 나타내기로 한다. 물론 이 방법은 고계 미분방정식에 대해서도 쉽게 확장할 수 있다.

먼저 다음의 미분방정식에 대하여 생각하여 본다.

$$\frac{d^2y(t)}{dt^2} + a\frac{dy(t)}{dt} + by(t) = r(t)$$

위식의 양변을 라플라스 변환의 성질을 이용하여 변환하면

$$s^2Y(s) - sy(0) - y'(0) + a[sY(s) - y(0)] + bY(s) = R(s)$$

이다. 여기서 $Y(s) = \mathcal{L}[y(t)]$ 및 $R(s) = \mathcal{L}[r(t)]$이다. 위식을 정리하면

$$Y(s) = \frac{(s+a)y(0) + y'(0)}{s^2+as+b} + \frac{R(s)}{s^2+as+b} := Y_h(s) + Y_p(s) \tag{5.43}$$

이다. 이로부터 초기값은 식 (5.43)의 오른쪽 첫 번째 항, 외부입력 항(즉 비제차방정식 부분)은 오른쪽의 두 번째 항과 연관되어 있음을 알 수 있다. 주어진 미분방정식의 해는 식 (5.43)을 라플라스 역변환함으로써 얻어진다. 즉

$$y(t) = \mathcal{L}^{-1}[Y(s)] = \mathcal{L}^{-1}[Y_h(s) + Y_p(s)] := y_h(t) + y_p(t) \tag{5.44}$$

이다. 몇 가지 예제로서 이 과정을 설명한다.

예제 5.21

[그림 5.10 (a)] RC-회로에 [그림 5.10 (b)]의 구형파가 입력되었다고 한다. 이때 회로에 흐르는 전류를 계산하여 보자. 단 커패시터는 초기전압을 가지고 있지 않는 것으로 한다.

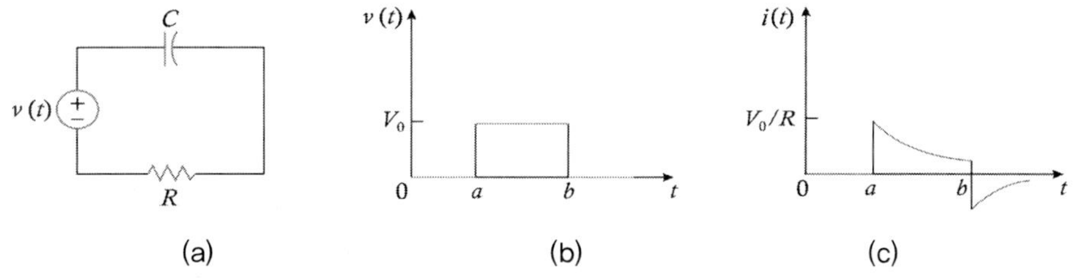

그림 5.10 [예제 5.21]의 전기회로, 입력 및 전류

풀이

(a) 해석적인 방법에 의한 해 :

구형파 입력을 식으로 표현하면 $V_0[1(t-a) - 1(t-b)]$이며, 전기회로에 대한 미분방정식은

$$Ri(t) + \frac{1}{C}\int_0^t i(\tau)d\tau = V_0[1(t-a) - 1(t-b)] \qquad ①$$

이다. ①의 양변을 라플라스 변환하면

$$RI(s) + \frac{I(s)}{Cs} = \frac{V_0}{s}[e^{-as} - e^{-bs}] \qquad ②$$

이므로 이것을 전류 $I(s)$에 대하여 정리한다. 즉

$$I(s) = F(s)\left(e^{-as} - e^{-bs}\right) \qquad ③$$

이다. 여기서 $F(s)$는

$$F(s) = \frac{V_0/R}{s + 1/(RC)} \xrightarrow{\mathcal{L}^{-1}} f(t) = \frac{V_0}{R}e^{-t/(RC)} \qquad ④$$

이다. 따라서 식 (5.12)의 제 2 이동정리를 이용하여 ②를 역변환하면

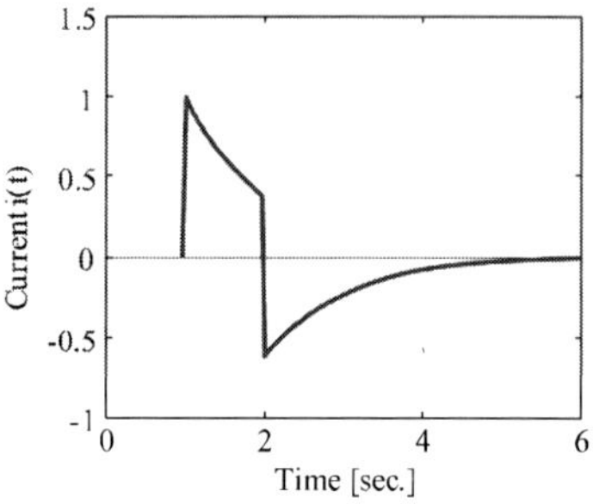

그림 5.11 [예제 5.21]의 결과

$$i(t) = \mathcal{L}^{-1}\left[F(s)e^{-as}\right] - \mathcal{L}^{-1}\left[F(s)e^{-bs}\right] \qquad ⑤$$

$$= \frac{V_0}{R}\left[e^{-(t-a)/(RC)} \cdot 1(t-a) - e^{-(t-b)/(RC)} \cdot 1(t-b)\right]$$

이다. 이를 정리하면

$$i(t) = \begin{cases} K_1 e^{-t/(RC)}, & (a < t < b) \\ (K_1 - K_2)e^{-t/(RC)}, & (t > b) \end{cases} \qquad ⑥$$

이다(그림 5.11). 단 $K_1 = V_0\, e^{a/(RC)}/R$와 $K_2 = V_0 e^{b/(RC)}/R$로 주어진다.

(b) MATLAB의 Symbolic Toolbox를 이용한 방법 :

```
>> syms R C Vo a b s t
>> Vos = int(Vo*exp(-s*t),t,a,b);          %입력함수
>> Fs = (Vo/R)/(s+1/R/C);
>> it1 = ilaplace(Fs*exp(-a*s));           % K1 e^{-t/(RC)}
>> it2 = ilaplace(Fs*exp(-b*s));           % (K1 - K2)e^{-t/(RC)}
>> it = it1-it2;
>> Vo = 1;a = 1;b = 2;R = 1;C = 1;
>> its = subs(it);                         % 실제값의 대입
>> ezplot(its),axis([0 6 -1 1.5]),hold on
>> plot([0 6],[0 0],':')                   % [그림 5.11]
>> xlabel(' Time [sec.] '),ylabel(' Current i(t) ')
```

예제 5.22

[그림 5.12]의 질량–스프링–마찰 시스템의 미분방정식

$$\frac{d^2y(t)}{dt^2} + 4\frac{dy(t)}{dt} + 8y(t) = 0 \qquad ①$$

의 해를 구하여 보자. 단 초기값은 $y(0) = 2, y'(0) = 0$ 이다.

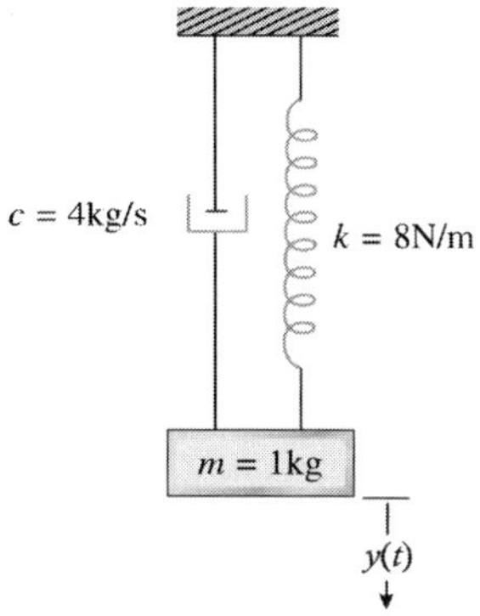

그림 5.12
질량–스프링–마찰 시스템

풀이

(a) 해석적인 방법에 의한 해 :
①의 양변을 라플라스 변환하면

$$s^2 Y(s) - sy(0) - y'(0) + 4[sY(s) - y(0)] + 8Y(s) = 0 \qquad ②$$

이다. 여기에 초기값을 대입하고 $Y(s)$로 정리하면

$$Y(s) = \frac{2s+8}{s^2+4s+8} \qquad ③$$

이다. 위 식에 부분분수전개를 적용하면

$$Y(s) = \frac{2(s+2)+4}{(s+2)^2+4} = \frac{2(s+2)}{(s+2)^2+4} + \frac{4}{(s+2)^2+4}$$

이고, 이것을 변환표 등을 이용하여 역변환하면

$$y(t) = 2e^{-2t}\cos 2t + 2e^{-2t}\sin 2t = 2e^{-2t}(\cos 2t + \sin 2t)$$

이다.

(b) MATLAB의 Symbolic Toolbox를 이용한 방법 :

```
>> syms t
>> yt = dsolve('D2y+4*Dy+8*y=0','Dy(0)=0','y(0)=2');
>> pretty(yt) ↵

   2 cos(2 t) exp(-2 t) + 2 sin(2 t) exp(-2 t)
```

예제 5.23

[그림 5.13]의 간단한 전기회로에서 입력전압으로 $100\sin\omega t$ 가 인가되었다고 한다. 커패시터의 초기전압과 인덕터의 초기전류는 모두 영이라고 했을 때, 커패시터 C 에 충전되는 전하 $q(t)$를 구하여 보자.

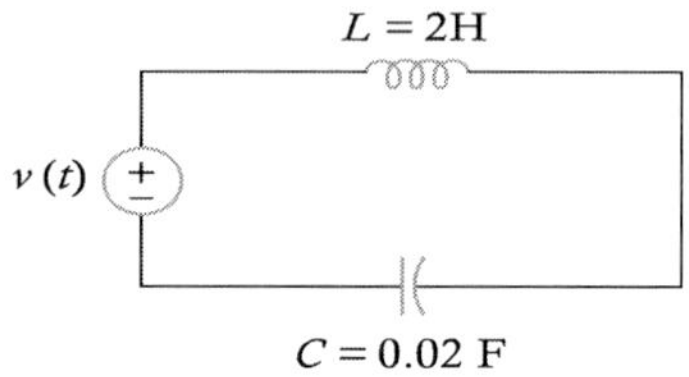

그림 5.13 전기회로

풀이

(a) 해석적인 방법에 의한 해 :
회로에 흐르는 전류를 $i(t)$로 하고 회로에 키르히호프의 전압법칙(KVL)을 적용하면

$$2\frac{di}{dt}+\frac{q}{0.02}=200\sin\omega t \qquad ①$$

가 얻어진다. 여기서 커패시터의 전압은 $v_C=q/C$ 로 됨을 이용하였다. 이 경우 $i=dq/dt$ 의 관계를 적용하여 ①을 다시 쓰면

$$2\frac{d^2q}{dt^2}+50q=100\sin\omega t \qquad ②$$

로 된다. 위 식의 양변을 라플라스 변환하면

$$2\left[s^2Q(s)-2q(0)-q'(0)\right]+50Q(s)=\frac{100\omega}{s^2+\omega^2} \qquad ③$$

이다. 단 $\mathcal{L}[q(t)]=Q(s)$ 이다. 여기에 초기값 $i(0)=q'(0)=0$ 및 $q(0)=0$을 적용하여 ③을 정리하면

$$Q(s)=\frac{50\omega}{(s^2+\omega^2)(s^2+25)} \qquad ④$$

이다. 라플라스 역변환을 위하여 ④를 부분분수전개하면

$$Q(s)=\frac{A_1s+A_2}{s^2+\omega^2}+\frac{B_1s+B_2}{s^2+25} \qquad ⑤$$

이다. 5.3.5절의 내용을 참고하면 ⑤의 오른쪽 항의 분자는 각각

$$A_1(j\omega)+A_2=\frac{50\omega}{-\omega^2+25},\quad B_1(j5)+B_2=\frac{50\omega}{-25+\omega^2} \qquad ⑥$$

로 되어 이로부터 각 계수를 계산한다.

$$A_1=0,\quad A_2=\frac{50\omega}{25-\omega^2},\quad B_1=0,\quad B_2=\frac{50\omega}{\omega^2-25} \qquad ⑦$$

따라서 ⑤는

$$Q(s) = \frac{50}{25-\omega^2}\left[\frac{\omega}{s^2+\omega^2} - \frac{\omega}{s^2+25}\right]$$

이고, 이것을 라플라스 역변환하면

$$q(t) = \frac{50}{25-\omega^2}\left[\sin\omega t - \frac{\omega}{5}\sin 5t\right] \quad ⑧$$

이다. 이로부터 커패시터에 충전되는 전하 q는, 인가된 전압의 주파수 ω가 5가 아니라는 조건, 즉 $\omega \neq 5$에서는 입력전압과 유사한 모양의 정현파로 된다는 것을 알 수 있다. 여기서 만약 $\omega \rightarrow 5$[rad/s]라면 ⑧의 오른쪽의 분모가 영에 접근하므로 그 진폭이 무한대로 된다는 것을 볼 수 있다. 이를 식의 전개를 통하여 확인하여 보자. 만약 $\omega = 5$ [rad/s]로 되었다고 가정하고 ④를 부분분수전개하면

$$Q(s) = \frac{250}{(s^2+25)^2} = \frac{A_1 s + A_2}{(s^2+25)^2} + \frac{B_1 s + B_2}{s^2+25} \quad ⑨$$

으로 된다. 여기서 부분분수 전개와 관련된 앞절의 내용을 참고하여 ⑨의 계수를 결정하면

$$A_1(j5) + A_2 = 250, \quad B_1(j5) + B_2 = \frac{d}{ds}(250) = 0$$

로 되어 다음이 얻어진다.

$$A_1 = 0,\ A_2 = 250,\ B_1 = 0,\ B_2 = 0$$

이로부터 ⑨는

$$Q(s) = \frac{250}{(s^2+25)^2} \quad ⑩$$

이므로 라플라스 역변환하면

$$\begin{aligned} q(t) &= 250\left[\frac{1}{2\times 5^3}(\sin 5t - 5t\cos 5t)\right] \\ &= \sin 5t - 5t\cos 5t \end{aligned}$$

로 되어 시간의 경과에 따라 $q(t)$는 (그 절대값이) 무한대로 발산해 간다는 사실을 확인할 수 있다.

(b) MATLAB의 Symbolic Toolbox를 이용한 방법 :

```
>> syms L C omega t
>> qt = dsolve('2*D2q+50*q=100*sin(omega*t)','Dq(0)=0','q(0)=0')
>> pretty(simple(qt))
```

```
>> omega = 10;                    % omega = 10 [rad/s] 인 경우(진동한다)
>> subplot(221),ezplot(subs(qt),[0 5]),ylabel(' q(t) [Coulomb] ')
>> omega = 4.9;                   % omega = 4.9 [rad/s] 인 경우(발산한다)
>> subplot(222),ezplot(subs(qt),[0 5]),ylabel(' q(t) [Coulomb] ')
```

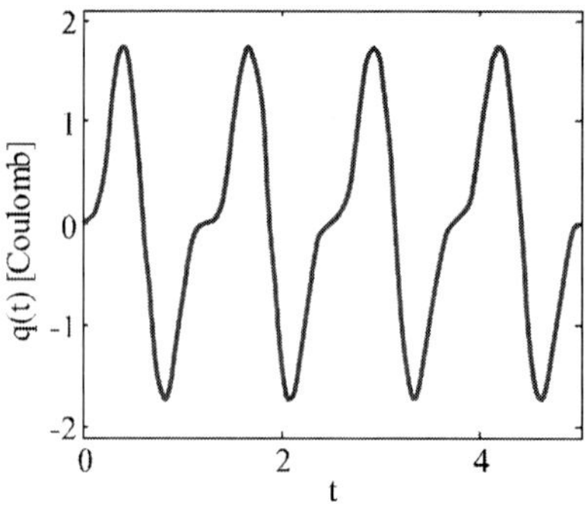

(a) $\omega = 10$[rad/s] 인 경우

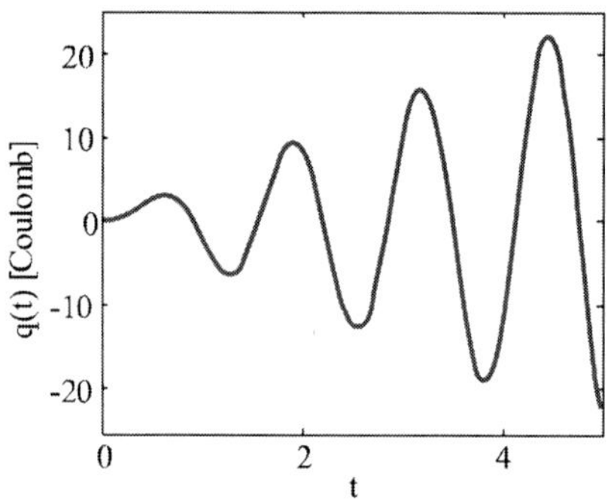

(b) $\omega = 4.9$[rad/s] 인 경우

그림 5.14 [예제 5.23]의 출력응답

연습문제

1. 다음 함수의 라플라스변환을 구하여라.

(1) $f(t) = -3t + 2$ (2) $f(t) = \cos^2 t$ (3) $f(t) = e^{-2t}\cosh t$

(4) $1(t-1)t^2$

(5) $1\left(t - \frac{\pi}{2}\right)\sin t$ 단, $1(t)$는 단위계단함수이며, $1(t-1)$은 계단함수를 시간 1 만큼 으로 오른쪽으로 이동시킨 것을 나타낸다.

2. 다음 함수의 라플라스역변환을 구하여라.

(1) $F(s) = \dfrac{4(s+1)}{s^2 - 16}$ (2) $F(s) = \dfrac{2s+1}{s^2 + 5s + 6}$

(3) $F(s) = \dfrac{s^2 - 5}{s^3 + s^2 + 9s + 9}$ (4) $F(s) = \dfrac{s-1}{s^2(s^2+1)}$

(5) $F(s) = \dfrac{(1 + e^{-2s})^2}{s+2}$ (6) $F(s) = \ln\dfrac{s^2+1}{(s-1)^2}$

3. $f(t) = \begin{cases} t, & (0 < t < 1) \\ 1, & (1 < t) \end{cases}$ 일 때 $\mathcal{L}[f(t)]$와 $\mathcal{L}\left[\dfrac{df}{dt}\right]$를 구하여라. 이 경우 식 (5.19)가 성립하는가?

4. 식 (5.28)을 이용하여 다음 함수의 라플라스 변환을 계산하여라.

(1) te^t (2) $t\cos t$ (3) $te^t \sin t$

(4) $t\cosh 2t$ (5) $t\sinh 2t$

5. 컨볼루션 정리를 이용하여 다음 역변환을 계산하여라.

(1) $\mathcal{L}^{-1}\left[\dfrac{1}{(s^2+a^2)^2}\right]$ (2) $\mathcal{L}^{-1}\left[\dfrac{s^2}{(s^2-a^2)}\right]$ (3) $\mathcal{L}^{-1}\left[\dfrac{1}{s^2(s^2+\omega^2)}\right]$

(4) $\mathcal{L}^{-1}\left[\dfrac{s}{(s^2+16^2)^2}\right]$ (5) $\mathcal{L}^{-1}\left[\dfrac{5}{(s^2+1)(s^2+25)}\right]$

6. 라플라스 변환을 사용하여 다음 미분방정식의 초기값 문제의 해를 구하고, 이것의 개략적인

모양을 그래프로 나타내어라.

(1) $u'' - 6u' + 13u = 0,\ \{u(0) = 0, u'(0) = -3\}$

(2) $u'' + u = \sin 3t,\ \{u(0) = 0, u'(0) = 0\}$

(3) $u'' + 5u' + 6u = 3e^{-2t},\ \{u(0) = 0, u'(0) = 1\}$

(4) $u'' + 4u' + 3u = \begin{cases} 4e^{1-t}, & (0 \le t < 1) \\ 4, & (t \ge 1) \end{cases},\ \{u(0) = 0, u'(0) = 0\}$

(5) $u'' - u = \sin t + \delta(t - \pi/2),\ \{u(0) = 3.5, u'(0) = -3.5\}$

(6) $u'' + 5u' + 6u = 1(t-1) + \delta(t-2),\ \{u(0) = 0, u'(0) = 1\}$

7. [그림 P5.1]의 전기회로에 [그림 P5.2]의 입력전압이 인가되었을 때 인덕터에 흐르는 전류 $i(t)$를 계산하여라. 초기값은 모두 0으로 둔다.

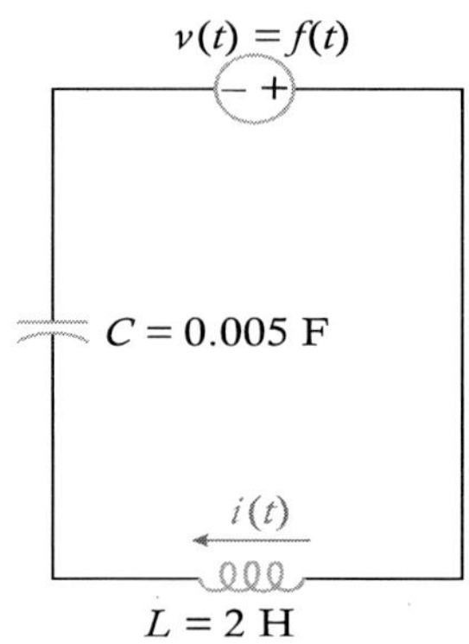

[그림 P5.1]

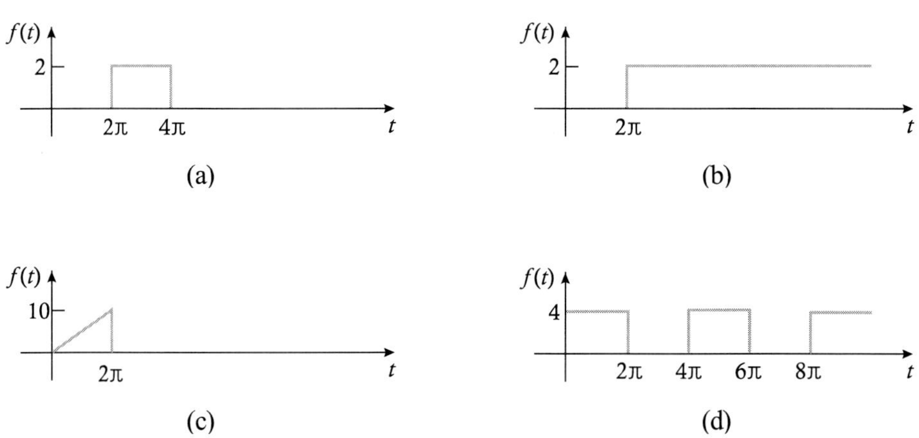

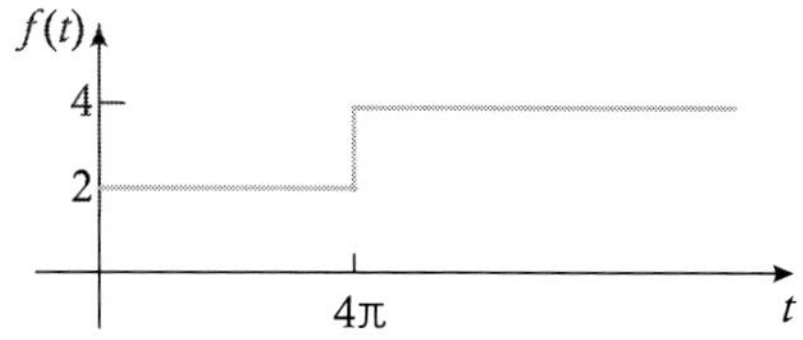

(e)

(f)

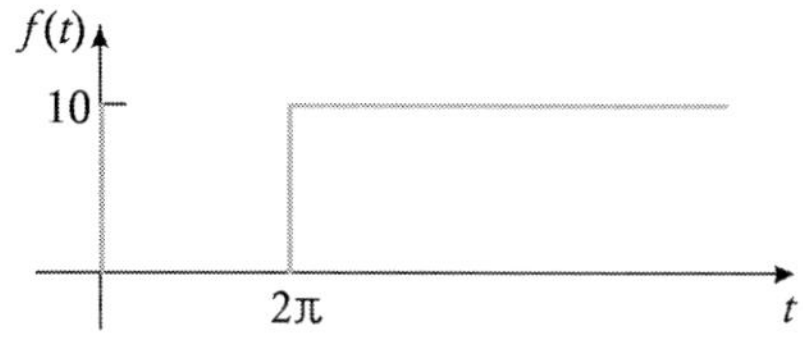

(g)

CHAPTER 6

행렬과 대수방정식

6.1 행렬의 기초
6.2 연립1차 방정식과 가우스 소거법
6.3 벡터공간과 행렬

행렬이론은 선형으로 주어진 대수 연립방정식의 해를 구하기 위한 수단으로 사용되었지만, 현재는 통계학, 수치해석, 미분방정식 및 최적화 이론 등의 분야를 포함하는 수학의 전반에서 사용되고 있다. 여기서는 행렬과 관련된 기본적인 내용에 대하여 설명한다.

행렬은 위에서 언급한 바와 같이 여러 분야에서 사용되고 있지만, 기본적으로는 공간과 공간 사이를 연결하는 고리, 즉 사상(mapping)의 개념으로 파악하는 것이 행렬과 관련된 전반적인 사항을 이해하는데 도움이 된다. 이를 위해 필요한 집합(set)과 사상의 정의에 대하여 간단하게 언급한다.

• 집합과 사상

집합이란 이름 그대로 어떤 물체의 집단을 의미한다. 실수의 전체, 평면상의 점 전체 등 역시 집합이다. 하나의 집합 $\{A\}$가 존재할 경우, $\{A\}$를 구성하는 개개의 요소를 $\{A\}$의 성분이라고 한다. x가 $\{A\}$의 성분이라는 사실은 기호 $x \in \{A\}$로서 표시한다.

사상은 함수의 일반화이다. 다시 말하면 임의의 실수 x에 대하여 또 다른 하나의 실수 $f(x)$를 대응시키는 규칙 f를 함수(정확하게는 실수전체에서 정의된 실수값 함수)라고 하는 고전적인 함수의 정의를 어떤 성분의 모임인 집합에 확장한 것으로 볼 수 있다. 다시 말하면 집합 $\{A\}, \{B\}$가 있을 경우, $\{A\}$의 각 성분에 대하여 $\{B\}$의 하나의 성분을 대응시키는 규칙을 집합 $\{A\}$에서 집합 $\{B\}$로의 사상이라고 하는 것이다. T가 $\{A\}$에서 $\{B\}$

로의 사상을 나타낸다면, $\{A\}$의 각 성분 x에 대하여 T에 의하여 결정되는 $\{B\}$의 성분을 x의 T에 의한 상(image)이라고 하며 $T(x)$ 혹은 Tx로 표기한다. $\{A\}$에서 $\{B\}$로의 두 종류의 사상 T, S이 존재하여 $\{A\}$의 모든 성분 x에 대하여 $Tx = Sx$일 경우 두 사상은 '동등하다'라고 하며 $T = S$로 나타낸다.

집합 $\{A\}, \{B\}, \{C\}$가 존재하여, $\{A\}$에서 $\{B\}$로의 사상을 T, $\{B\}$에서 $\{C\}$로의 사상을 S로 정의하였을 경우, $\{A\}$의 성분 x에 대해 $\{C\}$의 성분 $S(Tx)$를 대응시키는 $\{A\}$에서 $\{C\}$로의 사상을 T와 S의 합성사상이라고 하며, $S \circ T$ 또는 ST로 표기한다.

집합 $\{A\}$에서 집합 $\{B\}$로의 사상을 나타내는 T에 의해 $\{A\}$의 모든 성분과 $\{B\}$의 모든 성분이 일대일로 하나도 빠짐없이 대응하고 있을 경우, T를 $\{A\}$와 $\{B\}$ 사이의 '일대일 대응'이라고 한다.

집합 $\{A\}$에서 $\{A\}$ 자신으로의 사상을 $\{A\}$의 변환이라고 한다.

6.1 행렬의 기초

• 정의와 용어

수학에서는 함수나 수의 배열을 다루는 문제에 자주 접한다. 예를 들면, 다음과 같은 연립방정식을 푼다고 하자.

$$2x - y = 1$$
$$3x + y = 4$$

위 식의 변수를 나타내기 위하여 사용되는 기호에 상관없이 연립방정식의 해는 단지 그 방정식에 나타난 수에 의해서만 좌우된다. 따라서 연립방정식은 다음과 같이 방정식의 계수만을 적절히 배치하여 조작함으로써 그 답을 얻을 수 있다(6.2절 참조).

$$\begin{bmatrix} 2 & -1 & 1 \\ 3 & 1 & 4 \end{bmatrix}$$

이러한 배열을 행렬이라고 하며 영국의 수학자 케일리(Arthur Cayley)(1821)가 창안하였다. 여기서 정의한 행렬을 일반화하여 m개의 행(row)과 n개의 열(column)로 이루어진 직사각형 배열을 크기 $(m \times n)$인 행렬이라 하고 다음과 같이 표기한다.

$$\boldsymbol{A} = [a_{ij}]_{(m \times n)} = \begin{bmatrix} a_{11} & a_{12} \cdots & a_{1j} \cdots & a_{1n} \\ a_{21} & a_{22} \cdots & a_{2j} \cdots & a_{2n} \\ \vdots & \vdots & \vdots & \vdots \\ a_{m1} & a_{m2} \cdots & a_{mj} \cdots & a_{mn} \end{bmatrix} \tag{6.1}$$

괄호 속에 나열된 수(또는 함수)를 행렬 $\boldsymbol{A}$의 성분(entry)이라 하며, $\boldsymbol{A}$의 (i,j) 성분을 a_{ij}로 표기한다. 식 (6.1)에서 $m = n$ (행의 수와 열의 수가 같은 경우)일 때 행렬 $\boldsymbol{A}$를 정방행렬(square matrix)이라 하고, $m \neq n$일 때는 직사각행렬(rectangular matrix)이라고 한다. n차 정방행렬 $\boldsymbol{A}$에서 왼쪽 위, 즉 a_{11}에서 오른쪽 아래쪽, 즉 a_{nn} 방향으로 그은 주대각선(principal diagonal)상에 있는 성분 $a_{11}, a_{22}, \cdots, a_{nn}$을 행렬 $\boldsymbol{A}$의 주대각성분(main diagonal entries)이라 한다.

크기 $(1 \times n)$인 행렬을 행벡터(row vector), $(n \times 1)$인 행렬을 열벡터(column vector)라 한다. 여기서부터는 행렬은 알파벳 대문자의 굵은 활자체(Bold 체)로 표기하고, 행벡터와 열벡터는 소문자 위에 화살표로서 스칼라와 구별하기로 한다[1]. 예컨대

$$\boldsymbol{A} = \begin{bmatrix} a_{11} & a_{12} & a_{13} \\ a_{21} & a_{22} & a_{23} \\ a_{31} & a_{32} & a_{33} \end{bmatrix} = \begin{bmatrix} \vec{a}_{1j} \\ \vec{a}_{2j} \\ \vec{a}_{3j} \end{bmatrix} = \begin{bmatrix} \vec{a}_{i1} & \vec{a}_{i2} & \vec{a}_{i3} \end{bmatrix}, \quad (i,j = 1,\ 2,\ 3)$$ [2]

같이 나타내기로 한다.

• 행렬의 덧셈, 뺄셈과 스칼라곱

두 행렬 $\boldsymbol{A}$와 $\boldsymbol{B}$가 같은 크기를 가질 때 그들의 대응원소를 각각 더함으로써 합을 구할 수 있다.

요점 6.1 행렬의 덧셈과 뺄셈

행렬 $\boldsymbol{A} = [a_{ij}]$와 $\boldsymbol{B} = [b_{ij}]$의 크기가 $(m \times n)$이면 이것의 합과 차는 다음으로 정의된다.

$$\boldsymbol{A} \pm \boldsymbol{B} = [a_{ij} \pm b_{ij}]_{m \times n} \tag{6.2}$$

---

1) 제3장에서는 벡터와 행렬을 $[\,\bullet\,]$를 사용하여 표기하였었다.
2) 따라서 $\{\vec{a}_{1j}, \vec{a}_{2j}, \vec{a}_{3j}\}$의 각 요소는 (1×3)인 행벡터, $\{\vec{a}_{i1}, \vec{a}_{i2}, \vec{a}_{i3}\}$의 각 요소는 (3×1)인 열벡터이다.

• 행렬의 스칼라곱

행렬 $\boldsymbol{A}$와 스칼라 α와의 곱은 $\boldsymbol{A}$의 모든 요소에 α를 곱한 행렬로 된다.

요점 6.2 행렬의 스칼라곱

α가 실수이면 행렬 $\boldsymbol{A} = [a_{ij}]$의 스칼라곱은 다음과 같다.

$$\alpha \boldsymbol{A} = \boldsymbol{A}\alpha = [\alpha a_{ij}]_{m\times n} \tag{6.3}$$

• 행렬의 곱셈

임의의 행렬 $\boldsymbol{A}$에 다른 행렬을 곱하는 경우에 대하여 생각하여 보자.

요점 6.3 행렬의 곱셈

$(m\times n)$인 $\boldsymbol{A} = [a_{ij}]_{m\times n}$와 $(r\times p)$인 행렬 $\boldsymbol{B} = [b_{ij}]_{r\times p}$의 곱 $\boldsymbol{C} = \boldsymbol{A}\boldsymbol{B}$는 $r = n$인 경우에 한하여 가능하며 이 경우 $m\times p$인 $\boldsymbol{C} = [c_{ij}]$로 된다. 이때 각 요소는 다음과 같이 계산된다.

$$c_{jk} = \sum_{l=1}^{n} a_{jl}b_{lk} = a_{j1}b_{1k} + a_{j2}b_{2k} + \cdots + a_{jn}b_{nk} \tag{6.4}$$

$$(j = 1,\ 2,\ \cdots,\ m\ ;\ k = 1,\ 2,\ \cdots,\ p)$$

위 요점으로부터 알 수 있는 바와 같이 행렬의 곱 $\boldsymbol{C} = \boldsymbol{A}\boldsymbol{B}$는 행렬 $\boldsymbol{A}$의 열의 수와 행렬 $\boldsymbol{B}$의 행의 수가 같을 경우에만 정의된다는 사실에 유의한다. 또한 식 (6.4)로부터 행렬 $\boldsymbol{C}$의 (i, j) 번째 요소는 행렬 $\boldsymbol{A}$의 i 번째 행벡터 $\vec{a}_i$와 행렬 $\boldsymbol{B}$의 j 번째 열벡터 $\vec{b}_j$와의 곱[3])으로 이루어짐을 이해하여야 한다.

예제 6.1

다음의 계산을 하여 보자.

$$\boldsymbol{A} = \begin{bmatrix} 0 & 1 \\ 0 & 2 \end{bmatrix},\ \boldsymbol{B} = \begin{bmatrix} 1 & 1 \\ 3 & 4 \end{bmatrix},\ \boldsymbol{C} = \begin{bmatrix} 2 & 5 \\ 3 & 4 \end{bmatrix},\ \boldsymbol{D} = \begin{bmatrix} 3 & 7 \\ 0 & 0 \end{bmatrix}$$

3) 이를 벡터의 내적(inner product)이라 하며 제 8 장에서 자세히 언급한다.

(1) AB, (2) BA, (3) AC, (4) AD

풀이

(1) $AB = \begin{bmatrix} 3 & 4 \\ 6 & 8 \end{bmatrix}$, (2) $BA = \begin{bmatrix} 0 & 3 \\ 0 & 11 \end{bmatrix}$,

(3) $AC = \begin{bmatrix} 3 & 4 \\ 6 & 8 \end{bmatrix}$, (4) $AD = \begin{bmatrix} 0 & 0 \\ 0 & 0 \end{bmatrix}$

위 [예제 6.1]의 (1), (2)로부터 $BA \neq AB$임을 알 수 있다. 즉 행렬의 덧셈(또는 뺄셈)과 달리 행렬의 곱은 일반적으로 가환적(commutative)이지 않으며, 때때로 AB의 계산은 가능하더라도 BA는 계산할 수 없는 경우도 있다. 또한 (1), (3)으로부터 $B \neq C$ 및 $A \neq 0$인 경우에도 $AB = AC$일 수 있으며, (2)와 (4)로부터 $A \neq 0$ 및 $D \neq 0$임에도 $AD = 0$이라는 점에 주의한다.

행렬의 곱이 가환적이 아니라는 사실은 우리가 잘 알고 있는 일반적인 대수학의 법칙을 행렬에 적용하는 과정에서 복잡성을 가중시킨다. 예를 들어

$$\begin{aligned}(A+B)^2 &= (A+B)(A+B) = (A+B)A + (A+B)B \\ &= A^2 + BA + AB + B^2 \neq A^2 + 2AB + B^2\end{aligned} \tag{6.5}$$

이다[4]. 그러나 $B = I$인 경우에는 식 (6.5)의 등호가 성립한다. 즉

$$(A+I)^2 = A^2 + 2A + I \tag{6.6}$$

이다.

• 행렬의 나눗셈

행렬의 나눗셈을 정의하기 위해서는 단위행렬이 필요하다. 단위행렬은 정방행렬에 대해서만 정의된다. 임의 크기의 정방행렬에서 주대각성분이 모두 1이고 주대각선 이외의 모든 성분이 0 인 정방행렬을 단위행렬(identity matrix)이라 하며 간단히 I로서 표기되나, 특히 I의 크기가 n 차임을 강조할 필요가 있는 경우에는 I_n으로 표현한다. 크로네커의 델타(Kronecker's δ)의 정의인

$$\delta_{ij} = \begin{cases} 1, & (i = j) \\ 0, & (i \neq j) \end{cases} \tag{6.7}$$

4) A, B가 가환적이라면 식 (6.5)에서 등호가 성립한다.

을 사용하여 I_n을 표현하면

$$I_n = [\delta_{ij}]_n, \ (i, \ j = 1, \ 2, \ \cdots, \ n) \tag{6.8}$$

이다. 모든 정방행렬 A에 대해서 단위행렬 I가 A와 같은 크기일 때

$$AI = A = IA$$

임을 알 수 있다. 위 관계를 이용하여 역행렬을 정의한다.

요점 6.4 역행렬

A와 B가 같은 크기의 행렬일 때

$$AB = I = BA \tag{6.9}$$

를 만족하는 경우, B를 A의 역행렬(inverse matrix)이라 한다.

식 (6.9)을 만족하는 B가 존재한다면 반드시 유일하므로 B를 A^{-1}로 표기하며, 이 표현을 이용하면 식 (6.9)는

$$AA^{-1} = I = A^{-1}A \tag{6.10}$$

로 된다. A의 역인 A^{-1}이 존재하면 A를 정칙행렬(nonsingular matrix) 또는 가역행렬(invertible matrix)이라 하고, A^{-1}이 존재하지 않으면 A를 특이행렬(singular matrix)이라 한다.

예제 6.2

다음 행렬의 역행렬의 존재여부를 확인하여 보자.

(1) $A = \begin{bmatrix} 2 & 1 \\ 5 & 3 \end{bmatrix}$, (2) $B = \begin{bmatrix} 1 & 0 \\ 2 & 0 \end{bmatrix}$

풀이

(a) 해석적인 방법에 의한 해 :

(1) A의 역행렬을 X로 두면

$$AX = \begin{bmatrix} 2 & 1 \\ 5 & 3 \end{bmatrix} \begin{bmatrix} x_1 & x_2 \\ x_3 & x_4 \end{bmatrix} = \begin{bmatrix} (2x_1 + x_3) & (2x_2 + x_4) \\ (5x_1 + 3x_3) & (5x_2 + 3x_4) \end{bmatrix} = \begin{bmatrix} 1 & 0 \\ 0 & 1 \end{bmatrix}$$

이므로 이것을 풀면

$$x_1 = 3,\ x_2 = -1,\ x_3 = -5,\ x_4 = 2$$

이다. 따라서 역행렬은 존재하며

$$AX = I \quad \text{및} \quad XA = I$$

임을 확인할 수 있다.

(2) B의 역행렬을 X로 두면

$$BX = \begin{bmatrix} 1 & 0 \\ 2 & 0 \end{bmatrix}\begin{bmatrix} x_1 & x_2 \\ x_3 & x_4 \end{bmatrix} = \begin{bmatrix} (x_1) & (x_2) \\ (2x_1) & (2x_2) \end{bmatrix} \neq \begin{bmatrix} 1 & 0 \\ 0 & 1 \end{bmatrix}$$

이므로 $BX = I$를 만족하는 X는 존재하지 않는다. 따라서 특이행렬이다

(b) MATLAB의 Symbolic Toolbox를 이용한 방법 :

```
>> syms x1 x2 x3 x4
>> X = [x1 x2;x3 x4];A = [2 1;5 3];B = [1 0;2 0];
>> S = A*X-[1 0;0 1];
% 연립방정식의 해를 얻는 방법 : (1)의 경우
>> S = solve(S(1,1),S(1,2),S(2,1),S(2,2));
>> X = [S.x1 S.x2;S.x3 S.x4] ↵ % 해 X 의 표현
                X =
                    [ 3, -1]
                    [ -5,  2]
% (2)의 경우 :
>> S = B*X-[1 0;0 1];
>> S = solve(S(1,1),S(1,2),S(2,1),S(2,2));
% 해가 존재하지 않는다는 error message가 나타난다.
```

MATLAB의 명령어 'publish'를 위한 file인 'Example_6_2.m'을 사용하여

```
>> publish('Example_6_2') ↵
```

를 실행하면 현재의 디렉터리 내에 'Example_6_2.html'의 이름으로 html 형식의 파일이 저장된다. 이를 오픈하면 [예제 6.2]의 해를 MATLAB 명령어를 사용하여 계산하는 과정이 자세히 기록되어 있다.

역행렬과 관련하여 다음의 성질이 알려져 있다.

요점 6.5 역행렬의 성질

(i) 역행렬의 곱셈: A와 B가 정칙행렬이면 AB도 정칙이며, 따라서

$$(AB)^{-1} = B^{-1}A^{-1} \tag{6.11}$$

이다.

(ii) 행렬의 지수법칙: $m,\ n$이 자연수일 때

$$A^m A^n = A^{m+n} \tag{6.12 a}$$

$$(A^m)^n = A^{m\times n} \tag{6.12 b}$$

이 성립한다.

[요점 6.5]로 부터 다음의 관계식은 쉽게 얻을 수 있다.

$$A^0 = I,\ (A^{-1})^n = A^{-n},\ \ (A^n)^{-1} = A^{-n} \tag{6.13}$$

• 몇 가지 특수행렬

특별한 형식을 가지는 행렬을 도입하면 행렬 사이의 계산이나 행렬이론전개에 있어 매우 편리하다.

(1) 전치행렬 : A를 크기 $(m\times n)$인 행렬이라 할 때 A의 행과 열을 서로 교환하여 얻은 $(n\times m)$의 행렬을 A의 전치행렬(transpose matrix)이라 한다.

$$A = [a_{ij}]_{m\times n} \ \rightarrow\ A^T = [a_{ji}]_{n\times m} \tag{6.14}$$

(2) 삼각행렬 : 정방행렬의 주대각선 아래쪽에 있는 모든 성분이 0인 정방행렬을 위삼각행렬(upper triangular matrix)이라 하고, 주대각선 위쪽에 있는 모든 성분이 0인 정방행렬을 아래삼각행렬(lower triangular matrix)이라 한다. 즉

위삼각행렬: $A = [a_{ij}]_n$에서 $i > j$에 대해서 $a_{ij} = 0$

아래삼각행렬: $A = [a_{ij}]_n$에서 $i < j$에 대해서 $a_{ij} = 0$

(3) 대칭행렬 : 정방행렬 A에서 행과 열을 교환해도 변하지 않는 행렬을 대칭행렬(symmetric matrix)이라 한다. 즉

$$A = [a_{ij}]_n \rightarrow A^T = [a_{ji}]_n = A \tag{6.15}$$

이다. 또한

$$A^T = [a_{ij}]_n \rightarrow \ -A = [-a_{ji}]_n \tag{6.16}$$

을 만족하는 정방행렬을 왜대칭행렬(skew-symmetric matrix)[5]이라고 한다. 임의의 정방행렬은 대칭행렬과 왜대칭행렬의 합으로 타나낼 수 있다. 즉

$$A = \left(\frac{A}{2} + \frac{A^T}{2}\right) + \left(\frac{A}{2} - \frac{A^T}{2}\right) \tag{6.17}$$

이다. 여기서 대칭행렬을 A_s, 왜대칭행렬을 A_a로 표시한다면 식 (6.17)로부터 행렬 A를 다음과 같이 나눌 수 있음을 알 수 있다.

$$A_s = \frac{A}{2} + \frac{A^T}{2}, \quad A_a = \frac{A}{2} - \frac{A^T}{2} \tag{6.18}$$

(4) 대각행렬 : 정방행렬의 주대각선 상의 성분 a_{ii} 이외의 모든 성분 $a_{ij}, (i \neq j)$가 영인 정방행렬을 대각행렬(diagonal matrix)이라 한다. 즉

$$A = [a_{ij}]_n \text{에서 } a_{ij} = 0 \, , (i \neq j) \tag{6.19}$$

이다. 따라서 대각행렬은 대칭행렬의 일종이다.

예제 6.3

다음 행렬을 대칭행렬과 왜대칭행렬의 합으로 표현하여 보자.

$$A = \begin{bmatrix} 2 & 0 & 3 \\ 2 & 0 & 2 \\ -3 & 4 & 2 \end{bmatrix}$$

풀이

먼저 대칭행렬 A^T는

5) anti-symmetric matrix라고 부르기도 한다.

$$A^T = \begin{bmatrix} 2 & 2 & -3 \\ 0 & 0 & 4 \\ 3 & 2 & 2 \end{bmatrix}$$

이다. 식 (6.18)를 이용하면 대칭행렬은

$$A_s = \frac{1}{2}(A + A^T) = \frac{1}{2}\begin{bmatrix} 4 & 2 & 0 \\ 2 & 0 & 6 \\ 0 & 6 & 4 \end{bmatrix} = \begin{bmatrix} 2 & 1 & 0 \\ 1 & 0 & 3 \\ 0 & 3 & 2 \end{bmatrix}$$

이며, 왜대칭행렬은

$$A_a = \frac{1}{2}(A - A^T) = \frac{1}{2}\begin{bmatrix} 0 & -2 & 6 \\ 2 & 0 & -2 \\ -6 & 2 & 0 \end{bmatrix} = \begin{bmatrix} 0 & -1 & 3 \\ 1 & 0 & -1 \\ -3 & 1 & 0 \end{bmatrix}$$

이다. 이것은

$$\begin{aligned} A &= A_s + A_a \\ &= \begin{bmatrix} 2 & 1 & 0 \\ 1 & 0 & 3 \\ 0 & 3 & 2 \end{bmatrix} + \begin{bmatrix} 0 & -1 & 3 \\ 1 & 0 & -1 \\ -3 & 1 & 0 \end{bmatrix} = \begin{bmatrix} 2 & 0 & 3 \\ 2 & 0 & 2 \\ -3 & 4 & 2 \end{bmatrix} \end{aligned}$$

이므로 식 (6.17)을 확인할 수 있다.

6.2 연립1차 방정식과 가우스 소거법

행렬이론의 가장 고전적 적용대상은 연립 대수방정식의 해를 구하는 것이다[6]. 즉 n개의 미지수 x_1, x_2, $\cdots$, x_n을 가지는 m개의 1차방정식으로 이루어진 연립 1차방정식은

$$\begin{cases} a_{11}x_1 + a_{12}x_2 + \cdots + a_{1n}x_n = b_1 \\ a_{21}x_1 + a_{22}x_2 + \cdots + a_{2n}x_n = b_2 \\ \quad \vdots \qquad\quad \vdots \qquad\qquad\quad \vdots \qquad\quad \vdots \\ a_{m1}x_1 + a_{m2}x_2 + \cdots + a_{mn}x_n = b_m \end{cases} \tag{6.20}$$

로 주어진 방정식의 집합이고, 여기서 a_{ij}, $(i = 1, 2, \cdots, m,\ j = 1, 2, \cdots, n)$는 주어진 상수로서 연립방정식 (6.20)의 계수(coefficients)라고 한다. 그리고 b_i, $(i = 1, 2, \cdots, m)$

6) 이것의 필요성에 의해 행렬이 처음으로 고안되었다.

역시 주어진 정수이다. 이때 b_i의 값에 따라 연립방정식 (6.20)을 다음과 같이 분류한다.

(1) 모든 $b_i = 0$, $(i = 1, \cdots, m)$이면 식 (6.20)은 제차 연립방정식(homogeneous system)

(2) 적어도 하나의 $b_i \neq 0$이면 식 (6.20)은 비제차 연립방정식(non-homogeneous system)

식 (6.20)의 m개의 방정식을 모두 만족하는 수의 집합 $\{x_1, x_2, \cdots, x_n\}$을 식 (6.20)의 해라 하고, 식 (6.20)의 해로 이루어진 벡터 $\vec{x} = [x_1, x_2, \cdots, x_n]^T$를 해벡터라고 한다. 번거로운 스칼라 표기법으로 표현된 식 (6.20)은 행렬의 곱의 정의를 이용하면

$$\begin{bmatrix} a_{11} & a_{12} & \cdots & a_{1n} \\ a_{21} & a_{22} & \cdots & a_{2n} \\ \vdots & & \ddots & \vdots \\ a_{m1} & a_{m2} & \cdots & a_{mn} \end{bmatrix} \begin{bmatrix} x_1 \\ x_2 \\ \vdots \\ x_n \end{bmatrix} = \begin{bmatrix} b_1 \\ b_2 \\ \vdots \\ b_m \end{bmatrix} \quad \rightarrow \quad \boldsymbol{A}\vec{x} = \vec{b} \tag{6.21}$$

로 표현된다. 여기서 행렬 $\boldsymbol{A}$를 계수행렬(coefficient matrix), 열벡터 $\vec{x}$를 변수벡터(variable vector), 및 벡터 $\vec{b}$를 비제차항 벡터(vector of non-homogeneous terms)라고 부른다. 또한 계수행렬 $\boldsymbol{A}$의 마지막 열 오른쪽에 열벡터 $\vec{b}$를 추가한 행렬

$$\widetilde{\boldsymbol{A}} = \begin{bmatrix} a_{11} & a_{12} & \cdots & a_{1n} & \vdots & b_1 \\ a_{21} & a_{22} & \cdots & a_{2n} & \vdots & b_2 \\ \vdots & & \ddots & \vdots & \vdots & \vdots \\ a_{m1} & a_{m2} & \cdots & a_{mn} & \vdots & b_m \end{bmatrix} \tag{6.22}$$

을 식 (6.21)의 확대행렬(augmented matrix)이라 한다. 확대행렬 $\widetilde{\boldsymbol{A}}$는 방정식 (6.21)에 나타난 모든 상수를 포함하기 때문에 연립 1 차방정식 (6.21)의 해를 결정하는 데 주로 사용된다.

- **해의 존재가능성**

이제 연립 1 차방정식의 해를 구하고자 하는 경우에 생기는 가장 기본적인 문제, 즉 주어진 방정식을 모두 만족하는 해벡터 $\vec{x}$의 존재여부에 대하여 생각하여 보기로 한다. 이에 대한 설명을 간단히 하기 위해 식 (6.20)에서 $m = n = 2$인 경우, 즉 미지수 x_1, x_2를 가지는 두 개의 방정식

$$\begin{cases} a_{11}x_1 + a_{12}x_2 = b_1 \\ a_{21}x_1 + a_{22}x_2 = b_2 \end{cases} \tag{6.23}$$

를 생각하기로 한다. 위 식은 두 변수 x_1과 x_2에 관한 1 차식이므로, 해를 얻기 위해서 식 (6.23)을 x_1, x_2 평면에 나타내고 이를 각각 l_1과 l_2로 둔다. 이때 연립방정식의 해는 두 개의 방정식 (6.23)을 동시에 만족하여야 하므로 두 직선 l_1과 l_2가 x_1, x_2 평면에서 만나는 점에 대응한다. [그림 6.1]에서 알 수 있는 바와 같이 다음 세 가지의 가능성이 존재한다.

(1) 직선 l_1과 l_2가 평행하여 만나지 않는다(그림 6.1 (a)). 즉 해가 없다.
(2) 직선 l_1과 l_2가 오직 한 점에서 만난다(그림 6.1 (b)). 즉 유일한 해를 가진다.
(3) 직선 l_1과 l_2가 일치한다(그림 6.1 (c)). 즉 무한개의 해를 가진다.

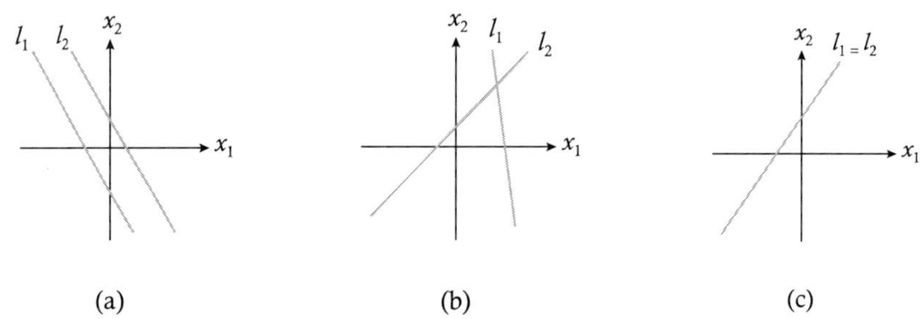

그림 6.1 연립방정식 (6.23)의 해의 존재가능성

식 (6.20)으로 주어진 연립방정식의 해를 위와 같이 세 종류로 분류하였을 때 다음과 같은 문제점에 부딪치게 된다.

(a) 어떤 경우에 연립방정식은 적어도 하나의 해를 갖는가, 또 하나 이상의 해를 가진다면 이들을 어떻게 표현할 것인가.
(b) 해가 존재한다면 어떤 조건에 의해서 해는 유일(unique)한가.
(c) 어떤 경우에 연립방정식의 해는 존재하지 않는가.

이와 같은 문제를 해결하는 방법에 대하여 설명한다.

6.2.1 가우스 소거법

먼저 연립 1 차방정식의 해를 얻기 위한 기초적인 방법을 설명하기 위해 다음과 같은 간단한 방정식에 대하여 생각하여 보자.

$$\begin{cases} x \quad\;\; + \; z = 1 \\ 2x + y + \; z = 0 \\ x + \; y + 2z = 1 \end{cases} \tag{6.24}$$

위와 같은 연립방정식은 순차적으로 미지수를 제거함으로써 해를 구하는 것이 일반적이다. 즉 먼저, 위 식의 첫 번째 방정식을 이용하여 두 번째, 세 번째 방정식에서 미지수 x를 소거하면[7)]

$$\begin{aligned} x + z &= \;\;\; 1 \\ y - z &= -2 \\ y + z &= \;\;\; 0 \end{aligned} \tag{6.25 a}$$

이다. 다음에 식 (6.25 a)의 두 번째, 세 번째 방정식으로부터 미지수 y를 소거하면

$$\begin{aligned} x + z &= \;\;\; 1 \\ y - z &= -2 \\ 2z &= \;\;\; 2 \end{aligned} \tag{6.25 b}$$

로 되어 $z = 1$임을 알 수 있으며, 이를 식 (6.25 b)의 두 번째 방정식에 대입하여 $y = -1$을 얻고, 다시 이것을 첫 번째 방정식에 대입하여 $x = 0$을 얻는다.

위와 같이 순차적으로 미지수를 제거하는 과정은 미지수 x, y 및 z에는 무관하고 각 방정식의 계수에 의존한다. 다시 말하면 식 (6.24)의 방정식에서 계수값이 달라진다면 위에서 언급한 미지수 제거순서도 달라질 수 있다는 것이다. 따라서 식 (6.24)의 모든 계수와 오른쪽 항의 값을 하나로 묶어 다음과 같은 확대행렬

$$\begin{bmatrix} 1 & 0 & 1 & \vdots & 1 \\ 2 & 1 & 1 & \vdots & 0 \\ 1 & 1 & 2 & \vdots & 1 \end{bmatrix} \tag{6.26}$$

을 만들어서, 식 (6.25)에서 수행한 것과 동일한 과정을 되풀이하여 보자. 먼저 행렬 (6.26)의 첫 번째 행의 모든 요소에 (-2)를 곱하여 두 번째 행에 각 요소별로 더한다. 다음에 역시 첫 번째 행의 모든 요소에 (-1)을 곱하여 세 번째 행에 각 요소별로 더하면

$$\begin{bmatrix} 1 & 0 & 1 & \vdots & 1 \\ 0 & 1 & -1 & \vdots & -2 \\ 0 & 1 & 1 & \vdots & 0 \end{bmatrix} \tag{6.27 a}$$

7) $x = -z + 1$을 두 번째와 세 번째 방정식에 대입한다.

로 되어 방정식 (6.25 a)의 계수와 오른쪽 항을 묶어 만들어진 확대행렬임음을 알 수 있다. 다음에 식 (6.27 a)의 두 번째 행의 각 요소에 (-1)을 곱하여 세 번째 행에 각 요소별로 더하면

$$\begin{bmatrix} 1 & 0 & 1 & \vdots & 1 \\ 0 & 1 & -1 & \vdots & -2 \\ 0 & 0 & 2 & \vdots & 2 \end{bmatrix} \tag{6.27 b}$$

로 되며, 이것은 물론 방정식 (6.25 b)의 확대방정식을 나타내고 있다. 일단 여기까지의 전개되었다면 더 이상의 행렬에 대한 조작을 할 필요는 없으나, 여기서는 이러한 조작의 마무리를 위하여 행렬 (6.27 b)의 세 번째 행을 (2)로 나누어서 세 번째 행으로 둔다. 마지막으로 세 번째 행을 두 번째 행과 첫 번째 행에 각 요소별로 더하면 다음의 확대행렬을 얻을 수 있다.

$$\begin{bmatrix} 1 & 0 & 0 & \vdots & 0 \\ 0 & 1 & 0 & \vdots & -1 \\ 0 & 0 & 1 & \vdots & 1 \end{bmatrix} \tag{6.27 c}$$

위 행렬을 다시 방정식의 형태로 나타내면

$$\begin{aligned} x &= 0 \\ y &= -1 \\ z &= 1 \end{aligned} \tag{6.28}$$

로 되어 연립방정식의 해가 바로 얻어진다.

위와 같이 연립방정식 (6.24)를 간략히 나타내기 위한 확대방정식 (6.26)에 대하여 수행되는 (6.27)의 과정을 기본행연산(elementary row operations)이라 하며, 다음 세 가지 종류로 이루어져 있다.

(i) 두 행을 서로 교환한다.
(ii) 한 행에 임의의 수 k, $(k \neq 0)$를 곱한 것을 다른 행에 더하거나 뺀다.
(iii) 한 행에 임의의 수 k, $(k \neq 0)$를 곱한다.

위의 과정에서 알 수 있듯이, 연립방정식에서 두 식의 순서를 교환하거나 또는 하나의 식에 임의의 수를 곱하거나, 곱한 식을 다른 식에 더하거나 빼어도 방정식의 해는 변하지 않는다는 것을 알았다. 이와 같이 원래의 시스템에 기본행 연산을 수행하여 얻은 시스템을 행동치(row-equivalent)라고 하며 다음의 요점을 얻는다.

요점 6.6 행동치의 성질

행동치인 선형시스템은 동일한 해의 집합을 가진다.

여기서 주의할 점은 열(column)에 관한 위와 같은 조작은 해를 변화시키기 때문에 수행되어서는 안 된다는 것이다. 기본행연산의 요점은 원래의 연립방정식(예를 들어 식 (6.24))을 동일한 해를 가지지만 해를 구하기 쉬운 형태를 하고 있는 연립방정식(예를 들어 식 (6.27 c))으로 바꾼다는 것이다. 다시 말하면, 여러 개의 미지수로 이루어진 식 (6.24)의 각 방정식을 하나의 미지수만으로 이루어진 방정식 (6.28)로 변환하는 것으로, 이러한 과정을 가우스 소거법(Gaussian elimination)이라고 한다. 연립방정식의 해를 구하기 위한 가우스 소거법의 순서를 요점으로 정리하면 다음과 같다.

요점 6.7 가우스 소거법의 순서

(1) 주어진 연립방정식으로부터 확대방정식을 구한다.
(2) 확대방정식의 선두성분(leading entry)[8]이 '1'이 되도록 행에 대한 연산을 실시한다. 만약 선두성분이 영이면 행교환을 통하여 영이 아닌 행으로 교환한다.
(3) 여기에 기본행연산을 통하여 주축열(pivot column)[9] 아래의 선두성분을 모두 소거한다(즉 영으로 만든다).
(4) 두 번째 행의 선두성분을 '1'로 만들고[10], 역시 주축열의 아래 성분을 전부 소거한다. 이 과정에서도 선두성분이 '0'으로 되었다면 행교환을 통하여 영이 아닌 행으로 교환한다.
(5) 각 행의 선두성분 아래쪽의 성분이 전부 '0'으로 될 때까지 위 과정을 반복한다.

8) 확대행렬에서 가장 왼쪽 위에 있는 요소의 성분, 즉 (1,1)을 의미한다.
9) 선두성분이 속하는 열을 의미한다.
10) 두 번째 행이므로 확대행렬의 요소 (2, 2)를 의미한다.

예제 6.4

다음 연립방정식의 해를 구하여 보자.

$$\begin{cases} x \quad\;\; + z = 1 \\ 2x \quad\; + z = 0 \\ x + y + z = 1 \end{cases}$$

풀이

(a) 해석적인 방법에 의한 해 :
확대방정식은

$$\begin{bmatrix} 1 & 0 & 1 & 1 \\ 2 & 0 & 1 & 0 \\ 1 & 1 & 1 & 1 \end{bmatrix}$$

이므로 위에서 언급한 가우스 소거법을 실시한다. ① 첫 번째 행의 선두성분이 '1'이므로 행연산을 통하여 선두성분 아래를 전부 '0'으로 만든다. ② 두 번째 행의 선두성분이 '0'이므로 세 번째 행과 교환하고 다시 행연산을 통하여 선두성분 아래를 '0'으로 만든다. 이 과정은

$$\begin{bmatrix} 1 & 0 & 1 & 1 \\ 2 & 0 & 1 & 0 \\ 1 & 1 & 1 & 1 \end{bmatrix} \rightarrow \begin{bmatrix} 1 & 0 & 1 & 1 \\ 0 & 0 & -1 & -2 \\ 0 & 1 & 0 & 0 \end{bmatrix} \rightarrow \begin{bmatrix} 1 & 0 & 1 & 1 \\ 0 & 1 & 0 & 0 \\ 0 & 0 & -1 & -2 \end{bmatrix}$$

로 나타낼 수 있다. 따라서 위 식으로부터 연립방정식은

$$\begin{cases} x + \quad\; z = \;\;1 \\ \quad\; y \quad\; = \;\;0 \\ \qquad -z = -2 \end{cases}$$

로 변환되어, 해는 $x=-1$, $y=0$ 및 $z=2$임을 쉽게 알 수 있다.

(b) MATLAB의 Symbolic Toolbox를 이용한 방법[11] :

```
>> A=[1 0 1 1; 2 0 1 0; 1 1 1 1]; % 확대 방정식
>> rref(sym(A)) % Symbolic Math Toolbox를 이용할 경우
>> rref(A) % MATLAB 가 기본적으로 제공하는 명령어 "rref"를 사용하는경우

ans =    % Symbolic의 사용

[ 1, 0, 0, -1]
[ 0, 1, 0,  0]
[ 0, 0, 1,  2]

ans =    % MATLAB 명령어 사용

     1     0     0    -1
     0     1     0     0
     0     0     1     2
```

11) [예제 6.4]는 부록으로 제공되는 파일 'Example_6_4'를 MATLAB 명령어 publish에 적용, 즉 '>> publish('Example_6_4')'의 형식으로 실행하면 풀이과정을 확인할 수 있다.

식 (6.20)으로 주어진 연립방정식에서 m은 방정식의 개수이며, n은 미지수의 개수를 나타낸다. 이때 m과 n의 크기와 연립방정식의 해 사이에 다음 관계가 있다.

- $m = n$인 경우 식 (6.20)은 해를 가질 수도 갖지 않을 수도 있으나, 해를 가지는 경우에는 유일한 해를 가진다. 이러한 이 경우의 식 (6.20)을 결정계(determined system)라고 한다.
- $m > n$이면 일반적으로 해를 갖지 않으나, 해를 가지는 경우도 있다. 이런 경우의 식 (6.20)을 과잉결정계(over-determined system)라고 한다.
- $m < n$이면 일반적으로 무한개의 해를 가진다. 이런 경우의 식 (6.20)을 과소결정계(under-determined system)라고 한다.

예제 6.5 결정계의 경우

다음 연립 1 차방정식의 해를 가우스 소거법에 의하여 구하여 보자.

$$\begin{cases} x_1 - 2x_2 + x_3 = 0 \\ 2x_2 - 8x_3 = 8 \\ -4x_1 + 5x_2 + 9x_3 = -9 \end{cases}$$

풀이

위 식에 대한 확대방정식을 구하여 가우스 소거법의 과정을 따른다. 여기서 식 표현을 위해 다음 기호를 도입한다.

(i) $R_i \leftrightarrow R_j, (i \neq j)$: i 행과 j 행을 서로 교환한다.
(ii) $R_j \rightarrow R_j \pm kR_i$: i 행을 $k, (\neq 0)$ 배하여 j 행에 더하거나 뺀다.
(iii) $R_i \rightarrow kR_i$: i 행에 수 $k, (\neq 0)$를 곱한다.

$$\begin{bmatrix} 1 & -2 & 1 & 0 \\ 0 & 2 & -8 & 8 \\ -4 & 5 & 9 & -9 \end{bmatrix} \xrightarrow{R_3 \rightarrow 4R_1 + R_3} \begin{bmatrix} 1 & -2 & 1 & 0 \\ 0 & 2 & -8 & 8 \\ 0 & -3 & 13 & -9 \end{bmatrix}$$

$$\xrightarrow{R_2 \rightarrow \frac{1}{2}R_2} \begin{bmatrix} 1 & -2 & 1 & 0 \\ 0 & 1 & -4 & 4 \\ 0 & -3 & 13 & -9 \end{bmatrix} \qquad ①$$

$$\xrightarrow{R_3 \rightarrow 3R_2 + R_3} \begin{bmatrix} 1 & -2 & 1 & 0 \\ 0 & 1 & -4 & 4 \\ 0 & 0 & 1 & 3 \end{bmatrix}$$

따라서 위의 마지막 확대행렬에 대응하는 방정식은

$$\begin{aligned} x_1 - 2x_2 + \ \ x_3 &= 0 \\ x_2 - 4x_3 &= 4 \\ x_3 &= 3 \end{aligned} \qquad ②$$

이다. 여기서 가장 아래쪽에 있는 값을 연차적으로 방정식에 대입하면 $x_1 = 29$, $x_2 = 16$ 및 $x_3 = 3$인 유일한 해를 얻는다. 위 식에서 알 수 있듯이, 가우스 소거법을 마지막까지 수행한 확대행렬의 모양은 항상 위삼각행렬의 모양을 하게 된다.

사실상 더 이상의 가우스 소거법은 필요하지 않으나, ①의 마지막 단계에서

$$\begin{bmatrix} 1 & -2 & 1 & 0 \\ 0 & 1 & -4 & 4 \\ 0 & 0 & 1 & 3 \end{bmatrix} \xrightarrow[R_2 \to 4R_3 + R_2]{R_1 \to (-R_3) + R_1} \begin{bmatrix} 1 & -2 & 0 & -3 \\ 0 & 1 & 0 & 16 \\ 0 & 0 & 1 & 3 \end{bmatrix} \xrightarrow{R_1 \to 2R_2 + R_1} \begin{bmatrix} 1 & 0 & 0 & 29 \\ 0 & 1 & 0 & 16 \\ 0 & 0 & 1 & 3 \end{bmatrix} \qquad ③$$

로 되어 역시 ②의 결과 마찬가지인 $x_1 = 29, x_2 = 16$ 및 $x_3 = 3$인 해를 얻는다. 이와 같이 ①의 마지막 단계에서 다시 가우스 소거법을 실시하면 최종적으로는 ③의 마지막 식과 같이 대각선상에 '1'이 배치되고 오른쪽 마지막 열에 구하고자 하는 해가 들어있게 된다. 이 과정은 뒤에서 역행렬 등의 계산에 사용된다[12].

예제 6.6 과잉결정계의 경우

다음 과잉결정계($m > n$)의 해가 존재하는지를 확인하고 존재하는 경우 그 해를 구하여 보자.

(1) $\begin{cases} x_1 + x_2 = 1 \\ x_1 - x_2 = 3 \\ -x_1 + 2x_2 = -2 \end{cases}$

(2) $\begin{cases} x_1 + 2x_2 + x_3 = 1 \\ 2x_1 - x_2 + x_3 = 2 \\ 4x_1 + 3x_2 + 3x_3 = 4 \\ 3x_1 + x_2 + 2x_3 = 3 \end{cases}$

풀이

이미 [예제 6.5]에서 가우스 소거법의 과정을 언급하였기 때문에 여기서는 확대행렬을 위삼각행렬로 만드는 과정은 생략하고 해의 존재여부에 대한 설명만을 수행한다.

(1) 확대행렬로부터 가우스 소거법에 의해

$$\left[\begin{array}{cc:c} 1 & 1 & 1 \\ 1 & -1 & 3 \\ -1 & 2 & 2 \end{array}\right] \to \left[\begin{array}{cc:c} 1 & 1 & 1 \\ 0 & 1 & -1 \\ 0 & 0 & 1 \end{array}\right] \qquad ①$$

12) [예제 6.5]는 부록으로 제공되는 파일 'Example_6_5'를 MATLAB 명령어 publish에 적용, 즉 '>> publish('Example_6_5')'의 형식으로 실행하면 풀이과정을 확인할 수 있다.

이므로 여기에 대응하는 1 차방정식은

$$\begin{cases} x_1 + \ x_2 = \ \ 1 \\ \qquad x_2 = -1 \\ 0x_1 + 0x_2 = \ \ 1 \end{cases} \qquad ②$$

이다. 위 방정식의 마지막 행은 $0 = 1$을 의미하므로 모순이다. 따라서 위 연립방정식은 해가 존재하지 않는다.

(2) 가우스 소거법에 의해

$$\begin{bmatrix} 1 & 2 & 1 & \vdots & 1 \\ 2 & -1 & 1 & \vdots & 2 \\ 4 & 3 & 3 & \vdots & 4 \\ 3 & 1 & 2 & \vdots & 3 \end{bmatrix} \rightarrow \begin{bmatrix} 1 & 2 & 1 & \vdots & 1 \\ 0 & 1 & 1/5 & \vdots & 0 \\ 0 & 0 & 0 & \vdots & 0 \\ 0 & 0 & 0 & \vdots & 0 \end{bmatrix} \qquad ③$$

이므로 여기에 대응하는 1 차방정식은

$$\begin{cases} x_1 + 2x_2 + \ \ x_3 = 1 \\ \qquad x_2 + \dfrac{1}{5}x_3 = 0 \end{cases} \qquad ④$$

이다. ④의 연립방정식은 미지변수가 세 개이지만 식은 두 개뿐이다. 따라서 이러한 경우에는 하나의 미지변수, 예를 들어 x_3 를 임의의 값, 즉 $x_3 = k$ 으로 두면 해를 구할 수 있다. 이 결과 ④의 두 번째 방정식에서 $x_2 = -0.2k$ 이고, 이를 ④의 첫 번째 방정식에 대입하면 $x_1 = 1 - 0.6k$ 를 얻을 수 있다. 이를 다음과 같이 해 벡터를 이용하여 표시할 수 있다[13].

$$\vec{x} = \begin{bmatrix} x_1 \\ x_2 \\ x_3 \end{bmatrix} = \begin{bmatrix} 1 - 0.6k \\ -0.2k \\ k \end{bmatrix} = \begin{bmatrix} 1 \\ 0 \\ 0 \end{bmatrix} + k \begin{bmatrix} -0.6 \\ -0.2 \\ 1 \end{bmatrix} \qquad ⑤$$

⑤를 주어진 연립방정식의 일반해(general solution)라 하고, 자유변수의 개수를 주어진 연립방정식의 자유도(degree of freedom)라고 한다[14].

위 예제로부터 알 수 있는 바와 같이 가우스 소거법을 실행하여 확대행렬이 위삼각행렬로 되었을 때의 마지막 행이

$$[0 \ 0 \ \cdots \ 0 \ \ b] \qquad (6.29)$$

의 형식인 경우, 만약 $b \neq 0$이면 연립방정식은 해가 존재하지 않으며, $b = 0$이면 무한개의 해가 존재한다.

13) 이때 x_1과 x_2를 기본변수(basic variable), x_3를 자유변수(free variable)라고 한다.

14) [예제 6.6]은 부록으로 제공되는 파일 'Example_6_6'를 MATLAB 명령어 publish에 적용, 즉 '>> publish('Example_6_6')'의 형식으로 실행하면 풀이과정을 확인할 수 있다.

예제 6.7 과소결정계의 경우

다음 과소결정계의 해가 존재하는지의 여부를 확인하고 존재하는 경우에는 해를 구하여보자.

(1) $\begin{cases} x_1+2x_2+\ \ x_3=1 \\ 2x_1+4x_2+2x_3=3 \end{cases}$ (2) $\begin{cases} x_1+x_2+\ x_3+\ x_4+\ x_5=2 \\ x_1+x_2+\ x_3+2x_4+2x_5=3 \\ x_1+x_2+\ x_3+2x_4+3x_5=2 \end{cases}$

풀이

[예제 6.6]과 마찬가지로 가우스 소거법의 중간과정은 생략하고 최종결과만을 가지고 해의 존재여부를 확인하기로 한다.

(1) 확대행렬로부터

$$\begin{bmatrix} 1 & 2 & 1 & \vdots & 1 \\ 2 & 4 & 2 & \vdots & 3 \end{bmatrix} \rightarrow \begin{bmatrix} 1 & 2 & 1 & \vdots & 1 \\ 0 & 0 & 0 & \vdots & 1 \end{bmatrix} \qquad ①$$

이므로 식 (6.2.9)의 $b \neq 0$인 경우에 해당하므로 위 연립방정식은 해가 존재하지 않는다.

(2) 확대행렬에 가우스 소거법을 실행하면 다음과 같다.

$$\begin{bmatrix} 1 & 1 & 1 & 1 & 1 & \vdots & 2 \\ 1 & 1 & 1 & 2 & 2 & \vdots & 3 \\ 1 & 1 & 1 & 2 & 3 & \vdots & 2 \end{bmatrix} \rightarrow \begin{bmatrix} 1 & 1 & 1 & 0 & 0 & \vdots & 1 \\ 0 & 0 & 0 & 1 & 0 & \vdots & 2 \\ 0 & 0 & 0 & 0 & 1 & \vdots & -1 \end{bmatrix} \qquad ②$$

이므로 여기에 해당하는 연립방정식은

$$\begin{cases} x_1+x_2+x_3= \ \ 1 \\ \qquad\qquad\ \ x_4= \ \ 2 \\ \qquad\qquad\ \ x_5=-1 \end{cases} \qquad ③$$

으로 된다. ③의 연립방정식의 다섯 개의 미지수 중에서 x_4 와 x_5 는 이미 결정되어 있으므로, ③의 첫 번째 방정식에서 나머지 세 개의 미지수를 결정하여야 한다. 따라서 자유변수를 $x_2=k_1,\ x_3=k_2$ 로 두면 연립방정식의 일반해는

$$x_1=1-k_1-k_2,\ \ x_2=k_1,\ \ x_3=k_2,\ \ x_4=2,\ \ x_5=-1 \qquad ④$$

이다. 위 연립방정식의 자유도는

$$2=4(\text{미지수의 개수})-2(\text{기본변수의 개수})$$

이다. ④를 해 벡터를 이용하여 다음과 같이 나타낼 수도 있다.

$$\vec{x}=\begin{bmatrix} x_1 \\ x_2 \\ x_3 \\ x_4 \\ x_5 \end{bmatrix}=\begin{bmatrix} 1-k_1-k_2 \\ k_1 \\ k_2 \\ 2 \\ -1 \end{bmatrix}=\begin{bmatrix} 1 \\ 0 \\ 0 \\ 2 \\ -1 \end{bmatrix}+k_1\begin{bmatrix} -1 \\ 1 \\ 0 \\ 0 \\ 0 \end{bmatrix}+k_2\begin{bmatrix} -1 \\ 0 \\ 1 \\ 0 \\ 0 \end{bmatrix} \qquad ⑤$$

(3) MATLAB를 이용한 방법[15)]:

```
% (2)의 경우
>> A = sym([1 1 1 1 1;1 1 1 2 2;1 1 1 2 3]); b=sym([2 3 2]');
>> A_au = [A,b]; % 확대 방정식
>> A_gauss = rref(A_au)  % 가우스소거법의 실행결과
>> xp = sym(A\b)         % (Ax=b)의 해 - 특수해
>> xh = sym(null(A))     % 행렬 A의 null space - 제차방정식의 해
>> disp(' 연립방정식의 일반해는 다음과 같다. 단 k1 및 k2는 임의 상수 ')
```

```
xp =   % 특수해                xh =   % 제차방정식의 해

  1                            [ -1, -1]
  0                            [  1,  0]
  0                            [  0,  1]
  2                            [  0,  0]
 -1                            [  0,  0]
```

[예제 6.7]에서 알 수 있는 바와 같이 과소결정계는 일반적으로 해가 존재하지 않거나, 또는 무한개의 일반해를 가질 수도 있다.

6.3 벡터공간과 행렬

• 벡터의 정의

여기서는 벡터에 대한 이해를 돕기 위하여 벡터의 존재영역을 우리의 이해가 가능한 평면($\mathbb{R}^2$) 또는 공간($\mathbb{R}^3$)에 한정하여 설명을 진행한다. 다시 말하면 벡터가 그 성분으로서 두 개 혹은 세 개만을 가지는 것으로 가정하는 것으로, 이는 자연스럽게 n 개의 성분을 가지는 벡터로 확장된다.

평면 혹은 공간에서의 벡터는 방향과 크기를 합친 개념으로 볼 수 있다. 여기서는 크기와 방향을 나타내기 위하여 화살표를 사용하기로 한다. 즉 벡터의 시점을 P, 종점을 Q로 하였을 경우의 벡터를 $\overrightarrow{PQ}$ 로 나타낸다. 그러나 벡터는 위치와는 무관계한 개념이기 때문

15) [예제 6.7]은 부록으로 제공되는 파일 'Example_6_7'를 MATLAB 명령어 publish에 적용, 즉 '>> publish('Example_6_7')'의 형식으로 실행하면 풀이과정을 확인할 수 있다.

에, 공간상의 다른 장소에 같은 크기와 같은 방향을 가진 벡터 $\overrightarrow{P'Q'}$가 존재한다면 이 둘은 동일한 벡터를 나타낸다는 것을 알 수 있다.

특별한 벡터로서 길이가 영이며 방향이 없는 벡터를 생각한다. 이를 영벡터라고 하며 $\vec{0}$으로 표기한다. 임의의 벡터 $\vec{a}$와 임의의 점 P에 대해 $\vec{a} = (\overrightarrow{PQ})$로 되는 점 Q가 단 하나만이 존재한다는 점에 유의한다. 이때 $\vec{a} = \vec{0}$이라고 한다면 $Q = P$, 즉 $\vec{0} = (\overrightarrow{PP})$로 된다고 볼 수 있다.

평면(또는 공간)에 존재하는 두 벡터 $\vec{a}, \vec{b}$에 대하여 $\vec{a} = (\overrightarrow{PQ})$, $\vec{b} = (\overrightarrow{QR})$로 두었을 경우, 벡터 $(\overrightarrow{PR})$을 $\vec{a}$와 $\vec{b}$의 합이라고 하며 $\vec{a} + \vec{b}$로 나타낸다. 이 정의에서 $\vec{a}$의 시점의 위치는 임의로 취할 수 있지만, 시점의 위치에 관계없이 $\vec{a} + \vec{b}$가 결정됨은 명백하다(그림 6.2).

$\vec{a} = (\overrightarrow{PQ})$에 대해 역방향의 벡터 $(\overrightarrow{QP})$를 $\vec{a}$의 역벡터라고 하고 $-\vec{a}$로 나타낸다. 또한 $\vec{a} + (-\vec{b})$를 $\vec{a} - \vec{b}$로 표기하기로 한다.

벡터 $\vec{a}$와 실수 α에 대해 $\vec{a}$의 α배로 불리는 벡터 $\alpha\vec{a}$를 정의하고, $\alpha > 0$이면 $\vec{a}$와 동일한 방향이지만 크기가 α배된 벡터를, $\alpha < 0$이면 $\vec{a}$와 역방향으로 크기가 $|\alpha|$배의 벡터로서 각각 정의한다. $\alpha = 0$의 경우는 $\alpha\vec{a} = \vec{0}$로 둔다.

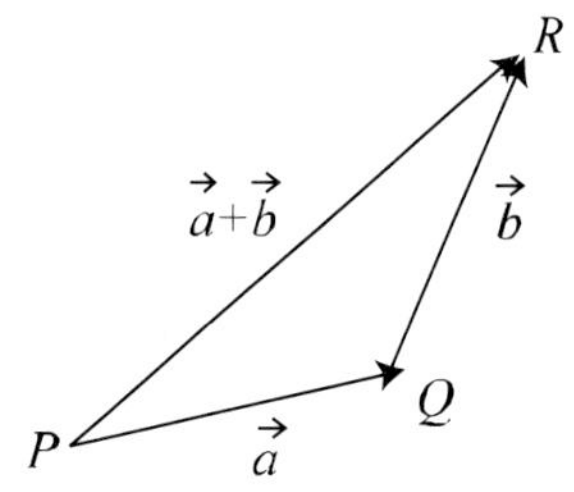

그림 6.2 벡터의 덧셈

6.3.1 벡터공간

여기서는 행렬의 중요한 개념의 하나인 랭크(rank)를 설명하기 위하여 필요한 벡터의 선형독립성 및 벡터공간 등에 대하여 간략하게 언급한다. 자세한 내용은 선형대수의 교과서를 참고하기 바란다.

- **벡터의 선형독립성**

n 개의 요소를 가지는 m 개의 벡터(즉 n 차원인 벡터이다) $\vec{v}_i, (i = 1,\ 2,\ \cdots,\ m)$가 주어졌다고 한다. 이때 m 개의 벡터가 선형독립(linearly independent)이라는 것은 미지의 스칼라계수 $\alpha_i, (i = 1,\ 2,\ \cdots,\ m)$에 의해

$$\alpha_1 \vec{v}_1 + \alpha_2 \vec{v}_2 + \cdots + \alpha_m \vec{v}_m = \vec{0} \tag{6.30}$$

일 때 위 식을 만족하는 해 α_i는 $\alpha_1 = \alpha_2 = \cdots = \alpha_m = 0$을 제외하고는 다른 해가 없는 경우를 의미한다. 반대로 하나라도 '0'이 아닌 계수 α_i가 존재하여 식 (6.30)의 해로 될 경우, α_i와 관련된 벡터 $\vec{v}_i$는 나머지 $(n-1)$개의 벡터 $\vec{v}_j, (j \neq i)$에 대하여 선형종속(linearly dependent)이라고 한다. 예를 들어 만약 3차원 공간에 존재하는 세 개의 벡터 $\vec{x},\ \vec{y},\ \vec{z}$가 서로 평행하지 않을 경우 이들 세 개의 벡터는 서로 선형독립이지만, 만약 세 개의 벡터가 공간 내의 동일한 평면에 존재한다면 이들 중 적어도 하나는 나머지 둘에 대해 선형종속이라는 것을 의미한다[16].

여기서 벡터공간과 관련된 또 하나의 중요개념인 선형결합을 정리한다.

요점 6.8 선형결합

벡터공간 $\mathbb{R}^n$의 성분인 k 개의 벡터로 구성된 집합 $S = \{\vec{v}_1, \vec{v}_2, \cdots, \vec{v}_k\}$와 임의의 스칼라 $\alpha_1, \alpha_2, \cdots, \alpha_k$를 이용한 식

$$\alpha_1 \vec{v}_1 + \alpha_2 \vec{v}_2 + \cdots + \alpha_k \vec{v}_k \tag{6.31}$$

을 벡터 $\{\vec{v}_1, \vec{v}_2, \cdots, \vec{v}_k\}$의 스칼라 $\{\alpha_1, \alpha_2, \cdots, \alpha_k\}$에 의한 선형결합(linear combination)이라고 한다. 특히 식 (6.31)에서 가능한 모든 실수값을 스칼라 값으로 취하였을 경우, 이를 벡터 $\{\vec{v}_1, \vec{v}_2, \cdots, \vec{v}_k\}$에 의한 스팬(span)이라고 부르며, 다음과 같이 표기한다.

$$\text{span}\{\vec{v}_1, \vec{v}_2, \cdots, \vec{v}_k\} \quad \text{혹은} \quad \text{span}\, S \tag{6.32}$$ [17]

식 (6.30)에서 만약 $\alpha_i \neq 0$으로 되어 벡터 $\vec{v}_i$가 (나머지 벡터들에 대해) 선형종속이라면, 식 (6.30)의 양변을 α_i로 나누고 정리하면

---

16) 평면상에서 두 개의 선형독립인 벡터의 결합법칙을 이용하면 (평면상에 존재하는) 어떤 종류의 (세 번째) 벡터라도 만들어 낼 수 있다.

17) 벡터의 스팬은 벡터공간을 형성한다.

$$\vec{v}_i = -\frac{\alpha_1}{\alpha_i}\vec{v}_1 - \cdots - \frac{\alpha_{i-1}}{\alpha_i}\vec{v}_{i-1} - \frac{\alpha_{i+1}}{\alpha_i}\vec{v}_{i+1} - \cdots - \frac{\alpha_m}{\alpha_i}\vec{v}_m \tag{6.33}$$

로 나타낼 수 있다. 다시 말하면 벡터 $\vec{v}_i$는 이것을 제외한 나머지 $(n-1)$개 벡터의 스칼라 곱의 합으로 나타낼 수 있다. [요점 6.8]에 의해 식 (6.33)은 선형결합이므로 선형독립으로 되기 위해서는, 벡터의 집합에서 어떤 벡터도 다른 벡터의 선형결합으로 나타낼 수 없는 경우를 말한다. 예를 들면

$$\vec{v}_1 = \begin{bmatrix} 1 \\ 2 \\ 3 \end{bmatrix},\ \vec{v}_2 = \begin{bmatrix} 2 \\ 4 \\ 6 \end{bmatrix} \tag{6.34 a}$$

에서 $\vec{v}_2 = 2\vec{v}_1$의 관계가 성립하기 때문에 두 벡터 $\vec{v}_1$, $\vec{v}_2$는 선형종속이다. 또

$$\vec{v}_1 = \begin{bmatrix} 1 \\ 2 \\ 3 \end{bmatrix},\ \vec{v}_2 = \begin{bmatrix} 1 \\ 0 \\ 1 \end{bmatrix} \tag{6.34 b}$$

에서 $\vec{v}_2$는 $\vec{v}_1$의 스칼라곱으로 나타낼 수 없기 때문에 $\vec{v}_1$, $\vec{v}_2$는 선형독립이다. 더욱이

$$\vec{v}_1 = \begin{bmatrix} 1 \\ 2 \\ 3 \end{bmatrix},\ \vec{v}_2 = \begin{bmatrix} 1 \\ 0 \\ 1 \end{bmatrix},\ \vec{v}_2 = \begin{bmatrix} 0 \\ 0 \\ 1 \end{bmatrix} \tag{6.34 c}$$

에서는 어떤 벡터도 나머지 두 개 벡터의 선형결합으로 나타낼 수 없기 때문에 $\vec{v}_1$, $\vec{v}_2$, $\vec{v}_3$는 선형독립이다.

또한 $\vec{v}_i$, $(i=1,2,\cdots,m)$가 선형독립이기 위해서는 $n \geq m$의 조건이 필요하다. 다시 말하면 n차원을 가지는 $(n+1)$개 이상의 벡터는 반드시 선형종속이며, 최고 n개의 선형독립인 벡터만 존재한다. 특히 선형독립인 n개의 n차원인 벡터를 n차원 벡터공간의 기저벡터(base vector)라고 한다. 따라서 임의의 n차원인 벡터는 항상 기저벡터의 선형결합으로 나타낼 수 있다. 이때 임의의 벡터를 식 (6.31)과 같이 선형결합으로 표현하였을 때 각 계수는 주어진 기저벡터에 대하여 유일하게 정해진다. 따라서 벡터공간에 존재하는 임의 벡터의 표현법은 기저벡터의 선정에 따라 달라질 것이다[18].

18) 3차원 공간에서 선형독립인 세 개의 기저 $\vec{e}_1 = [1,\ 0,\ 0]^T$, $\vec{e}_2 = [0,\ 1,\ 0]^T$ 및 $\vec{e}_3 = [0,\ 0,\ 1]^T$를 이용하면 임의 벡터, 예를 들어 $\vec{x} = [2, 3, 4]^T$는 $\vec{x} = 2\vec{e}_1 + 3\vec{e}_2 + 4\vec{e}_3$으로 된다. 그러나 선형독립인 다른 기저, 예를 들어 식 (6.34 c)를 기저로 했을 경우의 표현식은 $\vec{x} = -\frac{3}{2}\vec{v}_1 + \frac{7}{2}\vec{v}_2 + 5\vec{v}_3$이다.

여기서 벡터의 집합 $S=\{\vec{v}, \vec{v}_2, \cdots, \vec{v}_k\}$의 선형독립과 선형종속을 검정하는 방법을 요점으로 정리한다.

요점 6.9 벡터의 선형독립과 종속

[단계 1] : $x_1\vec{v}_1+x_2\vec{v_2}+\cdots+x_k\vec{v}_k=\vec{0}$ 이라고 가정한다.
[단계 2] : 위의 방정식을 제차연립방정식 $\boldsymbol{A}\vec{x}=\vec{0}$ 의 형식으로 정리한다.
[단계 3] : 가우스 소거법을 사용하여 [단계 2]에서의 연립방정식이 0이 아닌 해를 갖는가를 결정한다.

연립방정식의 해가, i) $\vec{x}=\vec{0}$ 만을 가진다면 $\vec{v}_i, (i=1, \cdots, k)$는 선형독립이며, ii) $\vec{x}\neq\vec{0}$ 인 해가 하나라도 존재한다면 $\vec{v}_i, (i=1, \cdots, k)$는 선형종속이다.

유클리드 n차원 공간(Euclidean n space)[19] $\mathbb{R}^n$이란 크기가 $(n\times 1)$인 열벡터의 집합을 나타낸다. 따라서 공간 $\mathbb{R}^n$의 모든 요소는 크기 $(n\times 1)$인 벡터이다. 이러한 벡터의 집합과 관련하여 벡터공간이 정의된다.

• 벡터공간

n차원인 벡터를 그 요소로서 가지는 공간 $\mathbb{R}^n$이 다음과 같은 조건을 만족할 때 $\mathbb{R}^n$을 벡터공간(vector space)이라고 하며, $\mathbb{R}^n$을 구성하고 있는 n차원인 요소 $\vec{x}, \vec{y}, \vec{z}, \cdots$를 벡터라고 한다.

요점 6.10 벡터공간의 조건

(1) $\mathbb{R}^n$에 포함되어 있는 임의의 벡터 $\vec{x}, \vec{y}\in\mathbb{R}^n$에 대해서 덧셈 $\vec{x}+\vec{y}\in\mathbb{R}^n$이 정의되며, 이에 대해 다음의 법칙이 성립한다.
(1-a) $\vec{x}, \vec{y}\in\mathbb{R}^n$에 대해서 $\vec{x}+\vec{y}=\vec{y}+\vec{x}$ (교환법칙)
(1-b) $\vec{x}, \vec{y}, \vec{z}\in\mathbb{R}^n$에 대해서 $(\vec{x}+\vec{y})+\vec{z}=\vec{x}+(\vec{y}+\vec{z})$ (결합법칙)
(1-c) $\vec{0}\in\mathbb{R}^n$이 존재해서 $\vec{x}+\vec{0}=\vec{x}$ (영원의 존재)
(1-d) $-\vec{x}\in\mathbb{R}^n$가 존재해서 $\vec{x}+(-\vec{x})=\vec{0}$ (역원의 존재)

19) Euclidean norm이 정의되는 공간으로 제 7 장을 참조한다.

(2) 임의의 스칼라 α와 $\vec{x} \in \mathbb{R}^n$에 대한 곱셈 $\alpha \vec{x} \in \mathbb{R}^n$이 정의되며, 동시에 다음의 법칙이 성립한다.

(2-a) 스칼라 1 과 $\vec{x} \in \mathbb{R}^n$에 대해 $1 \cdot \vec{x} = \vec{x}$

(2-b) 스칼라 α, β 와 $\vec{x} \in \mathbb{R}^n$에 대해서 $\alpha(\beta\vec{x}) = (\alpha\beta)\vec{x}$

(2-c) $(\alpha+\beta)\vec{x} = \alpha\vec{x} + \beta\vec{x}$ (스칼라에 관한 분배법칙)

(2-d) $\alpha(\vec{x}+\vec{y}) = \alpha\vec{x} + \alpha\vec{y}$ (벡터에 관한 분배법칙)

벡터공간 $\mathbb{R}^n$의 요소로서 실수 전체를 취한다면 $\mathbb{R}^n$은 실벡터공간(real vector space)이라 하며, 만약 허수까지도 포함한다면 집합을 $\mathbb{C}^n$으로 표기하며 복소벡터공간(complex vector space)이라 한다.

벡터공간 $V \subset \mathbb{R}^n$에서 r개의 벡터 $\vec{v}_i$, $(i = 1, 2, \cdots, r)$ $(r \le n)$을 임의로 추출했다고 하자. 이때 벡터공간 V와 r 개의 벡터 사이의 관련성에 대하여 다음의 요점이 주어진다.

요점 6.11 벡터공간과 벡터의 선형독립

r 개의 벡터 $\vec{v}_i$, $(i = 1,\ 2,\ \cdots,\ r)$ 가 공간 V 의 기저로 된다는 사실과 다음 두 조건은 서로 필요충분조건의 관계에 있다.

(i) $\vec{v}_1, \vec{v}_2, \cdots, \vec{v}_r$ 은 선형독립이다.

(ii) $\vec{v}_1, \vec{v}_2, \cdots, \vec{v}_r$ 은 공간 V를 생성한다. 즉 $V = \text{span}\{\vec{v}_1, \vec{v}_2, \cdots, \vec{v}_r\}$ 이다.

따라서 [요점 6.8]의 식 (6.32), 즉 집합 S에 포함된 k 개의 벡터에 의한 스팬 역시 공간을 생성한다.

예제 6.8

다음 두 개의 벡터로서 집합 $S = \{\vec{v}_1, \vec{v}_2\}$를 구성하였다. 이를 이용하여 [요점 6.11]의 내용을 확인하여 보자.

$$\vec{v}_1 = \begin{bmatrix} 1 \\ 1 \end{bmatrix}, \vec{v}_2 = \begin{bmatrix} -1 \\ 2 \end{bmatrix}$$

풀이

두 개의 벡터는 $\mathbb{R}^2$ (즉 평면)에서 서로 평행하지 않기 때문에[20] 두 벡터의 합의 형식, 즉 $x_1\vec{v}_1 + x_2\vec{v}_2$ 로서 $\mathbb{R}^2$ 상에 존재하는 모든 벡터를 표현할 수 있다. 예를 들어 $2\vec{v}_1 + \vec{v}_2$, $2\vec{v}_1 + \vec{v}_2$, $3\vec{v}_1 - \vec{v}_2$, $\vec{v}_1 - 2\vec{v}_2$ 로 두면 [그림 6.3]과 같이 $\mathbb{R}^2$ 의 각 평면에 벡터를 정의할 수 있다. 또한 $\vec{b} = [-2.5,\ -1]$ 가 주어졌다면 이는

$$\vec{b} = \begin{bmatrix} -2.5 \\ -1 \end{bmatrix} = -2\begin{bmatrix} 1 \\ 1 \end{bmatrix} + 0.5\begin{bmatrix} -1 \\ 2 \end{bmatrix} = -2\vec{v}_1 + 0.5\vec{v}_2$$

이므로, 벡터 $\vec{b}$ 는 두 개 벡터의 선형경합으로 표현된다는 것을 알 수 있다. 이러한 사실로부터 두 개 벡터 $\{\vec{v}_1, \vec{v}_2\}$의 선형결합을 이용하면 2차원 평면 $\mathbb{R}^2$ 전체를 생성할 수 있다는 것을 알 수 있다.

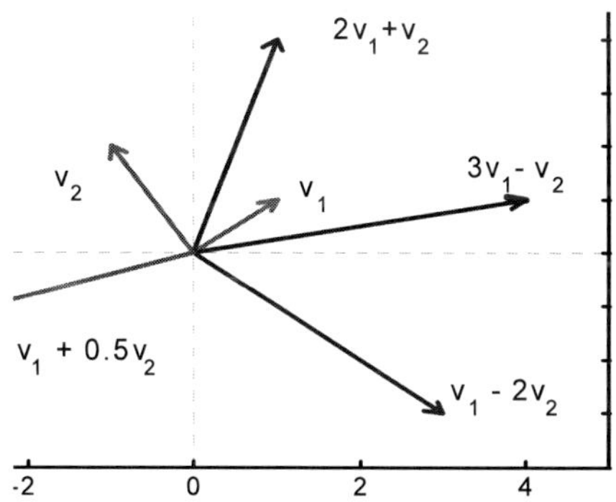

그림 6.3 $\mathbb{R}^2$ 에서의 선형결합

```
% [그림 6.3]
>> v1 = [1 1];v2 = [-1 2];v0 = [0 0];
>> b = -2*v1+0.5*v2;
>> arrow(v0,v1),hold on
>> arrow(v0,v2),arrow(v0,2*v1+v2)
>> arrow(v0,3*v1-v2),arrow(v0,v1-2*v2)
>> arrow(v0,b,'r'),grid,axis([-4 5 -4 5])
>> plot([-4 5],[0 0],':',[0 0],[-4 5],':'),hold off
```

임의 벡터공간 V 내에 존재하는 선형독립인 벡터의 최대 개수를 공간 V 의 차원(dimension)이라고 하며, 일반적으로 $\dim(V)$로 표기한다.

20) $\mathbb{R}^2$ 상에 존재하는 두 개의 벡터가 평행하지 않는다는 것은 두 벡터가 선형독립이라는 의미이다. 제7장 참조.

6.3.2 부분공간

[요점 6.11]을 만족하는 r 개의 벡터 $\vec{v}_i$, $(i=1,\ 2,\ \cdots,\ r)$는 공간 V의 기저이다. 이때 공간 V에 속하는 $l, (\le r)$개의 선형독립인 벡터의 선형결합으로 이루어지는 공간은 V의 부분공간 S를 이루며 다음과 같이 나타낸다.

$$S = \text{span}\left\{\vec{v}_1,\ \vec{v}_2,\ \cdots,\ \vec{v}_l\right\} \tag{6.35}$$

또한 공간 S가 V의 부분공간이며 S 내에 임의로 l 개의 선형독립인 벡터 $\left\{\vec{v}_1,\ \vec{v}_2,\ \cdots,\ \vec{v}_l\right\}$를 선정하여 식 (6.35)와 같이 표현가능하다면 벡터 $\left\{\vec{v}_1,\ \vec{v}_2,\ \cdots,\ \vec{v}_l\right\} \in S$는 공간 S에 대한 기저벡터로 된다. 그러나 임의의 부분공간을 나타내는 기저벡터는 유일하게 존재하는 것은 아니지만 기저를 이루는 벡터의 개수는 항상 동일하다. 이를 부분공간 S의 차원이라 한다. 부분공간 역시 [요점 6.9]에서 언급한 벡터공간의 조건을 만족한다.

간단한 예를 들어본다.

예제 6.9 $\mathbb{R}^3$ 에서의 부분공간

3차원공간에서 평면은 부분공간의 요건을 만족한다. 방정식 $6x-y+2z=0$은 공간에서 평면을 나타내는 식이다. 이 평면이 부분공간의 요건을 만족하는 지를 확인하여 보자.

풀이

방정식을 y에 대하여 풀면 원점 $(0,0,0)$을 지나가는 평면상에 종점을 가지는 벡터의 집합을 얻을 수 있다. 즉

$$\begin{bmatrix} x \\ 6x+2z \\ z \end{bmatrix} \quad : (\text{모든 실수값을 가지는 } x, z) \qquad ①$$

이다. 여기서 ①으로 정의되는 모든 벡터가 존재하는 $\mathbb{R}^3$에서의 부분공간을 P로 나타낸다면, P는 [요점 6.10]에 의해 다음과 같은 성질을 가진다.

(a) P 내의 임의의 벡터 $\vec{u}$와 $\vec{v}$에 대하여, 이들의 합 $\vec{u}+\vec{v}$ 역시 P 내에 존재한다. 예를 들어 $\vec{w}=[0\ 2\ 1]$와 $\vec{v}=[-1\ 0\ 3]$은 P내에 존재하며(확인), 두 벡터의 합 $\vec{w}+\vec{v}=[-1\ 2\ 4]$ 역시 P에 존재한다는 것은 쉽게 확인할 수 있다. 이는 ①에서 $x=-1,\ z=4$ 로 두면 $\vec{u}+\vec{v}$가 얻어진다.

(b) 만약 벡터 $\vec{w}$ 가 P에 존재하며 α 가 임의의 스칼라이면 $\alpha \vec{w}$ 역시 P 내에 존재한다. 예를 들어 $\vec{w} = [1\ 2\ -2]$는 P의 요소이며, $\alpha = -0.5$ 로 하면 $\alpha \vec{w} = [-0.5\ -1\ 1]$로 되며 이 역시 P내에 존재한다. 이는 ①에서 $x = -0.5,\ z = 1$로 두면 성립한다.

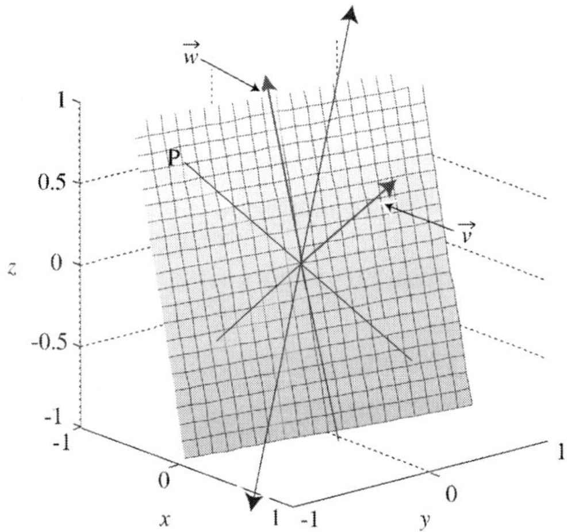

그림 6.4 $\mathbb{R}^3$ 에서 $\alpha\vec{w} + \beta\vec{v}$ 로 이루어진 평면 P

```
>> % [그림 6.4]
>> P0 = [0 0 0];N = [6 -1 2];
>> plane(P0,N),grid
>> xlabel('x'),ylabel('y'),zlabel('z')
>> axis([-1 1 -1 1 -1 1]),hold on
>> v = [0 2 1];w = [-1 0 3];
>> for s = -1:1
>>     for t = -1:1
>>         arrow3(P0,(s*v+t*w)/3)
>>     end
>> end
>> arrow3(P0,v/3,'r'),arrow3(P0,w/3,'r')
```

위 예제의 (a)와 (b)는 부분공간 P가 $\mathbb{R}^3$에서 벡터의 선형공간(즉 선형결합으로 표현되는 공간)이라는 것을 나타내고 있다. 다시 말하면, 만약 $\vec{w}$ 와 $\vec{v}$ 가 P 내에 존재하는 벡터라면, 모든 스칼라 양 $\alpha,\ \beta$ 에 대하여 $\alpha\vec{w} + \beta\vec{v}$ 역시 P에 속하는 벡터로 된다는 것을 의미한다. 예를 들어 [그림 6.4]에서 부분공간인 평면 P는 $\mathbb{R}^3$에서 두 개의 벡터 $\vec{w} = [0\ 2\ 1]$와 $\vec{v} = [-1\ 0\ 3]$에 의해 $\alpha\vec{w} + \beta\vec{v}$의 형식으로 구성된다는 것을 나타내고 있다. 마찬가지로 만약 모든 스칼라 α 와 고정된 값의 벡터인 $\vec{u}$에 의한 $\alpha\vec{u}$ 의 집합 Q 가 $\mathbb{R}^3$에 존재한다면, 부분공간인 Q 역시 위의 (a), (b)를 만족한다. 이 경우 Q는 $\mathbb{R}^3$에서 원점을 지나가는 직선이다.

이상의 결과를 바탕으로 부분공간은 다음과 같이 정의할 수 있다.

요점 6.12 부분공간

P가 $\mathbb{R}^n$에서 하나 이상의 벡터를 포함하고 있는 벡터의 집합이라고 한다. 이때 만약 아래 두 개의 조건이 만족된다면 P는 $\mathbb{R}^n$에서의 부분공간으로 된다.

(S1) 만약 $(\vec{u}, \vec{v}) \in$ P이면 $(\vec{u}+\vec{v}) \in$ P이다. 이 경우 집합 P는 벡터의 합에 대하여 닫혀있다고 한다.

(S2) 만약 $\vec{u} \in$ P 이고 임의의 스칼라 α 가 주어졌을 경우 $\alpha\vec{u} \in$ P이다. 이 경우 집합 P는 스칼라곱에 대하여 닫혀있다고 한다.

위 요점의 (S2)에서 만약 $\alpha = 0$ 이라면 $\alpha\vec{u} = \vec{0} \in$ P로 된다. 이는 모든 부분공간은 영벡터 $\vec{0}$ 를 그 요소로 가진다는 것을 의미한다. 역으로 $\mathbb{R}^n$의 모든 집합에서 영벡터를 그 요소로 가지지 않는 집합은 $\mathbb{R}^n$의 부분공간이 아니라는 사실을 나타내는 것으로 볼 수 있다.

$\mathbb{R}^n$의 부분집합 중에서 부분공간으로 되는 것과 그렇지 않는 집합을 구별하는 것은 중요한 요소 중의 하나이다. 아래 예시한 $\mathbb{R}^2$의 네 개의 부분집합에서 하나만이 부분공간이다. 이를 확인하여 보자.

예제 6.10

[그림 6.5]에 주어진 네 개의 $\mathbb{R}^2$에서의 부분집합이 부분공간의 조건인 (S1)과 (S2)를 만족하는지를 확인하여 보자.

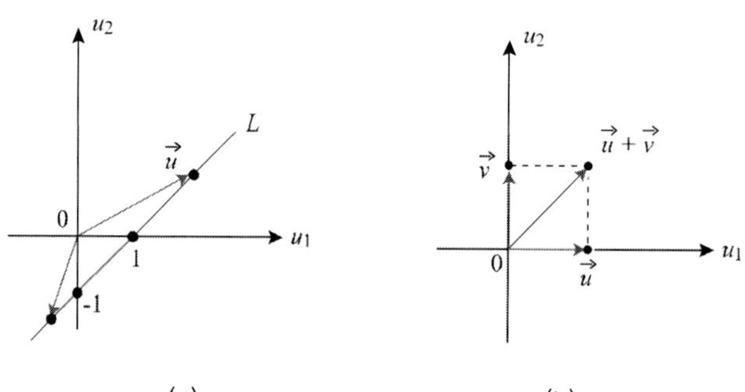

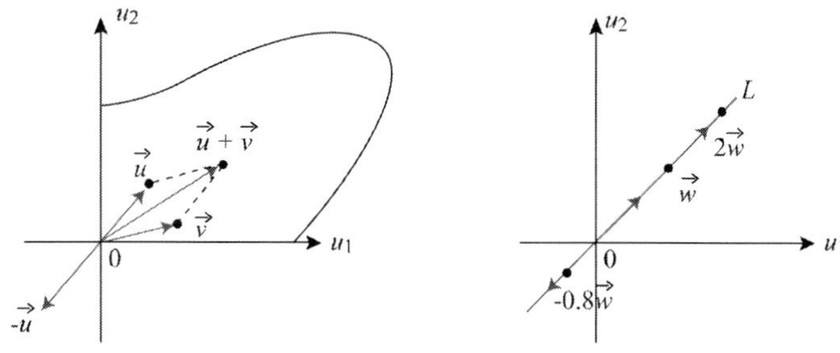

(c) (d)

그림 6.5 $\mathbb{R}^2$ 의 부분공간과 집합

풀이

(a)의 경우 : $u_1 - u_2 = 1$ 을 만족하는 직선상의 두 개의 점 (u_1, u_2)을 종점으로 가지는 모든 벡터의 집합을 U로 둔다. 다시 말하면 집합 U는 원점을 통과하지 않는 직선 L상의 모든 점으로서 구성된다. 이 사실은 영벡터 $\vec{0}$ 가 U에 포함되지 않는다는 것을 나타내고 있으므로 U는 $\mathbb{R}^2$ 의 부분공간이 아니다.

(b)의 경우 : $u_1 = 0$ 또는 $u_2 = 0$ 를 종점으로 가지는 모든 벡터로서 구성되는 집합을 U로 둔다. 이 경우 $\vec{u} = [1\ 0]$ 과 $\vec{v} = [0\ 1]$ 로 취하면 $\vec{u} + \vec{v} = [1\ 0] + [0\ 1] = [1\ 1]$ 로 되어 이는 U의 요소로 되지 않는다. 따라서 [요점 6.12]의 (S1)을 만족하지 않기 때문에 U는 $\mathbb{R}^2$ 의 부분공간이 아니다. 그러나 [요점 6.12]의 (S2)가 만족된다는 사실에 유의한다.

(c)의 경우 : U를 종점을 (u_1, u_2) (단 $u_1 \geq 0$,$u_2 \geq 0$ 이다) 에 가지는 모든 벡터의 집합이라고 한다. 이 경우 U는 $\mathbb{R}^2$ 평면의 첫 번째 사분면(quadrant)에 종점을 가지는 모든 벡터로서 구성된다. 따라서 U에 존재하는 두개의 벡터 $\vec{u}, \vec{v}$ 의 합 $\vec{u} + \vec{v}$ 역시 반드시 U에 존재([그림 6.5] 참조)하기 때문에 [요점 6.12]의 (S1)은 만족한다. 그러나 U 내의 임의의 영이 아닌 벡터 $\vec{u}$ 는 스칼라 -1에 대해 $(-1)\vec{u} = -\vec{u}$ 로 되어 U에 존재하지 않기 때문에 (S2)가 만족되지 않는다. 따라서 U는 $\mathbb{R}^2$ 의 부분공간으로 되지 않는다.

(d)의 경우 : 원점을 지나가는 직선 L 상의 점에 종점을 가지는 벡터의 집합을 U로 둔다. 이 경우 U에 존재하는 모든 벡터는, 직선 L과 동일한 방향을 가지는 고정된 값을 가지는 영이 아닌 벡터 $\vec{w}$ 의 스칼라배로 나타낼 수 있다. 따라서 U 내의 임의의 두 벡터 $\vec{u} = \alpha_1 \vec{w}$ 및 $\vec{v} = \alpha_2 \vec{w}$ 의 합은

$$\vec{u} + \vec{v} = \alpha_1 \vec{w} + \alpha_2 \vec{w} = (\alpha_1 + \alpha_2)\vec{w}$$

로 되어 $\vec{u} + \vec{v}$ 는 U에 포함되므로 (S1)이 만족된다. 다음, 만약 $\vec{u} = \beta \vec{w}$ 이고 α, β 가 임의의 값을 가진다면, $\alpha \vec{u} = \alpha(\beta \vec{w}) = (\alpha\beta)\vec{w}$ 로 되어 $\alpha \vec{u}$ 는 U에 포함되므로 (S2)가 성립한다. 따라서 U는 $\mathbb{R}^2$ 의 부분공간이다. 여기서 직선 L의 기울기는 부분공간의 조건과는 관련이 없기 때문에 원점을 지나가는 $\mathbb{R}^2$ 에서의 어떤 직선도 $\mathbb{R}^2$ 의 부분공간으로 된다는 점에 유의한다.

요점 6.13 **스팬을 이용한 부분공간의 정의**

> 만약 $S=\left\{\vec{v}_1, \vec{v}_2, \cdots, \vec{v}_k\right\}$가 $\mathbb{R}^n$에 포함되어 있는 벡터의 집합이라면 span S는 $\mathbb{R}^n$에서의 부분공간이다.

만약 위 요점에서 언급한 바와 같이 span S가 $\mathbb{R}^n$의 부분공간이라면 span S는 [요점 6.12]의 요건 (S1)과 (S2)을 만족할 것이다. 이 사실을 확인하여 보자. 설명을 간단히 하기 위하여 $k=2$인 경우, 즉 $S=\left\{\vec{v}_1, \vec{v}_2\right\}$를 대상으로 한다.

(S1)의 확인 : span S에 존재하는 두 벡터 $\vec{u}_1, \vec{u}_2$와 다음 관계를 만족하는 스칼라 x_1, x_2, y_1, y_2이 주어졌다고 한다.

$$\vec{u}_1 = x_1\vec{v}_1 + x_2\vec{v}_2, \quad \vec{u}_2 = y_1\vec{v}_1 + y_2\vec{v}_2$$

이때 두 벡터의 합은

$$\begin{aligned}\vec{u}_1 + \vec{u}_2 &= \left(x_1\vec{v}_1 + x_2\vec{v}_2\right) + \left(y_1\vec{v}_1 + y_2\vec{v}_2\right)\\ &= \left(x_1 + y_1\right)\vec{v}_1 + \left(x_2 + y_2\right)\vec{v}_2\\ &= \alpha\vec{v_1} + \beta\vec{v}_2, \quad \left(\alpha = x_1 + y_1, \beta = x_2 + y_2\right)\end{aligned}$$

로 되어 $\vec{u}_1, \vec{u}_2$는 두 개의 벡터 $\vec{v}_1$와 $\vec{v}_2$의 선형결합으로 표현된다. 따라서 $\vec{u}_1 + \vec{u}_2$는 span S 내에 존재한다.

(S2)의 확인 : span S에 존재하는 벡터 $\vec{u}_1 = x_1\vec{v}_1 + x_2\vec{v}_2$와 임의의 스칼라 s가 주어졌을 경우

$$s\vec{u} = s\left(x_1\vec{v}_1 + x_2\vec{v}_2\right) = \left(sx_1\right)\vec{v}_1 + \left(sx_2\right)\vec{v}_2 \equiv \alpha\vec{v}_1 + \beta\vec{v}_2$$

로 된다는 사실은 $s\vec{u}$가 span S에 존재한다는 것을 나타내고 있다.

[요점 6.13]은 공간 $\mathbb{R}^n$ 내에 존재하는 유한한 개수의 벡터의 스팬으로 이루어지는 공간,

즉 span S 는 항상 $\mathbb{R}^n$ 의 부분공간이라는 것을 나타내고 있다. 다시 말하면 $\mathbb{R}^n$ 내의 모든 부분공간은 그 부분공간 내에 존재하는 한정된 개수의 벡터의 스팬으로 이루어진다는 것이다. 이와 같이 스팬을 위한 한정된 개수의 벡터의 집합이 바로 앞에서 언급한 부분공간의 기저(basis)벡터로 된다.

예제 6.11

다음과 같이 $\mathbb{R}^3$ 에서 평면을 나타내는 방정식에 대하여 생각하여 보자.

$$2x + 6y - 4z = 0 \quad ①$$

풀이

①을 x 에 대하여 전개하면 $x = -3y + 2z$ 로 된다. 이 관계를 이용하면

$$\vec{x} = \begin{bmatrix} x \\ y \\ z \end{bmatrix} = s\begin{bmatrix} -3 \\ 1 \\ 0 \end{bmatrix} + t\begin{bmatrix} 2 \\ 0 \\ 1 \end{bmatrix} = s\vec{v}_1 + t\vec{v}_2 \quad ②$$

로 쓸 수 있으며, 이는 두 개의 벡터 $\{\vec{v}_1, \vec{v}_2\}$ 의 스팬을 나타내고 있다. 다시 말하면 ①을 만족하는 세 개의 변수 (x, y, z) , 즉 벡터 $\vec{x}$ 는 ②에서 정의된 두 개의 벡터 $\{\vec{v}_1, \vec{v}_2\}$ 의 스팬으로 이루어지는 원점을 지나가는 평면 P 상에 존재한다는 것을 의미한다([그림 6.6] 참조[21]).

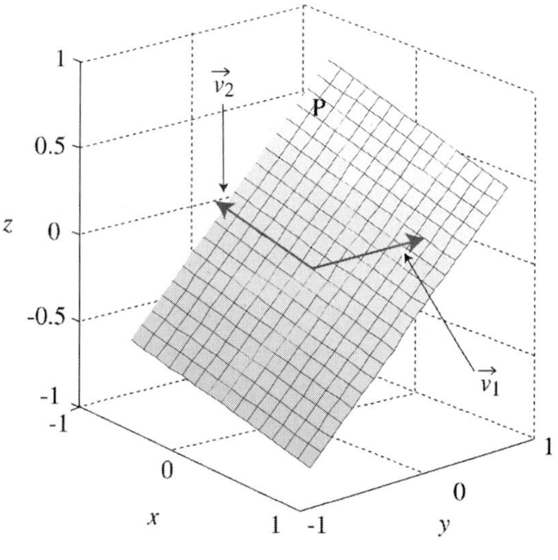

그림 6.6 [예제 6.11]의 평면

21) [그림 6.4]의 MATLAB 프로그램을 참조한다.

• 특별한 부분공간

공간 $\mathbb{R}^n$이 가지는 두 개의 특별한 부분공간을 소개한다. 첫 번째는 부분집합 $O=\{\vec{0}\}$로서 영벡터만을 가지는 집합이다. 또한 O은 [요점 6.12]의 부분공간을 위한 두 개의 조건 (S1)과 (S2)를 만족하기 때문에 $\mathbb{R}^n$의 부분공간으로 된다. 두 번째는 부분집합 U=$\mathbb{R}^n$으로 이 역시 상기의 조건 (S1)과 (S2)를 만족하므로 부분공간으로 된다. 즉 공간 $\mathbb{R}^n$ 전체 역시 부분공간이라는 것이다. 만약 $\mathbb{R}^n$의 부분공간이 위의 특별한 부분공간, 즉 O(즉 영벡터)와 $\mathbb{R}^n$ 전체를 포함하지 않는다면, 이를 프로퍼한 부분공간(proper subspace)이라고 한다. 따라서 $\mathbb{R}^2$에서 프로퍼한 부분공간으로 되기 위해서는 기하학적으로 원점을 지나가지 않는 직선에 의해 표현되는 공간이며, $\mathbb{R}^3$에서는 공간의 원점을 지나가지 않는 직선 또는 평면이 $\mathbb{R}^3$에서 프로퍼한 부분공간으로 된다([그림 6.5 (d)] 참조).

6.3.3 영공간, 행공간 및 열공간

크기가 $(m \times n)$인 행렬 $\boldsymbol{A}$는 m개의 행과 n개의 열을 가지고 있다. 식 (6.1)의 표현법을 이용하면 다음과 같은 표현이 가능하다.

$$\boldsymbol{A}_{(m\times n)} = \begin{bmatrix} \vec{a}_{1r} \\ \vec{a}_{2r} \\ \vdots \\ \vec{a}_{mr} \end{bmatrix} = \begin{bmatrix} \vec{a}_{1c} & \vec{a}_{2c} & \cdots & \vec{a}_{nc} \end{bmatrix} \tag{6.36}$$

여기서 $\vec{a}_{ir}$, $(i=1, \cdots, m)$는 행렬 $\boldsymbol{A}$의 행벡터, $\vec{a}_{cj}$, $(j=1, \cdots, n)$는 $\boldsymbol{A}$의 열벡터를 의미한다. 즉 행렬은 크기가 $(1\times n)$인 m 개의 행벡터 $\vec{a}_{ir}$, 혹은 크기가 $(m\times 1)$인 n 개의 열벡터 $\vec{a}_{cj}$로 이루어져 있는 것으로 볼 수 있다. 식 (6.36)과 같이 행렬을 행벡터 또는 열벡터의 집합으로 표현하면, 행렬과 관련된 중요한 개념을 다음과 같이 정리할 수 있다.

요점 6.14 행렬의 영공간, 행공간 및 열공간

$\boldsymbol{A}$ 를 임의의 $(m \times n)$ 인 행렬이라고 한다.

(1) 제차방정식 $\boldsymbol{A}\vec{x} = \vec{0}$ 의 모든 해의 집합을 $\boldsymbol{A}$ 의 영공간(null space)이라 하고

$$N(\boldsymbol{A}) = \{\vec{x} \in \mathbb{R}^n \,|\, \boldsymbol{A}\vec{x} = \vec{0}\} \in R^n \tag{6.37}$$

로 나타낸다.

(2) $\boldsymbol{A}$ 의 행벡터 $\vec{a}_{ir}, (i = 1, \cdots, m)$에 의하여 생성되는 공간을 행공간(row space)이라 하며 다음과 같이 나타낸다.

$$R(\boldsymbol{A}) = \text{span}\{\vec{a}_{1r}, \vec{a}_{2r}, \cdots, \vec{a}_{mr}\} \in \mathbb{R}^n \tag{6.38}$$

(3) $\boldsymbol{A}$ 의 열벡터 $\vec{a}_{cj}, (j = 1, \cdots, n)$에 의하여 생성되는 공간을 열공간(column space)이라 하며 다음과 같이 나타낸다.

$$C(\boldsymbol{A}) = \text{span}\{\vec{a}_{1c}, \vec{a}_{2c}, \cdots, \vec{a}_{nc}\} \in \mathbb{R}^m \tag{6.39}$$

위에서 언급한 세 가지 공간 중 특히 영공간은 연립 1 차방정식의 해를 구하는 과정에서 중요한 역할을 하는 부분공간이다. 여기서는 식 (6.37), 즉 $N(\boldsymbol{A}) \in \mathbb{R}^n$임을 확인하여 보자. 먼저 만약 $\vec{x}_1, \vec{x}_2 \in N(\boldsymbol{A})$이면 $\boldsymbol{A}\vec{x}_1 = \vec{0}$, $\boldsymbol{A}\vec{x}_2 = \vec{0}$ 이므로 이로부터 곱셈의 선형정리로부터 $\boldsymbol{A}(\vec{x}_1 + \vec{x}_2) = \boldsymbol{A}\vec{x}_1 + \boldsymbol{A}\vec{x}_2 = \vec{0} + \vec{0} = \vec{0}$ 로 됨을 알 수 있다. 이로부터 $\vec{x}_1 + \vec{x}_2 \in N(\boldsymbol{A})$이며, 또한 $\boldsymbol{A}(\alpha\vec{x}_1) = \alpha\boldsymbol{A}\vec{x}_1 = \alpha\vec{0} = \vec{0}$ 이므로 $\alpha\vec{x}_1 \in N(\boldsymbol{A})$이다. 따라서 [요점 6.9]에서 언급한 벡터공간의 조건을 전부 만족하므로 $N(\boldsymbol{A})$는 $\mathbb{R}^n$의 부분공간이다.

식 (6.39)로 정의되는 열공간은 간혹 $\boldsymbol{A}$ 의 치역(range)이라고 불리기도 한다. 이것은 6.2 절에서 설명한 연립 1 차방정식의 해를 구하는 과정과 밀접한 관계가 있다. 이를 알아보기 위해 식 (6.21)의 연립 1 차방정식 $\boldsymbol{A}\vec{x} = \vec{b}$ 를 생각하여 보자. 이것을 식 (6.36)의 표현법을 이용하면

$$\boldsymbol{A}\vec{x} = [\vec{a}_{c1}, \vec{a}_{c2}, \cdots \vec{a}_{cn}] \begin{bmatrix} x_1 \\ x_2 \\ \vdots \\ x_n \end{bmatrix} = x_1\vec{a}_{1c} + x_2\vec{a}_{2c} + \cdots + x_n\vec{a}_{nc} = \vec{b} \tag{6.40}$$

으로 된다. 여기서 해벡터 $\vec{x} \in \mathbb{R}^n$ 가 임의의 값을 가질 수 있는 것으로 가정한다면 $(m \times n)$인 행렬 $\boldsymbol{A}$ 에 대해서

$$C(\boldsymbol{A}) = \{\boldsymbol{A}\vec{x} \mid \vec{x} \in \mathbb{R}^n\} \tag{6.41}$$

이다. 따라서 연립 1 차방정식 $\boldsymbol{A}\vec{x} = \vec{b}$ 가 해를 가지기 위해서는 벡터 $\vec{b}$ 가 $\boldsymbol{A}$ 의 열공간의 원소(열벡터)로 되어야 한다는 것을 알 수 있다. 즉

$$\vec{b} \in C(\boldsymbol{A}) \tag{6.42}$$

로 되어야 한다.

예제 6.12

다음 연립 1 차방정식이 해를 가지는지의 여부를 확인하여라.

$$\begin{cases} x_1 + x_2 + x_3 + \ x_4 + \ x_5 = 2 \\ x_1 + x_2 + x_3 + 2x_4 + 2x_5 = 3 \\ x_1 + x_2 + x_3 + 2x_4 + 3x_5 = 2 \end{cases}$$

풀이

(a) 해석적인 방법에 의한 해 :

위 문제를 $\boldsymbol{A}\vec{x} = \vec{b}$ 로 표현하면

$$A = \left[\begin{array}{cccc:c} 1 & 1 & 1 & 1 & 1 \\ 1 & 1 & 1 & 2 & 2 \\ 1 & 1 & 1 & 2 & 3 \end{array}\right] = [\vec{a}_{1c}, \ \vec{a}_{2c}, \ \vec{a}_{3c}, \ \vec{a}_{4c} \ \vdots \ \vec{a}_{5c}], \ \vec{b} = \begin{bmatrix} 2 \\ 3 \\ 2 \end{bmatrix} \quad ①$$

이다. 이로부터

$$\vec{b} = \vec{a}_{1c} + 2\vec{a}_{4c} + (-1)\vec{a}_{5c} \in C(\boldsymbol{A}) \quad ②$$

이므로, $\vec{b}$ 가 $C(\boldsymbol{A})$ 에 포함되어 위 연립 1 차방정식은 해가 존재한다([예제 6.7] 참조). 일반적으로 ②와 같이 $C(\boldsymbol{A})$ 속에 벡터 $\vec{b}$ 가 포함되는지의 여부를 확인하기에는 많은 시간과 노력이 필요하다. 이를 확인하기 위한 다른 방법은 [예제 6.7]과 같이 확대방정식에 대해 가우스 소거법을 실시하는 것이다. 즉

$$\begin{bmatrix} 1 & 1 & 1 & 1 & 1 & 2 \\ 1 & 1 & 1 & 2 & 2 & 3 \\ 1 & 1 & 1 & 2 & 3 & 2 \end{bmatrix} \to \begin{bmatrix} 1 & 1 & 1 & 0 & 0 & 1 \\ 0 & 0 & 0 & 1 & 0 & 2 \\ 0 & 0 & 0 & 0 & 1 & -1 \end{bmatrix} \quad ③$$

이다. ③의 오른쪽 항을

$$\begin{bmatrix} 1 & 1 & 1 & 0 & 0 & 1 \\ 0 & 0 & 0 & 1 & 0 & 2 \\ 0 & 0 & 0 & 0 & 1 & -1 \end{bmatrix} = [\vec{a}'_{1c}, \ \vec{a}'_{2c}, \ \vec{a}'_{3c}, \ \vec{a}'_{4c}, \ \vec{a}'_{5c}, \ \vec{b}'] \quad ④$$

으로 두면

$$\vec{b}' = \vec{a}'_{1c} + 2\vec{a}'_{4c} + (-1)\vec{a}'_{5c} \in C(\boldsymbol{A}') = C(\boldsymbol{A}) \qquad ⑤$$

임을 쉽게 알 수 있다. 행연산을 실시한 행렬의 열공간은 원래 행렬의 열공간과 동일하다는 사실은 이미 언급한 바 있다.

(b) MATLAB를 이용한 방법[22)] :

```
>> A = sym([1 1 1 1 1; 1 1 1 2 2;1 1 1 2 3]);  % 행렬 A
>> b = sym([2 3 2]');col_S = colspace(A);  % A의 열공간
%
>> a_Gauss = rref([A b]) % 가우스 소거법의 결과

   col_S =                              a_Gauss =
      [ 1, 0, 0]                             [ 1, 1, 1, 0, 0,  1]
      [ 0, 1, 0]                             [ 0, 0, 0, 1, 0,  2]
      [ 0, 0, 1]                             [ 0, 0, 0, 0, 1, -1]
```

지금까지 설명한 공간의 개념을 이용하여 연립 1 차방정식의 해의 존재조건에 대하여 다시 한 번 생각하여 보기로 한다. 해의 존재가능성에 대해서는 이미 여러 번 언급한 바 있지만, 여기서는 영공간(null space)의 개념을 이용하여 설명하기로 한다. 이해를 돕기 위하여 다음과 같은 두 개의 미지수와 두 개의 방정식으로 이루어진 1 차방정식

$$\begin{aligned} &a_{11}x_1 + a_{12}x_2 = 0,\ (a_{11},\ a_{12}\text{는 모두 0이 아니다}) \\ &a_{21}x_1 + a_{22}x_2 = 0,\ (a_{21},\ a_{22}\text{는 모두 0이 아니다}) \end{aligned} \qquad (6.43\ \text{a})$$

을 생각하자. 위 식을 행렬을 이용하여 표시하면

$$\begin{bmatrix} a_{11} & a_{12} \\ a_{21} & a_{22} \end{bmatrix}\begin{bmatrix} x_1 \\ x_2 \end{bmatrix} = \begin{bmatrix} 0 \\ 0 \end{bmatrix} \rightarrow \boldsymbol{A}\vec{x} = \vec{0} \rightarrow \begin{bmatrix} \vec{a}_{1c} & \vec{a}_{2c} \end{bmatrix}\vec{x} = \vec{0} \qquad (6.43\ \text{b})$$

이다. 따라서 식 (6.43)이 해를 가지기 위해서는 $\vec{b} \in C(\boldsymbol{A})$를 만족해야 하지만, 이 경우 $\vec{b} = \vec{0}$ 이므로 항상 이 조건이 성립한다. 즉

22) [예제 6.12]는 부록으로 제공되는 파일 'Example_6_12'를 MATLAB 명령어 publish에 적용, 즉 '>> publish('Example_6_12')'의 형식으로 실행하면 풀이과정을 확인할 수 있다.

$$x_1\vec{a}_{1c}+x_2\vec{a}_{2c}=\vec{0} \tag{6.44}$$

인 경우는 a) $x_1=x_2=0$, b) $x_1\vec{a}_{1c}=-x_2\vec{a}_{2c}$ 이다. 이때 각각의 해가 가지는 의미를 생각하여 보자.

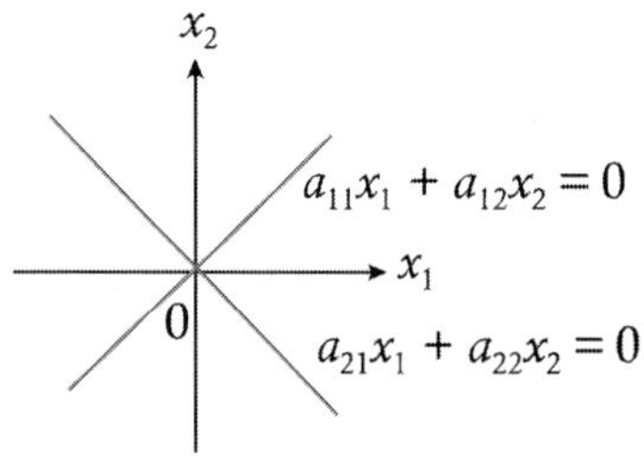

(a) 유일한 해

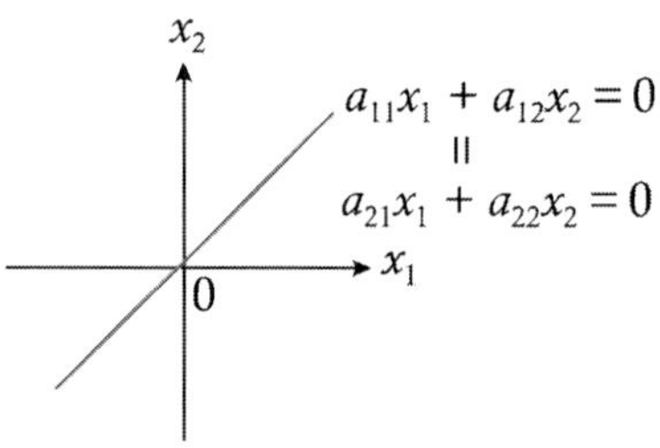

(b) 무한개의 해

그림 6.7 식 (6.43)의 표현

a) $x_1=x_2=0$인 경우 : 식 (6.43 a)의 두 개의 방정식이 [그림 6.7 (a)]와 같이 원점 $(x_1, x_2)=(0, 0)$을 지나가는 경우를 의미하며, 이것은 식 $\boldsymbol{A}\vec{x}=\vec{0}$ 에서 알 수 있다시피 $\vec{x}=[0,\ 0]^T$ 는 주어진 연립방정식을 당연히 만족한다. 이와 같이 해 벡터의 모든 요소가 영(즉 영벡터)인 해를 자명해(trivial solution)라고 한다.

b) $x_1\vec{a}_{1c}=-x_2\vec{a}_{2c}$인 경우 : [그림 6.7 (b)]와 같이 식 (6.43 a)의 두 방정식이 일치하여 완전히 겹치므로 무한개의 해가 존재한다. 이것은 사실상 두 개의 미지수에 방정식은 하나뿐인 경우, 즉 과소결정계에 해당한다. 따라서 연립방정식의 해는 하나의 자유변수를 이용하여 표현할 수 있다. 예를 들어 $x_2=k$, (k 는 임의의 상수)로 두면 $x_1=-(a_{12}/a_{11})x_2$ 의 관계에 있으므로 해벡터 표현식의 하나로서

$$\vec{x}=k\begin{bmatrix}-(a_{12}/a_{11})\\ 1\end{bmatrix} \tag{6.45}$$

로 될 수 있다. 또한 식 (6.37)로부터 식 (6.45)은 $\vec{x}\in N(\boldsymbol{A})$라는 사실은 쉽게 확인할 수 있을 것이다. 이와 같이 해벡터 중에서 영벡터가 아닌 해를 비자명한 해(non trivial solution)라고 한다.

위의 사실을 정리하면 다음과 같다. 식 (6.43 a)의 연립 1 차방정식이 비자명한 해를 가지

기 위해서는 $x_1\vec{a}_{1c} = -x_2\vec{a}_{2c}$ 인 관계를 만족해야 한다. 이 관계는 $\vec{a}_{1c} = -\left(\dfrac{x_2}{x_1}\right)\vec{a}_{2c}$ 를 의미하므로 이것은 식 (6.43 b)의 행렬 $\boldsymbol{A}$ 의 두 열벡터가 서로 선형종속의 관계에 있음을 나타내고 있다. 따라서 만약 $x_1\vec{a}_{1c} \neq -x_2\vec{a}_{2c}$ 인 경우, 즉 두 열벡터가 선형독립인 경우에는 식 (6.43 a)의 연립방정식은 자명한 해, 즉 $\vec{x} = \vec{0}$ 만을 가진다는 것을 알 수 있다.

일반적으로 n 개의 벡터 $\vec{v}_i$, $(i = 1, 2, \cdots, n)$가 선형독립인지의 여부를 결정하기 위해서는 식 (6.30)을 풀어서 $\alpha_1 = \alpha_2 = \cdots = \alpha_m = 0$ 인지를 확인하여야 한다. 이러한 과정은 [요점 6.9]를 이용하면 그리 어렵지 않게 확인할 수 있다.

예제 6.13

다음 행렬의 영공간에 대한 기저와 차원을 구하여 보자.

$$\boldsymbol{A} = \begin{bmatrix} 3 & -1 & -1 & -3 \\ -2 & 2 & -2 & 2 \\ -1 & -1 & 3 & 1 \end{bmatrix}$$

풀이

(a) 해석적인 방법에 의한 해 :

영공간 $N(\boldsymbol{A})$는 제차방정식 $\boldsymbol{A}\vec{x} = \vec{0}$ 의 모든 해로서 이루어지는 까닭에, 연립방정식의 일반해를 구할 필요가 있다. 확대방정식을 가우스 소거법에 의하여 전개하면

$$[\boldsymbol{A} \mid \vec{0}\,] = \begin{bmatrix} 3 & -1 & -1 & -3 & 0 \\ -2 & 2 & -2 & 2 & 0 \\ -1 & -1 & 3 & 1 & 0 \end{bmatrix} \rightarrow \begin{bmatrix} 0 & -4 & 8 & 0 & 0 \\ 0 & 4 & -8 & 0 & 0 \\ -1 & -1 & 3 & 1 & 0 \end{bmatrix}$$

$$\rightarrow \begin{bmatrix} 1 & 0 & -1 & -1 & 0 \\ 0 & 1 & -2 & 0 & 0 \\ 0 & 0 & 0 & 0 & 0 \end{bmatrix} \qquad ①$$

로 되어 ①의 마지막 항으로부터

$$x_1 - x_3 - x_4 = 0, \quad x_2 - 2x_3 = 0 \qquad ②$$

를 얻는다. 이 연립방정식은 네 개의 미지수에 두 개의 방정식을 가지므로, 두 개의 자유변수가 존재한다. 이를 $x_3 = k_1$, $x_4 = k_2$ 라 하면[23)]

---

23) 자유변수의 선정은 임의적이지만, 일반적으로 가우스 소거법을 실시한 마지막 단계에서 주축열의 주축성분(즉 피봇(pivot))이 '1'인 항을 기본변수로 취하고, 나머지를 자유변수로 하는 것이 식의 표기상 편리하다.

$$\vec{x} = \begin{bmatrix} k_1+k_2 \\ 2k_1 \\ k_1 \\ k_2 \end{bmatrix} = k_1 \begin{bmatrix} 1 \\ 2 \\ 1 \\ 0 \end{bmatrix} + k_2 \begin{bmatrix} 1 \\ 0 \\ 0 \\ 1 \end{bmatrix} = k_1 \vec{v}_1 + k_2 \vec{v}_2 \quad ③$$

이고, 여기서 k_1과 k_2는 임의의 실수이다. 따라서 ③으로부터

$$N(\boldsymbol{A}) = \text{span}\{\vec{v}_1, \vec{v}_2\} \quad ④$$

이다. ③에서 알 수 있다시피 두 개의 벡터 $\vec{v}_1$과 $\vec{v}_2$는 분명히 독립이므로 이들은 $N(\boldsymbol{A})$의 기저를 이루고 있으므로 $\dim(N(\boldsymbol{A}))=2$ 이다.

(b) MATLAB를 이용한 방법[24] :

```
>> A = sym([3 -1 -1 -3;-2 2 -2 2;-1 -1 3 1]);
>> X = null(A)                     % Ax=0의 해를 확인한다
>> A*X                             % Ax=0으로 됨을 확인한다.

  X =                              A*X
  [ 1, 1]                            =
  [ 2, 0]                           [ 0, 0]
  [ 1, 0]                           [ 0, 0]
  [ 0, 1]                           [ 0, 0]
```

6.3.4 행렬의 랭크

임의의 행렬에 행연산을 반복적으로 수행하면, 위의 예제에서 본 것과 같은 위삼각행렬로 변환이 가능하다. 즉

$$\boldsymbol{A} \rightarrow \boldsymbol{A}_1 \rightarrow \boldsymbol{A}_2 \rightarrow \cdots \rightarrow \boldsymbol{A}_R \quad (6.46)$$

와 같이 나타낼 수 있다. 어떠한 행렬에 대해서도 기본행연산의 결과 얻어진 행렬 $\boldsymbol{A}_R$은 다음과 같은 성질을 가진다.

(1) 행의 모든 성분이 영으로 되는 것은 $\boldsymbol{A}_R$의 마지막 행에서 나타난다[25].

24) [예제 6.13]은 부록으로 제공되는 파일 'Example_6_13_15'를 MATLAB 명령어 publish에 적용, 즉 '>> publish('Example_6_13_15')'의 형식으로 실행하면 풀이과정을 확인할 수 있다.

25) A_R의 마지막 행이란, 행연산의 결과 얻어진 행렬에서 '위삼각' 블록 바깥쪽의 첫 번째 행을 의미한다.

(2) A_R의 모든 행의 성분에서 첫 번째 영이 아닌 값은 항상 '1'로 된다. 이것을 그 행의 선두 '1'(leading 1)이라고 한다.
(3) 선두 '1' 아래에 있는 열의 모든 성분 값은 항상 영이다.
(4) i 번째 행의 선두 '1'은 항상 $j, (i < j)$ 번째 행의 왼쪽에 나타난다.

위와 같은 네 가지 성질을 가지는 행렬은 RREF(row reduced echelon form)를 가진다고 한다. RREF와 관련하여 다음 사실이 알려져 있다.

요점 6.15 RREF의 유일성

임의의 행렬에 연속적인 행연산을 적용하여 얻은 RREF는 유일하다.

다음에 행렬이 가질 수 있는 몇 가지의 RREF를 나타내었다[26].

(a) $\boldsymbol{I}_n$ (b) $\boldsymbol{0}_{m \times n}$ (c) $\begin{bmatrix} 1 & * & * & * \\ 0 & 0 & 0 & 0 \\ 0 & 0 & 0 & 0 \end{bmatrix}$ (d) $\begin{bmatrix} 1 & * & * & * \end{bmatrix}$

(e) $\begin{bmatrix} 1 \\ 0 \\ 0 \end{bmatrix}$ (f) $\begin{bmatrix} 1 & 0 & * & \cdots & * \\ 0 & 1 & * & \cdots & * \end{bmatrix}$ (g) $\begin{bmatrix} 1 & 0 \\ 0 & 1 \\ 0 & 0 \\ 0 & 0 \end{bmatrix}$

만약 $\boldsymbol{A}_R$이 행렬 $\boldsymbol{A}$의 RREF라고 한다면, $\boldsymbol{A}$의 랭크(rank $\boldsymbol{A}$로 표기)는 $\boldsymbol{A}_R$에 존재하는 선두 '1'의 개수와 같다. 이것은 바로 $\boldsymbol{A}_R$의 행공간의 차원, 즉 $\dim\{R(\boldsymbol{A}_R)\}$를 의미한다. 그런데 앞서 설명한 바와 같이, 행연산을 수행한 임의 행렬의 행공간과 원래 행렬의 행공간은 동일하므로 행렬의 랭크는 다음과 같이 정의할 수 있다.

$$\dim R(\boldsymbol{A}) = \dim R(\boldsymbol{A}_R) = \mathrm{rank}(\boldsymbol{A}) \tag{6.47}$$

식 (6.47)을 이용하면 위의 RREF 행렬의 예 (a)~(g)의 랭크는 각각 $n, 0, 1, 1, 1, 2$ 및 2 이다.
행렬의 랭크는 그 행렬이 가지는 영공간의 차원 $\dim N(\boldsymbol{A})$와 밀접한 관계가 있다. 일반적으로 제차방정식 $\boldsymbol{A}\vec{x} = \vec{0}$의 일반해의 차원은 자유변수의 개수에 의존한다는 것은 이미 언

26) *는 임의의 값을 가질 수 있음을 의미한다.

급하였다. 즉 [예제 6.13]에서는 두 개의 자유변수가 존재하여 일반해는 $\vec{x} = k_1\vec{v}_1 + k_2\vec{v}_2$ 이다. 이때 자유변수의 개수(이를 연립방정식의 자유도라고 하였다)는 $\dim N(\boldsymbol{A})$이며, 이를 보통 행렬 $\boldsymbol{A}$ 의 퇴화차수(nullity)라 하며 Nullity($\boldsymbol{A}$)로 표기한다. 즉

$$\dim N(\boldsymbol{A}) = \text{Nullity}(\boldsymbol{A}) \tag{6.48}$$

이다. 이상의 사실을 정리하면 다음과 같다.

요점 6.16 행렬의 랭크와 퇴화차수

$\boldsymbol{A}$ 를 $(m\times n)$ 인 행렬이라 하면

$$\dim N(\boldsymbol{A}) = n - \dim R(\boldsymbol{A}) \tag{6.49}$$

이다. 이것은 다음과 같이 표현가능하다.

(자유변수의 개수) = ($\boldsymbol{A}$ 의 열의 수(=미지수의 수)) − (독립인 행벡터의 개수)

따라서 식 (6.49)로부터

$$\text{rank}(\boldsymbol{A}) = n - \dim N(\boldsymbol{A}) \tag{6.50}$$

가 성립한다.

이상의 사실을 앞에서 다룬 예제들에 적용하여 보자. 우선 [예제 6.5]의 확대행렬 $\widetilde{\boldsymbol{A}}$ 를 가우스 소거법을 적용하면

$$\widetilde{\boldsymbol{A}} = \left[\begin{array}{ccc:c} 1 & -2 & 1 & 0 \\ 0 & 2 & -8 & 8 \\ -4 & 5 & 9 & -9 \end{array}\right] \to \left[\begin{array}{ccc:c} 1 & -2 & 0 & -3 \\ 0 & 1 & 0 & 16 \\ 0 & 0 & 1 & 3 \end{array}\right]$$

$$\to \left[\begin{array}{ccc:c} 1 & 0 & 0 & 29 \\ 0 & 1 & 0 & 16 \\ 0 & 0 & 1 & 3 \end{array}\right] = \widetilde{\boldsymbol{A}_R}$$

이다. 위 식으로부터 [예제 6.5]의 행렬 $\boldsymbol{A}$ 에 대한 다음 사실을 확인할 수 있다.

$$\text{rank}(\boldsymbol{A}) = \dim R(\boldsymbol{A}) = \dim C(\boldsymbol{A}) = \text{rank}(\widetilde{\boldsymbol{A}}) = 3$$

같은 방법으로 [예제 6.7 (b)]에서 다룬 행렬에 대해서도 가우스 소거법을 실시하면

$$\widetilde{\boldsymbol{A}} = \begin{bmatrix} 1 & 1 & 1 & 1 & 1 & \vdots & 2 \\ 1 & 1 & 1 & 2 & 2 & \vdots & 3 \\ 1 & 1 & 1 & 2 & 3 & \vdots & 2 \end{bmatrix} \rightarrow \begin{bmatrix} 1 & 1 & 1 & 0 & 0 & \vdots & 1 \\ 0 & 0 & 0 & 1 & 0 & \vdots & 2 \\ 0 & 0 & 0 & 0 & 1 & \vdots & -1 \end{bmatrix} = \widetilde{\boldsymbol{A}_R}$$

이며, 식 (6.50)으로부터

$$\text{rank}(\boldsymbol{A}) = \dim R(\widetilde{\boldsymbol{A}}) = 5 - 2 = 3$$

임을 확인할 수 있다.

비제차방정식 $\boldsymbol{A}\vec{x} = \vec{b}$ 의 해가 존재하기 위한 조건은 식 (6.42), 즉 $\vec{b} \in C(\boldsymbol{A})$ 이었다. 이 조건은 벡터 $\vec{b}$ 를 행렬 $\boldsymbol{A}$ 에 포함시킨 확대행렬 $\widetilde{\boldsymbol{A}}$ 에 대한 다음의 식과 동일하다는 것을 쉽게 이해할 수 있을 것이다.

$$\text{rank}(\boldsymbol{A}) = \text{rank}(\widetilde{\boldsymbol{A}}) = \text{rank}(\widetilde{\boldsymbol{A}_R}) \tag{6.51}$$

다시 말해서, 기존행렬 $\boldsymbol{A}$에 $\vec{b}$ 를 추가하여 확대행렬을 만들었을 경우에도 원래 행렬이 갖는 랭크는 변화가 없어야 한다는 것이다.

지금까지 설명한 행렬의 랭크와 관련된 내용을 이용하여 6.2절에서 취급한 연립 1차방정식의 일반해를 구하는 방법에 대한 몇 가지를 예를 들어본다.

예제 6.14

다음 제차방정식의 일반해를 구하여 보자.

$$\boldsymbol{A}\vec{x} = \begin{bmatrix} 1 & 1 & 1 & 1 \\ 1 & -1 & -1 & 1 \\ 2 & 0 & 0 & 2 \end{bmatrix} \begin{bmatrix} x_1 \\ x_2 \\ x_3 \\ x_4 \end{bmatrix} = \vec{0}$$

풀이

(a) 해석적인 방법에 의한 해 :
행렬 $\boldsymbol{A}$ 에 대하여 가우스 소거법을 실행하여 RREF로 고치면

$$\begin{bmatrix} 1 & 1 & 1 & 1 \\ 1 & -1 & -1 & 1 \\ 2 & 0 & 0 & 2 \end{bmatrix} \rightarrow \begin{bmatrix} 1 & 1 & 1 & 1 \\ 0 & -2 & -2 & 0 \\ 2 & 0 & 0 & 2 \end{bmatrix} \rightarrow \begin{bmatrix} 1 & 1 & 1 & 1 \\ 0 & 1 & 1 & 0 \\ 2 & 0 & 0 & 2 \end{bmatrix}$$

27) [예제 6.14]는 부록으로 제공되는 파일 'Example_6_14'를 MATLAB 명령어 publish에 적용, 즉 '>> publish('Example_6_14')'의 형식으로 실행하면 풀이과정을 확인할 수 있다.

$$\rightarrow \begin{bmatrix} 1 & 1 & 1 & 1 \\ 0 & 1 & 1 & 0 \\ 0 & -2 & -2 & 0 \end{bmatrix} \rightarrow \begin{bmatrix} 1 & 1 & 1 & 1 \\ 0 & 1 & 1 & 0 \\ 0 & 0 & 0 & 0 \end{bmatrix} \rightarrow \begin{bmatrix} 1 & 0 & 0 & 1 \\ 0 & 1 & 1 & 0 \\ 0 & 0 & 0 & 0 \end{bmatrix} \quad ①$$

①의 마지막 행렬로부터 제차방정식은

$$x_1 + x_4 = 0$$
$$x_2 + x_3 = 0 \quad ②$$

로 되어 두 개의 자유변수를 가진다는 것을 알 수 있다. 앞서 언급한 바와 같이 자유변수로 $x_3 = k_1$ 및 $x_4 = k_2$ 로 두면 $x_1 = -k_2$ 및 $x_2 = -k_1$ 으로 된다. 이를 해벡터로 표시하면

$$\vec{x} = k_1 \begin{bmatrix} 0 \\ -1 \\ 1 \\ 0 \end{bmatrix} + k_2 \begin{bmatrix} -1 \\ 0 \\ 0 \\ 1 \end{bmatrix} = k_1 \vec{v}_1 + k_2 \vec{v}_2 \quad ③$$

이다. 따라서 행렬 $\boldsymbol{A}$ 의 영공간은

$$N(\boldsymbol{A}) = \text{span}\left\{\vec{v}_1, \vec{v}_2\right\} \quad ④$$

이므로 식 (6.50)으로부터

$$\text{rank}(\boldsymbol{A}) = n - \dim N(\boldsymbol{A}) = 4 - 2 = 2$$

임을 알 수 있다.

b) MATLAB를 이용한 방법[27) :

```
>> A = sym([1 1 1 1;1 -1 -1 1;2 0 0 2]);
>> a_gauss = rref(A)
>> X = null(sym(A))
>> display(sprintf('행렬 A 의 rank = %g',rank((double(A)))))
```

예제 6.15

다음 연립 1 차방정식의 일반해를 구하여 보자.

$$\begin{cases} x_1 + x_2 + x_3 = 1 \\ 2x_1 + 2x_2 + 2x_3 = 2 \\ 3x_1 + 3x_2 + 3x_3 = 3 \end{cases}$$

풀이

확대행렬에 대한 가우스 소거법을 실행하면[28]

$$\begin{bmatrix} 1 & 1 & 1 & 1 \\ 2 & 2 & 2 & 2 \\ 3 & 3 & 3 & 3 \end{bmatrix} \rightarrow \begin{bmatrix} 1 & 1 & 1 & 1 \\ 0 & 0 & 0 & 0 \\ 0 & 0 & 0 & 0 \end{bmatrix}$$

이다. 따라서 위에 대한 연립 1 차방정식은

$$x_1 + x_2 + x_3 = 1$$

이므로 세 개의 미지수에 대하여 하나의 방정식만이 존재하므로 두 개의 자유변수를 가진다. 이를 각각 $x_2 = k_1$ 및 $x_3 = k_2$ 로 두면 $x_1 = 1 - k_1 - k_2$ 이므로 해 벡터는

$$\vec{x} = \begin{bmatrix} 1 \\ 0 \\ 0 \end{bmatrix} + k_1 \begin{bmatrix} -1 \\ 1 \\ 0 \end{bmatrix} + k_2 \begin{bmatrix} -1 \\ 0 \\ 1 \end{bmatrix} \equiv \begin{bmatrix} 1 \\ 0 \\ 0 \end{bmatrix} + k_1 \vec{x}_1 + k_2 \vec{x}_2$$

이다. 여기서 벡터 $[1\ 0\ 0]^T$ 는 연립방정식의 특수해이며, 두 개의 벡터 $\vec{x}_1$ 와 $\vec{x}_2$ 는 영공간의 기저이다.

예제 6.16

다음과 같이 변수 a, b 를 포함하는 연립 1 차방정식의 해를 구하여 보자.

$$\begin{cases} 2x_2 + 4x_3 + 2x_4 = 2 \\ -x_1 + x_2 + 3x_3 + 2x_4 = 2 \\ x_1 + 2x_2 + 3x_3 + x_4 = b \\ -2x_1 - x_2 + ax_4 = 1 \end{cases}$$

풀이

(a) 해석적인 방법에 의한 해 :

위 식을 $\boldsymbol{A}\vec{x} = \vec{b}$ 의 형식으로 고친 뒤 확대방정식에 대한 가우스 소거법을 실행하면

$$\begin{bmatrix} 0 & 2 & 4 & 2 & 2 \\ -1 & 1 & 3 & 2 & 2 \\ 1 & 2 & 3 & 1 & b \\ 2 & -1 & 0 & a & 1 \end{bmatrix} \rightarrow \begin{bmatrix} 1 & -1 & -3 & -2 & -2 \\ 0 & 1 & 2 & 1 & 1 \\ 0 & 3 & 6 & 3 & b+2 \\ 0 & -3 & -6 & a-4 & -3 \end{bmatrix}$$

$$\rightarrow \begin{bmatrix} 1 & 0 & -1 & -1 & -1 \\ 0 & 1 & 2 & 1 & 1 \\ 0 & 0 & 0 & 0 & b-1 \\ 0 & 0 & 0 & a-1 & 0 \end{bmatrix} \quad ①$$

28) [예제 6.15]는 부록으로 제공되는 파일 'Example_6_13_15'를 MATLAB 명령어 publish에 적용, 즉 '>> publish('Example_6_13_15')'의 형식으로 실행하면 풀이과정을 확인할 수 있다.

이다. $a=1$ 이라면 가우스 소거법은 여기서 종료된다. 이때 $b \neq 1$ 이라면 위 연립1차방정식의 해는 존재하지 않는다. $b=1$ 이라면 네 개의 미지수에 두 개의 방정식이 존재하므로 두 개의 자유변수가 필요하다. 이를 $x_3=k_1$ 및 $x_4=k_2$ 로 두면 일반해는

$$\vec{x} = \begin{bmatrix} -1 \\ 1 \\ 0 \\ 0 \end{bmatrix} + k_1 \begin{bmatrix} 1 \\ -1 \\ 1 \\ 0 \end{bmatrix} + k_2 \begin{bmatrix} 1 \\ -2 \\ 0 \\ 1 \end{bmatrix} \qquad ②$$

로 된다[29]. 다음에 $a \neq 1$ 이라면 ①의 마지막 행렬의 네 번째 행을 $(a-1)$로 나누고 세 번째 행과 교환하면

$$\begin{bmatrix} 1 & 0 & -1 & -1 & -1 \\ 0 & 1 & 2 & 1 & 1 \\ 0 & 0 & 0 & 1 & 0 \\ 0 & 0 & 0 & 0 & b-1 \end{bmatrix} \qquad ③$$

이다. 여기서도 $b \neq 1$ 이면 해는 존재하지 않고, $b=1$ 이면 네 개의 미지수에 세 개의 방정식이 존재하므로 한 개의 자유변수가 필요하다. 이를 $x_3=k_1$ 으로 두면 일반해는

$$\vec{x} = \begin{bmatrix} -1 \\ 1 \\ 0 \\ 0 \end{bmatrix} + k_1 \begin{bmatrix} 1 \\ -2 \\ 1 \\ 0 \end{bmatrix} \qquad ④$$

이다.

b) MATLAB를 이용한 방법 : M file인 'Example_6_16'을 참조한다.

29) 일반해의 표현방법은 ②가 유일한 것이 아니다. 이것은 앞에서 다룬 예제에서도 마찬가지이다.

연습문제

1. (1) $x_1 + x_2 - x_3 = 1$의 해를 구하여라.

(2) $\begin{cases} x_1 + x_2 - x_3 = 1 \\ x_1 + x_2 + x_3 = -1 \end{cases}$ 의 해를 구하여라.

(3) 문제 (2)의 해와 (1)의 해 사이에는 어떤 관계가 있는가?

2. 가우스 소거법을 이용하여 다음 연립방정식의 해를 구하여라.

(1) $\begin{cases} 0.5x_1 + 3.5x_2 = 5.7 \\ -x_1 + 5x_2 = 7.8 \end{cases}$

(2) $\begin{cases} 0.8x_1 + 1.2x_2 - 0.6x_3 = -7.8 \\ 2.6x_1 + 1.7x_3 = 15.3 \\ 4.0x_1 - 7.3x_2 - 1.5x_3 = 1.1 \end{cases}$

(3) $\begin{cases} x_2 + x_3 = -2 \\ 4x_2 + 6x_3 = -12 \\ x_1 + x_2 + x_3 = 2 \end{cases}$

(4) $\begin{cases} 4x_2 + 4x_3 = 24 \\ 3x_1 - 11x_2 - 2x_3 = -6 \\ 6x_1 - 17x_2 + 1x_3 = 18 \end{cases}$

(5) $\begin{cases} 2x_1 - x_2 + 3x_3 = -1 \\ -4x_1 + 2x_2 - 6x_3 = 2 \end{cases}$

(6) $\begin{cases} x_2 + x_3 - 2x_4 = 0 \\ -4x_1 - x_2 - x_3 + 2x_4 = -4 \\ -2x_1 + 3x_2 + 3x_3 - 6x_4 = -2 \end{cases}$

(7) $\begin{cases} 3x_2 + 7x_3 - 4x_4 = -46 \\ 5x_1 + 4x_2 + 8x_3 + x_4 = 7 \\ 8x_1 + 4x_3 - 2x_4 = 0 \\ -x_1 + 6x_2 + 2x_4 = 13 \end{cases}$

(8) $\begin{cases} x_1 - x_2 + x_3 = 54 \\ 2x_1 - 4x_2 + 3x_3 = 0 \\ x_1 - 6x_2 + 2x_3 = 3 \end{cases}$

3. 주어진 벡터가 선형독립인지의 여부를 확인하여라.

(1) $\vec{v}_1 = \begin{bmatrix} 3 \\ -2 \\ 0 \\ 4 \end{bmatrix}, \vec{v}_2 = \begin{bmatrix} 5 \\ 0 \\ 0 \\ 1 \end{bmatrix}, \vec{v}_3 = \begin{bmatrix} -6 \\ 1 \\ 0 \\ 1 \end{bmatrix}, \vec{v}_4 = \begin{bmatrix} 2 \\ 0 \\ 0 \\ 3 \end{bmatrix}$

(2) $\vec{v}_1 = \begin{bmatrix} 1 \\ 1 \\ 0 \end{bmatrix}, \vec{v}_2 = \begin{bmatrix} 1 \\ 0 \\ 0 \end{bmatrix}, \vec{v}_3 = \begin{bmatrix} 1 \\ 1 \\ 1 \end{bmatrix}$

(3) $\vec{v}_1 = \begin{bmatrix} 6 \\ 0 \\ 3 \\ 1 \\ 4 \\ 2 \end{bmatrix}, \vec{v}_2 = \begin{bmatrix} 0 \\ -1 \\ 2 \\ 7 \\ 0 \\ 5 \end{bmatrix}, \vec{v}_3 = \begin{bmatrix} 12 \\ 3 \\ 0 \\ -19 \\ 8 \\ -11 \end{bmatrix}$

(4) $\vec{v}_1 = \begin{bmatrix} 3 \\ 4 \\ 7 \end{bmatrix}, \vec{v}_2 = \begin{bmatrix} 2 \\ 0 \\ 3 \end{bmatrix}, \vec{v}_3 = \begin{bmatrix} 8 \\ 2 \\ 3 \end{bmatrix}, \vec{v}_4 = \begin{bmatrix} 5 \\ 5 \\ 6 \end{bmatrix}$

(5) $\vec{v}_1 = \begin{bmatrix} 1 \\ 2 \\ 3 \\ 4 \end{bmatrix}, \vec{v}_2 = \begin{bmatrix} 2 \\ 3 \\ 4 \\ 5 \end{bmatrix}, \vec{v}_3 = \begin{bmatrix} 3 \\ 4 \\ 5 \\ 6 \end{bmatrix}, \vec{v}_4 = \begin{bmatrix} 4 \\ 5 \\ 6 \\ 7 \end{bmatrix}$

4. 다음 행렬의 랭크와 각 행렬에 대한 열공간과 행공간의 기저를 구하여라.

(1) $\begin{bmatrix} 1 & -2 \\ 0 & 0 \\ -3 & 6 \end{bmatrix}$ (2) $\begin{bmatrix} 8 & 2 & 5 \\ 16 & 6 & 29 \\ 4 & 0 & -7 \end{bmatrix}$ (3) $\begin{bmatrix} 0 & -2 & 1 & 3 \\ 1 & 4 & 0 & 7 \\ 5 & 5 & 5 & 5 \end{bmatrix}$

(4) $\begin{bmatrix} 0 & 3 & 4 \\ -3 & 0 & -5 \\ -4 & 5 & 0 \end{bmatrix}$ (5) $\begin{bmatrix} 8 & 0 & 4 \\ 0 & 2 & 0 \\ 4 & 0 & 2 \\ 0 & 4 & 0 \end{bmatrix}$ (6) $\begin{bmatrix} 1 & 0 & 3 & 0 \\ 0 & 5 & 8 & -37 \\ 3 & 8 & 7 & 0 \\ 0 & -37 & 0 & 37 \end{bmatrix}$

5. 비제차방정식 $\boldsymbol{A}\vec{x} = \vec{b}$ 의 해 $\vec{x}$ 는 제차방정식 $\boldsymbol{A}\vec{x} = \vec{0}$의 해를 $\vec{x}_h$, $\boldsymbol{A}\vec{x} = \vec{b}$ 의 특수해를 $\vec{x}_0$라 할 때

$$\vec{x} = \overrightarrow{x_h} + \vec{x}_0$$

의 형식으로 주어진다는 것을 증명하여라.

6. 다음에 주어진 연립방정식 (1), (2)의 일반해를 가우스 소거법을 사용하여 구하고, 이것이 문제 5의 결과와 일치한다는 것을 보여라.

(1) $\begin{cases} 3x_1 + 5x_2 - 4x_3 = 0 \\ -3x_1 - 2x_2 + 4x_3 = 0 \\ 6x_1 + x_2 - 8x_3 = 0 \end{cases}$ (2) $\begin{cases} 3x_1 + 5x_2 - 4x_3 = 7 \\ -3x_1 - 2x_2 + 4x_3 = -1 \\ 6x_1 + x_2 - 8x_3 = -4 \end{cases}$

7. 다음을 간단히 증명하여라.

(1) $\text{rank}(\boldsymbol{B}^T\boldsymbol{A}^T) = \text{rank}(\boldsymbol{A}\boldsymbol{B})$

(2) $\text{rank}(\boldsymbol{A}) = \text{rank}(\boldsymbol{B})$ 가 $\text{rank}(\boldsymbol{A}^2) = \text{rank}(\boldsymbol{B}^2)$를 의미하지 않는다는 하나의 예를 들어보아라.

(3) $\boldsymbol{A}$가 정방행렬이 아니라면, 행벡터 또는 열벡터 중에는 선형독립으로 되지 않는 것이 반드시 존재한다는 것을 증명하여라.

(4) 두 행렬의 곱의 랭크는 두 행렬의 랭크의 중 큰 값을 가지는 것보다 항상 같거나 작다는 것을 증명하여라. 즉

$$\text{rank}(\boldsymbol{A}\boldsymbol{B}) \le \max\{\ \text{rank}(\boldsymbol{A}),\ \text{rank}(\boldsymbol{B})\}$$

를 확인하여라.

CHAPTER 7

역행렬과 고유값 문제

7.1 정방행렬의 행렬식
7.2 역행렬
7.3 고유값 문제
7.4 행렬의 대각화

제6장에서 언급한 행렬에 관한 기초지식을 바탕으로 정방행렬의 역행렬을 구하는 방법과, 행렬의 응용에 있어서 중요한 역할을 맡고 있는 고유값과 고유벡터 등의 문제를 다루기로 한다.

7.1 정방행렬의 행렬식

임의의 정방행렬 $\boldsymbol{A}$에 실수 $f(\boldsymbol{A})$를 대응시키는 행렬변수의 실수값 함수(real-valued function of a matrix variable)를 행렬 $\boldsymbol{A}$의 행렬식(determinant)이라고 하며

$$\det \boldsymbol{A} \quad \text{또는} \quad |\boldsymbol{A}| \tag{7.1}$$

로 표기한다. 이와 같은 행렬식은 행렬이론의 전개에 중요한 역할을 하고 있는데, 이 중 연립 1 차방정식의 풀이와 관련된 것으로 다음이 있다.

(1) 제차방정식

$$\begin{cases} a_{11}x + a_{12}y + a_{13}z = 0 \\ a_{21}x + a_{22}y + a_{23}z = 0 \\ a_{31}x + a_{32}y + a_{33}z = 0 \end{cases} \tag{7.2}$$

이 비자명한 해를 가지기 위한 필요충분조건은 식 (7.2)의 계수로 구성되는 행렬의 행렬식이 영으로 되어야 한다는 것이다. 즉

$$\begin{vmatrix} a_{11} & a_{12} & a_{13} \\ a_{21} & a_{22} & a_{23} \\ a_{31} & a_{32} & a_{33} \end{vmatrix} = 0 \tag{7.3}$$

이다.

(2) 크라머의 법칙을 사용하여 연립 1차방정식의 해를 얻기 위해서는 행렬식의 계산이 필요하다.

(3) 2차원 공간상[1]에 적당한 값을 가지는 두 개의 벡터 $\vec{v}_1$과 $\vec{v}_2$로 이루어지는 평행사변형의 면적은, 두 벡터로 행렬을 만들었을 때 그 행렬에 대한 행렬식의 절대값과 같다([그림 7.1] 참조). 즉

$$\text{abs}\left(\det\left[\vec{v}_1,\ \vec{v}_2\right]\right) = \text{ 평행사변형의 면적} \qquad (7.4)^{2)}$$

이다.

(4) [그림 7.2]와 같이 3차원 공간상에 적당한 크기를 가지는 세 개의 벡터로서 이루어는 직육면체의 체적은, 세 개의 벡터로 이루어진 행렬에 대한 행렬식의 절대값과 같다. 즉

$$\text{abs}\left(\det\left[\vec{v}_1, \vec{v}_2, \vec{v}_3\right]\right) = \text{ 직육면체의 체적} \tag{7.5}$$

이다.

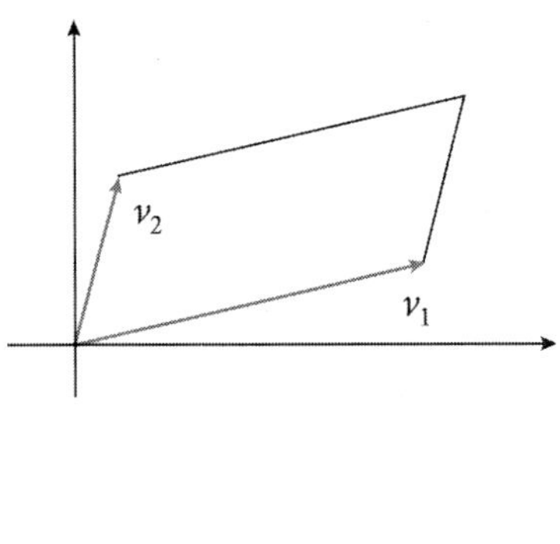

그림 7.1 평면상의 두 벡터

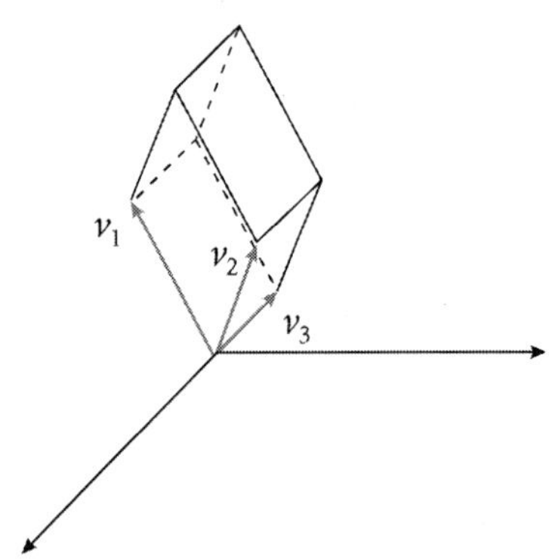

그림 7.2 공간상의 세 벡터

1) 2차원 공간이란 다시 말하면 평면을 의미한다.
2) abs는 절대값(absolute)을 취하였다는 것을 나타낸다.

2차(2×2) 또는 3차(3×3) 행렬의 행렬식은 [그림 7.3]과 같은 사루스의 법칙(Sarrus' law)에 의하여 전개하여 그 값을 구하는 것이 보통이다. 즉 그림으로부터

$$\det \boldsymbol{A} = \det \begin{vmatrix} a_{11} & a_{12} \\ a_{21} & a_{22} \end{vmatrix} = a_{11}a_{22} - a_{12}a_{21} \tag{7.6}$$

또는

$$\det \boldsymbol{A} = \det \begin{bmatrix} a_{11} & a_{12} & a_{13} \\ a_{21} & a_{22} & a_{23} \\ a_{31} & a_{32} & a_{33} \end{bmatrix} = \begin{vmatrix} a_{11} & a_{12} & a_{13} \\ a_{21} & a_{22} & a_{23} \\ a_{31} & a_{32} & a_{33} \end{vmatrix} \tag{7.7}$$

$$= a_{11}a_{22}a_{33} + a_{12}a_{23}a_{31} + a_{13}a_{21}a_{32} - a_{13}a_{22}a_{31} - a_{12}a_{21}a_{33} - a_{11}a_{23}a_{32}$$

임을 쉽게 확인할 수 있다.

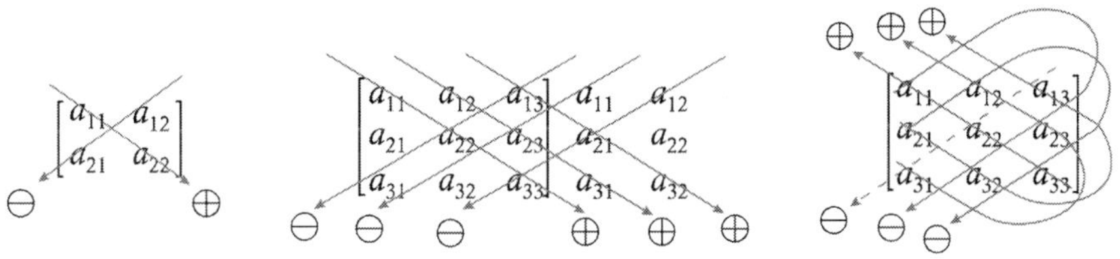

그림 7.3 행렬식의 계산방법

[그림 7.3]에서 설명한 사루스의 법칙은 4 차 이상의 행렬에 대한 행렬식의 계산에는 사용할 수 없음을 강조해 둔다. 고차($n \geq 4$)인 행렬의 행렬식을 구하기 위해서는 라플라스 전개를 사용하며, 이를 위해서는 다음 사항이 필요하다.

7.1.1 소행렬식과 여인자

정방행렬 $\boldsymbol{A} = [a_{ij}]_n$에서 i 번째 행과 j 번째 열을 삭제한 소행렬의 행렬식을 $\boldsymbol{M}_{ij}$ 로 표기하고 이것을 $\boldsymbol{A}$의 요소 a_{ij}에 대한 소행렬식(minor)이라 한다. 예를 들어

$$\boldsymbol{A} = \begin{bmatrix} 1 & -1 & 2 \\ 0 & -2 & 3 \\ 4 & -4 & 6 \end{bmatrix} \tag{7.8}$$

인 경우, 행렬 $\boldsymbol{A}$의 첫 번째 행에 대한 세 개의 소행렬식은 각각 다음과 같다.

$$\boldsymbol{M}_{11} = \begin{vmatrix} -2 & 3 \\ -4 & 6 \end{vmatrix}, \quad \boldsymbol{M}_{12} = \begin{vmatrix} 0 & 3 \\ 4 & 6 \end{vmatrix}, \quad \boldsymbol{M}_{13} = \begin{vmatrix} 0 & -2 \\ 4 & -4 \end{vmatrix}$$

요소 a_{ij} 에 대하여 $C_{ij} = (-1)^{i+j}\boldsymbol{M}_{ij}$ 로 정의된 양을 a_{ij} 의 여인자(cofactor)라고 하며, 식 (7.8)의 첫 번째 행 $a_{1i}, (i = 1,2,3)$ 에 대한 여인자는 각각

$$C_{11} = (-1)^2 \begin{vmatrix} -2 & 3 \\ -4 & 6 \end{vmatrix}, \quad C_{12} = (-1)^3 \begin{vmatrix} 0 & 3 \\ 4 & 6 \end{vmatrix}, \quad C_{13} = (-1)^4 \begin{vmatrix} 0 & -2 \\ 4 & -4 \end{vmatrix}$$

로 주어진다. 3차 행렬 $\boldsymbol{A}$ 의 행렬식 (7.7)을 제 1 열의 요소로 정돈하면

$$\begin{aligned} \det \boldsymbol{A} &= \begin{vmatrix} a_{11} & a_{12} & a_{13} \\ a_{21} & a_{22} & a_{23} \\ a_{31} & a_{32} & a_{33} \end{vmatrix} \\ &= a_{11}(a_{22}a_{33} - a_{23}a_{32}) + a_{21}(a_{13}a_{32} - a_{12}a_{33}) + a_{31}(a_{12}a_{13} - a_{13}a_{22}) \end{aligned} \tag{7.9}$$

이고, 위 오른쪽 항의 괄호 속은 제 1 열에 대한 요소에 대한 여인자 C_{11}, C_{21}, C_{31}과 같으므로 식 (7.9)는

$$\det \boldsymbol{A} = a_{11}C_{11} + a_{21}C_{21} + a_{31}C_{31}$$

이다. 이것은 $\boldsymbol{A}$의 제 1 열의 각 요소와 그 요소에 대한 여인자를 곱한 것을 전부 더한 것으로, 행렬 $\boldsymbol{A}$의 제 1 열에 대한 라플라스 전개(Laplace expansion) 또는 여인자 전개(cofactor expansion)라고 한다. 또한 식 (7.7)을 제 1 행과 제 1 열 또는 제 2 행과 제 2 열 또는 제 3 행과 제 3 열의 각 요소에 관해서 정돈하면

$$\begin{aligned} \det \boldsymbol{A} &= a_{11}C_{11} + a_{12}C_{12} + a_{13}C_{13} = a_{11}C_{11} + a_{21}C_{21} + a_{31}C_{31} \\ &= a_{21}C_{21} + a_{22}C_{22} + a_{23}C_{23} = a_{12}C_{12} + a_{22}C_{22} + a_{32}C_{32} \\ &= a_{31}C_{31} + a_{32}C_{32} + a_{33}C_{33} = a_{13}C_{13} + a_{23}C_{23} + a_{33}C_{33} \end{aligned} \tag{7.10}$$

로 나타낼 수 있다. 이로부터 임의의 행이나 열을 이용하면 행렬 $\boldsymbol{A}$의 행렬식 $\det \boldsymbol{A}$를 라플라스 전개식으로 표현되어 그 계산이 간단해 진다. 이를 정리하면 다음과 같다.

요점 7.1 행렬식의 계산

$A = [a_{ij}]_n$ 의 행렬식은 다음과 같이 계산된다.

$$\det A = a_{i1}C_{i1} + a_{i2}C_{i2} + \cdots + a_{in}C_{in} = \sum_{j=1}^{n}(-1)^{i+j}a_{ij}M_{ij} \quad (7.11\text{ a})$$

(제 i 행에 의한 라플라스 전개)

$$\det A = a_{1j}C_{1j} + a_{2j}C_{2j} + \cdots + a_{nj}C_{nj} = \sum_{i=1}^{n}(-1)^{i+j}a_{ij}M_{ij} \quad (7.11\text{ b})$$

(제 j 열에 의한 라플라스 전개)

행렬식의 계산을 효율적으로 수행하기 위해서는 먼저 기본행연산을 실시하여 될 수 있는 한 특정한 행 또는 열에 0인 요소가 많이 나오도록 한 후에 식 (7.11)을 적용한다.

예제 7.1

다음 행렬의 행렬식을 계산하여 보자.

$$A = \begin{bmatrix} 3 & 5 & -2 & 6 \\ 1 & 2 & -1 & 1 \\ 2 & 4 & 1 & 5 \\ 3 & 7 & 5 & 3 \end{bmatrix}$$

풀이

(a) 해석적인 방법에 의한 해 :
먼저 주어진 행렬에 대한 기본행연산을 수행한다.

$$A = \begin{bmatrix} 3 & 5 & -2 & 6 \\ 1 & 2 & -1 & 1 \\ 2 & 4 & 1 & 5 \\ 3 & 7 & 5 & 3 \end{bmatrix} \xrightarrow[\substack{R_3 \to (-2)R_2 + R_3 \\ R_4 \to (-3)R_2 + R_4}]{R_1 \to (-3)R_2 + R_1} \begin{bmatrix} 0 & -1 & 1 & 3 \\ 1 & 2 & -1 & 1 \\ 0 & 0 & 3 & 3 \\ 0 & 1 & 8 & 0 \end{bmatrix} = \tilde{A} \quad ①$$

다음 행렬 $\tilde{A}$ 의 제1열에 대한 라플라스 전개를 실행하면

$$\det A = \det\tilde{A} = (-1)^{2+1}\begin{vmatrix} -1 & 1 & 3 \\ 0 & 3 & 3 \\ 1 & 8 & 0 \end{vmatrix} \quad ②$$

이다. ②의 크기 (3×3)인 행렬식의 계산을 간단히 하기 위하여 기본행연산을 한 번 더 수행하면

$$\det \boldsymbol{A} = (-1)^{2+1}\begin{vmatrix} -1 & 1 & 3 \\ 0 & 3 & 3 \\ 1 & 8 & 0 \end{vmatrix} \xrightarrow[R_3 \to R_1 + R_3]{} (-1)^{2+1}\begin{vmatrix} -1 & 1 & 3 \\ 0 & 3 & 3 \\ 0 & 9 & 3 \end{vmatrix} = \det \boldsymbol{A} \qquad ③$$

로 되어 3×3인 행렬식의 계산이 간단해진다. 즉 ③에 대하여 제1열에 대한 라플라스 전개를 적용하면 행렬 $\boldsymbol{A}$ 의 행렬식은

$$\det \boldsymbol{A} = (-1)^{2+1}(-1)^{1+1}(-1)\begin{vmatrix} 3 & 3 \\ 9 & 3 \end{vmatrix} = -18$$

이다.

(b) MATLAB를 이용한 방법 :

```
>> A = sym([3 5 -2 6;1 2 -1 1;2 4 1 5;3 7 5 3]);
>> E1 = sym([1 -3 0 0;0 1 0 0;0 0 1 0;0 0 0 1]);% 2행x(-3)하여 1행에 더한다.
>> E2 = sym([1 0 0 0;0 1 0 0;0 -2 1 0;0 0 0 1]);% 2행x(-2)하여 3행에 더한다.
>> E3 = sym([1 0 0 0;0 1 0 0;0 0 1 0;0 -3 0 1]);% 2행x(-3)하여 4행에 더한다.
>> At = E3*E2*E1*A % (1) 식의 확인
>> det(A),det(At) % 두 값의 비교
```

```
At =
 [ 0, -1,  1, 3]
 [ 1,  2, -1, 1]
 [ 0,  0,  3, 3]
 [ 0,  1,  8, 0]
```

예제 7.2

다음과 같은 위삼각행렬의 행렬식을 계산하여 보자.

$$\boldsymbol{A} = \begin{bmatrix} 2 & 7 & -3 & 8 \\ 0 & -3 & 7 & 5 \\ 0 & 0 & 6 & 7 \\ 0 & 0 & 0 & 2 \end{bmatrix}$$

풀이

행렬의 모양으로부터 쉽게 알 수 있는 바와 같이 제1열에 가장 많은 '0'이 있으므로 제1열에 대한 라플라스 전개를 계속적으로 수행하면 간단히 행렬식을 얻을 수 있다.

$$\det\boldsymbol{A} = \begin{vmatrix} 2 & 7 & -3 & 8 \\ 0 & -3 & 7 & 5 \\ 0 & 0 & 6 & 7 \\ 0 & 0 & 0 & 2 \end{vmatrix} = (2)(-1)^{1+1}\begin{vmatrix} -3 & 7 & 5 \\ 0 & 6 & 7 \\ 0 & 0 & 2 \end{vmatrix}$$

$$= (2)(-1)^{1+1}(-3)\begin{vmatrix} 6 & 7 \\ 0 & 2 \end{vmatrix} = -72$$

7.1.2 행렬식의 성질

행렬식을 능률적으로 계산하기 위해서는 다음과 같은 행렬식의 성질을 이용하면 편리하다.

[성질 1] : 행벡터 또는 열벡터의 요소가 전부 0의 값을 가지는 경우

n차 행렬 $\boldsymbol{A}$의 한 행(또는 열)벡터의 모든 요소가 0의 값을 가진다면

$$\det \boldsymbol{A} = |\boldsymbol{A}| = 0 \tag{7.12}$$

이다. 이 사실은 $\boldsymbol{A}$의 제 i 행 벡터가 영벡터라면 식 (7.11)로부터

$$\det \boldsymbol{A} = 0 \cdot C_{i1} + 0 \cdot C_{i2} + \cdots + 0 \cdot C_{in} = 0$$

이므로 성립한다.

[성질 2] : 행 또는 열벡터의 스칼라곱[3)]

n차 행렬 $\boldsymbol{A}$의 하나의 행(또는 열)벡터에 스칼라 $k, (\neq 0)$를 곱한 행렬 $\boldsymbol{B}$의 행렬식은

$$\det \boldsymbol{B} = k \det \boldsymbol{A}\,,\ (\text{단 } k \neq 0) \tag{7.13}$$

이다. 이 사실은 행렬 $\boldsymbol{A}$의 제 i 행 벡터를 k배한 행렬을 $\boldsymbol{B}$라 하면 식 (7.11)를 이용하여 $\boldsymbol{B}$의 i 행에 대한 라플라스 전개를 수행하면

$$\begin{aligned}\det \boldsymbol{B} &= k a_{i1} C_{i1} + k a_{i2} C_{i2} + \cdots + k a_{in} C_{in} \\ &= k(a_{i1} C_{i1} + a_{i2} C_{i2} + \cdots + a_{in} C_{in}) = k \det \boldsymbol{A}\end{aligned} \tag{7.14}$$

로 되어 식 (7.13)이 성립함을 알 수 있다. 예를 들어

$$\boldsymbol{A} = \begin{bmatrix} 1 & -1 & 2 \\ 3 & 1 & 4 \\ 0 & -2 & 5 \end{bmatrix} \xrightarrow{R_2 \to 4R_2} \begin{bmatrix} 1 & -1 & 2 \\ 12 & 4 & 16 \\ 0 & -2 & 5 \end{bmatrix} = \boldsymbol{B}$$

인 경우, $\det \boldsymbol{A} = 16$ 및 $\det \boldsymbol{B} = 64$이다. 이것은 다음과 같이 확인할 수 있다.

---

3) 기본행연산 (p.234)의 (iii)에 해당

$$\det \boldsymbol{B} = \det\begin{bmatrix} 1 & -1 & 2 \\ 12 & 4 & 16 \\ 0 & -2 & 5 \end{bmatrix} = 4 \cdot \det\begin{bmatrix} 1 & -1 & 2 \\ 3 & 1 & 4 \\ 0 & -2 & 5 \end{bmatrix} = 4\det \boldsymbol{A} = (4)(16) = 64$$

[성질 3] : 행 또는 열벡터의 분해

세 개의 n차 행렬 $\boldsymbol{A}$, $\boldsymbol{B}$ 및 $\boldsymbol{C}$ 사이에 다음의 관계가 성립한다고 가정한다. 즉 세 행렬의 제 i 번째 행(또는 제 j 번째 열)벡터를 제외한 나머지 행(또는 열)벡터가 모두 같으며, 행렬 $\boldsymbol{C}$ 의 제i 번째 행(또는 제 j 번째 열)벡터는 $\boldsymbol{A}$와 $\boldsymbol{B}$의 제 i 번째 행(또는 제 j 번째 열)벡터의 합으로 주어졌다고 한다. 이 경우 세 행렬의 행렬식 사이에 다음의 관계가 성립한다.

$$\det \boldsymbol{C} = \det \boldsymbol{A} + \det \boldsymbol{B} \tag{7.15}$$

이 사실은 다음과 같이 확인할 수 있다. 먼저 행렬 $\boldsymbol{C}$의 제 i 행에 대한 라플라스 전개를 이용하여 행렬식을 계산하면

$$\det \boldsymbol{C} = (a_{i1} + b_{i1})C_{i1}(\boldsymbol{C}) + (a_{i2} + b_{i2})C_{i2}(\boldsymbol{C}) + \cdots + (a_{in} + b_{in})C_{in}(\boldsymbol{C}) \tag{7.16}$$

이다. 여기서 $C_{ij}(\boldsymbol{C})$, $(j = 1, \cdots, n)$는 행렬 $\boldsymbol{C}$의 요소인 c_{ij}, $(j = 1, \cdots, n)$의 여인자를 의미한다. 이때 식 (7.15)의 오른쪽 항을 a_{ij}, $(j = 1, \cdots, n)$과 b_{ij}, $(j = 1, \cdots, n)$로 분리하면

$$\begin{aligned} \det \boldsymbol{C} = & \left[a_{i1}C_{i1}(\boldsymbol{C}) + a_{i2}C_{i2}(\boldsymbol{C}) + \cdots + a_{in}C_{in}(\boldsymbol{C})\right] \\ & + \left[b_{i1}C_{i1}(\boldsymbol{C}) + b_{i2}C_{i2}(\boldsymbol{C}) + \cdots + b_{in}C_{in}(\boldsymbol{C})\right] \end{aligned} \tag{7.17}$$

이다. 그런데 행렬 $\boldsymbol{A}$ 와 $\boldsymbol{C}$, $\boldsymbol{B}$ 와 $\boldsymbol{C}$ 는 i 번째 행을 제외하고는 같은 값을 가지므로 $j = 1, \cdots, n$에 대하여

$$C_{ij}(\boldsymbol{C}) = C_{ij}(\boldsymbol{A}), \; C_{ij}(\boldsymbol{C}) = C_{ij}(\boldsymbol{B}) \tag{7.18}$$

이다. 이것을 식 (7.17)에 적용하면

$$\begin{aligned} \det \boldsymbol{C} = & \left[a_{i1}C_{i1}(\boldsymbol{A}) + a_{i2}C_{i2}(\boldsymbol{A}) + \cdots + a_{in}C_{in}(\boldsymbol{A})\right] \\ & + \left[b_{i1}C_{i1}(\boldsymbol{B}) + b_{i2}C_{i2}(\boldsymbol{B}) + \cdots + b_{in}C_{in}(\boldsymbol{B})\right] \\ = & \det \boldsymbol{A} + \det \boldsymbol{B} \end{aligned} \tag{7.19}$$

가 성립한다. 예를 들어

$$\boldsymbol{A}=\begin{bmatrix} 1 & -1 & 2 \\ 3 & 1 & 4 \\ 0 & -2 & 5 \end{bmatrix},\ \boldsymbol{B}=\begin{bmatrix} 1 & -6 & 2 \\ 3 & 2 & 4 \\ 0 & 4 & 5 \end{bmatrix},\ \boldsymbol{C}=\begin{bmatrix} 1 & (-1-6) & 2 \\ 3 & (1+2) & 4 \\ 0 & (-2+4) & 5 \end{bmatrix}$$

라면 $\det \boldsymbol{A}=16$ 및 $\det \boldsymbol{B}=108$이므로

$$\begin{aligned}\det \boldsymbol{C} &= \begin{bmatrix} 1 & (-1-6) & 2 \\ 3 & (1+2) & 4 \\ 0 & (-2+4) & 5 \end{bmatrix} \\ &= \det\begin{bmatrix} 1 & -1 & 2 \\ 3 & 1 & 4 \\ 0 & -2 & 5 \end{bmatrix} + \det\begin{bmatrix} 1 & -6 & 2 \\ 3 & 2 & 4 \\ 0 & 4 & 5 \end{bmatrix} = 16+108=124\end{aligned}$$

이다.

[성질 4] : 행 또는 열벡터의 교환[4)]

n차 행렬 $\boldsymbol{A}$의 임의의 두 행(또는 열)벡터를 서로 교환한 행렬 $\boldsymbol{B}$의 행렬식을 $\det \boldsymbol{B}$라 하면

$$\det \boldsymbol{B} = -\det \boldsymbol{A} \tag{7.20}$$

가 성립한다. 위 사실은 다음과 같이 확인 가능하다. 예를 들어 $\boldsymbol{A}$의 i번째 행을 $i+1$번째 행과 교환한 것을 $\boldsymbol{B}$라 두면

$$\boldsymbol{A}=\begin{bmatrix} a_{11} & a_{12} & \cdots & a_{1n} \\ \vdots & \vdots & & \vdots \\ a_{i1} & a_{i2} & \cdots & a_{in} \\ a_{i+1,1} & a_{i+1,2} & \cdots & a_{i+1,n} \\ \vdots & \vdots & & \vdots \\ a_{n1} & a_{n2} & \cdots & a_{nn} \end{bmatrix} \xrightarrow{R_i \to R_{i+1}} \begin{bmatrix} a_{11} & a_{12} & \cdots & a_{1n} \\ \vdots & \vdots & & \vdots \\ a_{i+1,1} & a_{i+2,2} & \cdots & a_{i+1,n} \\ a_{i1} & a_{i2} & \cdots & a_{in} \\ \vdots & \vdots & & \vdots \\ a_{n1} & a_{n2} & \cdots & a_{nn} \end{bmatrix} = \boldsymbol{B} \tag{7.21}$$

이다. 여기서 $\det \boldsymbol{A}$를 위해 행렬 $\boldsymbol{A}$의 i번째 행에 대한 라플라스 전개와, 또한 $\det \boldsymbol{B}$의 계산을 위해 행렬 $\boldsymbol{B}$의 $i+1$번째 행에 대한 라플라스 전개는 각각

$$\det \boldsymbol{A} = a_{i1}C_{i1}(\boldsymbol{A}) + a_{i2}C_{i2}(\boldsymbol{A}) + \cdots + a_{in}C_{in}(\boldsymbol{A}) \tag{7.22 a}$$

$$\det \boldsymbol{B} = a_{i1}C_{i+1,1}(\boldsymbol{B}) + a_{i2}C_{i+1,2}(\boldsymbol{B}) + \cdots + a_{in}C_{i+1,n}(\boldsymbol{B}) \tag{7.22 b}$$

4) 기본행연산 (p234)의 (i)에 해당

와 같다. 그런데

$$C_{ij}(\boldsymbol{A}) = (-1)^{i+j}\boldsymbol{M}_{ij} \tag{7.23 a}$$

$$C_{i+1,j}(\boldsymbol{B}) = (-1)^{i+1+j}\boldsymbol{M}_{ij} \tag{7.23 b}$$

이므로 식 (7.23 b)는 다음과 같이 고쳐 쓸 수 있다.

$$C_{i+1,j}(\boldsymbol{B}) = (-1)^{i+1+j}\boldsymbol{M}_{ij} = -(-1)^{i+j}\boldsymbol{M}_{ij} = -C_{ij}(\boldsymbol{A}) \tag{7.24}$$

식 (7.24)로부터 식 (7.20)이 성립함을 알 수 있다.

[성질 5] : 행 또는 열벡터의 비례

n차 행렬 $\boldsymbol{A}$의 두 행(또는 열)벡터가 같거나 또는 비례한다면 그의 행렬식은 영이다. 즉

$$\det \boldsymbol{A} = 0 \tag{7.25}$$

이 사실은 위의 [성질 4]와 [성질 2]를 이용하면 확인할 수 있다. 먼저 $\boldsymbol{A}$의 제 i 번째 행벡터와 제 j 번째 행벡터가 서로 같다고 하고, 이들 두 행벡터를 서로 교환한 행렬을 $\boldsymbol{B}$라 하면, 성질(4)로부터 $\det \boldsymbol{B} = -\det \boldsymbol{A}$이다. 그러나 $\boldsymbol{B}$는 $\boldsymbol{A}$와 같은 행렬이므로 $\det \boldsymbol{A} = -\det \boldsymbol{A}$, 즉 $2\det \boldsymbol{A} = 0$으로부터 $\det \boldsymbol{A} = 0$을 얻는다.

둘째, $\boldsymbol{A}$의 제 j 번째 행벡터가 제 i 번째 행벡터의 스칼라 k, $(k \neq 0)$배라 하면, [성질 2]로부터 $\det \boldsymbol{A}$는 k를 앞으로 가져오면 $k \det \boldsymbol{A}'$로 된다. 여기서 $\boldsymbol{A}'$는 i 번째 행과 j 번째 행이 서로 같은 행렬이므로 그의 행렬식은 0으로 된다. 따라서 $\det \boldsymbol{A} = 0$이다. 예를 들어

$$\det\begin{bmatrix} 2 & 1 & 3 \\ 4 & 2 & 6 \\ 1 & 3 & 1 \end{bmatrix} = 2\det\begin{bmatrix} 2 & 1 & 3 \\ 2 & 1 & 3 \\ 1 & 3 & 1 \end{bmatrix} = 2 \cdot 0 = 0$$

이다.

[성질 6] : 한 행 또는 열벡터를 k배 하여 다른 행 또는 열벡터에 더함

n차 행렬 $\boldsymbol{A}$의 한 행(또는 열)벡터를 스칼라 k, $(k \neq 0)$배 하여 다른 행(또는

열)벡터에 더한 행렬 $\boldsymbol{B}$의 행렬식은 행렬 $\boldsymbol{A}$의 행렬식과 같다. 즉

$$\det \boldsymbol{B} = \det \boldsymbol{A} \tag{7.26}$$

이다. 이 사실은 [성질 3]으로부터 확인할 수 있다. 즉

$$\boldsymbol{A} \xrightarrow{R_j \to R_j + kR_i} \boldsymbol{B}$$

라 하면 $\boldsymbol{B}$의 j번째 행은

$$[b_{j1},\ b_{j2},\ \cdots,\ b_{jn}] = [a_{j1} + ka_{i1},\ a_{j2} + ka_{i2},\ \cdots,\ a_{jn} + ka_{in}] \tag{7.27}$$

으로 되어 [성질 3]에 의하여

$$\det \boldsymbol{B} = \det \boldsymbol{A} + \det \boldsymbol{C} \tag{7.28}$$

로 된다. 여기서 행렬 $\boldsymbol{C}$의 j번째 행은 i번째 행을 k배 한 것이기 때문에 [성질 5]에 의하여 $\det \boldsymbol{C} = 0$이고, 따라서 $\det\boldsymbol{B} = \det \boldsymbol{A}$가 성립한다.

[성질 7] : 한 행의 요소와 다른 행의 여인자와의 곱

$\boldsymbol{A}$를 n차의 행렬이라 할 때 제 i행의 요소와 제 j행의 여인자와의 곱은 0이다. 즉

$$\sum_{k=1}^{n} a_{ik} C_{jk}(\boldsymbol{A}) = 0,\ (i \neq j) \tag{7.29}$$

위 사실은 다음과 같이 증명할 수 있다. 행렬 $\boldsymbol{A}$의 제j번째 행을 제i번째 행으로 대치하여 얻은 행렬을 $\boldsymbol{B}$라고 한다. 따라서 이 경우 $b_{jk} = a_{ik}$이며, $\boldsymbol{B}$의 i번째 행과 j번째 행은 서로 동일하기 때문에 [성질 5]에 의하여 $\det \boldsymbol{B} = 0$ 이고, 또한 $C_{jk}(\boldsymbol{B}) = C_{jk}(\boldsymbol{A})$이다. 여기서 행렬 $\boldsymbol{B}$를 i번째 행에 대한 라플라스 전개를 하면

$$0 = \det \boldsymbol{B} = \sum_{k=1}^{n} b_{jk} C_{jk}(\boldsymbol{B}) = \sum_{k=1}^{n} a_{ik} C_{jk}(\boldsymbol{A}) \tag{7.30}$$

이므로 식 (7.29)가 성립한다. 예를 들어

$$A = \begin{bmatrix} 6 & 2 & 7 \\ -4 & -3 & 2 \\ 2 & 4 & 8 \end{bmatrix}$$

이라 하고 제 1 행의 요소에 제 3 행의 여인자를 곱하여 더하면

$$a_{11}C_{31} + a_{12}C_{32} + a_{13}C_{33} = 6\begin{vmatrix} 2 & 7 \\ -3 & 2 \end{vmatrix} + 2(-1)^{3+2}\begin{vmatrix} 6 & 7 \\ -4 & 2 \end{vmatrix} + 7\begin{vmatrix} 6 & 2 \\ -4 & -3 \end{vmatrix}$$

$$= 6(25) + 2(-40) + 7(-10) = 0$$

으로 되어 영임을 알 수 있다.

[성질 8] : 행렬의 곱으로 주어진 행렬의 행렬식

$\boldsymbol{A}$와 $\boldsymbol{B}$를 모두 n차의 행렬이라고 하면

$$\det(\boldsymbol{A}\boldsymbol{B}) = \det \boldsymbol{A} \cdot \det \boldsymbol{B} \tag{7.31}$$

가 성립한다. 이 사실은 다음과 같이 간단하게 확인할 수 있다. 즉 행렬 $\boldsymbol{A}$에 기본행연산을 수행하여 다음과 같은 대각행렬로 변환되었다고 가정한다.

$$\boldsymbol{A} \rightarrow \boldsymbol{D} = \begin{bmatrix} d_1 & 0 & \cdots & 0 \\ 0 & d_2 & \cdots & 0 \\ \vdots & \vdots & \ddots & \vdots \\ 0 & 0 & \cdots & d_n \end{bmatrix} \tag{7.32}$$

여기서 [성질 2]를 되풀이 적용하여 $\det(\boldsymbol{D}\boldsymbol{B})$를 나타내면 다음과 같다.

$$\det(\boldsymbol{D}\boldsymbol{B}) = \begin{vmatrix} d_1b_{11} & d_1b_{12} & \cdots & d_1b_{1n} \\ d_2b_{21} & d_2b_{22} & \cdots & d_2b_{2n} \\ \vdots & \vdots & \ddots & \vdots \\ d_nb_{n1} & d_nb_{n2} & \cdots & d_nb_{nn} \end{vmatrix} = d_1\begin{vmatrix} b_{11} & b_{12} & \cdots & b_{1n} \\ d_2b_{21} & d_2b_{22} & \cdots & d_2b_{2n} \\ \vdots & \vdots & \ddots & \vdots \\ d_nb_{n1} & d_nb_{n2} & \cdots & d_nb_{nn} \end{vmatrix}$$

$$= \cdots = d_1d_2\cdots d_n\begin{vmatrix} b_{11} & b_{12} & \cdots & b_{1n} \\ b_{21} & b_{22} & \cdots & b_{2n} \\ \vdots & \vdots & \ddots & \vdots \\ b_{n1} & b_{n2} & \cdots & b_{nn} \end{vmatrix} \tag{7.33}$$
$$= \det \boldsymbol{D} \cdot \det \boldsymbol{B}$$

따라서 기본행연산을 수행한 행렬의 행렬식은 원래 행렬의 행렬식과 같은 값을 가지므로 식 (7.33)으로부터 $\det(\boldsymbol{A}\boldsymbol{B}) = \det \boldsymbol{A} \cdot \det \boldsymbol{B}$ 가 성립함을 알 수 있다.

위 여덟 가지의 성질을 MATLAB을 이용하여 확인하는 위한 여덟 가지의 M file, 즉 'CharDeter_No1' ~ 'CharDeter_No8'이 준비되어 있다. 명령어 publish를 사용하여 '>> publish('CharDeter_No1')'의 형식으로 각각의 특성을 확인할 수 있을 것이다.

6.3절에서 행렬의 랭크를 구하는 두 가지 방법에 대하여 언급하였다. 즉 첫 번째로 행렬 $\boldsymbol{A}$ 에 가우스 소거법을 실행하여 얻은 RREF에서 각 행의 선두 '1'(leading 1)의 개수, 또는 주축열(pivot column)의 개수, 두 번째로 [요점 6.10]에 의한 방법 등이었다. 여기서는 행렬의 행렬식과 랭크와의 관계를 요점으로 정리한다.

요점 7.2 행렬식과 랭크

$\boldsymbol{A}$를 $(m\times n)$ 인 행렬이라 할 때 $\boldsymbol{A}$의
(1) r 차의 소행렬식에 0이 아닌 것이 존재한다.
(2) $r+1$ 차의 소행렬식은 존재하지 않든지 또는 모두 0이다.
위 조건을 만족하는 경우 r 를 행렬 $\boldsymbol{A}$ 의 랭크(rank)라 한다.

예제 7.3

다음 행렬의 랭크를 구하여 보자.

(1) $\boldsymbol{A}=\begin{bmatrix}1&2&3\\2&4&6\\3&6&9\end{bmatrix}$ (2) $\boldsymbol{B}=\begin{bmatrix}1&3&-1&2\\4&1&5&6\end{bmatrix}$

풀이

(1) $\boldsymbol{A}$는 3차의 행렬이므로 우선 3차의 행렬식을 구하여 본다. 이때 $\boldsymbol{A}$ 의 첫 번째 행과 두 번째 행 사이에는 스칼라곱의 관계가 성립하므로 행렬식의 [성질 2]에 의해 $\det\boldsymbol{A}=0$ 이다. 따라서 랭크는 3은 아니다. 다음에 2차의 소행렬식 9개를 계산하여 보면 전부 0임을 알 수 있다. 따라서 행렬 $\boldsymbol{A}$의 랭크는 1이다. 즉

$$\text{rank}(\boldsymbol{A})=1$$

(2) $\boldsymbol{B}$는 (2×4) 인 행렬이므로 랭크의 최대값은 2이다. 우선 $\boldsymbol{B}$에 존재하는 2차의 소행렬식 네 개를 계산하여 보면 적어도 한 개 이상이 0이 아닌 값을 가진다는 것을 쉽게 확인할 수 있다. 따라서

$$\text{rank}(\boldsymbol{B})=2$$

7.2 역행렬

역행렬은 이미 6.1절에서 언급한 바 있으므로 여기서는 역행렬의 계산방법을 중심으로 설명한다. [요점 6.4]에서 역행렬을 다음과 같이 정의하였다. 즉 행렬 $\boldsymbol{A}$와 $\boldsymbol{B}$가 같은 크기의 행렬일 때

$$\boldsymbol{AB} = \boldsymbol{BA} = \boldsymbol{I} \tag{7.34}$$

를 만족하는 정방행렬 $\boldsymbol{B}$가 존재한다면, $\boldsymbol{A}$는 정칙행렬(nonsingular matrix) 또는 역행렬을 가진다고 한다. 식 (7.34)로부터 알 수 있는 바와 같이 모든 정방행렬이 역행렬을 가지는 것은 아니다. 그러나 만약 역행렬이 존재한다면 그것은 식 (7.34)에 의해 유일하게 주어진다. 예를 들어 행렬 $\boldsymbol{C}$가 $\boldsymbol{AC} = \boldsymbol{I}$를 만족한다고 하자. 그러면

$$\boldsymbol{B}(\boldsymbol{AC}) = \boldsymbol{B}(\boldsymbol{I}) = \boldsymbol{B}$$

이지만 식 (7.34)로부터

$$\boldsymbol{B}(\boldsymbol{AC}) = (\boldsymbol{BA})\boldsymbol{C} = (\boldsymbol{I})\boldsymbol{C} = \boldsymbol{C}$$

로 되어 $\boldsymbol{B} = \boldsymbol{C}$ 이다.

주어진 임의의 정방행렬 $\boldsymbol{A}$에 대해서 식 (7.34)을 만족하는 행렬은 단 하나뿐이기 때문에 행렬 $\boldsymbol{B}$를 $\boldsymbol{A}$의 역행렬이라 하며 $\boldsymbol{A}^{-1}$로 표기한다. 이를 이용하면 식 (7.34)은

$$\boldsymbol{A}\boldsymbol{A}^{-1} = \boldsymbol{A}^{-1}\boldsymbol{A} = \boldsymbol{I} \tag{7.35}$$

로 쓸 수 있다. 또한 역행렬이 존재하지 않는 정방행렬을 특이행렬(singular matrix)이라고 한다.

다음은 특이행렬의 예이다.

(a) $\begin{bmatrix} 1 & 1 & 1 \\ 1 & 1 & 1 \\ 1 & 1 & 1 \end{bmatrix}$ (b) $\begin{bmatrix} 0 & 0 \\ a & b \end{bmatrix}$ (c) $\begin{bmatrix} 1 & 1 & 1 \\ 2 & 2 & 2 \\ 3 & 3 & 3 \end{bmatrix}$ (d) $[0]$

예제 7.4

위의 (c)가 비정칙임을 증명하여 보자.

풀이

비정칙인지의 여부는 식 (7.34)로부터 $\boldsymbol{A}\boldsymbol{B}=\boldsymbol{I}$를 만족하는 행렬이 존재하는지를 확인하면 된다. 즉

$$\begin{bmatrix} 1 & 1 & 1 \\ 2 & 2 & 2 \\ 3 & 3 & 3 \end{bmatrix}\begin{bmatrix} b_{11} & b_{12} & b_{13} \\ b_{21} & b_{22} & b_{23} \\ b_{31} & b_{32} & b_{33} \end{bmatrix}=\begin{bmatrix} 1 & 0 & 0 \\ 0 & 1 & 0 \\ 0 & 0 & 1 \end{bmatrix} \qquad ①$$

이다. 위 식을 만족하는 행렬 $\boldsymbol{B}$가 존재하지 않는다는 것은 ①의 오른쪽 행렬의 $(1,1)$과 $(2,1)$ 요소에 대한 식이 서로 모순이라는 점으로부터 쉽게 확인할 수 있다. 다시 말하면

$$\begin{aligned} b_{11} + b_{21} + b_{31} &= 1 \\ 2b_{11} + 2b_{21} + 2b_{31} &= 0 \end{aligned}$$

이므로 모순이다.

일반적으로 특별한 몇 가지의 경우를 제외하고는 행렬 $\boldsymbol{A}$가 정칙인지의 여부를 확인하거나, 또는 $\boldsymbol{A}^{-1}$을 계산하기는 쉽지 않다. 여기서는 역행렬과 관련된 몇 가지 성질을 증명 없이 나열한다.

(1) $(\boldsymbol{AB})^{-1}=\boldsymbol{B}^{-1}\boldsymbol{A}^{-1}$ (7.36 a)

(2) $(\boldsymbol{A}^{T})^{-1}=(\boldsymbol{A}^{-1})^{T}$ (7.36 b)

(3) $(\boldsymbol{A}^{-1})^{-1}=\boldsymbol{A}$ (7.36 c)

7.2.1 수반행렬

여기서는 역행렬 $\boldsymbol{A}^{-1}$의 계산에 필요한 수반행렬에 대하여 설명한다. 앞에서 n차행렬 $\boldsymbol{A}=[a_{ij}]_n$의 여인자는 $C_{ij}=(-1)^{i+j}\boldsymbol{M}_{ij}$, (단 $\boldsymbol{M}_{ij}$는 a_{ij}의 소행렬식)로 정의하였다. 이때 여인자를 요소로 가지는 행렬을 수반행렬(adjoint matrix)이라고 한다. 즉 행렬 $\boldsymbol{A}$의 수반행렬 adj $\boldsymbol{A}$는 $\boldsymbol{A}$의 요소 a_{ij}를 자신의 여인자 C_{ji}로 대치한 뒤 전치한 행렬로서 다음과 같이 정의된다.

$$\text{adj } \boldsymbol{A} = \begin{bmatrix} C_{11} & C_{21} \cdots & C_{n1} \\ C_{12} & C_{22} \cdots & C_{n2} \\ \vdots & \ddots & \vdots \\ C_{1n} & C_{2n} \cdots & C_{nn} \end{bmatrix} = [C_{ij}]^T \tag{7.37}$$

예제 7.5

다음 행렬의 수반행렬 adj $\boldsymbol{A}$ 와 $\boldsymbol{A} \cdot (\text{adj } \boldsymbol{A})$ 및 $(\text{adj } \boldsymbol{A}) \cdot \boldsymbol{A}$ 를 각각 계산하여 보자.

$$\boldsymbol{A} = \begin{bmatrix} 1 & 3 & -2 \\ 0 & 1 & 5 \\ -2 & -6 & 7 \end{bmatrix}$$

풀이

(a) 해석적인 방법에 의한 해 :
식 (7.37)에 의하여

$$\text{adj } \boldsymbol{A} = \begin{bmatrix} C_{11} & C_{21} \cdots & C_{n1} \\ C_{12} & C_{22} \cdots & C_{n2} \\ \vdots & \ddots & \vdots \\ C_{1n} & C_{2n} \cdots & C_{nn} \end{bmatrix} = \begin{bmatrix} 37 & -9 & 17 \\ -10 & 3 & -5 \\ 2 & 0 & 1 \end{bmatrix}$$

이다. 위 결과를 이용하면

$$\boldsymbol{A} \cdot (\text{adj } \boldsymbol{A}) = 3\boldsymbol{I}_3 \text{ 및 } (\text{adj } \boldsymbol{A}) \cdot \boldsymbol{A} = 3\boldsymbol{I}_3$$

임을 쉽게 확인할 수 있다.

(b) MATLAB를 이용한 방법[5)] :

```
>> A=sym([1 3 -2;0 1 5;-2 -6 7]);
>> AJ = adjoint(A) % 수반행렬을 구하는 명령어 adjoint를 사용
>> A*AJ, AJ*A % A*(adjA)=(adjA)*A=3I의 확인

AJ =                          ans =
 [ 37, -9, 17]                 [ 3, 0, 0]
 [ -10, 3, -5]                 [ 0, 3, 0]
 [  2, 0, 1]                   [ 0, 0, 3]
```

5) M 파일 'Example_7_5.m'으로 '>> publish('Example_7_5')' 를 실행하면 MATLAB를 이용하여 해를 구하는 과정을 볼 수 있다.

일반적으로 n 차의 정방행렬 $\boldsymbol{A}$와 수반행렬 adj $\boldsymbol{A}$과의 곱

$$\boldsymbol{A}\cdot(\text{adj }\boldsymbol{A})=\begin{bmatrix} a_{11} & a_{12}\cdots & a_{1n} \\ a_{21} & a_{22}\cdots & a_{2n} \\ \vdots & & \vdots \\ a_{n1} & a_{n2}\cdots & a_{nn}\end{bmatrix}\begin{bmatrix} C_{11} & C_{21}\cdots & C_{n1} \\ C_{12} & C_{22}\cdots & C_{11} \\ \vdots & & \vdots \\ C_{1n} & C_{2n}\cdots & C_{nn}\end{bmatrix} \tag{7.38}$$

의 (i, j) – 요소는

$$(\boldsymbol{A}\cdot(\text{adj }\boldsymbol{A}))_{ij}=(\boldsymbol{A}\text{의 제 }i\text{ 행})\cdot(\text{adj}(\text{A})\text{의 제 }j\text{ 열}) \tag{7.39}$$
$$=[a_{i1}\, a_{i2}\cdots a_{in}]\begin{bmatrix} C_{j1} \\ C_{j2} \\ \vdots \\ C_{jn}\end{bmatrix}=a_{i1}C_{j1}+a_{i2}C_{j2}+\cdots+a_{in}C_{jn}$$

로 된다. 이때 식 (7.11 a)로부터 $i=j$ 이면 식 (7.39)는 행렬 $\boldsymbol{A}$의 제i 행에 대한 라플라스 전개를 이용한 행렬식, 즉 det $\boldsymbol{A}$이라는 사실을 알 수 있다. 또 $i\neq j$ 인 경우는 행렬식의 [성질 7]에 의해 식 (7.39)은 0의 값을 가진다. 따라서 식 (7.39)의 각 요소는

$$(\boldsymbol{A}\cdot(\text{adj }\boldsymbol{A}))_{ij}=\begin{cases}\det A, & (i=j)\\ 0 & ,(i\neq j)\end{cases} \tag{7.40}$$

로 되어, 이 결과로부터 식 (7.38)는 다음으로 됨을 알 수 있다.

$$\boldsymbol{A}\cdot(\text{adj }\boldsymbol{A})=\begin{bmatrix}\det\boldsymbol{A} & 0 & \cdots & 0\\ 0 & \det\boldsymbol{A} & \cdots & 0\\ \vdots & & \ddots & \vdots\\ 0 & 0 & \cdots & \det\boldsymbol{A}\end{bmatrix}=(\det\boldsymbol{A})\cdot\boldsymbol{I}_n \tag{7.41}$$

[예제 7.5]에서와 같이 식 (7.41)는 $\boldsymbol{A}\cdot(\text{adj }\boldsymbol{A})=(\text{adj }\boldsymbol{A})\cdot\boldsymbol{A}=(\det\boldsymbol{A})\boldsymbol{I}_n$로 쓸 수 있으며 이를 역행렬에 관한 정의식 (7.34)와 비교하면 역행렬에 관한 다음의 요점을 얻을 수 있다.

요점 7.3 행렬식에 의한 역행렬

n 차행렬 $\boldsymbol{A}$ 가 정칙이기 위한 필요충분조건은 $\det\boldsymbol{A}\neq 0$이다. 이때 $\boldsymbol{A}$의 역행렬은 다음과 같다.

$$\boldsymbol{A}^{-1}=\frac{1}{\det\boldsymbol{A}}\text{adi }\boldsymbol{A} \tag{7.42}$$

예제 7.6

3차 행렬 $\boldsymbol{A}$ 를

$$\boldsymbol{A} = \begin{bmatrix} 1 & 1 & a \\ -a & 1 & -a \\ a & -1 & 1 \end{bmatrix}$$

라 할 때, (1) $\boldsymbol{A}^{-1}$이 존재하기 위한 a 의 조건을 구하고, (2) 이 경우의 $\boldsymbol{A}^{-1}$를 구하여 보자.

풀이

(a) 해석적인 방법에 의한 해 :

(1) $\det \boldsymbol{A} = 1-a^2$ 이므로 $1-a^2 \neq 0$, 즉 $a \neq \pm 1$ 일 때 $\boldsymbol{A}^{-1}$ 이 존재한다.

(2) $\boldsymbol{A}$ 의 수반행렬 adj $\boldsymbol{A}$ 는

$$\text{adj } \boldsymbol{A} = \begin{bmatrix} C_{11} & C_{21} & C_{31} \\ C_{12} & C_{22} & C_{32} \\ C_{13} & C_{23} & C_{33} \end{bmatrix} = \begin{bmatrix} (1-a) & (-1-a) & (-2a) \\ (a-a^2) & (1-a^2) & (a-a^2) \\ 0 & (1+a) & (1+a) \end{bmatrix}$$

이므로 식 (7.41)에 의하여

$$\boldsymbol{A} \cdot (\text{adj } \boldsymbol{A}) = (1-a^2)\boldsymbol{I}_3$$

이다. 따라서 식 (7.42)에 의하면 $\boldsymbol{A}^{-1}$은 다음과 같다.

$$\boldsymbol{A}^{-1} = \frac{1}{1-a^2} \begin{bmatrix} (1-a) & (-1-a) & (-2a) \\ (a-a^2) & (1-a^2) & (a-a^2) \\ 0 & (1+a) & (1+a) \end{bmatrix}, \quad (\text{단 } a \neq \pm 1 \text{ 이다})$$

(b) MATLAB를 이용한 방법[6] :

```
>> syms a real
>> A = sym([1 1 a;-a 1 -a;a -1 1]);
>> AJ = adjoint(A);
>> simple(A*AJ)           % A*(adjA) = (1-a^2)I_3 의 확인
>> inv(A)                 % a=-1, +1 을 제외한 값을 가지는 경우.
```

```
A*AJ =
[ 1 - a^2,        0,        0]
[        0, 1 - a^2,        0]
[        0,        0, 1 - a^2]
```

```
inv(A) =
[ 1/(a + 1),  1/(a - 1),  (2*a)/(a^2 - 1)]
[ a/(a + 1),          1,        a/(a + 1)]
[         0, -1/(a - 1),       -1/(a - 1)]
```

6) M 파일 'Example_7_6.m'으로 '>> publish('Example_7_6')'을 실행하면 MATLAB를 이용하여 해를 구하는 과정을 볼 수 있다.

[요점 7.3]은 크라머의 법칙(Cramer's rule)으로 알려진 연립 1 차방정식에 대한 하나의 해법을 제시한다. 즉 n 개의 미지수와 n 개의 방정식을 가지는 비제차 연립방정식

$$\begin{cases} a_{11}x_1 + a_{12}x_2 + \cdots + a_{1n}x_n = b_1 \\ a_{21}x_1 + a_{22}x_2 + \cdots + a_{2n}x_n = b_2 \\ \vdots \\ a_{n1}x_1 + a_{n2}x_2 + \cdots + a_{nn}x_n = b_n \end{cases} \tag{7.43}$$

를 행렬을 이용하여 나타내면 다음과 같다. 즉

$$\boldsymbol{A} = \begin{bmatrix} a_{11} & a_{12} & \cdots & a_{1n} \\ a_{21} & a_{22} & \cdots & a_{2n} \\ \vdots & & & \vdots \\ a_{n1} & a_{n2} & \cdots & a_{nn} \end{bmatrix}, \quad \vec{x} = \begin{bmatrix} x_1 \\ x_2 \\ \vdots \\ x_n \end{bmatrix}, \quad \vec{b} = \begin{bmatrix} b_1 \\ b_2 \\ \vdots \\ b_n \end{bmatrix} \tag{7.44 a}$$

로 두면 단일 행렬방정식

$$\boldsymbol{A}\vec{x} = \vec{b} \tag{7.44 b}$$

로 표현됨은 이미 알고 있는 사실이다. 식 (7.44 b)의 해를 얻기 위한 하나의 방법으로 크라머의 법칙이 있다.

요점 7.4 크라머의 법칙

식 (7.43)의 연립방정식에 대한 행렬표현이 식 (7.44)로 주어졌다고 한다. 이때 계수행렬 $\boldsymbol{A}$의 각 열벡터를

$$\boldsymbol{A} = [\, \vec{a}_1 \;\; \vec{a}_2 \;\cdots\; \vec{a}_n]$$

으로 두면 식 (7.44 b)의 해는 다음과 같다.

$$x_1 = \frac{\det \boldsymbol{A}_1}{\det \boldsymbol{A}}, \; x_2 = \frac{\det \boldsymbol{A}_2}{\det \boldsymbol{A}}, \; \cdots, \; x_n = \frac{\det \boldsymbol{A}_n}{\det \boldsymbol{A}} \tag{7.45}$$

이때 $\det \boldsymbol{A}_i$ 는 행렬 $\boldsymbol{A}$ 의 제i 번째 열의 요소를 벡터 $\vec{b}$ 로 대치하여 얻은 행렬에 대한 행렬식을 의미한다.

예제 7.7

크라머의 법칙을 사용하여 다음 연립1차방정식의 해를 구하여 보자.

$$\begin{cases} x_1 \quad\quad +2x_3 = 6 \\ -3x_1 + 4x_2 + 6x_3 = 30 \\ -x_1 - 2x_2 + 3x_3 = 8 \end{cases}$$

풀이

연립방정식으로부터 계수행렬 $\boldsymbol{A}$과 $\boldsymbol{A}_i(i=1,\ 2,\ 3)$를 계산하면 다음과 같다.

$$\boldsymbol{A} = \begin{bmatrix} 1 & 0 & 2 \\ -3 & 4 & 6 \\ -1 & -2 & 3 \end{bmatrix},\quad \boldsymbol{A}_1 = \begin{bmatrix} 6 & 0 & 2 \\ 30 & 4 & 6 \\ 8 & -2 & 3 \end{bmatrix}$$

$$\boldsymbol{A}_2 = \begin{bmatrix} 1 & 6 & 2 \\ -3 & 30 & 6 \\ -1 & 8 & 3 \end{bmatrix},\ \boldsymbol{A}_3 = \begin{bmatrix} 1 & 0 & 6 \\ -3 & 4 & 30 \\ -1 & -2 & 8 \end{bmatrix}$$

이로부터 약간의 계산을 통하여 $\det\boldsymbol{A} = 44$ 이고, $\det\boldsymbol{A}_1 = -40,\ \det\boldsymbol{A}_2 = 72,\ \det\boldsymbol{A}_3 = 152$ 이므로 식 (7.45)에 의하여

$$x_1 = \frac{\det\boldsymbol{A}_1}{\det\boldsymbol{A}} = \frac{-40}{44} = -\frac{10}{11},\ x_2 = \frac{\det\boldsymbol{A}_2}{\det\boldsymbol{A}} = \frac{72}{44} = \frac{18}{11},\ x_3 = \frac{\det\boldsymbol{A}_3}{\det\boldsymbol{A}} = \frac{152}{44} = \frac{38}{11}$$

이다.

7.2.2 기본행연산에 의한 역행렬

n차의 정칙행렬 $\boldsymbol{A}$의 역행렬을 $\boldsymbol{X}$라 하고 이것의 각 열벡터를

$$\boldsymbol{X} = [\ \vec{x}_1,\ \vec{x}_2,\ \cdots,\ \vec{x}_n] \tag{7.46}$$

로 두면 역행렬의 정의에 의해 $\boldsymbol{X}$는 $\boldsymbol{AX} = \boldsymbol{I}$를 만족한다. 즉

$$\boldsymbol{AX} = [\boldsymbol{A}\vec{x}_1,\ \boldsymbol{A}\vec{x}_2,\ \cdots,\ \boldsymbol{A}\vec{x}_n] = \boldsymbol{I} \quad (7,47)$$

이다. 따라서 $\boldsymbol{X}$를 구하기 위해서는 다음과 같은 n개의 연립방정식의 해가 필요하다.

$$\boldsymbol{A}\vec{x}_1 = \begin{bmatrix} 1 \\ 0 \\ \vdots \\ 0 \end{bmatrix},\ \boldsymbol{A}\vec{x}_2 = \begin{bmatrix} 0 \\ 1 \\ \vdots \\ 0 \end{bmatrix},\ \cdots,\ \boldsymbol{A}\vec{x}_n = \begin{bmatrix} 0 \\ 0 \\ \vdots \\ 1 \end{bmatrix} \tag{7.48}$$

따라서 n개의 연립방정식을 하나의 식으로 해결하기 위해 식 (7.48)을 확대행렬 $[\,\boldsymbol{A} \;\vdots\; \boldsymbol{I}\,]$의 형식으로 구성한 뒤, 여기에 가우스 소거법을 적용하여 행렬 $\boldsymbol{A}$를 위삼각행렬(이 경우에는 단위행렬로 된다)로 변환한다면 오른쪽의 단위행렬 $\boldsymbol{I}$의 위치에 식 (7.48)의 해인 $\boldsymbol{A}$의 역행렬, 즉 $\boldsymbol{A}^{-1}$이 들어간다. 즉

$$[\,\boldsymbol{A} \;\vdots\; \boldsymbol{I}\,] \;\xrightarrow[\text{변환}]{(\text{기본행연산})}\; [\,\boldsymbol{I} \;\vdots\; \boldsymbol{A}^{-1}\,] \tag{7.49}$$

이다. 식 (7.49)에 의해 역행렬을 구하는 계산과정은 다음과 같다.

요점 7.5 역행렬을 구하는 알고리즘

n 차 행렬 $\boldsymbol{A}$에 대하여

[단계 1] 확대행렬 $[\,\boldsymbol{A} \;\vdots\; \boldsymbol{I}\,]$를 표기한다(단 $\boldsymbol{A}$와 $\boldsymbol{I}$는 같은 차수의 행렬이다).

[단계 2] $\boldsymbol{A}$가 정칙인지의 여부를 결정한다. 즉 $\det\boldsymbol{A} \neq 0$를 확인한다.

[단계 3] 가우스 소거법에 의하여 $\boldsymbol{A}$를 가우스 행렬로 변환한다. 이 경우

(a) $\det\boldsymbol{A} \neq 0$이면 $\boldsymbol{A}$는 단위행렬 $\boldsymbol{I}$로 변환되고 확대행렬의 오른쪽 부분이 역행렬 $\boldsymbol{A}^{-1}$로 된다.

(b) $\det\boldsymbol{A} = 0$이면 $\boldsymbol{A}$의 가우스 행렬에는 모든 요소가 영인 행이 하나 이상 존재한다. 따라서 이 경우에는 역행렬이 존재하지 않는다.

예제 7.8

다음 행렬의 역행렬을 가우스 소거법에 의하여 구하여 보자.

$$(1)\ \boldsymbol{A} = \begin{bmatrix} 1 & 2 & 3 \\ 2 & 5 & 3 \\ 1 & 0 & 8 \end{bmatrix} \qquad (2)\ \boldsymbol{A} = \begin{bmatrix} 1 & 6 & 4 \\ 2 & 4 & -1 \\ -1 & 2 & 5 \end{bmatrix}$$

풀이

(a) 해석적인 방법에 의한 해 :

(1)

[단계 1] : 확대행렬을 구성한다.

$$[\boldsymbol{A} \;\vdots\; \boldsymbol{I}\,] = \left[\begin{array}{ccc|ccc} 1 & 2 & 3 & 1 & 0 & 0 \\ 2 & 5 & 3 & 0 & 1 & 0 \\ 1 & 0 & 8 & 0 & 0 & 1 \end{array}\right]$$

[단계 2] $\det\boldsymbol{A} = -1 \neq 0$이다. 따라서 정칙행렬이므로 $\boldsymbol{A}^{-1}$이 존재한다.

[단계 3] $[\boldsymbol{A} \,\vdots\, \boldsymbol{I}]$ 에 가우스 소거법을 실시한다.

$$\left[\begin{array}{ccc:ccc} 1 & 2 & 3 & 1 & 0 & 0 \\ 2 & 5 & 3 & 0 & 1 & 0 \\ 1 & 0 & 8 & 0 & 0 & 1 \end{array}\right] \xrightarrow[R_3 \to -R_1+R_3]{R_2 \to (-2)R_1+R_2} \left[\begin{array}{ccc:ccc} 1 & 2 & 3 & 1 & 0 & 0 \\ 0 & 1 & -3 & -2 & 1 & 0 \\ 0 & -2 & 5 & -1 & 0 & 1 \end{array}\right]$$

$$\xrightarrow{R_3 \to 2R_2+R_3} \left[\begin{array}{ccc:ccc} 1 & 2 & 3 & 1 & 0 & 0 \\ 0 & 1 & -3 & -2 & 1 & 0 \\ 0 & 0 & -1 & -5 & 2 & 1 \end{array}\right]$$

$$\xrightarrow{R_3 \to -R_3} \left[\begin{array}{ccc:ccc} 1 & 2 & 3 & 1 & 0 & 0 \\ 0 & 1 & -3 & -2 & 1 & 0 \\ 0 & 0 & 1 & 5 & -2 & -1 \end{array}\right]$$

$$\xrightarrow[R_1 \to (-3)R_3+R_1]{R_2 \to 3R_3+R_2} \left[\begin{array}{ccc:ccc} 1 & 2 & 0 & -14 & 6 & 3 \\ 0 & 1 & 0 & 13 & -5 & -3 \\ 0 & 0 & 1 & 5 & -2 & -1 \end{array}\right]$$

$$\xrightarrow{R_1 \to (-2)R_2+R_1} \left[\begin{array}{ccc:ccc} 1 & 0 & 0 & -40 & 16 & 9 \\ 0 & 1 & 0 & 13 & -5 & -3 \\ 0 & 0 & 1 & 5 & -2 & -1 \end{array}\right]$$

$$\therefore \boldsymbol{A}^{-1} = \begin{bmatrix} -40 & 16 & 9 \\ 13 & -5 & -3 \\ 5 & -2 & -1 \end{bmatrix}$$

(2)

[단계 1] 확대행렬을 구성한다.

$$[\boldsymbol{A} \,\vdots\, \boldsymbol{I}] = \left[\begin{array}{ccc:ccc} 1 & 6 & 4 & 1 & 0 & 0 \\ 2 & 4 & -1 & 0 & 1 & 0 \\ -1 & 2 & 5 & 0 & 0 & 1 \end{array}\right]$$

[단계 2] $\det \boldsymbol{A} = 0$ 이다. 따라서 $\boldsymbol{A}$ 는 특이행렬이므로 역행렬이 존재하지 않는다.

[단계 3] $[\boldsymbol{A} \,\vdots\, \boldsymbol{I}]$ 에 가우스 소거법을 실시하면 다음과 같다.

$$\left[\begin{array}{ccc:ccc} 1 & 6 & 4 & 1 & 0 & 0 \\ 2 & 4 & -1 & 0 & 1 & 0 \\ -1 & 2 & 5 & 0 & 0 & 1 \end{array}\right] \xrightarrow[R_3 \to R_1+R_3]{R_2 \to (-2)R_1+R_2} \left[\begin{array}{ccc:ccc} 1 & 6 & 4 & 1 & 0 & 0 \\ 0 & -8 & -9 & -2 & 1 & 0 \\ 0 & 8 & 9 & 1 & 0 & 1 \end{array}\right]$$

$$\xrightarrow[R_3 \to R_2+R_3]{} \left[\begin{array}{ccc:ccc} 1 & 6 & 4 & 1 & 0 & 0 \\ 0 & -8 & -9 & -2 & 1 & 0 \\ 0 & 0 & 0 & -1 & 1 & 1 \end{array}\right]$$

가우스 행렬에 모든 요소가 영인 행이 나타났다. 따라서 $\boldsymbol{A}^{-1}$는 존재하지 않는다.

(b) MATLAB를 이용한 방법[7] :

```
>> Aa = sym([1 2 3;2 5 3;1 0 8]);
Ab = sym([1 6 4;2 4 -1;-1 2 5]);
% (1)의 경우
Ag = [Aa,eye(3)];
E1 = sym([1 0 0;-2 1 0;0 0 1]);      % 1행x(-2)하여 2행에 더한다.
E2 = sym([1 0 0;0 1 0;-1 0 1]);      % 1행x(-1)하여 3행에 더한다.
E3 = sym([1 0 0;0 1 0;0 2 1]);       % 2행x(2)하여 3행에 더한다.
E4 = sym([1 0 0;0 1 0;0 0 -1]);      % 3행에 (-1)을 곱한다.
E5 = sym([1 0 0;0 1 3;0 0 1]);       % 3행x(3)하여 2행에 더한다.
E6 = sym([1 0 -3;0 1 0;0 0 1]);      % 1행x(-1)하여 3행에 더한다.
E7 = sym([1 -2 0;0 1 0;0 0 1]);      % 2행x(-2)하여 1행에 더한다.
E7*E6*E5*E4*E3*E2*E1*Ag              % [ I  A^(-1) ]의 확인
      ans =

      [ 1, 0, 0, -40, 16,   9]
      [ 0, 1, 0,  13, -5,  -3]
      [ 0, 0, 1,   5, -2,  -1]
```

7.2.3 기본행렬

[예제 7.8]에서 설명한 바와 같이 임의의 n 차 정칙행렬 $\boldsymbol{A}$ 에 대한 역행렬 $\boldsymbol{A}^{-1}$을 구하는 과정은, 확대행렬 $[\,\boldsymbol{A} \,\vdots\, \boldsymbol{I}\,]$ 에 대하여 기본행연산을 반복적으로 수행하여 $[\,\boldsymbol{I} \,\vdots\, \boldsymbol{A}^{-1}]$ 의 형태로 만드는 것이다. 여기서는 이와 같은 반복적인 기본행연산을 수학적으로 표현하는 방법에 대하여 알아보기로 한다. 이를 위해 일반적으로 단위행렬 $\boldsymbol{I}_n$ 에 1회의 기본행연산을 실시하여 얻은 n 차의 행렬을 기본행렬(elementary matrix)이라 한다. 예를 들어 3차의 단위행렬 $\boldsymbol{I}_3$에 기본행연산을 1 회 실시하여 얻어지는 기본행렬은 다음과 같다.

[형식 I] 두 행을 교환한다.

$$\boldsymbol{E}_1 = \begin{bmatrix} 0 & 1 & 0 \\ 1 & 0 & 0 \\ 0 & 0 & 1 \end{bmatrix}, \quad (R_1 \rightarrow R_2\text{: 1행과 2행의 교환}) \tag{7.50 a}$$

7) M 파일 'Example_7_8.m'으로 '>> publish('Example_7_8')'을 실행하면 MATLAB를 이용하여 해를 구하는 과정을 볼 수 있다.

$$\det \boldsymbol{E}_1 = -1 \tag{7.50 b}$$

[형식 II] 한 행에 실수 $k, (\neq 0)$를 곱한다.

$$\boldsymbol{E}_2 = \begin{bmatrix} 1 & 0 & 0 \\ 0 & 1 & 0 \\ 0 & 0 & 9 \end{bmatrix}, \ (R_3 \to 9R_3\text{: 3행에 9를 곱한다}) \tag{7.51 a}$$

$$\det \boldsymbol{E}_2 = 9 \tag{7.51 b}$$

[형식 III] 한 행의 배수를 다른 행에 더한다.

$$\boldsymbol{E}_3 = \begin{bmatrix} 1 & 0 & 5 \\ 0 & 1 & 0 \\ 0 & 0 & 1 \end{bmatrix}, \quad (R_1 \to 5R_3 + R_1 \ \text{: 3행의 5배를 1행에 더한다}) \tag{7.52 a}$$

$$\det \boldsymbol{E}_3 = 1 \tag{7.52 b}$$

위 사실을 참고하면 기본행렬의 행렬식은 다음 값을 가진다.

$$\det \boldsymbol{E} = \left\{ \begin{array}{l} -1 : (\text{행교환}) \\ k : (\text{한 행을 } k\text{배}) \\ 1 : (\text{한 행을 } k\text{배 하여 다른 행에 더함}) \end{array} \right\} \neq 0 \tag{7.53}$$

따라서 각 기본행렬은 정칙이므로 역행렬을 가진다. 위에서 예로 든 세 종류의 기본행렬에 대한 역행렬은 각각 다음과 같다.

$$\boldsymbol{E}_1^{-1} = \begin{bmatrix} 0 & 1 & 0 \\ 1 & 0 & 0 \\ 0 & 0 & 1 \end{bmatrix}^{-1} = \begin{bmatrix} 0 & 1 & 0 \\ 1 & 0 & 0 \\ 0 & 0 & 1 \end{bmatrix} \tag{7.54 a}$$

$$(R_1 \leftrightarrow R_2)^{-1} = (R_2 \leftrightarrow R_1)$$

$$\boldsymbol{E}_2^{-1} = \begin{bmatrix} 1 & 0 & 0 \\ 0 & 1 & 0 \\ 0 & 0 & 9 \end{bmatrix}^{-1} = \begin{bmatrix} 1 & 0 & 0 \\ 0 & 1 & 0 \\ 0 & 0 & \frac{1}{9} \end{bmatrix} \tag{7.54 b}$$

$$(R_3 \to 9R_3)^{-1} = \left(R_3 \to \frac{1}{9}R_3\right)$$

$$E_3^{-1} = \begin{bmatrix} 1 & 0 & 5 \\ 0 & 1 & 0 \\ 0 & 0 & 1 \end{bmatrix} = \begin{bmatrix} 1 & 0 & -5 \\ 0 & 1 & 0 \\ 0 & 0 & 1 \end{bmatrix} \tag{7.54 c}$$

$$(R_1 \to R_1 + 5R_3)^{-1} = (R_1 \to R_1 + (-5)R_3)$$

따라서 기본행렬의 역행렬 E^{-1} 역시 기본행렬로 됨을 알 수 있다.

기본행렬 E를 행렬 A의 왼쪽에서 곱한 EA는 E에 적용된 기본행연산을 A에 실행한 결과이다.

예제 7.9

다음 행렬을 기본행렬의 곱으로 나타내어 보자.

$$A = \begin{bmatrix} -2 & 3 \\ 1 & 0 \end{bmatrix}$$

풀이

(a) 해석적인 방법에 의한 해 :

$\det A = -3 \neq 0$이므로 정칙행렬이다. A를 단위행렬 I로 만들기 위한 기본행연산은 다음과 같다.

$$A = \begin{bmatrix} -2 & 3 \\ 1 & 0 \end{bmatrix} \xrightarrow{(R_1 \leftrightarrow R_2)} \begin{bmatrix} 1 & 0 \\ -2 & 3 \end{bmatrix}$$
$$\xrightarrow{(R_2 \to R_2 + 2R_1)} \begin{bmatrix} 1 & 0 \\ 0 & 3 \end{bmatrix} \xrightarrow{\left(R_2 \to \frac{1}{3}R_2\right)} \begin{bmatrix} 1 & 0 \\ 0 & 1 \end{bmatrix} = I_2 \tag{①}$$

이때 ①에 표시된 기본행연산은 각각 다음과 같다.

$$(R_1 \leftrightarrow R_2) : E_1 = \begin{bmatrix} 0 & 1 \\ 1 & 0 \end{bmatrix},$$

$$(R_2 \to R_2 + 2R_1) : E_2 = \begin{bmatrix} 1 & 0 \\ 2 & 1 \end{bmatrix}$$

$$\left(R_3 \to \frac{1}{3}R_3\right) : E_3 = \begin{bmatrix} 1 & 0 \\ 0 & \frac{1}{3} \end{bmatrix} \tag{②}$$

이 관계를 이용하여 ①을 표시하면

$$E_3 E_2 E_1 A = I_2 \tag{③}$$

이고, 각 기본행렬은 정칙이므로 ③의 양변에 $(E_3E_2E_1)^{-1}$을 왼쪽에서 곱하면

$$A=(E_3E_2E_1)^{-1}=E_1^{-1}E_2^{-1}E_3^{-1}=\begin{bmatrix}0&1\\1&0\end{bmatrix}\begin{bmatrix}1&0\\-2&1\end{bmatrix}\begin{bmatrix}1&0\\0&3\end{bmatrix} \quad ④$$

이다. 각 기본행렬의 역행렬 역시 정칙이므로 A는 ④와 같이 기본행렬의 곱으로 표현되었다.

(b) MATLAB를 이용한 방법[8)]:

```
>> A = sym([-2 3;1 0]);
>> E1 = sym([0 1;1 0]);
>> E2 = sym([1 0;2 1]);
>> E3 = sym([1 0;0 1/3]);
>> E3*E2*E1*A                        % 단위 행렬도 됨을 확인한다.
>> (E3*E2*E1)^(-1)                   % A=(E3*E2*E1)^(-1)을 확인한다.
```

```
ans =                                ans =
 [ 1, 0]                              [ -2, 3]
 [ 0, 1]                              [  1, 0]
```

일반적으로 크기가 $(n\times n)$인 행렬 A가 정칙이면 가우스 소거법의 결과로 얻어지는 RREF는 단위행렬 I_n으로 된다. 즉

$$A \underset{R}{\rightarrow} (E_1A) \underset{R}{\rightarrow} (E_2E_1A) \underset{R}{\rightarrow} \cdots \underset{R}{\rightarrow} (E_kE_{k-1}\cdots E_2E_1A)=I_n \quad (7.55)$$

을 만족하는 일련의 기본행렬 $E_i, (i=1,\ 2,\ \cdots,\ k)$가 존재한다. 식 (7.55)의 양변에 $(E_kE_{k-1}\cdots E_2E_1)^{-1}$를 왼쪽에서 곱하면

$$A=(E_kE_{k-1}\cdots E_2E_1)^{-1}I_n=E_1^{-1}E_2^{-1}\cdots E_{k-1}^{-1}E_k^{-1}$$

이고, 또한 위 식의 역행렬을 취하면

$$A^{-1}=E_kE_{k-1}\cdots E_2E_1 \quad (7.56)$$

8) M 파일 'Example_7_9.m'으로 '>> publish('Example_7_9')'을 실행하면 MATLAB를 이용하여 해를 구하는 과정을 볼 수 있다.

이다. 따라서 $\det \boldsymbol{A} \neq 0$이면 $\boldsymbol{A}$와 $\boldsymbol{A}^{-1}$은 모두 일련의 기본행렬의 곱으로 표현할 수 있다.

지금까지의 결과를 요점으로 정리하면 다음과 같다.

요점 7.6 정칙행렬의 정리

$\boldsymbol{A}$를 $(n \times n)$인 행렬이라 하면 다음의 사실은 서로 등가이다.

(a) $\boldsymbol{A}$는 정칙행렬이다.

(b) 연립 1 차방정식 $\boldsymbol{A}\vec{x} = \vec{0}$ 는 자명한 해(즉 $\vec{x} = \vec{0}$)만을 가진다.

(c) $\boldsymbol{A}$의 가우스 행렬은 단위행렬 $\boldsymbol{I}_n$ 이다.

(d) $\boldsymbol{A}$는 일련의 기본행렬의 곱으로 표현될 수 있다.

(e) 비제차연립방정식 $\boldsymbol{A}\vec{x} = \vec{b}$ 는 크기 $(n \times 1)$인 모든 벡터 $\vec{b}$ 에 대해 유일한 해 $\vec{x} = \boldsymbol{A}^{-1}\vec{b}$ 를 가진다.

[요점 7.6]에서 언급한 다섯 가지 사항의 등가성은 지금까지 설명한 내용을 참조하면 간단하게 확인할 수 있다. 다음은 6.2절에서 언급한 제차연립방정식의 비자명한 해의 존재성과 관련하여 다음 사실이 알려져 있다.

요점 7.7 $\boldsymbol{A}\vec{x} = \vec{b}$ 가 비자명한 해를 갖기 위한 조건

$\boldsymbol{A}$를 $(n \times n)$ 인 행렬이라 하자. 이때 제차방정식 $\boldsymbol{A}\vec{x} = \vec{0}$ 가 비자명한 해(즉 $\vec{x} \neq \vec{0}$ 인 해)를 갖기 위한 조건은 $\det \boldsymbol{A} = 0$ 이다.

위 사실은 다음과 같이 증명할 수 있다.

(i) 필요조건 : [요점 7.6]의 (b)로부터 $\det \boldsymbol{A} \neq 0$이면 $\boldsymbol{A}\vec{x} = \vec{0}$ 는 자명한 해를 가진다는 것은 이미 언급하였다. 여기서는 이것의 대우를 취하면, 즉

$$\boldsymbol{A}\vec{x} = \vec{0} \text{ 이 비자명한 해를 가진다면 } \det \boldsymbol{A} = 0 \text{이다}$$

로 쓸 수 있고 이것은 항상 성립한다.

(ii) 충분조건 : 여기서는 $\det \boldsymbol{A} = 0$이면 $\boldsymbol{A}\vec{x} = \vec{0}$ 는 비자명한 해를 가진다는 것을 보인다. 크라머의 법칙 (7.45)에 의해 $x_j = \dfrac{\det \boldsymbol{A}_j}{\det \boldsymbol{A}}$ 이고, 여기서 $\boldsymbol{A}\vec{x} = \vec{0}$ 이면

$$\det \boldsymbol{A}_j = \det \begin{bmatrix} a_{11} & a_{12} & \cdots & 0 & \cdots & a_{1n} \\ a_{21} & a_{22} & \cdots & 0 & \cdots & a_{2n} \\ \vdots & \vdots & \ddots & \vdots & & \vdots \\ a_{n1} & a_{n2} & \cdots & 0 & \cdots & a_{nn} \end{bmatrix} = 0, \qquad (j=1,\ 2,\ \cdots,\ n) \tag{7.57}$$

이므로 $(\det \boldsymbol{A})x_j = \det \boldsymbol{A}_j = 0$ 이다. 따라서 $\det \boldsymbol{A} = 0$이면 $0x_j = 0$이므로 $x_j \neq 0$, $(j=1, \cdots, n)$, 즉 x_j는 임의의 값을 갖는다.

7.3 고유값 문제

공학을 포함한 여러 응용분야에서 발생하는 문제의 많은 부분이 고유값과 고유벡터의 이론에 의존하고 있다. 이러한 문제를 총칭하여 고유값 문제(eigenvalue problems)라고 한다. 간단한 예를 이용하여 이 문제의 본질을 살펴보자.

• 고유벡터의 기하학적 의미

2차원 공간 $\mathbb{R}^2$(즉 평면)상에서 고유값과 고유벡터가 가지는 기하학적인 의미를 생각하여 보자. 다음과 같은 행렬 $\boldsymbol{A}$와 임의의 벡터 $\vec{u} \in \mathbb{R}^2$가 주어졌다고 한다.

$$\boldsymbol{A} = \begin{bmatrix} 1 & 1 \\ -2 & 4 \end{bmatrix}$$

7.2 절에서 설명한 바와 같이 행렬 $\boldsymbol{A}$의 역할은 $\mathbb{R}^2$ 내의 임의 벡터 $\vec{u}$를 선형변환하여, 일반적으로 크기와 방향이 다른 벡터 $\vec{v}$를 만들어 내는 것이다[9]. 이러한 관계는 $T(\vec{u}) = \boldsymbol{A}\vec{u} = \vec{v}$로 나타낼 수 있다. 여기서 T는 선형작용소를 의미한다. 이것을 다음 두 종류의 벡터를 이용하여 확인하여 보자.

$$\vec{u}_1 = \begin{bmatrix} 1 \\ 0 \end{bmatrix} \rightarrow T(\vec{u}_1) = \boldsymbol{A}\vec{u}_1 = \begin{bmatrix} 1 & 1 \\ -2 & 4 \end{bmatrix}\begin{bmatrix} 1 \\ 0 \end{bmatrix} = \begin{bmatrix} 1 \\ -2 \end{bmatrix} = \vec{v}_1 \tag{7.58 a}$$

$$\vec{u}_2 = \begin{bmatrix} -1 \\ 1 \end{bmatrix} \rightarrow T(\vec{u}_2) = \boldsymbol{A}\vec{u}_2 = \begin{bmatrix} 1 & 1 \\ -2 & 4 \end{bmatrix}\begin{bmatrix} -1 \\ 1 \end{bmatrix} = \begin{bmatrix} 0 \\ 6 \end{bmatrix} = \vec{v}_2 \tag{7.58 b}$$

---

9) 만약 행렬이 $\boldsymbol{A}(m \times n)$이라면, 이 행렬에 의한 선형변환은 n차원공간의 벡터가 m차원공간의 벡터로 바뀌게 된다.

두 벡터 $\vec{u}_1, \vec{u}_2$ 로부터 행렬 $\boldsymbol{A}$의 선형변환으로 얻어진 벡터 $\vec{v}_1, \vec{v}_2$는 [그림 7.4]에서 알 수 있는 바와 같이 원래의 벡터 $\vec{u}_1, \vec{u}_2$와는 다른 방향으로 나타난다. 한편 또 다른 두 개의 벡터 $\vec{u}_3 = [-1, -1]^T$와 $\vec{u}_4 = [1, 2]^T$에 행렬 $\boldsymbol{A}$의 선형변환을 적용하여 얻어진 두 개의 벡터 $\vec{v}_3, \vec{v}_4$는 원래 벡터 $\vec{u}_3, \vec{u}_4$를 연장한 선상에 존재하고 있다([그림 7.4] 참조).

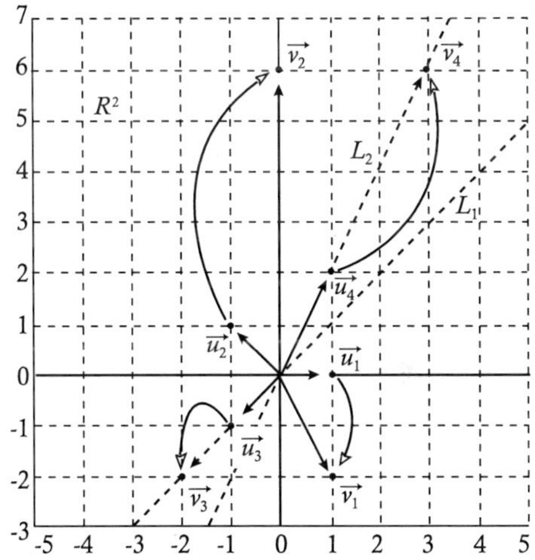

그림 7.4 행렬 $\boldsymbol{A}$의 고유벡터의 표시

[그림 7.4]로부터, 원점을 지나가는 두 개의 선분 L_1과 L_2 상에 존재하는 임의의 벡터는 행렬 $\boldsymbol{A}$에 의한 선형변환 후에도 여전히 L_1과 L_2의 연장선상에 존재하므로, 행렬 $\boldsymbol{A}$의 선형변환으로서의 특성은 두 직선 L_1 과 L_2 에 의하여 결정된다고 볼 수 있다. 이와 같이 임의의 벡터에 행렬 $\boldsymbol{A}$의 선형변환을 적용하였지만 여전히 원래 벡터의 연장선상에 존재하는 벡터는 행렬을 이용한 변환 등에 있어서 중요한 역할을 하고 있다.

예를 들어

$$\vec{u}_3 = \begin{bmatrix} -1 \\ -1 \end{bmatrix} \rightarrow T(\vec{u}_3) = \boldsymbol{A}\vec{u}_3 \tag{7.59 a}$$

$$= \begin{bmatrix} 1 & 1 \\ -2 & 4 \end{bmatrix} \begin{bmatrix} -1 \\ -1 \end{bmatrix} = \begin{bmatrix} -2 \\ -2 \end{bmatrix} = 2\vec{u}_3 = \vec{v}_3$$

$$\vec{u}_4 = \begin{bmatrix} 1 \\ 2 \end{bmatrix} \rightarrow T(\vec{u}_4) = \boldsymbol{A}\vec{u}_4 \tag{7.59 b}$$

$$= \begin{bmatrix} 1 & 1 \\ -2 & 4 \end{bmatrix} \begin{bmatrix} 1 \\ 2 \end{bmatrix} = \begin{bmatrix} 3 \\ 6 \end{bmatrix} = 3\vec{u}_4 = \vec{v}_4$$

로 되어 원래 벡터의 연장선상에 존재함을 알 수 있다. 이러한 두 개의 벡터 $\vec{u}_3$, $\vec{u}_4$는 식 (7.59)로부터 알 수 있는 바와 같이 다음 방정식에 의하여 정의된다.

$$\boldsymbol{A}\vec{u}_3 = \lambda\vec{u}_3, \quad (\lambda = 2) \tag{7.60 a}$$

$$\boldsymbol{A}\vec{u}_4 = \lambda\vec{u}_4, \quad (\lambda = 3) \tag{7.60 b}$$

이때 식 (7.60)에서 스칼라 $\lambda = 2$ 또는 $\lambda = 3$을 행렬 $\boldsymbol{A}$의 고유값(eigenvalue)이라 하고, 식 (7.60)을 만족하는 0이 아닌 두 개의 벡터 $\vec{u}_3, \vec{u}_4$를 고유벡터(eigenvector)라고 한다. 만약 $\boldsymbol{A}$가 $(n\times n)$인 행렬이라면 n개의 실수 또는 복소수인 고유값을 가진다. 앞으로 설명하겠지만 식 (7.60)을 만족하는 고유값은 유일하지만, 고유벡터는 유일하게 결정되는 것은 아니다.

동일한 크기의 고유값 $\lambda = 3, 3$ (중복 고유값)을 가지는 행렬 $\boldsymbol{B}$에 대하여 생각하여 보자.

$$\boldsymbol{B} = \begin{bmatrix} 4 & 1 \\ -1 & 2 \end{bmatrix}, \quad \vec{u} = c\begin{bmatrix} 1 \\ -1 \end{bmatrix}\ , (c\text{는 영이 아닌 실수})$$

위 식의 벡터 $\vec{u}$는 $\boldsymbol{B}\vec{u} = 3\vec{u}$를 만족하므로 고유값 $\lambda = 3$에 대한 고유벡터이다. 행렬 $\boldsymbol{B}$의 선형변환으로서의 특성은 [그림 7.5]로부터 $\mathbb{R}^2$공간에서 원점을 지나가는 하나의 선분 L에 의하여 유일하게 결정된다는 사실을 알 수 있다[10]. [그림 7.5]은 두 개 벡터

$$\vec{u}_1 = \begin{bmatrix} 2/3 \\ -2/3 \end{bmatrix}, \quad \vec{u}_2 = \begin{bmatrix} -1/2 \\ 1/2 \end{bmatrix}$$

에 대한 행렬 $\boldsymbol{B}$의 선형변환을 나타내고 있다.

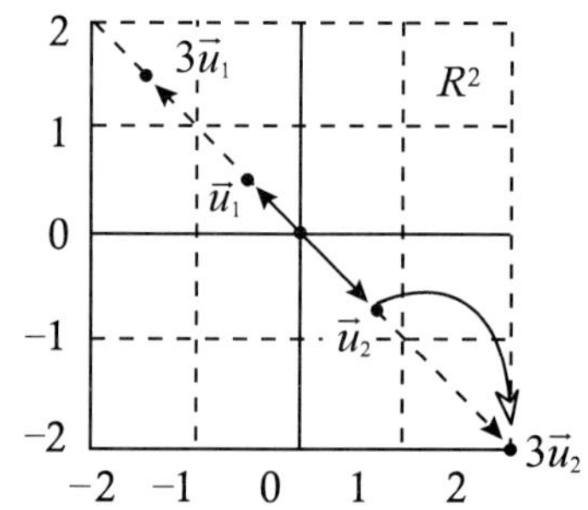

그림 7.5 $\mathbb{R}^2$공간에서의 벡터 $\vec{u}$

10) 식 (4.6.1)의 행렬 $\boldsymbol{A}$는 두 개의 선분에 의해 선형변환이 결정된다는 점에 유의한다.

고유값은 복소수로 주어질 수 있다. 예를 들어 아래의 실수값을 가지는 행렬 $\boldsymbol{C}$ 는 두 개의 복소수 고유값 $\lambda = 2 \pm j$ 를 가진다. 즉

$$\boldsymbol{C} = \begin{bmatrix} 2 & 1 \\ -1 & 2 \end{bmatrix}, \quad \vec{u}_1 = c\begin{bmatrix} 1 \\ j \end{bmatrix}, \ (\lambda = 2 + j), \quad \vec{u}_2 = c\begin{bmatrix} 1 \\ -j \end{bmatrix} \ (\lambda = 2 - j)$$

이다(c 는 영이 아닌 실수). 복소수의 성질로부터 짐작할 수 있는 바와 같이, 두 개의 고유값이 서로 공역의 관계에 있으므로 각 고유값에 대한 고유벡터도 서로 공역의 관계가 성립한다.

7.3.1 고유값과 고유벡터

고유값과 고유벡터의 이론은 정방행렬에만 적용된다. 지금까지의 설명을 정리하면 다음과 같다.

요점 7.8 고유값과 고유벡터

> $\boldsymbol{A}$를 $(n \times n)$ 인 정방행렬이라고 한다. 이때 다음의 행렬방정식이 벡터공간 $\mathbb{R}^n$에 존재하는 임의의 0이 아닌 벡터 $\vec{x}$ 에 대하여 만족한다면, λ를 행렬 $\boldsymbol{A}$의 고유값이라고 한다.
>
> $$\boldsymbol{A}\vec{x} = \lambda\vec{x} \tag{7.61}$$
>
> 또 위 식을 만족하는 벡터 $\vec{x}$ 를 고유값 λ 에 대응하는 고유벡터라고 한다.

행렬의 고유값에 대응하는 고유벡터의 집합으로 이루어진 공간을 고유공간(eigenspace)이라 하고

$$\boldsymbol{W}_\lambda = \{\vec{x} \mid \boldsymbol{A}\vec{x} = \lambda\vec{x}\} \tag{7.62}$$

로 표기하기로 한다. 여기서 $\boldsymbol{W}_\lambda$는 영벡터도 포함하는 것으로 한다.

고유벡터와 관련하여 다음 사항이 알려져 있다.

(a) λ 가 행렬 $\boldsymbol{A}$의 고유값이며 벡터 $\vec{x}$ 를 그에 대응하는 고유벡터라고 하자. 이때 임의의 0이 아닌 스칼라 c 에 대하여

$$A(c\vec{x}) = cA\vec{x} = c\lambda\vec{x} = \lambda(c\vec{x})$$

가 성립한다. 다시 말하면 $c\vec{x}$ 도 역시 행렬 A 의 고유값 λ에 대응하는 고유벡터로 된다는 것을 의미한다.

(b) 식 (7.61)에서 $\vec{x} = \vec{0}$으로 두면 어떠한 λ 값에 대해서도 $A\vec{0} = \vec{0} = \lambda\vec{0}$로 된다. 그러나 영벡터는 A의 고유벡터로 인정되지 않는다. 그러나 고유값은 영의 값을 가지는 경우가 있다.

- **고유값의 계산**

λ가 $(n \times n)$ 크기의 정방행렬 A 의 고유값이라면, 식 (7.61)을 만족하는 벡터 $\vec{x}$가 존재한다. 식 (7.61)을 정리하면

$$(A - \lambda I_n)\vec{x} = \vec{0} \tag{7.63}$$

이다. 식 (7.63)은 6.1절에서 설명한 n개의 미지수와 n개의 방정식을 가지는 제차연립방정식의 형식을 하고 있이므로 [요점 7.7]에 의해 비자명한 해(즉 $\vec{x} \neq \vec{0}$)를 가지기 위해서는 $\det(A - \lambda I_n) = 0$이어야 한다. 즉

$$P(\lambda) = \det(A - \lambda I_n) = \begin{vmatrix} a_{11} - \lambda & a_{12} & \cdots & a_{1n} \\ a_{21} & a_{22} - \lambda & \cdots & a_{2n} \\ \vdots & & & \vdots \\ a_{n1} & a_{n2} & \cdots & a_{nn} - \lambda \end{vmatrix} = 0 \tag{7.64}$$

이다. 단 $a_{ij}, (i, j = 1, \cdots, n)$는 A의 각 요소를 나타낸다. 식 (7.64)을 전개하면

$$P(\lambda) = \lambda^n + \alpha_{n-1}\lambda^{n-1} + \cdots + \alpha_1\lambda + \alpha_o = 0 \tag{7,65}$$

와 같은 λ에 관한 n차의 다항식이 얻어진다. 식 (7.65)를 행렬 A의 고유방정식(eigen equation) 또는 특성다항식(characteristic equation)이라고 부른다. 여기서 식 (7.64)의 행렬식을 라플라스 전개하여 식 (7.65)와 비교함으로써 $\alpha_i, (i = 0, 1, \cdots, n-1)$와 행렬 A 의 요소 $a_{ij}, (i, j = 1, \cdots, n)$ 사이에 다음과 같은 관련성을 확인할 수 있다.

$$\alpha_{n-1} = -(a_{11} + a_{22} + \cdots + a_{nn}) = -\operatorname{trace} A \tag{7.66 a}$$

$$\alpha_0 = P(0) = \det(-A) = (-1)^n \det A \tag{7.66 b}$$

여기서 trace$\boldsymbol{A}$란 행렬 $\boldsymbol{A}$의 대각선상 요소의 합을 나타낸다. 식 (7.66)은 다음과 같이 확인할 수도 있다. 즉 특성다항식 (7.65)가 n개의 근(즉 행렬 $\boldsymbol{A}$의 고유값) $\lambda_1, \lambda_2, \cdots, \lambda_n$을 가진다면 특성다항식은 다음과 같이 전개될 것이다.

$$P(\lambda) = (\lambda - \lambda_1)(\lambda - \lambda_2)\cdots(\lambda - \lambda_n) \tag{7.67}$$

$$= \lambda^n - (\lambda_1 + \lambda_2 + \cdots + \lambda_n)\lambda^{n-1} + \cdots + (-1)^n \lambda_1 \lambda_2 \cdots \lambda_n$$

여기서 식 (7.67)와 (7.66)을 비교하면, 행렬 $\boldsymbol{A}$의 고유값과 행렬의 각 요소 사이의 관련성을 보여주는 식 (7.68)의 관계식을 얻는다.

$$\text{trace}\,\boldsymbol{A} = \sum_{i=1}^{n} \lambda_i, \text{ (고유값의 합)} \qquad (7.68\text{ a})$$

$$\det \boldsymbol{A} = \prod_{i=1}^{n} \lambda_i, \text{ (고유값의 곱)} \qquad (7.68\text{ b})$$

예를 들어 2×2인 행렬

$$\boldsymbol{A} = \begin{bmatrix} a & b \\ c & d \end{bmatrix}$$

에 대해서 식 (7.64)을 계산하면

$$P(\lambda) = \det(\boldsymbol{A} - \lambda \boldsymbol{I}_2) = \begin{vmatrix} a-\lambda & b \\ c & d-\lambda \end{vmatrix} = \lambda^2 - (a+d)\lambda + (ad - bc) = 0 \tag{7.69}$$

이다. 따라서 식 (7.69)을 만족하는 두 개의 λ_1, λ_2가 $\boldsymbol{A}$의 고유값이다. 즉

$$\lambda_1 + \lambda_1 = a + d = \text{trace}\,\boldsymbol{A}, \quad \lambda_1\lambda_2 = ad - bc = \det \boldsymbol{A}$$

의 관계로부터 고유값을 계산할 수 있다.

- **고유벡터의 계산**

식 (7.61), 즉 제차방정식 $(\boldsymbol{A} - \lambda \boldsymbol{I}_n)\vec{x} = \vec{0}$를 만족하는 벡터의 계산은 확대방정식 $[\boldsymbol{A} - \lambda_i \boldsymbol{I} \mid \vec{0}\,]$에 가우스 소거법을 적용하여 RREF의 형식으로 변환하면 간단하게 얻을 수 있다. 그러나 [요점 6.11]에서 언급한 바와 같이 $\dim\{N(\boldsymbol{A} - \lambda_i \boldsymbol{I})\} \geq 1$의 개수만큼의

자유변수가 존재한다는 점에 유의한다. 이때 얻어지는 n개의 고유벡터를 $\boldsymbol{A}$가 가지는 고유공간의 기저벡터라고 한다. 예제를 이용하여 고유벡터와 고유공간을 구하는 방법에 대하여 설명한다.

예제 7.10

다음 행렬의 고유값과 고유벡터를 구하고, 이것의 고유공간을 확인하여 보자.

$$\boldsymbol{A}=\begin{bmatrix} 0 & 1 & 0 \\ 0 & 0 & 1 \\ 2 & 1 & -2 \end{bmatrix}$$

풀이

(a) 해석적인 방법에 의한 해 :
$\boldsymbol{A}$ 의 특성다항식은

$$P(\lambda)=\det(\boldsymbol{A}-\lambda \boldsymbol{I}_3)=\begin{vmatrix} -\lambda & 1 & 0 \\ 0 & -\lambda & 1 \\ 2 & 1 & -(\lambda+2) \end{vmatrix}=(\lambda-1)(\lambda+1)(\lambda+2)=0$$

이므로 $\boldsymbol{A}$의 고유값은 $\lambda_1=-2, \lambda_2=-1$ 및 $\lambda_3=1$ 이다.

(i) $\lambda_1=-2$에 대응하는 고유벡터는 제차방정식 $(\boldsymbol{A}-\lambda_1 \boldsymbol{I}_3)\vec{x}_1=\vec{0}$ 의 확대행렬에 가우스 소거법을 실시하여 얻는다. 즉

$$[\boldsymbol{A}+2\boldsymbol{I}_3 \mid \vec{0}\,]=\begin{bmatrix} 2 & 1 & 0 & 0 \\ 0 & 2 & 1 & 0 \\ 2 & 1 & 0 & 0 \end{bmatrix}\xrightarrow[(R_3\to R_3-R_1)]{}\begin{bmatrix} 2 & 1 & 0 & 0 \\ 0 & 2 & 1 & 0 \\ 0 & 0 & 0 & 0 \end{bmatrix}$$

$$\xrightarrow[\begin{pmatrix} R_1\to(1/2)R_1 \\ R_2\to(1/2)R_2 \end{pmatrix}]{}\begin{bmatrix} 1 & (1/2) & 0 & 0 \\ 0 & 1 & (1/2) & 0 \\ 0 & 0 & 0 & 0 \end{bmatrix} \qquad ①$$

이므로 연립방정식 $x_{13}+\left(\dfrac{1}{2}\right)x_{23}=0,\ x_{23}+\left(\dfrac{1}{2}\right)x_{33}=0$ 으로부터 자유변수로서 $x_{33}=\gamma$로 두면

$$\vec{x}_1=\begin{bmatrix} x_{11} \\ x_{21} \\ x_{31} \end{bmatrix}=\gamma\begin{bmatrix} 1 \\ -2 \\ 4 \end{bmatrix},\quad \boldsymbol{W}_{\lambda_1}=\operatorname{span}\{\vec{x}_1\} \qquad ②$$

이다.

(ii) $\lambda_2=-1$에 대응하는 고유벡터는 제차방정식 $(\boldsymbol{A}-\lambda_2 \boldsymbol{I}_3)\vec{x}_2=\vec{0}$ 의 확대행렬에 가우

스소거법을 실시하여 얻는다. 즉

$$[\boldsymbol{A}+\boldsymbol{I}_3 \mid \vec{0}\,]=\begin{bmatrix}1&1&0&0\\0&1&1&0\\2&1&-1&0\end{bmatrix}\xrightarrow[(R_3\to R_3-2R_1)]{}\begin{bmatrix}1&1&0&0\\0&1&1&0\\0&-1&-1&0\end{bmatrix}$$

$$\xrightarrow[\begin{pmatrix}R_3\to R_2+R_3\\R_1\to R_1-R_2\end{pmatrix}]{}\begin{bmatrix}1&0&-1&0\\0&1&1&0\\0&0&0&0\end{bmatrix} \quad ③$$

이므로 $x_{12}-x_{32}=0,\ x_{12}+x_{32}=0$의 식에서 자유변수로서 $x_{32}=\beta$로 두면

$$\vec{x}_2=\begin{bmatrix}x_{12}\\x_{22}\\x_{32}\end{bmatrix}=\beta\begin{bmatrix}1\\-1\\1\end{bmatrix},\quad \boldsymbol{W}_{\lambda_2}=\mathrm{span}\{\vec{x}_2\} \quad ④$$

이다.

(iii) $\lambda_3=1$ 에 대응하는 고유벡터 $\vec{x_3}=[x_{13},\ x_{23},\ x_{33}]^T$ 는 제차방정식 $(\boldsymbol{A}-\lambda_3\boldsymbol{I}_3)\vec{x}_3=\vec{0}$ 의 확대행렬 $[\boldsymbol{A}-\lambda_3\boldsymbol{I}_3 \mid \vec{0}\,]$ 에 가우스 소거법을 실시한다. 즉

$$[\boldsymbol{A}-\boldsymbol{I}_3 \mid \vec{0}\,]=\begin{bmatrix}-1&1&0&0\\0&-1&1&0\\2&1&-3&0\end{bmatrix}\xrightarrow[(R_3\to 2R_1+R_3)]{}\begin{bmatrix}-1&1&0&0\\0&-1&1&0\\0&3&-3&0\end{bmatrix}$$

$$\xrightarrow[\begin{pmatrix}R_1\to(-1)R_1\\R_2\to(-1)R_2\end{pmatrix}]{(R_3\to 3R_2+R_3)}\begin{bmatrix}1&-1&0&0\\0&1&-1&0\\0&0&0&0\end{bmatrix} \quad ⑤$$

이므로 $x_{13}-x_{23}=0,\ x_{23}-x_{33}=0$ 가 얻어진다. 이때 자유변수로 $x_{33}=\alpha$로 두면

$$\vec{x}_3=\begin{bmatrix}x_{13}\\x_{23}\\x_{33}\end{bmatrix}=\alpha\begin{bmatrix}1\\1\\1\end{bmatrix} \quad ⑥$$

이다. 또한 고유값 $\lambda_3=1$ 에 대한 고유공간은 $\boldsymbol{W}_{\lambda_3}=\mathrm{span}\{\vec{x}_3\}$으로 표기한다.

이상의 결과로부터 행렬 $\boldsymbol{A}$ 의 고유공간은 식 (7.62)에 의해

$$\boldsymbol{W}_{\lambda}=\mathrm{span}\left\{\begin{bmatrix}1\\-2\\4\end{bmatrix},\begin{bmatrix}1\\-1\\1\end{bmatrix},\begin{bmatrix}1\\1\\1\end{bmatrix},\right\} \quad ⑦$$

이다.

(b) MATLAB를 이용한 방법[11] :

```
>> A = sym([0 1 0;0 0 1;2 1 -2]);
% lamda2=-2인 경우
>> Ag = [A+2*eye(3),zeros(3,1)];
>> E1 = sym([1 0 0;0 1 0;-1 0 1]);          % 1행x(-1)하여 3행에 더한다.
>> E2 = sym([1/2 0 0;0 1 0;0 0 1]);         % 1행을 (1/2)한다.
>> E3 = sym([1 0 0;0 1/2 0;0 0 1]);         % 2행을 (1/2)한다.
>> E3*E2*E1*Ag                              % ①식의 확인
% lamda2=-1인 경우
>> Ag = [A+eye(3),zeros(3,1)];
>> E1 = sym([1 0 0;0 1 0;-2 0 1]);          % 1행x(-2)하여 3행에 더한다.
>> E2 = sym([1 0 0;0 1 0;0 1 1]);           % 2행x(1)하여 3행에 더한다.
>> E3 = sym([1 -1 0;0 1 0;0 0 1]);          % 3행을 1행에 더한다.
>> E3*E2*E1*Ag                              % ③식의 확인
% lamda1=1인 경우
>> Ag = [A-eye(3),zeros(3,1)];
>> E1 = sym([1 0 0;0 1 0;2 0 1]);           % 1행x(2)하여 3행에 더한다.
>> E2 = sym([1 0 0;0 1 0;0 3 1]);           % 2행x(3)하여 3행에 더한다.
>> E3 = sym([-1 0 0;0 1 0;0 0 1]);          % 1행의 부호를 바꾼다.
>> E4 = sym([1 0 0;0 -1 0;0 0 1]);          % 2행의 부호를 바꾼다.
>> E4*E3*E2*E1*Ag                           % ⑤식의 확인
% MATLAB의 명령어에 의한 확인
>> [V,D]=eig(A)         % V 에는 고유벡터, D 에는 고육값이 각각 들어 있다.
```

```
ans =                    ans =                  ans =
 [ 1, 1/2,   0, 0]        [ 1, 0, -1, 0]         [ 1, -1,  0, 0]
 [ 0,   1, 1/2, 0]        [ 0, 1,  1, 0]         [ 0,  1, -1, 0]
 [ 0,   0,   0, 0]        [ 0, 0,  0, 0]         [ 0,  0,  0, 0]
```

위 예제의 결과로부터 다음 두 가지 사실을 확인할 수 있다.

요점 7.9 고유값과 고유벡터에 관한 기본성질

$\boldsymbol{A}$를 $(n \times n)$인 정방행렬이라 하면

(a) $\boldsymbol{A}$가 정칙행렬이기 위한 필요충분조건은 $\boldsymbol{A}$는 '0'을 고유값으로 가지지 않는다.

(b) $\boldsymbol{A}$의 서로 다른 고유값 $\lambda_1,\ \lambda_2,\ \cdots,\ \lambda_n$에 대응하는 고유벡터를 $\vec{x}_1,\ \vec{x}_2,\ \cdots,\ \vec{x}_n$이라 하였을 때, 이들 고유벡터는 서로 선형독립이다.

11) M 파일 'Example_7_10.m'으로 '>> publish('Example_7_10')'을 실행하면 MATLAB를 이용하여 해를 구하는 과정을 볼 수 있다.

크기가 $(n \times n)$인 행렬 $\boldsymbol{A}$의 특성다항식은 n차의 다항식이므로 대수학의 기본정리에 따라 반드시 n개의 근을 가지며 물론 복소근을 가질 수도 있다. 따라서 고유값은 다음과 같이 세 종류로 분류할 수 있다.[12)]

(i) 서로 다른 값을 가지는 실고유값
(ii) 복소고유값
(iii) 중복하는 실고유값

[예제 7.10]은 위의 (i)에 해당하는 것으로 비교적 쉽게 고유벡터를 구할 수 있었다. 그러나 특히 위 세 번째 경우, 즉 중복하는 실고유값에 대한 고유벡터의 계산을 위해서는 중복도와 관련된 새로운 개념이 필요하다. 먼저 (ii) 복소고유값을 가지는 경우에 고유벡터를 구하는 과정을 예제를 이용하여 설명하기로 한다.

예제 7.11

다음 행렬의 고유값, 고유벡터 및 고유공간을 각각 구하여보자.

$$\boldsymbol{A} = \begin{bmatrix} 1 & 2 \\ -2 & 1 \end{bmatrix}$$

풀이

(a) 해석적인 방법에 의한 해 :
$\boldsymbol{A}$ 의 고유방정식은

$$\det(\boldsymbol{A} - \lambda \boldsymbol{I}) = \begin{vmatrix} 1-\lambda & 2 \\ -2 & 1-\lambda \end{vmatrix} = \lambda^2 - 2\lambda + 5 = 0 \quad ①$$

이므로 고유값은 $\lambda_1 = 1 + j2$, $\lambda_2 = 1 - j2$이다.

(i) $\lambda_1 = 1 + j2$에 대응하는 고유벡터는

$$(\boldsymbol{A} - \lambda_1 \boldsymbol{I})\vec{x} = [A - (1+j2)\boldsymbol{I}]\vec{x} = \begin{bmatrix} -j2 & 2 \\ -2 & -j2 \end{bmatrix} \begin{bmatrix} x_{11} \\ x_{21} \end{bmatrix} = 0 \quad ②$$

로부터 $jx_{11} - x_{21} = 0$, $x_{11} + jx_{21} = 0$이므로 임의의 스칼라(실수) α 에 대해서 $x_{11} = \alpha$, $x_{21} = j\alpha$이므로

$$\vec{x}_1 = \begin{bmatrix} x_{11} \\ x_{21} \end{bmatrix} = \alpha \begin{bmatrix} 1 \\ j \end{bmatrix} \quad ③$$

12) 이것 외에 중복하는 복소고유값을 가지는 경우도 있지만 여기서는 생략한다.

이다.

(ii) $\lambda_2 = 1 - j2$ 에 대응하는 고유벡터는 위의 ②, ③과 동일한 과정을 이용하면 구할 수 있으나, $\overline{\lambda}_1 = \lambda_2$ 의 관계가 있기 때문에 고유벡터에도 동일한 관계가 성립한다. 즉 $\overline{\vec{x}}_1 = \vec{x}_2$ 이다. 따라서 ③으로부터

$$\vec{x}_2 = \begin{bmatrix} x_{12} \\ x_{22} \end{bmatrix} = \beta \begin{bmatrix} 1 \\ -j \end{bmatrix} \qquad ④$$

이다. 고유공간은

$$\boldsymbol{W}_{\lambda} = \text{span}\{\vec{x}_1,\ \vec{x}_2\}$$

이다.

(b) MATLAB를 이용한 방법[13)] :

```
>> A = sym([1 2;-2 1]);
>> [V,D] = eig(A) % V 에는 고유벡터, D 에는 고유값이 각각 들어 있다.

V =                         D =
 [ i, -i]                    [ 1 - 2*i,       0]
 [ 1,  1]                    [       0, 1 + 2*i]
```

세 번째 경우인 중복하는 실고유값과 관련하여 다음 사항이 알려져 있다.

요점 7.10 기하학적인 중복도와 대수적인 중복도

크기 $(n \times n)$인 행렬 $\boldsymbol{A}$의 다항식이 다음과 같이 인수분해 되었다고 한다.

$$P(\lambda) = \det(\boldsymbol{A} - \lambda \boldsymbol{I}_n) = (\lambda - \lambda_1)^{m_1}(\lambda - \lambda_2)^{m_2} \cdots (\lambda - \lambda_r)^{m_r} \qquad (7.70)$$

단

$$m_1 + m_2 + \cdots + m_r = n, \qquad (r \le n) \qquad (7.71)$$

이다. 이때 중복도 $m_i, (i = 1,\ \cdots,\ r)$와 관련하여

(a) 대수적인 중복도(Algebraic multiplicity) : 행렬 $\boldsymbol{A}$의 고유값 $\lambda_i, (i = 1,\ \cdots,\ r)$

13) M 파일 'Example_7_11.m'으로 '>> publish('Example_7_11')'을 실행하면 MATLAB를 이용하여 해를 구하는 과정을 볼 수 있다.

의 반복하는 회수 $m_i,\ (i=1,\ \cdots,\ r)$를 의미한다.

(b) 기하학적인 중복도(Geometric multiplicity) : $\boldsymbol{A}$ 의 고유값 $\lambda_i,\ (i=1,\ \cdots,\ r)$ 에 대한 고유공간의 차원을 의미하며, 일반적으로 g_{λ_i} 로 나타낸다.[14)]

예제 7.12

다음 행렬의 고유값과 고유벡터를 계산하고, 각 고유값이 가지는 고유공간의 차원으로부터 대수적인 중복도와 기하학적인 중복도의 차이를 확인하여 보자.

$$\boldsymbol{A}=\begin{bmatrix}1 & -2 & 4\\ 3 & -4 & 4\\ 3 & -2 & 2\end{bmatrix}$$

풀이

(a) 해석적인 방법에 의한 해 :

위 행렬에 대한 특성다항식으로부터 고유값을 구하면

$$P(\lambda)=\det(\boldsymbol{A}-\lambda\boldsymbol{I}_3)=\begin{vmatrix}1-\lambda & -2 & 4\\ 3 & -4-\lambda & 4\\ 3 & -2 & 2-\lambda\end{vmatrix}=(\lambda+2)^2(\lambda-3)=0 \qquad ①$$

으로부터 고유값은 $\lambda_1=-2$ (2중근)와 $\lambda_2=3$ 이다. 즉 대수적인 중복도는 각각 $m_1=2$ 및 $m_2=1$ 이다. 다음 2중근인 $\lambda_1=-2$ 에 대한 고유벡터를 구하여 보자. 이는 1차연립방정식 $(\boldsymbol{A}-\lambda_1\boldsymbol{I}_3)\vec{x}=\vec{0}$ 을 만족하는 벡터 $\vec{x}$ 로부터 얻어진다. 이를 위해 앞에서 언급한 바와 같이 확대방정식 $\left[\boldsymbol{A}-\lambda_1\boldsymbol{I}_3\ \mid \vec{0}\ \right]$에 가우스 소거법을 적용하여 RREF의 형식으로 고치면

$$\left[\boldsymbol{A}+2\boldsymbol{I}_3\ \mid \vec{0}\ \right]=\begin{bmatrix}3 & -2 & 4 & 0\\ 3 & -2 & 4 & 0\\ 3 & -2 & 4 & 0\end{bmatrix}\ \xrightarrow[\begin{pmatrix}R_3\to R_3-R_1\\ R_1\to(1/3)R_1\end{pmatrix}]{(R_2\to R_2-R_1)}\ \begin{bmatrix}1 & -(2/3) & (4/3) & 0\\ 0 & 0 & 0 & 0\\ 0 & 0 & 0 & 0\end{bmatrix} \qquad ②$$

이다. ②로부터 $x_{11}-\dfrac{2}{3}x_{21}+\dfrac{4}{3}x_{31}=0$ 를 얻는다. 따라서 세 개의 미지수에 하나의 식이 존재하므로 두 개의 자유변수가 필요하다. 이를 예를 들어 $x_{21}=\alpha,\ x_{31}=\beta$ 로 두면 고유벡터는

$$\vec{x}=\begin{bmatrix}(2/3)\alpha-(4/3)\beta\\ \alpha\\ \beta\end{bmatrix}=\alpha\begin{bmatrix}(2/3)\\ 1\\ 0\end{bmatrix}+\beta\begin{bmatrix}-(4/3)\\ 0\\ 1\end{bmatrix} \qquad ③$$

이다. 따라서 중복하는 고유값 $\lambda_1=-2$에 대한 고유공간은

14) 다시 말하면, 중복하는 고유값 λ_i에 대응하는 선형독립인 고유벡터의 개수이다.

$$\vec{x}_1 = \begin{bmatrix} 2 \\ 3 \\ 0 \end{bmatrix},\ \vec{x}_2 = \begin{bmatrix} -4 \\ 0 \\ 3 \end{bmatrix} \qquad ④$$

을 기저로 하는 공간이 된다.[15] 즉

$$\boldsymbol{W}_{\lambda_1} = \text{span}\left\{ \vec{x}_1, \vec{x}_2 \right\} \qquad ⑤$$

이다. 나머지 고유값 $\lambda_3 = 3$에 대해서도 위와 동일한 과정을 거치면 확대방정식이

$$\left[\boldsymbol{A} - 3\boldsymbol{I}_3 \mid \vec{0}\right] = \begin{bmatrix} -2 & -2 & 4 & 0 \\ 3 & -7 & 4 & 0 \\ 3 & -2 & -1 & 0 \end{bmatrix} \rightarrow \begin{bmatrix} 1 & 0 & -1 & 0 \\ 0 & 1 & -1 & 0 \\ 0 & 0 & 0 & 0 \end{bmatrix} \qquad ⑥$$

으로 되어 $\lambda_3 = 3$ 에 대한 고유공간은

$$\vec{x} = \gamma \begin{bmatrix} 1 \\ 1 \\ 1 \end{bmatrix} = \gamma \vec{x}_3 \qquad ⑦$$

이므로, 벡터 $\vec{x}_3$ 를 기저로 한다. 즉 $\boldsymbol{W}_{\lambda_2} = \text{span}\left\{ \vec{x}_3 \right\}$이다. 이 결과로서 중복하는 고유값 $\lambda_1 = -2$에 대응하는 고유공간의 차원이 2이므로 이에 대한 기하학적인 중복도 역시 2, 즉 $g_{\lambda_1} = 2$ 이다. 중복하지 않는 단순고유값은 대수적인 중복도와 기하학적인 중복도가 항상 '1'이다.

(b) MATLAB를 이용한 방법[16] :

```
>> A = sym([1 -2 4;3 -4 4;3 -2 2]);
>> Ag = [A+2*eye(3),zeros(3,1)];
>> E1 = sym([1 0 0;-1 1 0;0 0 1]); % 1행x(-1)하여 2행에 더한다.
>> E2 = sym([1 0 0;0 1 0;-1 0 1]); % 1행x(-1)하여 3행에 더한다.
>> E3 = sym([1/3 0 0;0 1 0;0 0 1]);% 1행을 (1/3)한다.
>> E3*E2*E1*Ag                     % ②식의 확인
>> rank(A+2*eye(3))                % rank가 "1" → 기하학적인 중복도는 3-1=2 이다.
>> [V,J] = jordan(A)               % V에 들어 있는 고유벡터는 ④ 다를 수도 있다.
```

```
ans =
 [ 1, -2/3, 4/3, 0]
 [ 0,    0,   0, 0]
 [ 0,    0,   0, 0]
```

```
ans =
    1
```

15) 이 경우는 $\alpha = 3, \beta = 3$으로 두었다. 물론 이것 외에도 무한가지의 표현방법이 있으나 가장 단순한 형태의 표현식이 바람직하다.

16) M 파일 'Example_7_12.m'으로 '>> publish('Example_7_12')'을 실행하면 MATLAB를 이용하여 해를 구하는 과정을 볼 수 있다.

예제 7.13

다음 행렬이 가지는 고유값에 대한 대수적 및 기하학적인 중복도의 관계를 비교하여 보자.

$$\boldsymbol{A} = \begin{bmatrix} 2 & 1 & 0 \\ 0 & 1 & -1 \\ 0 & 2 & 4 \end{bmatrix}$$

풀이

특성다항식으로부터

$$P(\lambda) = \det(\boldsymbol{A} - \lambda \boldsymbol{I}_3) = \begin{vmatrix} 2-\lambda & 1 & 0 \\ 0 & 1-\lambda & -1 \\ 0 & 2 & 4-\lambda \end{vmatrix} = (\lambda-2)^2(\lambda-3) = 0 \qquad ①$$

이다. 따라서 고유값은 $\lambda_1 = 2$, (2중근)과 $\lambda_2 = 3$이며, 대한 대수적 중복도는 $m_1 = 2, m_2 = 1$ 이다. 중근인 $\lambda_1 = 2$에 대한 기하학적인 중복도를 확인하기 위하여 고유벡터를 계산하면

$$[\boldsymbol{A} - 2\boldsymbol{I}_3 \mid \vec{0}\,] = \begin{bmatrix} 0 & 1 & 0 & 0 \\ 0 & -1 & -1 & 0 \\ 0 & 2 & 2 & 0 \end{bmatrix} \xrightarrow[(R_3 \to R_2 + R_3)]{(R_2 \to R_1 + R_2)} \begin{bmatrix} 0 & 1 & 0 & 0 \\ 0 & 0 & 1 & 0 \\ 0 & 0 & 0 & 0 \end{bmatrix} \qquad ②$$

이므로 $x_{21} = 0, x_{31} = 0$이다. 자유변수로 $x_{11} = \alpha$로 두면 고유공간은

$$\vec{x} = \alpha \begin{bmatrix} 1 \\ 0 \\ 0 \end{bmatrix} = \alpha \, \vec{x}_1 \qquad ③$$

이므로, 벡터 $\vec{x}_1$를 기저로 한다. 즉 $\boldsymbol{W}_{\lambda_1} = \text{span}\{\vec{x}_1\}$이므로 $\dim \boldsymbol{W}_{\lambda_1} = 1$이다. 따라서 기하학적인 중복도는 $g_{\lambda_1} = 1$이다. 또한 $\lambda_2 = 3$는 단근이므로 당연히 $m_2 = g_{\lambda_2} = 1$이다.

위의 예제에서 알 수 있는 바와 같이, 만약 고유값 λ의 대수적 중복도가 m_λ라면 이것의 기하학적인 중복도는 다음 관계를 만족한다.

$$g_\lambda \le m_\lambda \qquad (7.72)$$

위 식에서 부등호를 만족하는 행렬의 경우는, [예제 7.13]에서와 같이, 확대방정식을 통하여 중복하는 고유값의 중복도와 동일한 개수의 고유벡터를 구할 수 없다. 다시 말하면, 고유공간의 기저형성을 위한 선형독립인 고유벡터의 개수가 부족하게 된다는 것이다.

7.3.2 고유값 문제의 적용 예

예제를 위한 준비과정으로 이산동적시스템(discrete dynamical system)에 대하여 간단하게 설명한다. 이산적인 시스템이란 단계벡터(step vector)로 불리는 일련의 n 차원의 열벡터

$$\vec{x}_0, \vec{x}_1, \vec{x}_2, \cdots, \vec{x}_k, \cdots \tag{7.73}$$

와 크기 $(n \times n)$인 행렬 $\boldsymbol{A}$가 주어졌을 경우, 단계벡터 $\vec{x}_{k+1}$은 $\vec{x}_k$와 $\boldsymbol{A}$로서 다음과 같은 관계가 성립되는 시스템을 의미한다.

$$\vec{x}_{k+1} = \boldsymbol{A}\vec{x}_k, (k = 0, 1, 2, \cdots) \tag{7.74}$$

따라서 초기 단계벡터 $\vec{x}_0$가 주어지면, 이어지는 단계벡터는 식 (7.74)의 관계에 의해

$$\begin{aligned} &\text{Step 1}: \quad \vec{x}_1 = \boldsymbol{A}\vec{x}_0 \\ &\text{Step 2}: \quad \vec{x}_2 = \boldsymbol{A}\vec{x}_1 = \boldsymbol{A}(\boldsymbol{A}\vec{x}_0) = \boldsymbol{A}^2\vec{x}_0 \\ &\text{Step 3}: \quad \vec{x}_3 = \boldsymbol{A}\vec{x}_2 = \boldsymbol{A}(\boldsymbol{A}^2\vec{x}_0) = \boldsymbol{A}^3\vec{x}_0 \\ &\quad \vdots \end{aligned} \tag{7.75}$$

로 주어진다. 식 (7.75)로부터 다음의 이산적 동적시스템에 대한 관계식

$$\vec{x}_k = \boldsymbol{A}^k\vec{x}_0, (k = 0, 1, 2, \cdots) \tag{7.76}$$

을 얻을 수 있다. 이로부터 초기벡터가 주어진다면 k 번째의 단계벡터를 간단하게 계산할 수 있다.

예제 7.14

어떤 특정 지역에서 두 종류의 개체인 포식자와 먹잇감 사이의 관계(즉 생태학적인 관련성)를 알아보기로 한다.

풀이

여기서는 바다표범과 청어를 이용하여 매년 바다표범과 청어의 개체수를 측정하여 기록하였다고 한다. 이 경우, 만약 청어의 수가 너무 적거나 바다표범의 수가 너무 많으면 청어를 주된 먹

이로 하는 바다표범의 수가 장기적으로는 줄어들 것으로 예측된다. 반대로 바다표범을 (인위적으로) 너무 많이 줄이면 장기적으로 청어의 수가 증가할 것이다.
s_k 와 c_k 를 각각 k 년도의 바다표범의 수(단위 천)와 청어의 수(단위 톤)으로 두면, $k+1$ 년도와 k 년도 사이에는 다음과 같은 관계식이 존재하는 것으로 한다.

$$\begin{cases} s_{k+1} = \quad 0.60\,s_k + 0.5\,c_k \\ c_{k+1} = -0.24\,s_k + 1.4\,c_k \end{cases} \qquad ①$$

위식은 다음과 같이 이해할 수 있다. ①의 첫 번째 식은, 만약 청어가 존재하지 않는다면 바다표범은 매년 40%씩 감소(즉 $s_{k+1} = 0.6\,s_k$)할 것이지만, 먹이인 청어의 k 년도의 수 c_k 가 바다표범의 개체수에 $0.5\,c_k$ 만큼 기여한다는 것을 의미한다. ①의 두 번째 식은, 바다표범이 한 마리도 없다면 청어는 매년 40% 씩 증가(즉 $c_{k+1} = 1.4c_k$)하지만, k 년도의 바다표범의 수인 s_k 로 인해 $k+1$ 년도에는 $0.24\,s_k$ 만큼 감소한다는 것을 나타낸다.
①을 식 (7.74)의 형식으로 표현하면 다음과 같다.

$$\vec{x}_{k+1} = \begin{bmatrix} 0.6 & 0.5 \\ -0.24 & 1.4 \end{bmatrix} \vec{x}_k\,, \quad \text{단} \quad \vec{x}_k = \begin{bmatrix} s_k \\ c_k \end{bmatrix} \text{이다.} \qquad ②$$

여기서 단계벡터 $\vec{x}_k = [s_k \ c_k]$ 는 연도별의 개체수를 나타낸다. 따라서 개체수의 초기값 $\vec{x}_0$ 가 주어진다면 식 (7.76)에 의해 년도별의 증감을 확인할 수 있을 것이다. 즉

$$\vec{x}_0 = \begin{bmatrix} 500 \\ 300 \end{bmatrix}, \vec{x}_1 = \boldsymbol{A}\vec{x}_0 = \begin{bmatrix} 450 \\ 300 \end{bmatrix}, \vec{x}_2 = \boldsymbol{A}\vec{x}_1 = \begin{bmatrix} 420 \\ 312 \end{bmatrix}, \cdots \qquad ③$$

위 결과로부터 바다표범의 수는 시간의 경과와 함께 감소하는 것으로 나타났지만, 이것이 사실과는 다르다는 것을 전절의 고유값과 고유벡터를 이용한 해석으로 확인해 보기로 한다.
MATLAB을 이용하면

$$\vec{x}_9 = \begin{bmatrix} 0.6 & 0.5 \\ -0.24 & 1.4 \end{bmatrix}^9 \begin{bmatrix} 500 \\ 300 \end{bmatrix} \approx \begin{bmatrix} 695 \\ 794 \end{bmatrix} \qquad ④$$

로 되어 9년 뒤에는 바다표범과 청어의 개체수가 모두 초기 개체수보다 증가한 것으로 나타났다. 이러한 사실은 어떤 초기 단계벡터의 값을 사용하는 가에 따라 결과가 달라진다는 것을 보여주고 있다.
여기서는 이산동적시스템 ②에 대한 다음 두 가지의 기본적인 사항에 대한 답을 구하여 본다.

(1) 위 시스템의 장기적인 움직임(즉, $k \to \infty$)은 어떠한가?
(2) 초기 단계벡터의 값이 시스템 ②의 장기적인 특성에 영향을 미치는가?

위의 두 의문에 대한 답을 행렬 $\boldsymbol{A}$ 의 고유값과 고유벡터를 이용하여 알아보자.
먼저 $\boldsymbol{A}$ 의 고유값과 고유벡터를 MATLAB의 명령어 'eig'를 이용하여 계산한다.

```
>> A = [0.6 0.5;-0.24 1.4];
>> [P,D] = eig(A)

  P =                                    D =
     -0.9285  -0.6402
     -0.3714  -0.7682                        0.8000        0
                                                  0   1.2000
```

$\boldsymbol{A}$ 의 두 개의 고유값은 행렬 D의 대각선상의 요소인 $\lambda_1 = 0.8,\ \lambda_2 = 1.2$ 이며, 두 개의 고유벡터 는 행렬 P의 두 개의 열벡터

$$\vec{u} = \begin{bmatrix} -0.9285 \\ -0.3714 \end{bmatrix},\ \vec{v} = \begin{bmatrix} -0.6402 \\ -0.7682 \end{bmatrix} \qquad ⑤$$

로 주어진다. 이 경우 위 시스템의 장기적인 움직임, 즉 $k \to \infty$ 로 되었을 경우 벡터 $\vec{x}_k$ 가 임의의 초기 스텝벡터에 대하여 어떤 움직임을 보여주는지를 확인하여 보기로 한다.

각 고유벡터는 $\mathbb{R}^2$ (즉 평면)에서 기울기 $m_1 = (0.3714/0.9285) = 0.4$ 인 직선과 L_1 및 기울기 $m_2 = (0.7682/0.6402) \approx 1.2$ 인 직선 L_2 를 각각 이루고 있다([그림 7.6] 참조). 따라서 이 직선상의 모든 벡터는 당연히 행렬 $\boldsymbol{A}$ 의 고유벡터로 된다.

λ 를 $\boldsymbol{A}$ 의 고유값이고 $\vec{x}_0$ 를 λ 와 관련된 고유벡터라고 한다면 다음의 관계식이 성립됨을 쉽게 확인할 수 있다.

$$\vec{x}_1 = \boldsymbol{A}\vec{x}_0 = \lambda\vec{x}_0 \qquad \to\ \vec{x}_1 = \lambda\vec{x}_0$$
$$\vec{x}_2 = \boldsymbol{A}\vec{x}_1 = \lambda\vec{x}_1 = \lambda^2\vec{x}_0 \quad \to\ \vec{x}_2 = \lambda^2\vec{x}_0$$
$$\vdots$$

이로부터 다음과 같은 일반식이 유도된다.

$$\vec{x}_k = \lambda^k\vec{x}_0,\ (k = 0,1,2,\cdots) \qquad ⑥$$

여기서 고유벡터로서 다음 두 개의 벡터를 생각하여 보자[17].

$$\vec{u}_0 = \begin{bmatrix} 500 \\ 200 \end{bmatrix},\ \vec{v}_0 = \begin{bmatrix} 300 \\ 360 \end{bmatrix} \qquad ⑦$$

위 두 벡터는 선형독립이므로 평면 $\mathbb{R}^2$ 의 기저로 되어, 평면상의 모든 벡터는 ⑦의 선형결합(혹은 스팬)으로 표현가능하다. 따라서 시스템 ②에 대한 어떤 초기 단계벡터 $\vec{x}_0$ 는

$$\vec{x}_0 = \alpha_1\vec{u}_0 + \alpha_2\vec{v}_0 \qquad ⑧$$

17) 이 두 벡터는 각각 기울기가 m_1과 m_2 를 가지기 때문에 $\boldsymbol{A}$ 의 고유벡터이다.

로 나타낼 수 있다. 여기서 α_1 과 α_2는 벡터 $\vec{x}_0$ 에 의존하는 실수이다. ⑧의 왼쪽에서 $\boldsymbol{A}^k$ 를 곱하고 식 (7.75)을 이용하면

$$\begin{aligned}\vec{x}_k &= \boldsymbol{A}^k \vec{x}_0 = \boldsymbol{A}^k \left(\alpha_1 \vec{u}_0 + \alpha_2 \vec{v}_0\right) \\ &= \alpha_1 \boldsymbol{A}^k \vec{u}_0 + \alpha_2 \boldsymbol{A}^k \vec{v}_0 \\ &= \alpha_1 \lambda_1^k \vec{u}_0 + \alpha_2 \lambda_2^k \vec{v}_0\end{aligned} \qquad ⑨$$

로 된다. ⑨는 이 문제의 기본적인 의문에 대한 해답을 제공하고 있다. 세 가지 경우로 나누어서 생각하여 보기로 한다.

(1) ③의 초기벡터를 사용한 경우 ⑧의 α_1과 α_2 는

$$\vec{x}_0 = \begin{bmatrix} 500 \\ 300 \end{bmatrix} = \frac{3}{4}\vec{u}_0 + \frac{5}{12}\vec{v}_0$$

로부터 $\alpha_1 = 3/4, \alpha_2 = 5/12$ 이다. 이를 ⑨에 대입하면

$$\vec{x}_k = \alpha_1 (0.8)^k \vec{u}_0 + \alpha_2 (1.2)^k \vec{v}_0 \qquad ⑪$$

로 된다. 이 식에서 $k \to \infty$ 이면 $(0.8)^k \to 0$ 이므로 ⑪는 다음으로 된다.

$$\vec{x}_k \simeq \alpha_1 (1.2)^k \vec{v}_0, (k \gg 1)$$

이로부터 벡터 $\vec{x}_0, \vec{x}_1, \vec{x}_2, \cdots, \vec{x}_k, \cdots$ 는 종점을 $\mathbb{R}^2$의 곡선상에 가지게 된다. 이 곡선은 점근적으로 직선 L_2 에 수렴한다. 다시 말하면 바다표범과 청어의 개체수는 k 가 큰 값을 가질 때(즉 장기적으로) 기울기 $m_2 = c_k / s_k \approx 360/300 = 1.2$ 인 직선 L_2 에 따라 증가한다는 것을 알 수 있다.

(2) 초기벡터로서 $\vec{u}_0 = \begin{bmatrix} 500 \\ 200 \end{bmatrix}$ (L_1 상의 점)을 사용한 경우,

$$\vec{u}_{k+1} = \boldsymbol{A}\vec{u}_k = 0.8\vec{u}_k, (k = 0,1,2,\cdots)$$

로 되어 두 개체는 매년 20% 정도의 비율로 그 개체수가 감소한다는 것을 확인할 수 있다.

(3) 초기벡터로서 $\vec{v}_0 = \begin{bmatrix} 300 \\ 360 \end{bmatrix}$ (L_2 상의 점)을 사용하였을 경우

$$\vec{v}_{k+1} = \boldsymbol{A}\vec{v}_k = 1.2\vec{v}_k, (k = 0,1,2,\cdots)$$

로 된다. 이는 매년 두 개체의 수가 약 20%의 비율로 증가한다는 것을 보여주고 있다.

이와 같이 두 개의 특별한 벡터, 즉 직선 L_1 상에 종점을 가지는 벡터 $\vec{u}_k$ 와, L_2 상에 종점을 가지는 벡터 $\vec{v}_k$ 는 이산시스템 (7.74)에 대한 가장 단순한 해를 제공하고 있다.

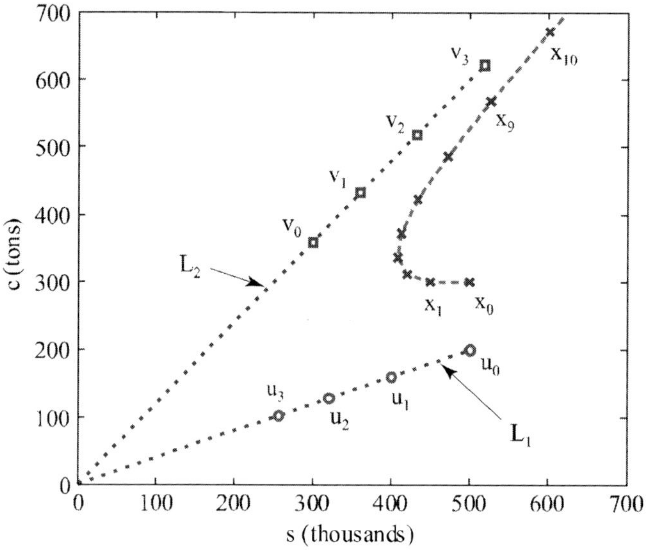

그림 7.6 년도별 개체수의 변화

```
>> u0 = [500 200]';u1 = [400 160]';u2 = [320 128]';u3 = [256.0 102.4]';
>> v0 = [300 360]';v1 = [360 432]';v2 = [432.0 518.4]';v3 = [518.4 622.1]';
>> U = [u0,u1,u2,u3];V = [v0,v1,v2,v3];
>> X = zeros(2,5);
>> for k = 0:10
>>     X(:,k+1) = (3/4)*(0.8)^k*u0+(5/12)*(1.2)^k*v0;
>> end
>> plot(U(1,:),U(2,:),'o',V(1,:),V(2,:),'*'),hold on                    % [그림 7.6]
>> plot(X(1,:),X(2,:),'*'),plot([0 500],[0,200],'--'),plot([0 518.4],[0,622.1],'--')
>> hold off,axis([0 700 0 700]),xlabel('s (thousands) '),ylabel('c (tons) ')
```

시스템 행렬 $\boldsymbol{A}$의 고유값이 1보다 큰 값을 가지는가 혹은 작은 값을 가지는가가 위 문제의 요점이다. 즉 고유값 $0.8 = \lambda_1 < 1$에 대한 직선 L_1 상의 값을 이산시스템의 초기벡터로 취한다면 개체수가 장기적으로 감소하게 되고, $1 < 1.2 = \lambda_2$에 대한 직선 L_2 상의 값을 초기벡터에 대해서는 두 개체수는 장기적으로 모두 증가한다는 것이다.

7.4 행렬의 대각화

전 절의 설명을 통해 임의의 $(n\times n)$인 정방행렬 $\boldsymbol{A}$는 (중복하는 것을 포함하여) n개의 고유값을 가지며, 동시에 선형독립인 n개의 고유벡터를 가진다는 것을 알았다.[18] 위에서 언급한 바와 같이 행렬의 고유값은

(i) 서로 다른 값을 가지는 실고유값 (ii) 복소고유값, (iii) 중복하는 실고유값

의 세 종류로 분류할 수 있다. 우선 (i)의 경우, 즉 n개의 서로 다른 실고유값을 가지는 경우에 대한 행렬의 대각화 과정을 설명한다. 이 경우에는 행렬 $\boldsymbol{A}$의 특성다항식은

$$\det(\boldsymbol{A}-\lambda \boldsymbol{I})=(\lambda-\lambda_1)(\lambda-\lambda_2)\cdots(\lambda-\lambda_n)=0 \tag{7.77}$$

으로 인수분해 된다. 이때 각 고유값 $\{\lambda_1,\ \lambda_2,\ \cdots,\ \lambda_n\}$에 대응하는 고유벡터를 $\{\vec{x}_1,\ \vec{x}_2,\cdots,\vec{x}_n\}$ 으로 두면 고유벡터는 서로 선형독립이라는 것은 [요점 7.9]에 의하여 명백하다. 따라서 n개의 고유벡터로 이루어진 행렬

$$\boldsymbol{T}=\left[\ \vec{x}_1,\ \ \vec{x}_2,\ \cdots,\ \vec{x}_n\right] \tag{7.78}$$

은 정칙행렬로 되어 다음이 성립한다.

$$\boldsymbol{T}^{-1}\boldsymbol{A}\boldsymbol{T}=\boldsymbol{\Lambda}=\begin{bmatrix}\lambda_1 & 0 & \cdots & 0\\ 0 & \lambda_2 & \cdots & 0\\ \vdots & & \ddots & \vdots\\ 0 & 0 & \cdots & \lambda_n\end{bmatrix} \tag{7.79}$$

이 결과, $\boldsymbol{A}$는 대각행렬(diagonal matrix)로 불리는 $\boldsymbol{\Lambda}$로 변환된다. 이와 같은 과정을 행렬의 대각변환(diagonalization)이라고 하며, 행렬 $\boldsymbol{T}$를 대각변환행렬이라고 한다. 식 (7.79)은 다음과 같이 확인할 수 있다. $\boldsymbol{A}\vec{x}_i=\lambda_i\vec{x}_i,\ (i=1,\ \cdots,\ n)$의 관계를 이용하면

$$\begin{aligned}\boldsymbol{A}\left[\vec{x}_1,\vec{x}_2,\cdots,\vec{x}_n\right] &= \left[\boldsymbol{A}\vec{x}_1,\boldsymbol{A}\vec{x}_2,\cdots,\boldsymbol{A}\vec{x}_n\right] \\ &= \left[\lambda_1\vec{x}_1,\lambda_2\vec{x}_2,\cdots,\lambda_n\vec{x}_n\right] \\ &= \left[\vec{x}_1,\vec{x}_2,\cdots,\vec{x}_n\right]\begin{bmatrix}\lambda_1 & 0 & \cdots & 0\\ 0 & \lambda_2 & \cdots & 0\\ \vdots & & \ddots & \vdots\\ 0 & & & \end{bmatrix}\end{aligned} \tag{7.80}$$

18) 기하학적인 중복도와 대수적인 중복도의 값이 다를 경우에도 다음에 설명하는 방법을 동원하면 대수적인 중복도의 개수만큼 고유벡터를 구할 수 있다.

이며 고유벡터의 선형독립성으로 인하여 $\det \boldsymbol{T} \neq 0$이므로 식 (7.80)의 양변에 왼쪽에서 $\boldsymbol{T}^{-1}$을 곱하면 식 (7.79)을 얻을 수 있다.

임의의 정칙행렬 $\boldsymbol{T}$에 의해 행렬 $\boldsymbol{A}$를 다른 형태의 행렬, 예를 들어 식 (7.79)와 같이 대각행렬로 변환시켰을 때, 이때 두 행렬, 즉 원래행렬과 변환된 행렬은 서로 등가행렬이라고 하며 이러한 변환을 등가변환이라고 한다. 두 행렬이 '등가'라고 하는 것은, 원래의 행렬과 등가변환 하여 얻어진 새로운 행렬은 동일한 특성다항식, 따라서 동일한 고유값을 가진다는 의미이다.

예제 7.15

다음 행렬을 대각화하여 보자.

$$\boldsymbol{A} = \begin{bmatrix} 3 & 2 \\ -1 & 0 \end{bmatrix}$$

풀이

위 행렬에 대한 고유값과 고유벡터를 계산하면 다음과 같다.

$$\lambda_1 = 1 \ \rightarrow \vec{x}_1 = \begin{bmatrix} -1 \\ 1 \end{bmatrix}, \quad \lambda_2 = 2 \ \rightarrow \vec{x}_2 = \begin{bmatrix} -2 \\ 1 \end{bmatrix}$$

위 두 개의 벡터는 선형독립이므로 이를 이용한 대각변환행렬

$$\boldsymbol{T} = [\vec{x}_1, \vec{x}_2] = \begin{bmatrix} -1 & -2 \\ 1 & 1 \end{bmatrix}$$

은 정칙행렬이다. 따라서

$$\boldsymbol{T}^{-1} = \begin{bmatrix} 1 & 2 \\ -1 & -2 \end{bmatrix}, \quad \boldsymbol{T}^{-1}\boldsymbol{A}\boldsymbol{T} = \begin{bmatrix} 1 & 0 \\ 0 & 2 \end{bmatrix} = \begin{bmatrix} \lambda_1 & 0 \\ 0 & \lambda_2 \end{bmatrix}$$

임을 쉽게 확인할 수 있다.

이와 같이 주어진 행렬의 고유값이 서로 다른 경우에는 비교적 간단하게 각 고유값에 대응하는 고유벡터를 구할 수 있어 대각변환이 수월하다. 다음에 두 번째 경우, 즉 복소고유값을 가지는 경우에 대한 행렬의 대각화는 예제를 이용하여 설명하나, 기본적으로 (i)의 경우와 과정은 동일하다.

예제 7.16

다음 행렬을 대각화하여 보자.

$$A=\begin{bmatrix} 0 & 1 \\ -2 & -2 \end{bmatrix}$$

풀이

(a) 해석적인 방법에 의한 해 :
위 행렬의 특성다항식은

$$\det(A-\lambda I)=\lambda^2+2\lambda+2=(\lambda+1+j)(\lambda+1-j)=0 \quad ①$$

이므로 두 개의 복소고유값 $\lambda_{1,2}=-1\pm j$을 가진다. 각각에 대한 고유벡터를 구하여 보자.

(i) $\lambda_1=-1+j$: 일반적인 방법으로는 확대방정식 $\left[A-\lambda_1 I \mid \vec{0}\right]$에 대하여 가우스 소거법을 적용하는 것이나, 이 경우에는 고유값이 복소수인 관계로 확대방정식을 가우스 소거법으로 더 이상 간단히 할 수 없기 때문에 고유벡터를 $\vec{x}_1=[x_{11}, x_{21}]^T$로 두고

$$(A-\lambda_1 I)\vec{x}_1=\begin{bmatrix} 1-j & 1 \\ -2 & -1-j \end{bmatrix}\begin{bmatrix} x_{11} \\ x_{21} \end{bmatrix}=\vec{0} \quad ②$$

로부터 두 개의 미지수에 관한 식 $(1-j)x_{11}+x_{21}=0$ 및 $-2x_{11}-(1+j)x_{21}=0$을 얻는다. 그러나 이 두 식은 등가이기 때문에 결국 $x_{21}=(-1+j)x_{11}$을 얻는다. 따라서 자유변수로서 $x_{11}=\alpha$, (α 는 임의의 실수)로 두면 고유벡터는

$$\vec{x}_1=\alpha\begin{bmatrix} 1 \\ -1+j \end{bmatrix} \quad ③$$

이다.

(ii) $\lambda_2=-1-j$: 위와 동일한 과정을 이용하여 구할 수 있으나, 고유값이 서로 공역의 관계(즉 $\overline{\lambda}_1=\lambda_2$)에 있으므로 고유벡터로 서로 공역의 관계를 이룬다. 따라서

$$\vec{x}_2=\overline{\vec{x}}_1=\alpha\begin{bmatrix} 1 \\ -1-j \end{bmatrix} \quad ④$$

이다. 이들에 의해 대각변환행렬은

$$T=\begin{bmatrix} 1 & 1 \\ -1+j & -1-j \end{bmatrix}$$

이다. 각자 다음이 성립되는지의 여부를 확인하기 바란다.

$$T^{-1}AT=\begin{bmatrix} -1+j & 0 \\ 0 & -1-j \end{bmatrix}=\begin{bmatrix} \lambda_1 & 0 \\ 0 & \lambda_2 \end{bmatrix}$$

(b) MATLAB를 이용한 방법[19] :

```
>> A = sym([0 1;-2 -2]);
>> [T,D] = eig(A)          % T : 대각 변환행렬
>> inv(T)*A*T              % T^(-1)*A*T 의 확인

T =                          D =                    ans =
 [ - 1/2 + i/2, - 1/2 - i/2]  [ - 1 - i,      0]     [ - 1 - i,      0]
 [      1,          1]        [      0, - 1 + i]     [      0, - 1 + i]
```

7.4.1 대칭행렬의 대각화

일반적으로 중복하는 고유값을 가지는 행렬을 대각변환하기 위해서는 대수적 중복도와 동일한 개수의 고유벡터가 필요하다. 그러나 [예제 7.13]에서 알 수 있는 바와 같이, 일반적인 행렬의 경우 $(\boldsymbol{A}-\lambda \boldsymbol{I}_n)\vec{x}=\vec{0}$ 를 만족하는 고유벡터의 개수는 고유값 λ의 기하학적인 중복도와 동일하다. 그러나 대수적 중복도와 기하학적인 중복도 사이에는 식 (7.72)의 관계가 성립하기 때문에 특별한 경우를 제외하고는 항상 $\Delta_\lambda = m_\lambda - g_\lambda \geq 0$만큼의 고유벡터가 부족하다. 이를 고유값 λ의 부족수(defect)라고 하며, 어떤 특별한 방법으로 이를 보충하지 않으면 대각화를 수행할 수 없다.

여기서는 중복하는 고유값 λ에 대해서 항상 $\Delta_\lambda = m_\lambda - g_\lambda = 0$를 만족하는 특별한 형식의 행렬, 즉 대칭행렬의 대각화에 대하여 알아보기로 한다. 먼저 $\boldsymbol{A}$가 대칭행렬 $(\boldsymbol{A}=\boldsymbol{A}^T)$인 경우에 다음의 사실이 알려져 있다.

요점 7.11 대칭행렬의 특성

$\boldsymbol{A}$가 대칭행렬$(\boldsymbol{A}=\boldsymbol{A}^T)$이면

(1) $\boldsymbol{A}$의 고유값은 전부 실수이다.

(2) 값이 서로 다른 고유값에 대한 고유벡터는 선형독립이며 동시에 서로 직교하고 있다.

(3) 중복 고유값에 대해서는 대수적 중복도와 같은 수만큼의 선형독립인 고유벡터가 존재하며 동시에 그들이 서로 직교하도록 선택할 수 있다.

19) M 파일 'Example_7_16.m'으로 '>> publish('Example_7_16')'을 실행하면 MATLAB를 이용하여 해를 구하는 과정을 볼 수 있다.

위 요점의 세 번째 특성은, 중복하고 있는 것을 포함해서 순서대로 번호를 붙인 고유값을 $\lambda_1, \lambda_2, \cdots, \lambda_n$으로, 이에 대응하는 고유벡터를 $\vec{x}_1, \vec{x}_2, \cdots, \vec{x}_n$으로 두었을 때, 고유벡터는 선형독립이며 동시에 직교(orthogonal)조건[20]

$$\left(\vec{x}_i^T\right)\cdot \vec{x}_j = 0\,,\ (\forall\, i \neq j) \tag{7.81}$$

를 만족하도록 선택할 수 있다는 것이다.

또한 식 (7.81)을 만족하는 적당한 고유벡터가 구해졌다고 가정했을 때

$$\boldsymbol{T} = \left[\frac{\vec{x}_1}{\alpha_1},\ \frac{\vec{x}_2}{\alpha_2},\ \cdots,\ \frac{\vec{x}_n}{\alpha_n}\right],\quad \alpha_i = \left(\vec{x}_i^T \cdot \vec{x}_i\right)^{(1/2)} \tag{7.82}$$

로 주어지는 대각변환행렬을 구성해서 식 (7.79)의 방법을 사용하면 대각변환 할 수 있다. 그렇지만 고유벡터가 서로 직교하고 있다는 사실과 $\boldsymbol{T}$를 식 (7.8)와 같이 정규화(normalization)했다는 사실로부터

$$\boldsymbol{T}^T\boldsymbol{T} = \begin{bmatrix} (\vec{x}_1^T)/\alpha_1 \\ \vdots \\ (\vec{x}_n^T)/\alpha_n \end{bmatrix}\left[\vec{x}_1/\alpha_1, \cdots, \vec{x}_n/\alpha_n\right] = \begin{bmatrix} 1 & 0 \cdots & 0 \\ 0 & 1 & 0 \\ \vdots & \ddots & \vdots \\ 0 & 0 \cdots & 1 \end{bmatrix} = \boldsymbol{I} \tag{7.83}$$

가 성립하기 때문에 $\boldsymbol{T}^T = \boldsymbol{T}^{-1}$로 되어[21] 식 (7.79)은

$$\boldsymbol{T}^T\boldsymbol{A}\boldsymbol{T} = \boldsymbol{\Lambda} = \begin{bmatrix} \lambda_1 & 0 & \cdots & 0 \\ 0 & \lambda_2 & \cdots & 0 \\ \vdots & & \ddots & \vdots \\ 0 & 0 & \cdots & \lambda_n \end{bmatrix} \tag{7.84}$$

로 둘 수 있다. 이와 같이 $\boldsymbol{A}$가 대칭행렬인 경우에는 $\boldsymbol{T}^{-1}$를 계산하는 대신에 $\boldsymbol{T}^T$를 이용하면 대각화가 가능하며, 동시에 중복고유값이 존재하는 경우에도 $(\boldsymbol{A} - \lambda\boldsymbol{I}_n)\vec{x} = \vec{0}$를 만족하는 고유벡터를 대수적 중복도와 동일한 개수만큼 구할 수 있기 때문에 편리하다.

20) 직교성 등에 대해서는 제 8 장을 참조하여라.
21) 이와 같은 행렬을 직교행렬이라고 한다.

예제 7.17

다음 대칭행렬을 대각화하여 보자.

$$\boldsymbol{A}=\begin{bmatrix}0&1&1\\1&0&1\\1&1&0\end{bmatrix}$$

풀이

(a) 해석적인 방법에 의한 해 :
특성다항식은

$$\det(\boldsymbol{A}-\lambda\boldsymbol{I})=(\lambda-2)(\lambda+1)^2=0 \quad ①$$

에 의해 $\lambda_1=2,\ \lambda_{2,3}=-1$을 얻는다. 먼저 λ_1에 대한 고유벡터 $\vec{x}_1=[x_{11},x_{21},x_{31}]^T$는 확대방정식을 구성하여 가우스 소거법을 적용하면 다음의 RREF를 얻을 수 있다. 즉

$$[\boldsymbol{A}-2\boldsymbol{I}_3\mid\vec{0}\,]=\left[\begin{array}{cccc}-2&1&1&0\\1&-2&1&0\\1&1&-2&0\end{array}\right]\rightarrow\left[\begin{array}{cccc}1&0&-1&0\\0&-1&1&0\\0&0&0&0\end{array}\right] \quad ②$$

이다. 이로부터 두 개의 방정식 $x_{11}-x_{31}=0,-x_{21}+x_{31}=0$이 존재하므로 하나의 자유변수, 예를 들어 $x_{31}=\alpha=1$로 두면[22]

$$\vec{x}_1=\alpha\begin{bmatrix}1\\1\\1\end{bmatrix}=\begin{bmatrix}1\\1\\1\end{bmatrix} \quad ③$$

을 얻는다. 또한 $\lambda_2=-1$에 대한 고유벡터 $\vec{x}_2=[x_{12},x_{22},x_{32}]^T$ 역시 확대방정식으로부터

$$[\boldsymbol{A}+\boldsymbol{I}_3\mid\vec{0}\,]=\left[\begin{array}{cccc}1&1&1&0\\1&1&1&0\\1&1&1&0\end{array}\right]\rightarrow\left[\begin{array}{cccc}1&1&1&0\\0&0&0&0\\0&0&0&0\end{array}\right] \quad ④$$

로 된다. 따라서 세 개의 미지수에 하나의 식 $x_{12}+x_{22}+x_{32}=0$가 존재하여 두 개의 자유변수가 필요하므로, 이를 $x_{22}=\beta,\ x_{32}=\gamma$로 두면 ④를 만족하는 벡터는

$$\vec{x}_2=\begin{bmatrix}-\beta-\gamma\\\beta\\\gamma\end{bmatrix} \quad ⑤$$

이다. 따라서 예를 들어 $\beta=1,\gamma=-2$ 및 $\beta=1,\gamma=0$으로 두면 ⑤로부터 ④를 만족하는 두 개의 고유벡터를 얻을 수 있다. 즉

22) 가장 간단한 형식으로 표현될 수 있도록 $\alpha=1$로 두었다.

$$\vec{x}_2 = \begin{bmatrix} 1 \\ 1 \\ -2 \end{bmatrix}, \quad \vec{x}_3 = \begin{bmatrix} -1 \\ 1 \\ 0 \end{bmatrix} \qquad ⑥[23]$$

이다. 이때 ⑥의 두 벡터는 $\left(\vec{x}_2^T\right) \cdot \vec{x}_3 = 0$으로 되어 서로 직교하고 있음을 알 수 있다. 여기서

$$\alpha_1 = \left(\vec{x}_1^T \cdot \vec{x}_1\right)^{(1/2)} = \sqrt{3} \qquad ⑦$$

$$\alpha_2 = \left(\vec{x}_2^T \cdot \vec{x}_2\right)^{(1/2)} = \sqrt{2}$$

$$\alpha_3 = \left(\vec{x}_3^T \cdot \vec{x}_3\right)^{(1/2)} = \sqrt{6}$$

로 두어 대각변환행렬을

$$\boldsymbol{T} = \left[\frac{\vec{x}_1}{\alpha_1}, \frac{\vec{x}_2}{\alpha_2}, \frac{\vec{x}_3}{\alpha_3}\right] = \begin{bmatrix} \frac{1}{\sqrt{3}} & \frac{1}{\sqrt{2}} & \frac{1}{\sqrt{6}} \\ \frac{1}{\sqrt{3}} & \frac{-1}{\sqrt{2}} & \frac{1}{\sqrt{6}} \\ \frac{1}{\sqrt{3}} & 0 & \frac{-2}{\sqrt{6}} \end{bmatrix} \qquad ⑧$$

라 하면 다음과 같은 대각행렬을 얻을 수 있다.

$$\boldsymbol{T}^T \boldsymbol{A} \boldsymbol{T} = \mathrm{diag}\left(\lambda_1,\ \lambda_2,\ \lambda_3\right) = \mathrm{diag}(2,\ -1, -1)$$

(b) MATLAB를 이용한 방법[24] :

```
>> A = sym([0 1 1;1 0 1;1 1 0]);
>> rref([A-2*eye(3),zeros(3,1)])            % ②의 확인
>> rref([A+eye(3),zeros(3,1)])              % ②의 확인
>> A = double(A);[T,D] = eig(A);
>> alpha1 = sqrt(norm(double(T(:,1))));
>> alpha2 = sqrt(norm(double(T(:,2))));
>> alpha3 = sqrt(norm(double(T(:,3))));
>> Tn = [T(:,1)/alpha1,T(:,2)/alpha2,T(:,3)/alpha3];
>> Tn'*A*Tn  %T^T*A*T=I 로 됨을 확인
```

23) 여기서 β, γ를 다른 값으로 취하여도 ④를 만족하는 벡터로 되지만, 서로 직교하지는 않는다. 따라서 대칭행렬의 경우 직교하는 벡터를 선정하기 위해서는 약간의 노력이 필요하다.

24) M 파일 'Example_7_17.m'으로 '>> publish('Example_7_17')'을 실행하면 MATLAB를 이용하여 해를 구하는 과정을 볼 수 있다.

7.4.2 조르던행렬

대칭행렬이 아닌 임의의 정방행렬 $\boldsymbol{A}$ 의 특성다항식이 다음과 같이 인수분해 되었다고 하자.

$$\det(\boldsymbol{A}-\lambda\boldsymbol{I})=(\lambda-\lambda_1)^{m_1}(\lambda-\lambda_2)^{m_2}\cdots(\lambda-\lambda_k)^{m_k}=0\,,\quad \left(n=\sum_{i=1}^{k}m_i,\ k<n\right) \tag{7.85}$$

이 경우 예를 들어 대수적중복도 m_i 를 가지는 고유값 λ_i에 대한 기하학적인 중복도 g_{λ_i} 는 식 (7.72)에 의해 항상 $g_{\lambda_i}<m_i$로 된다[25]. 따라서 대각변환행렬 $\boldsymbol{T}$ 의 구성을 위한 제차 방정식 $(\boldsymbol{A}-\lambda_i\boldsymbol{I}_n)\vec{v}_i=\vec{0}$ 을 만족하는 고유벡터 $\vec{v}_i$ 가 항상 $\Delta_{\lambda_i}=m_i-g_{\lambda_i}$ 개만큼 부족하게 된다.

이와 같이 고유값에 중복하는 것이 존재할 경우에는 일반적으로 식 (7.84)와 같은 형식의 완전한 대각변환은 불가능하고 다음에 설명하는 조르던행렬로의 변환은 가능하다. 이를 위해 먼저 조르던행렬에 대하여 설명한다.

λ_m를 실수라 하고 m 을 양의 정수라 할 때, 다음 m 차의 정방행렬을 조르던세포(Jordan cell)라고 한다.

$$\boldsymbol{J}(\lambda_m,m)=\begin{bmatrix}\lambda_m & 1 & \cdots & 0\\ 0 & \ddots & \ddots & \\ \vdots & & \ddots & 1\\ 0 & 0 & \cdots & \lambda_m\end{bmatrix} \tag{7.86}$$

단 $m=1$인 경우는 $\boldsymbol{J}(\lambda_1,1)=[\lambda_1]=\lambda_1$로 정의한다. $\boldsymbol{J}(\lambda_m,m)$의 주대각요소는 모두 λ_m 이고, 주대각요소의 바로 오른쪽 위 대각요소는 모두 1이며 그 외의 다른 모든 요소는 0 인 m 차의 정방행렬이다. 식 (7.86)에 대한 행렬식은

$$\det\left(\boldsymbol{J}(\lambda_m,\ m)-\lambda\boldsymbol{I}\right)=(\lambda-\lambda_m)^m=0 \tag{7.87}$$

이므로 조르던세포의 고유값은 m 중(m-multiple)의 λ_m 이다. 이와 같은 조르던세포를 대각선상에 나열하고 나머지 요소를 전부 0 으로 하여 이루어진 행렬

$$\mathrm{diag}\left[\boldsymbol{J}(\lambda_1,m_1),\ \boldsymbol{J}(\lambda_2,m_2),\ \cdots,\ \boldsymbol{J}(\lambda_k,m_k)\right]=\begin{bmatrix}\boldsymbol{J}(\lambda_1,m_1) & & 0\\ & \ddots & \\ 0 & & \boldsymbol{J}(\lambda_k,m_k)\end{bmatrix} \tag{7.88}$$

25) 등호가 성립되는 것은 $\boldsymbol{A}$가 대칭행렬인 경우이다.

을 조르던행렬(Jordan matrix)이라 한다.

따라서 만약 식 (7.85)와 같이 중복하는 고유값을 가지는 행렬 $\boldsymbol{A}$를 조르던행렬 $\boldsymbol{J}$로 등가변환 하였다면 $\boldsymbol{A}$와 $\boldsymbol{J}$는 등가이므로 $\boldsymbol{A}$의 고유값은 식 (7.87)로부터 다음과 같이 계산된다.

$$\begin{aligned}\det(\boldsymbol{J}-\lambda\boldsymbol{I}) &= \det\{\mathrm{diag}[\boldsymbol{J}(\lambda_1,\, m_1),\ \boldsymbol{J}(\lambda_2, m_2),\ \cdots,\ \boldsymbol{J}(\lambda_k, m_k)] - \lambda\boldsymbol{I}\} \\ &= (\lambda-\lambda_1)^{m_1}(\lambda-\lambda_2)^{m_2}\cdots(\lambda-\lambda_k)^{m_k} = 0\end{aligned} \tag{7.89}$$

대칭행렬이 아니면서 중복하는 고유값을 가지는 크기가 $(n\times n)$인 행렬 $\boldsymbol{A}$의 조르던행렬에서 각 조르던세포의 차수는 행렬 $\boldsymbol{A}$의 구조에 따라 달라진다. 일반적으로 대수적 중복도가 m_λ인 고유값 λ에 대해서 다음 사실이 알려져 있다.

요점 7.12 조르던행렬의 구조

> $(n\times n)$ 인 행렬 $\boldsymbol{A}$ 에서 대수적 중복도가 m_λ 인 고유값 λ 에 대해서 다음 사실이 알려져 있다.
>
> (1) $(\boldsymbol{A}-\lambda\boldsymbol{I})$의 랭크가 $n-p$ 이면 고유값 λ 에 대응하는 선형독립인 고유벡터가 p 개 존재한다. 이때 p 는 $\boldsymbol{A}$ 의 기하학적인 중복도 g_λ 와 일치한다.
> (2) 이 고유벡터에 대응하는 p 개의 조르던세포가 존재한다.
> (3) 각 조르던세포의 차수의 합은 대수적 중복도 m_λ 와 같다.

위 사실에 따르면 $\boldsymbol{A}$에 대한 조르던행렬 표현은, $\boldsymbol{A}$의 각 고유값이 가지는 기하학적인 중복도 g_λ 에 따라 결정된다. 예를 들어 특성다항식이

$$\det(\boldsymbol{A}-\lambda\boldsymbol{I}) = (\lambda-\lambda_1)^3(\lambda-\lambda_2)^2 = 0$$

인 행렬 $\boldsymbol{A}$의 조르던행렬 $\boldsymbol{J}$의 구조에 대하여 알아보자. 단 $\boldsymbol{A}$는 대칭행렬이 아니라고 가정한다. 먼저 고유값 λ_1 의 대수적인 중복도와 기하학적인 중복도 사이에는 식 (7.72)에 의해 $g_{\lambda_1}\le m_{\lambda_1}=3$과 $g_{\lambda_2}\le m_{\lambda_2}=2$의 관계가 성립하고 있기 때문에 조르던세포 $J(\lambda_1,\ 3)$과 $J(\lambda_2,\ 2)$가 가질 수 있는 구조는 다음과 같다.

$$J(\lambda_1,\ 3) = \begin{bmatrix}\lambda_1 & 1 & 0\\ 0 & \lambda_1 & 1\\ 0 & 0 & \lambda_1\end{bmatrix},\quad (g_{\lambda_1}=1)$$

$$\mathrm{diag}[J(\lambda_1, 2),\ J(\lambda_1, 1)] = \begin{bmatrix} \lambda_1 & 1 & 0 \\ 0 & \lambda_1 & 0 \\ 0 & 0 & \lambda_1 \end{bmatrix},\ (g_{\lambda_1} = 2)$$

$$\mathrm{diag}[J(\lambda_1, 1),\ J(\lambda_1, 1),\ J(\lambda_1, 1)] = \begin{bmatrix} \lambda_1 & 0 & 0 \\ 0 & \lambda_1 & 0 \\ 0 & 0 & \lambda_1 \end{bmatrix},\ (g_{\lambda_1} = 3)$$

$$J(\lambda_2, 2) = \begin{bmatrix} \lambda_2 & 1 \\ 0 & \lambda_2 \end{bmatrix},\ (g_{\lambda_2} = 1)$$

$$\mathrm{diag}[J(\lambda_2, 1), J(\lambda_2, 1)] = \begin{bmatrix} \lambda_2 & 0 \\ 0 & \lambda_2 \end{bmatrix},(g_{\lambda_2} = 2)$$

따라서 행렬 $\boldsymbol{A}$ 가 가질 수 있는 조르던 행렬의 구조는 g_{λ_i}, $(i = 1,\ 2)$ 의 값에 따라 위식으로부터 얻어진다. 만약 $\boldsymbol{A}$ 가 대칭행렬이라면 [요점 7.6]에 의하여 $\boldsymbol{A}$ 의 조르던 행렬은

$$\boldsymbol{J} = \mathrm{diag}\,[\boldsymbol{J}(\lambda_1,1), \boldsymbol{J}(\lambda_1,1), \boldsymbol{J}(\lambda_1,1), \boldsymbol{J}(\lambda_2,1), \boldsymbol{J}(\lambda_2,1)]$$

$$= \begin{bmatrix} \boldsymbol{J}(\lambda_1,1) & 0 & 0 & 0 & 0 \\ 0 & \boldsymbol{J}(\lambda_1,1) & 0 & 0 & 0 \\ 0 & 0 & \boldsymbol{J}(\lambda_1,1) & 0 & 0 \\ 0 & 0 & 0 & \boldsymbol{J}(\lambda_2,1) & 0 \\ 0 & 0 & 0 & 0 & \boldsymbol{J}(\lambda_2,1) \end{bmatrix} = \begin{bmatrix} \lambda_1 & 0 & 0 & 0 & 0 \\ 0 & \lambda_1 & 0 & 0 & 0 \\ 0 & 0 & \lambda_1 & 0 & 0 \\ 0 & 0 & 0 & \lambda_2 & 0 \\ 0 & 0 & 0 & 0 & \lambda_2 \end{bmatrix}$$

이다. 일반적으로 $(n \times n)$인 비대칭행렬 $\boldsymbol{A}$ 를 조르던 행렬로 변환하기 위해서는 $\boldsymbol{A}$ 를 다음과 같이 분류할 필요가 있다.

요점 7.13 행렬의분류

$(n \times n)$인 비대칭행렬 $\boldsymbol{A}$ 는 다음과 같이 두 종류로 분류할 수 있다.

(1) 비축퇴행렬(non-derogatory matrix) : 모든 고유값 λ 에 대해서 그 고유값이 가지는 대수적 중복도에 관계없이 $(\boldsymbol{A} - \lambda \boldsymbol{I})$의 랭크가 $(n-1)$로 되는 행렬.

(2) 축퇴행렬(derogatory matrix) : $(\boldsymbol{A} - \lambda \boldsymbol{I})$의 랭크가 $(n-2)$ 이하로 되는 고유값이 하나라도 존재하는 행렬.

중복하지 않는 고유값에 대해서는 $(\boldsymbol{A}-\lambda\boldsymbol{I})$의 랭크가 항상 $(n-1)$로 되기 때문에 축퇴행렬인지의 여부는 중복하고 있는 고유값에 대해서만 $(\boldsymbol{A}-\lambda\boldsymbol{I})$의 랭크를 확인하면 된다.

- **비축퇴행렬의 경우**

이 경우에는 $(\boldsymbol{A}-\lambda\boldsymbol{I})$의 랭크가 항상 $(n-1)$이기 때문에 각 고유값에 대하여 중복도와 같은 차수를 가지는 단 한 개의 조르던세포가 존재한다.

지금 $(n\times n)$인 비대칭행렬 $\boldsymbol{A}$의 고유값을 $\lambda_1, \lambda_2, \cdots, \lambda_k$, 중복도를 각각 $m_1, m_2, \cdots, m_k$로 둔다. 단 $m_1+m_2+\cdots+m_k=n$이다. 이때 $\lambda_1, \lambda_2, \cdots, \lambda_k$ 중에서 중복도가 m인 어떤 고유값을 λ로 두면, 이 고유값에 대한 고유벡터는 제차방정식 $(\boldsymbol{A}-\lambda\boldsymbol{I}_n)\vec{x}=\vec{0}$로부터 얻어진다. 이 경우 λ의 중복도가 m이므로 고유벡터도 m개가 필요하지만, $\boldsymbol{A}$가 비축퇴행렬이기 때문에 $\text{rank}(\boldsymbol{A}-\lambda\boldsymbol{I}_n)=n-1$로 되어 $(\boldsymbol{A}-\lambda\boldsymbol{I}_n)\vec{x}=\vec{0}$을 만족하는 선형독립인 해 $\vec{x}$는 단 하나만이 존재한다. 이 경우 $\vec{x}$와 선형독립인 나머지 $(m-1)$개의 고유벡터는 다음과 같이 구할 수 있다.

$$\begin{aligned}(\boldsymbol{A}-\lambda\boldsymbol{I}_n)\vec{x}^{\,1}&=\vec{0}\\(\boldsymbol{A}-\lambda\boldsymbol{I}_n)\vec{x}^{\,2}&=\vec{x}^{\,1}\\&\vdots\\(\boldsymbol{A}-\lambda\boldsymbol{I}_n)\vec{x}^{\,m}&=\vec{x}^{\,m-1}\end{aligned} \tag{7.90}$$

위 식에서 $\vec{x}^{\,1}$이 고유값 λ에 대한 유일한 고유벡터이다.[26] 식 (7.90)의 고유벡터를 이용하여 $(n\times m)$인 크기의 행렬을 다음과 같이 둔다.

$$\boldsymbol{T}(\lambda)=[\,\vec{x}^{\,1},\ \vec{x}^{\,2},\ \cdots,\ \vec{x}^{\,m}\,] \tag{7.91}$$

이와 같은 과정을 모든 고유값 $\lambda_1, \lambda_2, \cdots, \lambda_k$에 대하여 실행하여 행렬 $\boldsymbol{T}(\lambda_1), \cdots, \boldsymbol{T}(\lambda_k)$를 구하여 다음과 같은 정칙행렬 $\boldsymbol{T}$를 구성한다.

$$\boldsymbol{T}=[\boldsymbol{T}(\lambda_1), \boldsymbol{T}(\lambda_2), \cdots, \boldsymbol{T}(\lambda_k)] \tag{7.92}$$

위 식을 이용하여 대각변환을 수행하면 식 (7.84)과 같은 완전한 대각행렬이 아니라 다음과 같은 조르던행렬이 얻어진다. 이것은 중복도 m인 고유값에 대하여 부족한 $(m-1)$개의 고유벡터를 식 (7.90)을 이용하여 계산한 뒤 이 벡터로서 대각변환행렬 $\boldsymbol{T}$를 구성하였

26) $\vec{x}^{\,2}, \cdots, \vec{x}^{\,m}$을 일반화 고유벡터(generalized eigenvector)라고 한다.

기 때문이다.

$$T^{-1}AT = J = \begin{bmatrix} J(\lambda_1, m_1) \cdots & 0 \\ \vdots & \ddots & \vdots \\ 0 & \cdots J(\lambda_k, m_k) \end{bmatrix} \tag{7.93}$$

중복하는 고유값이 없는 행렬은 모든 고유값에 대해서 $\text{rank}(\boldsymbol{A} - \lambda \boldsymbol{I}_n) = n - 1$이기 때문에 비축퇴행렬의 특별한 경우에 해당한다. 이 경우 고유값 $\lambda_1, \lambda_2, \cdots, \lambda_n$에 대해 $m_1 = m_2 = \cdots = m_n = 1$로 되어 식 (7.93)은 대각행렬이다.

예제 7.18

다음 행렬의 조르던 행렬을 구하여 보자.

$$\boldsymbol{A} = \begin{bmatrix} 1 & 1 & 2 \\ 0 & 1 & 3 \\ 0 & 0 & 2 \end{bmatrix}$$

풀이

(a) 해석적인 방법에 의한 해 :
위 행렬의 특성다항식은

$$\det(\boldsymbol{A} - \lambda \boldsymbol{I}) = (\lambda - 2)(\lambda - 1)^2 = 0 \quad ①$$

이므로 고유값 $\lambda_1 = 1$에 대해서 $m_1 = 2$이며, $\lambda_2 = 2$는 $m_2 = 1$이다. 먼저 중복고유값 λ_1에 대해서는

$$\boldsymbol{A} - \lambda_1 \boldsymbol{I} = \begin{bmatrix} 0 & 1 & 2 \\ 0 & 0 & 3 \\ 0 & 0 & 1 \end{bmatrix} \quad ②$$

의 랭크가 2이므로 행렬 $\boldsymbol{A}$는 비축퇴행렬이며 λ_1에 대한 선형독립인 고유벡터는 하나만 존재한다. 따라서 식 (7.90)을 이용하여 λ_1에 대응하는 두 개의 고유벡터를 선정한다. 먼저 $(\boldsymbol{A} - \lambda_1 \boldsymbol{I}_3)\vec{x}^1 = \vec{0}$을 만족하는 $\vec{x}_1^1 = [x_{11}^1, x_{21}^1, x_{31}^1]$를 계산하기 위하여 확대방정식 $[\boldsymbol{A} - \lambda_1 \boldsymbol{I}_3 \mid \vec{0}\,]$를 구성하여 가우스 소거법을 적용한다. 즉

$$[\boldsymbol{A} - \lambda_1 \boldsymbol{I} \mid \vec{0}\,] = \begin{bmatrix} 0 & 1 & 2 & 0 \\ 0 & 0 & 3 & 0 \\ 0 & 0 & 1 & 0 \end{bmatrix} \rightarrow \begin{bmatrix} 0 & 1 & 2 & 0 \\ 0 & 0 & 1 & 0 \\ 0 & 0 & 0 & 0 \end{bmatrix} \quad ③$$

로부터 두 개의 방정식 $x_{21}^1 + 2x_{31}^1 = 0,\ \ x_{31}^1 = 0$을 얻는다. 따라서 자유변수로 $x_{11}^1 = \alpha = 1$을 두면

$$\vec{x}_1^1 = \begin{bmatrix} 1 \\ 0 \\ 0 \end{bmatrix} \qquad ④$$

이다. 다음 두 번째 벡터 $\vec{x}_1^2 = \left[x_{11}^2, x_{21}^2, x_{31}^2\right]^T$는 식 (7.90)의 두 번째 식 $(\boldsymbol{A} - \lambda \boldsymbol{I}_3)\vec{x}_1^2 = \vec{x}_1^1$의 양변에 왼쪽에서 $(\boldsymbol{A} - \lambda \boldsymbol{I}_3)$을 곱하면

$$(\boldsymbol{A} - \lambda \boldsymbol{I}_3)^2 \vec{x}_1^2 = (\boldsymbol{A} - \lambda \boldsymbol{I}_3)\vec{x}_1^1 = \vec{0} \qquad ⑤$$

이다. 위 식에 대한 확대방정식 $\left[(\boldsymbol{A} - \lambda_1 \boldsymbol{I})^2 \,|\, \vec{0}\,\right]$을 구성하여 역시 가우스 소거법을 적용하면

$$\left[(\boldsymbol{A} - \lambda_1 \boldsymbol{I}_3)^2 \,|\, \vec{0}\,\right] = \begin{bmatrix} 0 & 0 & 5 & 0 \\ 0 & 0 & 3 & 0 \\ 0 & 0 & 1 & 0 \end{bmatrix} \to \begin{bmatrix} 0 & 0 & 1 & 0 \\ 0 & 0 & 0 & 0 \\ 0 & 0 & 0 & 0 \end{bmatrix} \qquad ⑥$$

으로 되어 하나의 식 $x_{31}^2 = 0$를 얻는다. 따라서 두 개의 자유변수가 필요하므로, $x_{11}^2 = \alpha = 0,\ x_{21}^2 = \beta = 1$로 두면 $\vec{x}_1^1$과는 선형독립인 고유벡터

$$\vec{x}_1^2 = \begin{bmatrix} 0 \\ 1 \\ 0 \end{bmatrix} \qquad ⑦$$

를 얻는다. 또한 $\lambda_2 = 2$에 대한 고유벡터는 간단한 계산에 의해

$$\vec{x}_2^1 = \begin{bmatrix} 5 \\ 3 \\ 1 \end{bmatrix} \qquad ⑧$$

이다. 이와 같은 세 개의 벡터로 변환행렬 $\boldsymbol{T} = \left[\vec{x}_1^1,\ \vec{x}_1^2,\ \vec{x}_2^1\right]$를 구성하여 $\boldsymbol{AT}$를 식 (7.90)을 참고하여 계산하면 다음과 같다.

$$\boldsymbol{A}\left[\vec{x}_1^1, \vec{x}_1^2, \vec{x}_2^1\right] = \left[\boldsymbol{A}\vec{x}_1^1,\ \boldsymbol{A}\vec{x}_1^2,\ \boldsymbol{A}\vec{x}_2^1\right]$$

$$= \left[\lambda_1 \vec{x}_1^1, (\vec{x}_1^1 + \lambda_1 \vec{x}_1^2), \lambda_2 \vec{x}_2^1\right] = \left[\vec{x}_1^1, \vec{x}_1^1, \vec{x}_2^1\right] \begin{bmatrix} \lambda_1 & 1 & 0 \\ 0 & \lambda_1 & 0 \\ 0 & 0 & \lambda_2 \end{bmatrix} \qquad ⑨$$

따라서 ⑨의 왼쪽에서 $\boldsymbol{T}^{-1}$을 곱하면

$$\boldsymbol{T}^{-1}\boldsymbol{AT} = \boldsymbol{J} = \begin{bmatrix} \boldsymbol{J}(\lambda_1, 2) & 0 \\ 0 & \boldsymbol{J}(\lambda_2, 1) \end{bmatrix} = \begin{bmatrix} \lambda_1 & 1 & 0 \\ 0 & \lambda_1 & 0 \\ 0 & 0 & \lambda_2 \end{bmatrix} \qquad ⑩$$

로 되어 $\boldsymbol{A}$의 조르던행렬이 계산되었다.

(b) MATLAB를 이용한 방법[27] :

```
>> A = sym([1 1 2;0 1 3;0 0 2]);
>> rref([A-eye(3),zeros(3,1)])              % ③의 확인
>> rref([(A-eye(3))^2,zeros(3,1)])          % ⑥의 확인
>> [T,J] = jordan(A)                        % ⑩의 확인
```

• 축퇴행렬의 경우

이 경우에는 고유값 λ 에 대한 $(\boldsymbol{A}-\lambda \boldsymbol{I}_n)$의 랭크가 $n-p, (p \geq 2)$로 되어 고유값에 대응하는 p 개의 조르던세포가 존재하게 된다. 이때 각 조르던 세포의 차수나 변환행렬 $\boldsymbol{T}$ 를 구성하는 고유벡터는 비축퇴행렬의 경우와 유사하게 구할 수 있다.

먼저 $\boldsymbol{A}$의 고유값 λ의 대수적 중복도를 m_λ라 하고 이때 $\text{rank}(\boldsymbol{A}-\lambda \boldsymbol{I}_n)=n-p$ 라고 한다. 이 경우 λ 에 대응하는 m_λ 개의 고유벡터는 다음과 같이 계산한다.

$$\begin{array}{ll} (\boldsymbol{A}-\lambda \boldsymbol{I}_n)\vec{x}_1^1=\vec{0} & (\boldsymbol{A}-\lambda \boldsymbol{I}_n)\vec{x}_p^1=\vec{0} \\ (\boldsymbol{A}-\lambda \boldsymbol{I}_n)\vec{x}_1^2=\vec{x}_1^1 & (\boldsymbol{A}-\lambda \boldsymbol{I}_n)\vec{x}_p^2=\vec{x}_p^1 \\ \vdots & \vdots \\ (\boldsymbol{A}-\lambda \boldsymbol{I}_n)\vec{x}_1^{r_1}=\vec{x}_1^{r_1-1} & (\boldsymbol{A}-\lambda \boldsymbol{I}_n)\vec{x}_p^{r_p}=\vec{x}_p^{r_p-1} \end{array} \tag{7.94}$$

이때

$$r_1+r_2+\cdots+r_p=m_\lambda \tag{7.95}$$

이다. 식 (7.94)에 의한 m_λ 개의 벡터 $\vec{x}_1^1, \cdots, \vec{x}_1^{r_1}, \cdots, \vec{x}_p^1, \cdots, \vec{x}_p^{r_p}$의 계산에서 유의할 점은 식 (7.95)의 관계를 만족하는 값 $r_1, \cdots, r_p$는 임의라는 사실이다. 예를 들어 $m_\lambda=5$ 및 $p=2$ 라면 식 (7.95)을 만족하는 값으로 $1+4=5$, $2+3=5$ 의 두 가지 경우가 있으므로 $r_1=1,\ r_2=4$ 또는 $r_1=2,\ r_2=3$으로 될 수 있다는 사실이다.

---

27) M 파일 ‘Example_7_18.m’으로 ‘>> publish(‘Example_7_18’)’을 실행하면 MATLAB를 이용하여 해를 구하는 과정을 볼 수 있다.

식 (7.94)의 결과로 구해진 벡터로 다음과 같은 행렬을 정의한다.

$$\boldsymbol{T}(\lambda)=\left[\vec{x}_1^{\,1},\ \vec{x}_1^{\,2},\cdots,\vec{x}_1^{\,r_1},\cdots,\vec{x}_p^{\,1},\cdots,\vec{x}_p^{\,r}\right] \tag{7.96}$$

이와 같은 과정을 모든 고유값 $\lambda_1,\ \lambda_2,\ \cdots,\ \lambda_k$에 대해서 반복하여 $\boldsymbol{T}(\lambda_i),\ (i=1,\ \cdots,\ k)$를 구한 뒤 변환행렬을

$$\boldsymbol{T}(\lambda)=\left[\boldsymbol{T}(\lambda_1),\ \boldsymbol{T}(\lambda_2),\cdots,\ \boldsymbol{T}(\lambda_k)\right] \tag{7.97}$$

로 두면 $\boldsymbol{T}^{-1}\boldsymbol{A}\boldsymbol{T}$는 조르던행렬 $\boldsymbol{J}$이며, 이 중에서 고유값 λ에 대응하는 조르던세포는 다음과 같은 구조를 가진다.

$$\boldsymbol{J}(\lambda,m_\lambda)=\begin{bmatrix}\boldsymbol{J}(\lambda,r_1) & 0 & \cdots & 0\\ 0 & \boldsymbol{J}(\lambda,r_2) & \cdots & 0\\ \vdots & & \ddots & \vdots\\ 0 & 0 & \cdots & \boldsymbol{J}(\lambda,r_p)\end{bmatrix},\ (m_\lambda\times m_\lambda) \tag{7.98}$$

중복고유값을 가지는 대칭행렬의 경우는 항상 $m_\lambda=p$인 축퇴행렬의 특별한 경우에 해당한다. 즉 $r_1=r_2=\cdots=r_p=1$로 되어 중복도와 같은 수의 조르던세포가 존재하므로 모든 조르던세포의 차수는 1로 되어 조르던행렬은 대각행렬이다.

모든 고유값에 대해서 $m_\lambda=p$ 인 행렬(대칭행렬이 아닌 경우에도 존재한다)을 단순구조행렬(simple structure matrix)이라고 하며 단순구조행렬만이 완전대각으로 변환이 가능하다. 이에 반해서 $m_\lambda<p$ 인 경우는 완전대각으로 변환이 불가능하며, 이를 일반적으로 불완전행렬(defective matrix)이라고 한다.

예제 7.19

다음 행렬의 조르던행렬을 구하여 보자.

$$\boldsymbol{A}=\begin{bmatrix}0 & 1 & 0 & 1\\ 0 & -1 & 0 & 0\\ 0 & 0 & 0 & 1\\ 0 & 0 & -1 & -2\end{bmatrix}$$

풀이

(a) 해석적인 방법에 의한 해 :
특성방정식은

$$\det(\boldsymbol{A}-\lambda \boldsymbol{I}_4) = (\lambda+1)^3\lambda = 0 \quad ①$$

이므로 $\lambda_1 = -1$에서 $m_1 = 3$ 으로, $\lambda_2 = 0$에서 $m_2 = 1$ 로 된다. 중복고유값 λ_1 에 대해서

$$\boldsymbol{A}-\lambda_1 \boldsymbol{I}_4 = \begin{bmatrix} 1 & 1 & 0 & 1 \\ 0 & 0 & 0 & 0 \\ 0 & 0 & 1 & 1 \\ 0 & 0 & -1 & -1 \end{bmatrix} \quad ②$$

의 랭크가 $2(=4-2)$ 이므로 $p=2$로 되어 $\boldsymbol{A}$는 축퇴행렬이다. 따라서 λ_1에 대응하는 조르던세포가 두 개 존재하며, 이때 $r_1+r_2=3$이다. 따라서 두 개의 조르던세포는 각각 2차와 1차로 이루어져 있음을 알 수 있다. 이때 $r_1=2, r_2=1$로 두고 식 (7.94)를 계산한다. 즉

$$(\boldsymbol{A}-\lambda_1 \boldsymbol{I}_4)\vec{x}_1^1 = \vec{0}\ , \ (\boldsymbol{A}-\lambda_1 \boldsymbol{I}_4)\vec{x}_2^1 = \vec{0} \quad ③$$

$$(\boldsymbol{A}-\lambda_1 \boldsymbol{I}_4)\vec{x}_1^2 = \vec{x}_1^1 \quad ④$$

을 만족하는 세 개의 벡터 $\vec{x}_1^1$, $\vec{x}_1^2$, $\vec{x}_2^1$ 를 구한다. 먼저 ③으로부터

$$[\boldsymbol{A}-\lambda_1 \boldsymbol{I}_4 \mid \vec{0}\,] = \begin{bmatrix} 1 & 1 & 0 & 1 & 0 \\ 0 & 0 & 0 & 0 & 0 \\ 0 & 0 & 1 & 1 & 0 \\ 0 & 0 & -1 & -1 & 0 \end{bmatrix} \rightarrow \begin{bmatrix} 1 & 1 & 0 & 1 & 0 \\ 0 & 0 & 1 & 1 & 0 \\ 0 & 0 & 0 & 0 & 0 \\ 0 & 0 & 0 & 0 & 0 \end{bmatrix} \quad ⑤$$

로 되어 두 개의 방정식 $x_{11}^1 + x_{21}^1 + x_{41}^1 = 0$, $x_{31}^1 + x_{41}^1 = 0$ 을 얻는다. 따라서 두 개의 자유변수가 필요하므로 이를 각각 $x_{41}^1 = \alpha$, $x_{21}^1 = \beta$ 로 두면 $(\boldsymbol{A}-\lambda_1 \boldsymbol{I}_4)\vec{x}_i^1 = \vec{0}$, $(i=1,2)$ 를 만족하는 두 개의 벡터를 얻을 수 있다.

$$\vec{x}_i^1 = \alpha \begin{bmatrix} -1 \\ 0 \\ -1 \\ 1 \end{bmatrix} + \beta \begin{bmatrix} -1 \\ 1 \\ 0 \\ 0 \end{bmatrix} \quad ⑥$$

따라서 ⑥으로부터 ③의 첫번째 방정식과 ④를 만족하는 벡터를 다음과 같이 둘 수 있다.

$$\vec{x}_1^1 = \begin{bmatrix} -1 \\ 0 \\ -1 \\ 1 \end{bmatrix},\ \vec{x}_2^1 = \begin{bmatrix} -1 \\ 1 \\ 0 \\ 0 \end{bmatrix} \quad ⑦$$

다음 ③의 두 번째 방정식의 양변에 $(\boldsymbol{A}-\lambda_1 \boldsymbol{I}_4)$를 왼쪽에서부터 곱하면 확대방정식은

$$[(\boldsymbol{A}-\lambda_1 \boldsymbol{I}_4)^2 \mid \vec{0}\,] = \begin{bmatrix} 1 & 1 & -1 & 0 & 0 \\ 0 & 0 & 0 & 0 & 0 \\ 0 & 0 & 0 & 0 & 0 \\ 0 & 0 & 0 & 0 & 0 \end{bmatrix} \quad ⑧$$

이다. ⑧로부터 하나의 방정식 $x_{11}^2 + x_{21}^2 - x_{31}^2 = 0$를 얻는다. 이것을 만족하는 가장 간단한

형식의 벡터는

$$\vec{x}_1^2 = \begin{bmatrix} 0 \\ 0 \\ 0 \\ 1 \end{bmatrix} \qquad ⑨$$

임을 알 수 있다. 이 결과로서

$$T(\lambda_1) = [\, \vec{x}_1^1,\ \vec{x}_1^2,\ \vec{x}_2^1 \,] \qquad ⑩$$

이다. 다음 고유값 λ_2 는 중복하고 있지 않기 때문에 쉽게 $(A - \lambda_2 I_4)\vec{x}_2^1 = \vec{0}$ 로부터 구할 수 있으며

$$T(\lambda_2) = \vec{x}_2^1 = \begin{bmatrix} 1 \\ 0 \\ 0 \\ 0 \end{bmatrix} \qquad ⑪$$

를 얻는다. 여기서

$$T(\lambda) = [\, T(\lambda_1), T(\lambda_2) \,] \qquad ⑫$$

로 두면 다음과 같은 조르던 행렬

$$\begin{aligned} T^{-1}AT &= \text{block diag}[\, J(\lambda_1, 2),\ J(\lambda_1, 1),\ J(\lambda_2, 1) \,] \\ &= \begin{bmatrix} -1 & 1 & 0 & 0 \\ 0 & -1 & 0 & 0 \\ 0 & 0 & -1 & 0 \\ 0 & 0 & 0 & 0 \end{bmatrix} \end{aligned} \qquad ⑬$$

을 얻는다.

(b) MATLAB를 이용한 방법[28)] :

```
>> A = sym([0 1 0 1;0 -1 0 0;0 0 0 1;0 0 -1 -2]);
>> eig(A)                                   % 고유값의 확인
>> rank(A+eye(4))                           % rank 가 4-2=2 로 되어 축퇴행렬이다.
>> rref([A+eye(4),zeros(4,1)])              % ⑤의 확인
>> rref([(A+eye(4))^2,zeros(4,1)])          % ⑧의 확인
>> [T,J] = jordan(A)                        % ⑬의 확인
```

28) M 파일 'Example_7_19.m'으로 '>> publish('Example_7_19')'을 실행하면 MATLAB를 이용하여 해를 구하는 과정을 볼 수 있다.

연습문제

1. 다음 행렬식을 계산하여라.

(1) $\begin{vmatrix} 13 & 8 \\ -2 & 7 \end{vmatrix}$ (2) $\begin{vmatrix} \cos n\theta & \sin n\theta \\ -\sin n\theta & \cos n\theta \end{vmatrix}$ (3) $\begin{vmatrix} \cos\alpha & \sin\alpha \\ \sin\beta & \cos\beta \end{vmatrix}$

(4) $\begin{vmatrix} 70.4 & 0.3 & 0.8 \\ 0 & 0.5 & 2.6 \\ 0 & 0 & -1.9 \end{vmatrix}$ (5) $\begin{vmatrix} 0 & 3 & -1 \\ -3 & 0 & -4 \\ 1 & 4 & 0 \end{vmatrix}$ (6) $\begin{vmatrix} u & v & w \\ w & u & v \\ v & w & u \end{vmatrix}$

(7) $\begin{vmatrix} 1 & 2 & 0 & 0 \\ 3 & 4 & 0 & 0 \\ 0 & 0 & 5 & 6 \\ 0 & 0 & 7 & 8 \end{vmatrix}$ (8) $\begin{vmatrix} 0 & -2 & 1 & 0 \\ 2 & 0 & -2 & 4 \\ -1 & 2 & 0 & 1 \\ 0 & -4 & -1 & 0 \end{vmatrix}$

2. [요점 7.2]에 의해 다음 행렬의 랭크를 계산하여라.

(1) $\begin{bmatrix} 8 & 4 \\ -2 & -1 \\ 6 & 3 \end{bmatrix}$ (2) $\begin{bmatrix} 2 & 1 & 0 \\ 13 & -13 & 12 \\ -3 & 5 & -4 \end{bmatrix}$ (3) $\begin{bmatrix} 0.4 & 0 & -2.4 & 3.0 \\ 1.2 & 0.6 & 0 & 0.3 \\ 0 & 1.2 & 1.2 & 0 \end{bmatrix}$

3. 다음 행렬 $\boldsymbol{A}$ 에 대하여 주어진 소행렬식 또는 여인자를 구하여라.

$$\boldsymbol{A} = \begin{bmatrix} 2 & 3 & 4 \\ 1 & -1 & 2 \\ -2 & 3 & 5 \end{bmatrix}$$

(1) M_{12} (2) M_{32} (3) C_{13} (4) C_{22}

4. 다음의 행렬식

$$\begin{vmatrix} a_1 & a_2 & a_3 \\ b_1 & b_2 & b_3 \\ c_1 & c_2 & c_3 \end{vmatrix} = 5$$

를 이용하여 주어진 행렬의 행렬식을 계산하여라.

(1) $\boldsymbol{A} = \begin{bmatrix} a_3 & a_2 & a_1 \\ b_3 & b_2 & b_1 \\ c_3 & c_2 & c_1 \end{bmatrix}$ (2) $\boldsymbol{B} = \begin{bmatrix} 2a_1 & a_2 & a_3 \\ 6b_1 & 3b_2 & 3b_3 \\ 2c_1 & c_2 & c_3 \end{bmatrix}$

(3) $C = \begin{bmatrix} -a_1 & -a_2 & -a_3 \\ b_1 & b_2 & b_3 \\ c_1-a_1 & c_2-a_2 & c_3-a_3 \end{bmatrix}$ (4) $D = \begin{bmatrix} a_1 & b_1 & c_1 \\ a_2 & b_2 & c_2 \\ a_3 & b_3 & c_3 \end{bmatrix}$

5. 다음 연립방정식을 크라머의 법칙 등을 이용하여 풀어라.

(1) $\begin{cases} x_1+x_2=4 \\ 2x_1-x_2=14 \end{cases}$ (2) $\begin{cases} 4x_1-6x_2=6 \\ 2x_1+\ x_2=1 \end{cases}$

(3) $\begin{cases} x_1 \qquad +x_3=-4 \\ x_1+x_2+x_3=\ 0 \\ 5x_1-x_2 \qquad =\ 6 \end{cases}$ (4) $\begin{cases} x_1+2x_2+2x_3=\ 1 \\ x_1-2x_2+2x_3=-3 \\ 3x_1-\ x_2+5x_3=\ 7 \end{cases}$

6. 다음 연립방정식의 해를 구하지는 말고, 주어진 방정식이 자명하지 않는 해를 가지는지의 여부만 확인하여라.

(1) $\begin{cases} x_1+2x_2-\ x_3=0 \\ 4x_1-\ x_2+\ x_3=0 \\ 5x_1+\ x_2-2x_3=0 \end{cases}$ (2) $\begin{cases} x_1+\ x_2+\ x_3=0 \\ x_1-2x_2+\ x_3=0 \\ -2x_1+\ x_2-2x_3=0 \end{cases}$

(3) $\begin{cases} x_1\ +x_2-x_3+\ x_4=0 \\ \qquad 5x_2 \qquad +2x_4=0 \\ x_1 \qquad +x_3-\ x_4=0 \\ 3x_1+2x_2-x_3+\ x_4=0 \end{cases}$ (4) $\begin{cases} x_1+x_2-x_3+x_4=0 \\ x_1+x_2+x_3-x_4=0 \\ \quad 2x_2+x_3+x_4=0 \\ \quad\ x_2-x_3-x_4=0 \end{cases}$

7. 행렬 A^{-1} 의 고유값은 정칙행렬 A 의 고유값의 역수이다. 더욱이 A 와 A^{-1} 의 고유벡터는 동일하다. 다음 두 행렬에 대하여 위 사실을 확인하여라.

(1) $A = \begin{bmatrix} 5 & 1 \\ 1 & 5 \end{bmatrix}$ (2) $A = \begin{bmatrix} 1 & 2 & -1 \\ 1 & 0 & 1 \\ 4 & -4 & 5 \end{bmatrix}$

8. 다음 행렬의 기하학적인 중복도와 대수적인 중복도를 확인하여라.

(1) $\begin{bmatrix} \alpha & 1 \\ 0 & \alpha \end{bmatrix}$ (2) $\begin{bmatrix} \alpha & 1 & 0 \\ 0 & \alpha & * \\ 0 & 0 & \beta \end{bmatrix}$ (3) $\begin{bmatrix} \alpha & 1 & 0 & 0 \\ 0 & \alpha & * & * \\ 0 & 0 & \gamma & * \\ 0 & 0 & 0 & \delta \end{bmatrix}$

9. 다음에 주어진 행렬 A와 조르단 행렬 J에 대하여 $T^{-1}AT=J$를 만족하는 변환행렬 T를 계산하여라.

(1) $A=\begin{bmatrix} 5 & 1 & -3 \\ 0 & 5 & 2 \\ 0 & 0 & 3 \end{bmatrix}$, $J=\begin{bmatrix} 3 & 0 & 0 \\ 0 & 5 & 1 \\ 0 & 0 & 5 \end{bmatrix}$ (2) $A=\begin{bmatrix} 3 & 0 & 0 & 0 \\ 1 & 3 & 0 & 0 \\ 0 & 0 & 4 & 0 \\ 0 & 0 & 1 & 4 \end{bmatrix}$, $J=\begin{bmatrix} 4 & 1 & 0 & 0 \\ 0 & 4 & 0 & 0 \\ 0 & 0 & 3 & 1 \\ 0 & 0 & 0 & 3 \end{bmatrix}$

10. 다음 행렬 A와 T에 대해 $\widetilde{A}=T^{-1}AT$임을 확인하고, 행렬 $\widetilde{A}$의 고유벡터 $\vec{y}$를 구하여라. 이때 $\vec{x}=T\vec{y}$는 행렬 A의 고유벡터임을 증명하여라.

(1) $A=\begin{bmatrix} -5 & 0 \\ 0 & 2 \end{bmatrix}$, $T=\begin{bmatrix} 4 & -2 \\ -3 & 1 \end{bmatrix}$ (2) $A=\begin{bmatrix} 4 & 2 \\ -4 & -2 \end{bmatrix}$, $T=\begin{bmatrix} 1 & 3 \\ 3 & 6 \end{bmatrix}$

(3) $A=\begin{bmatrix} 4 & 0 & 0 \\ 12 & -2 & 0 \\ 21 & -6 & 1 \end{bmatrix}$, $T=\begin{bmatrix} 4 & 0 & 6 \\ 0 & 2 & 0 \\ 6 & 0 & 10 \end{bmatrix}$

CHAPTER 8

행렬의 응용

8.1 공간 $\mathbb{R}^n$ 에서의 벡터의 내적과 놈
8.2 3차원 공간 $\mathbb{R}^3$ 에서의 벡터
8.3 직교집합과 직교행렬
8.4 최소 2승법

엔지니어들이 종종 부딪치는 문제 중에는 관측된, 또는 실험적으로 얻은 데이터로부터 어떤 예측을 해야 하는 경우가 있다. 예를 들어, 어떤 물체의 시간적 흐름에 대한 온도의 변화를 50회 측정하여 [그림 8.1]과 같이 표시하였다고 하자. 이와 같이 얻어진 데이터 사이에 존재하는 어떤 함수적인 관계를 알아내는 것은 문제의 해결을 위한 중요한 과정의 하나이다. 이 경우 최소 2 승법은 데이터 사이에 존재하는 관련성을 알아내는 가장 유효한 방법 중의 하나이다.

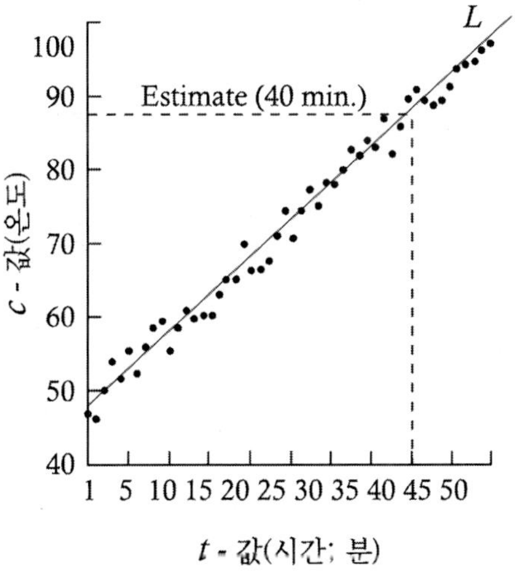

그림 8.1 50개의 데이터와 회귀곡선

즉 [그림 8.1]의 경우 최소 2 승법을 적용하면 온도 c와 시간 t 사이에 $c = 1.01t + 46.69$의 방정식과 주어진 데이터와의 오차를 가장 작게 하는 방정식이라는 것을 알 수 있다. 이러한 과정은 행렬응용의 하나로서 여러 분야에서 널리 사용되고 있다.

이러한 과정을 이해하기 위한 전제로서 행렬을 구성하는 요소인 벡터의 놈과 직교성 및 직교행렬 등에 관하여 언급한다.

8.1 공간 $\mathbb{R}^n$에서의 벡터의 내적과 놈

먼저 2차원 공간 $\mathbb{R}^2$ 또는 3차원 공간 $\mathbb{R}^3$에 존재하는 한 쌍의 벡터가 서로 직교하기 위한 대수적인 조건을 만들어보자. [그림 8.2 (a)]에 두 개의 0이 아닌 벡터 $\vec{u} = [u_1, u_2]^T$와 $\vec{v} = [v_1, v_2]^T$를 표시하였다. 피타고라스의 정리에 의해 각 벡터의 크기는

$$|\overrightarrow{OA}| = \sqrt{u_1^2 + u_2^2}, \qquad |\overrightarrow{OB}| = \sqrt{v_1^2 + v_2^2} \tag{8.1 a}$$

로 주어진다. 또한 공간상의 두 점 $A = (u_1, u_2)$와 $B = (v_1, v_2)$ 사이의 거리는 간단한 계산에 의해

$$|\overrightarrow{AB}| = \sqrt{(u_1 - v_1)^2 + (u_2 - v_2)^2} \tag{8.1 b}$$

이다. 이때 두 벡터가 이루는 각이 $\theta = 90°$, $(= \pi/2\,[\mathrm{rad}])$라면 피타고라스의 정리를 삼각형 ΔOAB에 적용함으로써

$$|\overrightarrow{OA}|^2 + |\overrightarrow{OB}|^2 = |\overrightarrow{AB}|^2 \tag{8.1 c}$$

으로 되며 여기에 식 (8.1 a)과 (8.1 b)를 대입함으로써

$$(u_1^2 + u_2^2) + (v_1^2 + v_2^2) = (u_1 - v_1)^2 + (u_2 - v_2)^2$$

의 관계가 얻어지며, 이 식을 양변을 정리하면 다음으로 된다.

$$u_1 v_1 + u_2 v_2 = 0 \tag{8.2}$$

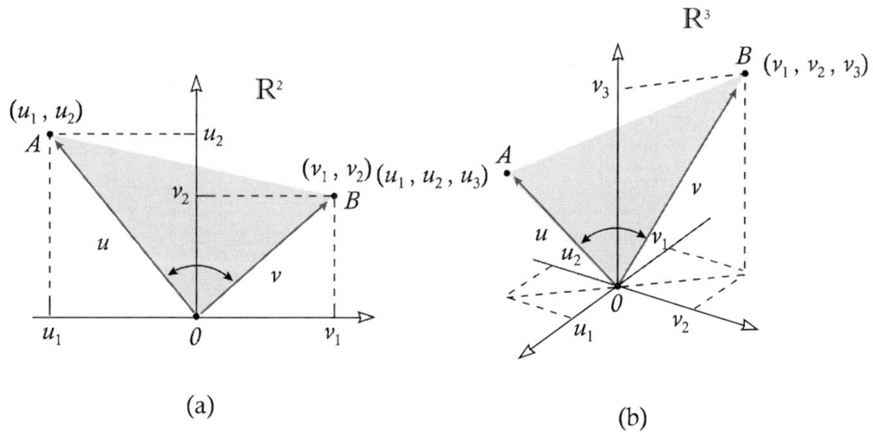

그림 8.2 두 개의 벡터 $\vec{u}$ 와 $\vec{v}$ 에 의하여 2차원과 3차원 공간에 정의된 삼각형

이로부터 [그림 8.2 (a)]의 두 개의 벡터가 서로 직교한다면 조건식 (8.2)가 성립한다는 것을 알 수 있다. 반대로 식 (8.2)가 성립하는 두 개의 벡터는 서로 직교한다는 사실도 간단히 증명할 수 있다. 다시 말하면 식 (8.2)는 두 개의 벡터가 직교하기 위한 필요충분조건이라는 사실이다.

식 (8.2)를 3차원 공간 $\mathbb{R}^3$ 로 확장한다면 식 (8.2)와 동일한 모양의 다음 식을 얻을 수 있다.

$$u_1v_1 + u_2v_2 + u_3v_3 = 0 \tag{8.3}$$

식 (8.3)은 3차원 공간에서 두 벡터가 서로 직교하기 위한 필요충분조건이다. 이상의 사실을 n 차원 공간으로 확장하면 다음의 요점을 얻는다.

요점 8.1 벡터의 내적

n 차원 공간 $\mathbb{R}^n$ 에 두 개의 벡터 $\vec{u} = [u_1, u_2, \cdots, u_n]^T$ 과 $\vec{v} = [v_1, v_2, \cdots, v_n]^T$ 가 존재한다고 한다. 이 경우 두 벡터의 내적(inner product 또는 dot product)은

$$\vec{u} \cdot \vec{v} = \sum_{i=1}^{n} u_i v_i = u_1v_1 + u_2v_2 + \cdots + u_nv_n \qquad (8.4)^{1)}$$

로 주어진다.

1) $\vec{u} \cdot \vec{v} = \langle \vec{u}, \vec{v} \rangle$와 같이 표현하기도 한다.

일반적으로 벡터는 $\mathbb{R}^n$ 차원 공간에서 열벡터의 형식으로 주어지므로 식 (8.4)를 다음과 같이 벡터의 곱을 이용하여 표현할 수도 있다. 즉

$$\vec{u} \cdot \vec{v} = [u_1,\ u_2,\ \cdots,\ u_n] \begin{bmatrix} v_1 \\ v_2 \\ \vdots \\ v_n \end{bmatrix} = [v_1,\ v_2,\ \cdots,\ v_n] \begin{bmatrix} u_1 \\ u_2 \\ \vdots \\ u_n \end{bmatrix} \tag{8.5}$$

이로부터 $\vec{u} \cdot \vec{v} = \vec{u}^T \vec{v} = \vec{v}^T \vec{u}$ 임을 알 수 있다.

- **내적의 성질**

세 개의 벡터 $\vec{u}, \vec{v}, \vec{w}$ 가 $\mathbb{R}^n$ 차원의 벡터이고 c 를 실수의 스칼라양이라고 하면, 다음 관계가 성립한다.

(DP 1) : $\vec{u} \cdot \vec{v} = \vec{v} \cdot \vec{u}$ (교환법칙)

(DP 2) : $\vec{u} \cdot (\vec{v} + \vec{w}) = \vec{u} \cdot \vec{v} + \vec{u} \cdot \vec{w}$ (분배법칙)

(DP 3) : $c(\vec{u} \cdot \vec{v}) = (c\vec{u}) \cdot \vec{v} = \vec{u} \cdot (c\vec{v})$

(DP 4) : $\vec{v} \cdot \vec{v} \geq 0$ 및 $\vec{v} \cdot \vec{v} = 0 \ \leftrightarrow \ \vec{v} = \vec{0}$

위의 성질 (DP 1) ~ (DP 4)는 일반적으로 내적을 정의하기 위한 공리로 사용된다. 6.3절의 [요점 6.10]에서 언급한 벡터공간의 조건을 증명은 위의 내적에 관한 공리를 적용하면 간단하게 수행할 수 있다.

예제 8.1

두 개의 벡터 $\vec{u}$ 와 $\vec{v}$ 가 영벡터가 아니며 α가 실수의 스칼라 양이라고 할 때 식

$$(\alpha\vec{u} + \vec{v}) \cdot (\alpha\vec{u} + \vec{v})$$

를 위 공리를 이용하여 전개하여 보자.

풀이

$$\begin{aligned}(\alpha\vec{u}+\vec{v}) \cdot (\alpha\vec{u}+\vec{v}) &= (\alpha\vec{u}+\vec{v}) \cdot (\alpha\vec{u}) + (\alpha\vec{u}+\vec{v}) \cdot \vec{v} && \text{(DP 2)} \\ &= (\alpha\vec{u}) \cdot (\alpha\vec{u}+\vec{v}) + \vec{v} \cdot (\alpha\vec{u}+\vec{v}) && \text{(DP 1)} \\ &= (\alpha\vec{u}) \cdot (\alpha\vec{u}) + (\alpha\vec{u}) \cdot \vec{v} + \vec{v} \cdot (\alpha\vec{u}) + \vec{v} \cdot \vec{v} && \text{(DP 2)}\end{aligned}$$

$$=(\vec{u}\cdot\vec{u})\alpha^2+2(\vec{u}\cdot\vec{v})\alpha+\vec{v}\cdot\vec{v} \qquad (DP3),(DP1)$$

위 계산의 결과에 의하면, $(\alpha\vec{u}+\vec{v})\cdot(\alpha\vec{u}+\vec{v})$를 일반적인 대수학의 원리에 따라 전개할 수 있다는 사실을 알 수 있다.

위 예제는 첨부한 M 파일 'Example_8_1.m'을 MATLAB의 명령윈도에서 '>> publish ('Example_8_1')'로서 실행하면 해를 구하는 과정을 확인할 수 있다.

8.1.1 놈(norm)

일반적으로 벡터는 크기와 방향을 가지는 양이라고 정의되지만, 이것의 수학적인 표현법으로 벡터가 사용되는 용도에 따라 여러 가지 정의가 존재한다. 크기를 나타내는 가장 일반적인 용어로서 놈(norm)이 사용되며, 이것은 2차원 공간 $\mathbb{R}^2$ 또는 3차원 공간 $\mathbb{R}^3$에 존재하는 벡터 $\vec{v}$의 유클리드 크기(Euclidean length)[2]로서 $\mathbb{R}^2$의 경우 식 (8.1 a)로 정의하여 사용된다. 이를 n 차원 공간으로 확대하면 다음 요점을 얻는다.

요점 8.2 유클리드 놈

벡터 $\vec{v}=[v_1, v_2, \cdots, v_n]^T$가 n 차원 공간 $\mathbb{R}^n$의 요소라고 한다. 이때 $\vec{v}$ 의 유클리드 놈, 또는 2-norm은 0이 아닌 (non-negative)인 실수값을 가지는 다음 식으로 주어지는 양이다.

$$\|\vec{v}\|=\left(v_1^2+v_2^2+\cdots+v_n^2\right)^{1/2} \tag{8.6}$$

때로는 필요에 따라 $\|\vec{v}\|_2$ 로서 유클리드 놈을 나타내기도 한다.

결과로부터 $\|\vec{v}\|^2=\vec{v}\cdot\vec{v}$ 및 $\|\vec{v}\|=(\vec{v}\cdot\vec{v})^{1/2}$임을 알 수 있다.

2) 유클리드 공간이란 3개(또는 2개)의 축으로 이루어지는 공간, 즉 일반적으로 우리들이 수식계산에 사용하는 공간을 의미한다.

예제 8.2

$\mathbb{R}^4$ 공간에서의 유클리드 놈을 계산하여 보자.

풀이

예를 들어 $\vec{v}=[3,-1,2,0]^T$ 이면

$$\|\vec{v}\|=\sqrt{3^2+(-1)^2+2^2+0^2}=\sqrt{14}\approx 3.7417$$

이다.

유클리드 놈과 관련하여 다음의 요점이 알려져 있다.

요점 8.3 유클리드 놈의 성질 I

$\vec{v}$ 가 n 차원 공간 $\mathbb{R}^n$의 요소이며 c 를 실수값을 가지는 스칼라 양이라고 한다. 이때 다음 사실이 성립한다.

(N1) $\|\vec{v}\|\geq 0$

(N2) $\|\vec{v}\|=0$ 이면 $\vec{v}=0$ 이다.

(N3) $\|c\vec{v}\|=|c|\|\vec{v}\|$

다음 요점은 내적과 놈을 서로 연결시키며, 동시에 내적의 상한값에 대한 정보를 제공한다.

요점 8.4 코시-슈바르츠 부등식: Cauchy-Schwartz Inequality

$\vec{u}$ 와 $\vec{v}$ 를 n 차원 공간 $\mathbb{R}^n$의 요소라고 한다. 그러면

$$|\vec{u}\cdot\vec{v}|\leq\|\vec{u}\|\|\vec{v}\| \tag{8.7}$$

가 성립한다. 여기서 $|\vec{u}\cdot\vec{v}|$ 는 내적의 절대값을 의미한다.

코시-슈바르츠의 부등식과 함께 놈의 특성을 나타내는 중요한 성질의 하나가 다음의 삼각부등식이다. 먼저 [그림 8.3]을 보자. 즉 영이 아닌 두 개의 벡터 $\vec{u}$ 와 $\vec{v}$ 로 이루어진 2차원 또는 3차원 공간의 삼각형 OAC에서 삼각형의 원리에 의해

$$|\overrightarrow{OC}|\leq|\overrightarrow{OA}|+|\overrightarrow{AC}|$$

로 된다. 이것을 벡터로서 표시하면 다음과 같다.

$$\| \vec{u} + \vec{u} \| \leq \| \vec{u} \| + \| \vec{v} \| \quad (8.8)$$

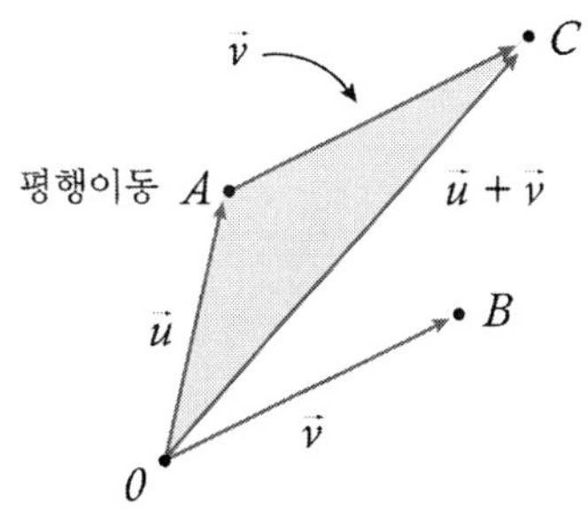

그림 8.3 삼각형의 정리

이 관계가 항상 성립한다는 것은 [예제 8.1]에서 $\alpha = 1$로 두면

$$\begin{aligned} \|\vec{u}+\vec{v}\|^2 &= (\vec{u}+\vec{v}) \cdot (\vec{u}+\vec{v}) \\ &= \vec{u} \cdot \vec{u} + 2(\vec{u} \cdot \vec{v}) + \vec{v} \cdot \vec{v} \\ &\leq \|\vec{u}\|^2 + 2|\vec{u} \cdot \vec{v}| + \|\vec{v}\|^2 \qquad (\because\ \vec{u} \cdot \vec{v} \leq |\vec{u} \cdot \vec{v}|) \\ &\leq \|\vec{u}\|^2 + 2\|\vec{u}\|\|\vec{v}\| + \|\vec{v}\|^2 \qquad (\leftarrow \text{코시-슈바르츠}) \\ &= (\|\vec{u}\| + \|\vec{v}\|)^2 \end{aligned}$$

로 됨을 알 수 있다. 이로부터 다음 요점이 얻어진다.

요점 8.5 유클리드의 놈의 성질 II

$\vec{u}$ 와 $\vec{v}$ 가 n 차원 공간 $\mathbb{R}^n$의 요소이다. 이때 다음 사실이 성립한다.

(N 4) $\|\vec{u}+\vec{u}\| \leq \|\vec{u}\|+\|\vec{v}\|$ (삼각부등식)

• 두 벡터 사이의 각도

[그림 8.2]에서 영이 아닌 벡터 두 개의 벡터 $\vec{u}$ 와 $\vec{v}$ 로 이루어지는 각도 $\angle AOB = \theta$에 대하여 알아보자.

삼각형 ΔOAB에서 코사인법칙을 적용하면

$$|\overrightarrow{AB}|^2 = |\overrightarrow{OA}|^2 + |\overrightarrow{OB}|^2 - 2|\overrightarrow{OA}| \cdot |\overrightarrow{OB}| \cos\theta \quad (8.9\ \text{a})$$

라는 것은 피타고라스의 정리로부터 쉽게 확인할 수 있다. 여기에 [요점 8.2]의 유클리드 놈을 적용하면 식 (8.9)은

$$\|\vec{u} - \vec{v}\|^2 = \|\vec{u}\|^2 + \|\vec{v}\|^2 - 2\|\vec{u}\| \|\vec{v}\| \cos\theta \quad (8.9\ \text{b})$$

이다. [예제 8.1]에서와 같이 $\|\vec{u} - \vec{v}\|^2$를 전개하면

$$\|\vec{u}\|^2 - 2(\vec{u} \cdot \vec{v}) + \|\vec{v}\|^2 = \|\vec{u}\|^2 + \|\vec{v}\|^2 - 2\|\vec{u}\|\|\vec{v}\|\cos\theta \tag{8.10}$$

임을 알 수 있다. 따라서 식 (8.9 a)과 (8.9 b)를 비교하면 두 벡터가 이루는 각도에 관한 다음의 공식을 얻는다.

$$\cos\theta = \frac{\vec{u} \cdot \vec{v}}{\|\vec{u}\| \|\vec{v}\|} \tag{8.11}$$

여기서 두 벡터가 모두 영이 아닌 벡터라고 가정하였기 때문에 위 식의 분모가 0으로 되지는 않는다는 점에 유의한다. 이 결과로부터 두 개의 벡터가 공간 $\mathbb{R}^2$ 또는 $\mathbb{R}^3$상에서 서로 직교하기 위한 조건은 $\theta = 90°$이므로 $\cos\theta = 0$, 즉 식 (8.11)의 분자 $\vec{u} \cdot \vec{v} = 0$를 의미한다. 반대로 두 벡터의 내적이 0, 즉 $\vec{u} \cdot \vec{v} = 0$이라면 식 (8.11)로부터 $\cos\theta = 0$이어야 하므로 이는 두 벡터가 이루는 각 $\theta = 90°$라는 것을 나타낸다. 결론적으로, 공간 $\mathbb{R}^2$ 또는 $\mathbb{R}^3$에 존재하는 두 개의 벡터가 서로 직교하기 위한 필요충분조건은 $\vec{u} \cdot \vec{v} = 0$이라는 것을 알 수 있다.

위 조건을 $\mathbb{R}^n$상에 존재하는 두 개의 벡터 $\vec{u}$와 $\vec{v}$로 확대하면, 공간상에 존재하는 두 벡터의 직교조건을 얻을 수 있다.

요점 8.6 $\mathbb{R}^n$ 공간에서 두 벡터 사이의 각도

두 개의 벡터 $\vec{u}$과 $\vec{v}$가 n 차원 공간 $\mathbb{R}^n$ 상에 존재한다고 한다. 이때 두 벡터가 이루는 각 θ, $(0 \le \theta \le \pi)$는 다음 식을 만족한다.

$$\cos\theta = \frac{\vec{u} \cdot \vec{v}}{\|\vec{u}\| \|\vec{v}\|} \tag{8.12 a}$$

식 (8.12 a)를 다음과 같이 표현하기도 한다.

$$\vec{u} \cdot \vec{v} = \|\vec{u}\|\|\vec{v}\|\cos\theta \tag{8.12 b}$$

예제 8.3

$\mathbb{R}^4$ 상의 두 벡터 $\vec{u} = [-1, 2, 3, 0]^T$과 $\vec{v} = [2, -1, 3, 4]^T$가 이루는 각을 계산하여 보자.

풀이

(a) 해석적인 방법에 의한 해 :
식 (8.12 a)에 의해

$$\cos\theta = \frac{\vec{u} \cdot \vec{v}}{\| \vec{u} \| \ \| \vec{v} \|} = \frac{5}{\sqrt{14}\sqrt{30}} \approx 0.2440 \rightarrow \theta = \cos^{-1}(0.2440)$$

이다.

(b) MATLAB를 이용한 방법[3] :

```
>> vec_u = [-1 2 3 0]';
>> vec_v = [2 -1 3 4]';
>> v = norm(vec_v);
>> u = norm(vec_u);
>> theta = (acos((vec_u'*vec_v)/(u*v)))*180/pi ↵ % 단위는 degree 이다.
   theta =
      75.8787
```

- **직교성(Orthogonality)**

식 (8.12 a)로부터 다음 사실을 확인할 수 있다. 즉

$$\theta = \frac{\pi}{2}(= 90°) \quad \leftrightarrow \quad \cos\theta = 0 \quad \leftrightarrow \quad \vec{u} \cdot \vec{v} = 0 \tag{8.13}$$

이다.

요점 8.7 $\mathbb{R}^n$ 공간에서 두 벡터의 직교성

두 개의 벡터 $\vec{u}$ 과 $\vec{v}$ 가 n 차원 공간 $\mathbb{R}^n$ 상에 존재한다고 한다. 이때 두 벡터의 내적이 영, 즉 $\vec{u} \cdot \vec{v} = 0$ 이라면 두 벡터는 서로 직교(orthogonal)한다고 하며 $\vec{u} \perp \vec{v}$ 로 나타낸다.

3) 이 예제는 MATLAB 명령어 publish를 사용하여 '>> publish('Example_8_3')'의 형식으로 실행하면 그 진행과정을 확인할 수 있다.

[요점 8.7]로부터 만약 하나의 벡터가 영벡터($\vec{0}$)라면 항상 $\vec{u} \cdot \vec{0} = 0$이다. 따라서 영벡터는 모든 벡터와 직교하는 벡터라고 말할 수 있다.

• 단위벡터(unit vector)

$\| \vec{u} \| = 1$인 벡터를 단위벡터라고 한다. 만약 0이 아닌 벡터 $\vec{v}$는

$$\vec{u} = \frac{\vec{v}}{\| \vec{v} \|} \tag{8.14}$$

로 두면 $\vec{v}$ 를 단위벡터로 만들 수 있다. 이와 같은 과정을 벡터의 정규화(normalize)라고 한다. 또한 직교좌표계에서 임의의 벡터를 나타내기 위해 가장 일반적으로 사용하는 세 개의 단위벡터로서

$$\vec{i} = \begin{bmatrix} 1 \\ 0 \\ 0 \end{bmatrix}, \quad \vec{j} = \begin{bmatrix} 0 \\ 1 \\ 0 \end{bmatrix}, \quad \vec{k} = \begin{bmatrix} 0 \\ 0 \\ 1 \end{bmatrix} \tag{8.15}$$

를 사용한다. 예를 들어 벡터 $\vec{a} = [a_1, a_2, a_3]^T$의 요소 a_1, a_2 및 a_3는

$$\vec{a} = a_1 \vec{i} + a_2 \vec{j} + a_3 \vec{k}$$

의 관계로부터 주어진 것이다.

예제 8.4

$\mathbb{R}^4$ 상의 두 벡터 $\vec{v} = [-1, 2, 3, 1]^T$과 $\vec{w} = [4, -5, 6, -4]^T$가 주어져 있다. 이때 두 벡터 사이에는 $\vec{v} \cdot \vec{w} = 0$의 관계가 성립하므로 $\vec{v} \perp \vec{w}$ 이다. 또 $\vec{v}$ 를 정규화 하여보자. 이때 $\| \vec{v} \| = \sqrt{15}$ 이므로

$$\vec{u} = \frac{\vec{v}}{\sqrt{15}} = \frac{1}{\sqrt{15}}[-1, 2, 3, 1]^T \approx [-0.26, 0.52, 0.77, 0.26]^T$$

은 단위벡터이다.

일반적인 피타고라스의 정리(Pythagorean theorem)는 [그림 8.2]에서 $\theta = 90°$인 경우에 해당하므로, 이 결과 삼각형 OAB로부터 다음 요점을 얻는다.

요점 8.8 $\mathbb{R}^n$ 공간에서 피타고라스의 정리

두 개의 벡터 $\vec{u}$ 과 $\vec{v}$ 가 n 차원 공간 $\mathbb{R}^n$ 상에 존재한다고 한다. 이 경우 $\vec{u}$ 과 $\vec{v}$ 가 서로 직교하기 위한 필요충분조건은

$$\|\vec{u}+\vec{v}\|^2 = \|\vec{u}\|^2 + \|\vec{v}\|^2 \tag{8.16}$$

이다.

이 요점은 [예제 8.1]에서 $\alpha = 1$로 두면

$$\|\vec{u}+\vec{v}\|^2 = \|\vec{u}\|^2 + 2(\vec{u}\cdot\vec{v}) + \|\vec{v}\|^2$$

이므로 $\vec{u}\cdot\vec{v}=0$이면 식 (8.16)이 성립한다. 이것은 두 벡터 중의 하나가 영벡터가 아니라면 $\vec{u}$ 과 $\vec{v}$ 는 서로 직교한다는 것을 의미하므로 식 (8.16)이 확인되었다.

- **직교사영(또는 정)사영**

n차원 공간 $\mathbb{R}^n$에서 0이 아닌 벡터 $\vec{a}$ 를 1 차원인 부분공간(즉 직선) L 에 평행한 부분 $\vec{u}_1$ 과 L 에 수직인 부분 $\vec{u}_2$ 인 두 항의 합으로 분할(decompose)하는 경우에 대하여 생각하여 보자. 만일 $\vec{a}$ 와 $\vec{u}_1$ 의 시점이 어떤 점에서 일치하도록 만들었다면 벡터 $\vec{a}$ 를 다음과 같이 분할할 수 있다. 즉 [그림 8.4]에서 $\vec{u}_2 = \vec{a} - \vec{u}_1$ 이므로 $\vec{u}_1 + \vec{u}_2 = \vec{u}_1 + (\vec{a} - \vec{u}_1) = \vec{a}$이다. 여기서 $\vec{u}_1$은 $\vec{a}$ 를 직선 L 로 직교사영(orthogonal projection)한 벡터, 즉 L 을 따르는 $\vec{a}$ 의 벡터성분으로

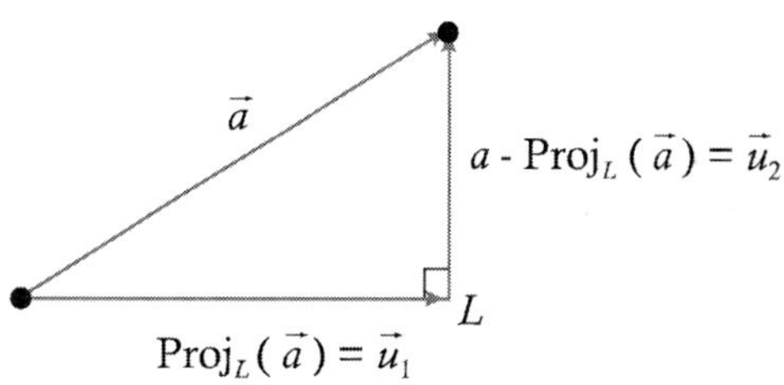

그림 8.4 직교사영

$$\vec{u}_1 = \mathrm{Proj}_L(\vec{a}) \tag{8.17}$$

로 표시한다. 이로부터

$$\vec{u}_2 = \vec{a} - \mathrm{Proj}_L(\vec{a}) = \mathrm{Proj}_{L^\perp}\vec{a} \tag{8.18}$$

이다. 위 식에서 $L^{\perp}$는 L과 직교한다는 것을 의미한다. 여기서

$$\vec{a} = \vec{u}_1 + \vec{u}_2 = kL + \vec{u}_2, \quad (\text{단 } k\text{는 스칼라이다.}) \tag{8.19}$$

이고, 식 (8.19)의 양변을 직선 L과의 내적을 취하면

$$\vec{a} \cdot L = \left(kL + \vec{u}_2\right) \cdot L = k\|L\|^2 + \vec{u}_2 \cdot L = k\|L\|^2$$

로 되어[4)]

$$k = \frac{\vec{a} \cdot L}{\|L\|^2}$$

가 얻어진다. 여기서 $\vec{u}_1 = kL$ 로부터

$$\text{Proj}_L(\vec{a}) = \frac{\vec{a} \cdot L}{\|L\|^2} L, \quad (\text{직선 } L\text{을 따르는 } \vec{a}\text{의 성분}) \tag{8.20 a}$$

$$\text{Proj}_{L^{\perp}}(\vec{a}) = \vec{a} - \frac{\vec{a} \cdot L}{\|L\|^2} L, \quad (\text{직선 } L\text{에 수직인 } \vec{a}\text{의 벡터성분}) \tag{8.20 b}$$

로 주어진다. L를 따르는 벡터 $\vec{a}$ 의 크기(norm)는

$$\begin{aligned}\|\text{Proj}_L(\vec{a})\| &= \left\| \frac{\vec{a} \cdot L}{\|L\|^2} L \right\| = \left| \frac{\vec{a} \cdot L}{\|L\|^2} \right| \|L\| \\ &= \frac{\|\vec{a} \cdot L\|}{\|L\|^2} \|L\| = \frac{\|\vec{a} \cdot L\|}{\|L\|} \\ &= \|\vec{a}\| \, |\cos\theta| \end{aligned} \tag{8.21}$$

로 된다.

---

4) $\vec{u}_2 \perp L$이므로 내적은 '0'이다.

8.2 3차원 공간 $\mathbb{R}^3$ 에서의 벡터

지금까지 n 차원인 공간 $\mathbb{R}^n$ 에서 벡터의 표현과 관련된 내용을 언급하였다. 그러나 벡터의 응용의 면, 예를 들어 벡터의 미분·적분 등을 포함한 실제적인 상황을 고려하면 평면 혹은 3차원 공간에서 벡터와 관련된 제반 사항을 정리해 두는 것이 편리할 것이다. 여기서는 공간을 3차원, 즉 $\mathbb{R}^3$ 로 제한하고 벡터와 관련된 사항을 나타내기로 한다.

• 벡터의 성분

공간에서의 위치를 나타내기 위하여 서로 직교하는 세 개의 축으로 이루어진 직교좌표계[5]를 도입한다. 공간상에서 시점을 $P:(x_1,y_1,z_1)$, 종점을 $Q:(x_2,y_2,z_2)$ 에 가지는 벡터 $\vec{a}$ 가 주어졌다고 한다. 이때 세 개의 축 성분이 가지는 차이, 즉

$$a_x = x_2 - x_1,\ a_y = y_2 - y_1,\ a_z = z_2 - z_1 \tag{8.22}$$

는 직교좌표계에서의 벡터 $\vec{a}$ 의 성분이라고 하며, 보통 $\vec{a} = [a_x\,,\,a_y\,,\,a_z]^T$로 나타낸다. 벡터 $\vec{a}$의 크기는 [그림 8.5]에서 화살표의 길이를 의미하므로, 이를 벡터의 성분을 이용하여 나타내면 피타고라스 정리에 의하여

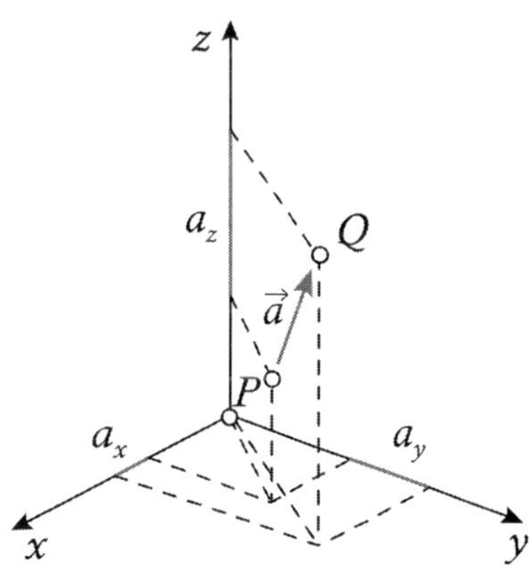

그림 8.5 벡터의 성분

$$\|\vec{a}\| = \sqrt{a_x^2 + a_y^2 + a_z^2} \tag{8.23}$$

임은 쉽게 이해할 수 있다.

예제 8.5

시점 $P:(4,0,2)$ 와 종점 $Q:(6,-1,2)$를 가지는 벡터 $\vec{a}$ 의 성분과 크기를 계산하여 보자.

풀이

(a) 해석적인 방법에 의한 해 :

5) 이를 Cartesian coordinate system이라고 부르고 있다.

각 성분은

$$a_x = 6-4 = 2,\ a_y = -1-0 = -1,\ a_z = 2-2 = 0$$

이므로 $\vec{a} = [2, -1, 0]^T$ 이다. 식 (8.23)으로부터 크기는

$$\| \vec{a} \| = \sqrt{2^2 + (-1)^2 + 0^2} = \sqrt{5}$$

이다. 만약 $\vec{a}$ 의 시점으로 $(-1, 5, 8)$을 선정하였다면 종점은 $(1, 4, 8)$이어야 할 것이다. 따라서 만약 $\vec{a}$ 의 시점으로 원점 $(0, 0, 0)$을 취했다면 종점은 $(2, -1, 0)$으로 되어, $\vec{a}$ 가 가지는 성분과 일치한다. 이 경우 공간상에 $\vec{a}$ 를 표시하면 [그림 8.6]과 같이 되며, 이를 점 A 의 위치벡터(position vector)라고 한다.

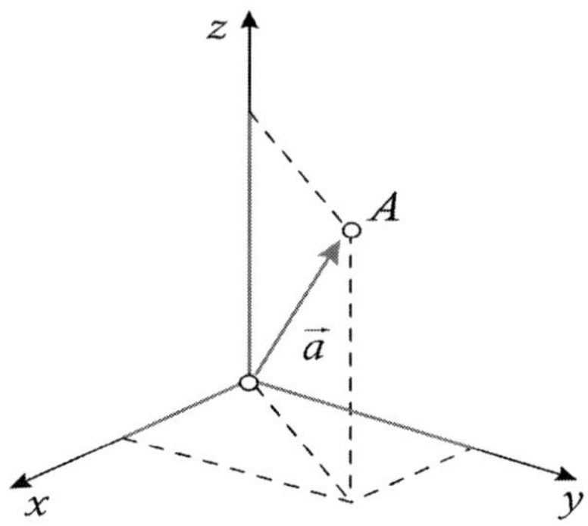

그림 8.6 점 $A : (x, y, z)$ 에서의 위치벡터 $\vec{a}$

(b) MATLAB를 이용한 방법 :

```
>> Og = [0 0 0]';P = [4 0 2]';Q = [6 -1 2]';
>> arrow3(Og,P,'r'),grid % vector P의 표시
>> hold on, arrow3(P, Q-P) %vector a의 표시
>> xlabel('x'), ylabel('y'),zlabel('z'),hold off
>> norm(Q-P) % 벡터의 크기
   ans =
       2.2361
```

직교좌표계에서 공간상의 점 $A : (x, y, z)$의 위치벡터 $\vec{a}$ 는, 원점 $(0, 0, 0)$을 시점, 점 A를 종점으로 하는 벡터로 되기 때문에 그 성분은 항상 $\vec{a} = [x, y, z]^T$이다. 따라서 시점 P와 종점 Q를 가지는 벡터 $\vec{a}$를 평행이동(translate)한다면 식 (8.22)에 의한 성분은 변화하지 않는다는 것을 알 수 있다.

요점 8.9 직교좌표계의 벡터성분

직교좌표계에서 주어진 벡터는 세 개의 좌표축 값에 의해 유일하게 결정된다. 반대로 세 개의 실수값 (a_x, a_y, a_z) 에 대하여, 이를 성분으로 가지는 벡터 $\vec{a} = [a_x, a_y, a_z]^T$는 직교좌표계 내에서 유일하게 존재한다.

앞에서 설명한 바와 같이 식 (8.15)로 정의된 기본단위벡터를 이용하면 3차원 실벡터공간 $\mathbb{R}^3$에 존재하는 모든 벡터를

$$\vec{a} = a_1\vec{i} + a_2\vec{j} + a_3\vec{k}$$

의 형식으로 유일하게 나타낼 수 있다. 이러한 세 개의 단위벡터 $\vec{i}, \vec{j}, \vec{k}$ 는 $\mathbb{R}^3$의 표준기저(standard basis)라고 불린다.

8.2.1 벡터의 방향코사인

[그림 8.7]과 같이 시점을 원점(origin)에 가지는 벡터 $\vec{a}$ 가 공간상에 주어져 있다고 한다. 이때 이 벡터를 x, y 및 z 축 상에 사영하였을 때의 크기를 각각 a_x, a_y 및 a_z라 하면 $\vec{a}$ 는 기본단위벡터를 이용하여 다음과 같이 표현된다.

$$\vec{a} = a_x\vec{i} + a_y\vec{j} + a_z\vec{k} \tag{8.24}$$

여기서 벡터 $\vec{a}$ 가 x, y 및 z 축과 만드는 각을 α, β 및 γ 라고 하면 [그림 8.7]로부터

$$a_x = \|\vec{a}\|\cos\alpha, \quad a_y = \|\vec{a}\|\cos\beta, \quad a_z = \|\vec{a}\|\cos\gamma \tag{8.25}$$

로 되어, 벡터 $\vec{a}$ 를 성분표현식으로 나타내면 다음과 같다.

$$\vec{a} = \begin{bmatrix} a_x \\ a_y \\ a_z \end{bmatrix} = \begin{bmatrix} \|\vec{a}\|\cos\alpha \\ \|\vec{a}\|\cos\beta \\ \|\vec{a}\|\cos\gamma \end{bmatrix}, \quad \|\vec{a}\| = \left(a_x^2 + a_y^2 + a_z^2\right)^{1/2} \tag{8.26}$$

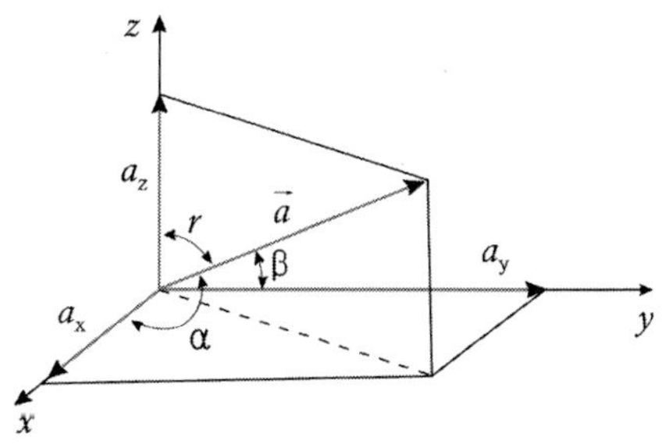

그림 8.7 벡터 $\vec{a}$ 의 성분

식 (8.25)을 벡터 $\vec{a}$ 의 크기를 나타내는 식 (8.23)에 대입하면 다음과 같은 익숙한 표현식을 얻을 수 있다.

$$\cos^2\alpha + \cos^2\beta + \cos^2\gamma = 1 \tag{8.27}$$

또는 식 (8.25)을 식 (8.24)에 대입한다면

$$\vec{a} = \| \vec{a} \| \left(\cos\alpha \vec{i} + \cos\beta \vec{j} + \cos\gamma \vec{k}\right) \tag{8.28}$$

로 되며, 위 식의 양변을 크기 $\|\vec{a}\|$ 로 나누어 단위벡터로 만들면

$$\vec{i}_a = \cos\alpha \vec{i} + \cos\beta \vec{j} + \cos\gamma \vec{k} \tag{8.29}$$

로 된다. 벡터 $\vec{a}$ 의 표현에 사용된 세 개의 값 $\cos\alpha$, $\cos\beta$ 및 $\cos\gamma$ 는 종종 l, m 및 n 으로 표시하며

$$l = \cos\alpha = \frac{a_x}{\| \vec{a} \|}, \quad m = \cos\beta = \frac{a_y}{\| \vec{a} \|}, \quad n = \cos\gamma = \frac{a_z}{\| \vec{a} \|} \tag{8.30}$$

로 주어지며, 이를 $\vec{a}$ 의 방향코사인(direction cosines)이라고 한다.

임의의 벡터가 항상 원점에서 출발한다고 할 수 없기 때문에 벡터 $\vec{b} = \overrightarrow{P_1P_2}$ 의 시점을 $P_1(x_1, y_1, z_1)$, 종점을 $P_2(x_2, y_2, z_2)$라 하면 $\vec{b} = \overrightarrow{P_1P_2}$의 성분표현은

$$\begin{aligned} \vec{b} &= \overrightarrow{P_1P_2} = \overrightarrow{OP_2} - \overrightarrow{OP_1} \\ &= [x_2, y_2, z_2]^T - [x_1, y_1, z_1]^T \\ &= [x_2 - x_1, y_2 - y_1, z_2 - z_1]^T \\ &= [b_1, b_2, b_3]^T \end{aligned} \tag{8.31}$$

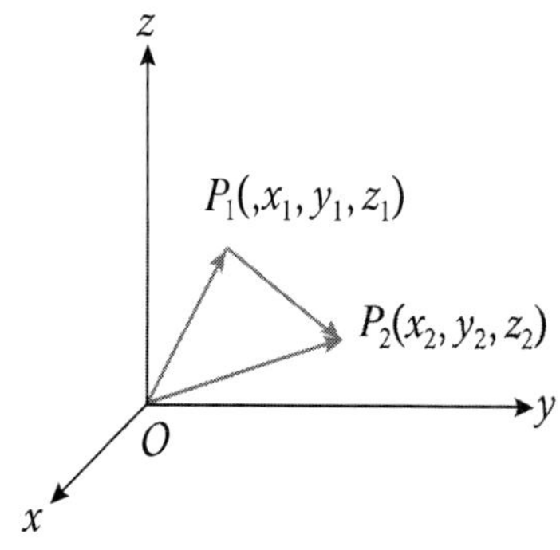

그림 8.8 공간상의 임의벡터 표현

으로 된다([그림 8.8] 참조).

예제 8.6

직교좌표계에서 두 점 P와 Q의 위치벡터가 각각 $\vec{p}=\vec{i}+3\vec{j}-7\vec{k}$ 및 $\vec{q}=5\vec{i}-2\vec{j}+4\vec{k}$ 일 때 벡터 $\overrightarrow{PQ}$를 구하고, 이 벡터의 크기와 방향코사인을 계산하여 보자.

풀이

(a) 해석적인 방법에 의한 해 :

식 (8.32)에 의해

$$\overrightarrow{PQ}=[5-1,\,-2-3,\,4+7]^T=4\vec{i}-5\vec{j}+11\vec{k}$$

이다. $\overrightarrow{PQ}$의 크기는 식 (8.23)에 의해

$$\|\overrightarrow{PQ}\|=\sqrt{4^2+(-5)^2+11^2}=9\sqrt{2}$$

이다. 또한 방향코사인은 식 (8.30)에 의해

$$l=\cos\alpha=\frac{4}{9\sqrt{2}}$$

$$m=\cos\beta=-\frac{5}{9\sqrt{2}}$$

$$n=\cos\gamma=\frac{11}{9\sqrt{2}}$$

로 주어진다.

(b) MATLAB를 이용한 방법 :

```
% 공간상에 벡터의 표시 : [그림 8.9]
>> Og = [0 0 0]';P = [1 3 -7]';Q = [5 -2 4]';
>> arrow3(Og,P,'r'),text(1,3,-7.2,' \leftarrow P'),grid    % vector P의 표시
>> text(0,0,-0.2,' \leftarrow O')
>> hold on, arrow3(Og, Q),text(5,-2,4.2,' \leftarrow Q')  % vector Q의 표시
>> arrow3(P,Q-P)                                          % 벡터 PQ의 표시
>> xlabel(' x - axis '), ylabel(' y - axis '),zlabel(' z - axis ')
>> hold off
>> norm(Q-P) % 벡터의 크기
   ans =
     12.7279
```

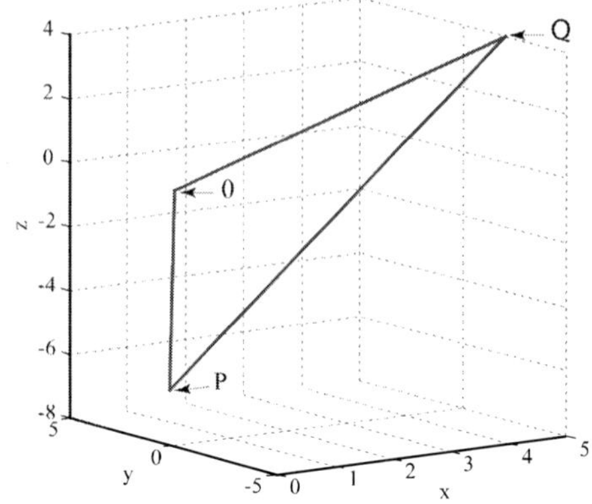

그림 8.9 [예제 8.6]의 그림

8.2.2 벡터의 내적

$\mathbb{R}^n$ 에서의 내적인 [요점 8.1]과 식 (8.11)을 이용하면 $\mathbb{R}^3$ 에 존재하는 두 벡터 $\vec{a}$ 와 $\vec{b}$ 의 내적은 다음과 같이 정의 할 수 있다.

$$\vec{a} \cdot \vec{b} = \| \vec{a} \| \ \| \vec{b} \| \cos\theta \ , \ (\text{단 } \vec{a} \neq \vec{0} \ , \vec{b} \neq \vec{0}) \tag{8.32}$$

이때 $\theta, (0 \leq \theta \leq \pi)$는 두 벡터가 이루는 각도를 나타낸다. 만약 두 벡터의 성분이

$$\vec{a} = [a_x, a_y, a_z]^T, \quad \vec{b} = [b_x, b_y, b_z]^T$$

로 주어졌다면

$$\vec{a} \cdot \vec{b} = a_x b_x + a_y b_y + a_z b_z \tag{8.33}$$

로 된다.

벡터의 내적은 두 벡터 중 하나가 영벡터, 즉 $\vec{a} = \vec{0}$ 또는 $\vec{b} = \vec{0}$인 경우에는 정의되지 않기 때문에 만약 하나가 영벡터라면 내적은 0, 즉 $\vec{a} \cdot \vec{b} = 0$으로 둔다.
여기서 내적의 성질 (DP 2), 즉 분배법칙을 이용하여 식 (8.33)을 식 (8.32)로부터 유도하여 보자. 우선 두 벡터를 $\vec{a} = a_x \vec{i} + a_y \vec{j} + a_z \vec{k}$ 및 $\vec{b} = b_x \vec{i} + b_y \vec{j} + b_z \vec{k}$ 로 두고 여기에 분배법칙을 적용하여 내적 $\vec{a} \cdot \vec{b}$를 전개하여 보자. 이때 단위벡터 사이에

$$\vec{i} \cdot \vec{i} = \vec{j} \cdot \vec{j} = \vec{k} \cdot \vec{k} = 1, \quad \text{및} \quad \vec{i} \cdot \vec{j} = \vec{j} \cdot \vec{k} = \vec{k} \cdot \vec{i} = 0 \tag{8.34}$$

의 관계가 성립하고 있다는 사실로부터

$$\vec{a} \cdot \vec{b} = (a_x b_x)\vec{i} \cdot \vec{i} + (a_y b_y)\vec{j} \cdot \vec{j} + (a_z b_z)\vec{k} \cdot \vec{k}$$

로 되어 식 (8.33)이 얻어짐을 확인할 수 있다. 또한 위 식으로부터 벡터 $\vec{a}$ 자신과의 내적은

$$\vec{a} \cdot \vec{a} = \|\vec{a}\|^2 = a_x^2 + a_y^2 + a_z^2 \tag{8.35}$$

로 됨을 알 수 있다. 마지막으로 벡터 $\vec{a}$ 의 x 축 방향의 성분 a_x 는 다음과 같이 $\vec{a}$ 와 x 축방향의 기본단위벡터 $\vec{i}$ 와의 내적을 구함으로써 얻을 수 있다.

$$\vec{a} \cdot \vec{i} = \left(a_x\vec{i} + a_y\vec{j} + a_z\vec{k}\right) \cdot \vec{i} = a_x \tag{8.36 a}$$

마찬가지로

$$\vec{a} \cdot \vec{j} = \left(a_x\vec{i} + a_y\vec{j} + a_z\vec{k}\right) \cdot \vec{j} = a_y \tag{8.36 b}$$

로 된다. 다시 말하면, 임의 방향의 벡터의 성분은 그 방향의 기본단위벡터와 주어진 벡터와의 내적을 구함으로써 계산된다.

• 벡터의 크기와 각도

식 (8.32)에서 $\vec{b} = \vec{a}$ 로 두면 $\vec{a} \cdot \vec{a} = \|\vec{a}\|^2$ 로 되어

$$\|\vec{a}\| = (\vec{a} \cdot \vec{a})^{1/2} \tag{8.37}$$

을 얻는다. 또한 각도 θ는 식 (8.32)으로부터 다음으로 주어진다.

$$\theta = \cos^{-1}\left(\frac{\vec{a} \cdot \vec{b}}{\|\vec{a}\| \|\vec{b}\|}\right) = \cos^{-1}\left(\frac{\vec{a} \cdot \vec{b}}{(\vec{a} \cdot \vec{a})^{1/2}(\vec{b} \cdot \vec{b})^{1/2}}\right) \tag{8.38}$$

위식의 일반적인 표현, 즉 공간 $\mathbb{R}^n$ 에서의 표현은 식 (8.11)로 주어져 있다.

예제 8.7

두 벡터 $\vec{a}=[1,2,0]^T$, $\vec{b}=[3,-2,1]^T$ 가 주어졌을 때, 두 벡터가 이루는 각도를 계산하여 보자.

풀이

(a) 해석적인 방법에 의한 해 :

내적은

$$\vec{a}\cdot\vec{b}=1\cdot 3+2\cdot(-2)+0\cdot 1=-1$$

이며, 두 벡터의 크기는 $\|\vec{a}\|=\sqrt{5}$, $\|\vec{b}\|=\sqrt{14}$ 이므로 식 (8.35)으로부터

$$\theta=\cos^{-1}\left(\frac{\vec{a}\cdot\vec{b}}{\|\vec{a}\|\ \|\vec{b}\|}\right)=\cos^{-1}(-0.11952)$$

$$=1.69061\,[\mathrm{rad}]=96.865°$$

로 된다.

(b) MATLAB를 이용한 방법 :

```
>> vec_a = [1 2 0]'; vec_b = [3 -2 1]';
>> theta = acos(dot(vec_a,vec_b)/(norm(vec_a)*norm(vec_b)))  % [rad]

theta =
   1.6906
```

8.2.3 내적의 응용

3차원 공간에서 내적이 가지는 물리적인 의미를 다음 예제를 가지고 생각하여 보자.

예제 8.8

일정한 크기의 힘 $\vec{p}$ 에 의하여 어떤 물체가 [그림 8.10]과 같이 힘과 $\alpha\,[\mathrm{degree}]$의 각을 이루면서 $\vec{d}$ 만큼 이동했다고 한다. 이때 힘 $\vec{p}$ 에 의해 물체의 이동에 작용한 일(work)은

$$W=|\vec{p}||\vec{d}|\cos\alpha=\vec{p}\cdot\vec{d} \qquad ①$$ [6)]

6) $|\vec{p}|$, $|\vec{d}|$는 $\|\vec{p}\|$ $\|\vec{d}\|$를 각각 의미한다.

로 주어진다. 여기서 만약 $\alpha < 90°$ 이라면 $W > 0$ 이며, $\vec{p}$ 와 $\vec{d}$ 가 서로 직교한다면 $W = 0$ 으로 된다. 또한 $\alpha > 90°$ 라면 $W < 0$ 이므로, 이것은 물체의 이동이 반대로 일어났다는 것을 의미한다.

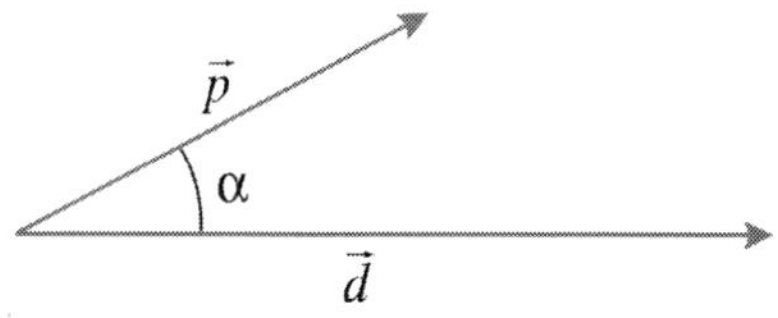

그림 8.10 [예제 8.4]

예제 8.9

[그림 8.11]과 같이 무게 1000kg의 차량이 $25°$ 의 경사각을 가지는 비탈길에서 정지해 있기 위해서는 로프에 어느 정도의 힘이 주어져야 하는가에 대하여 생각하여 보자.

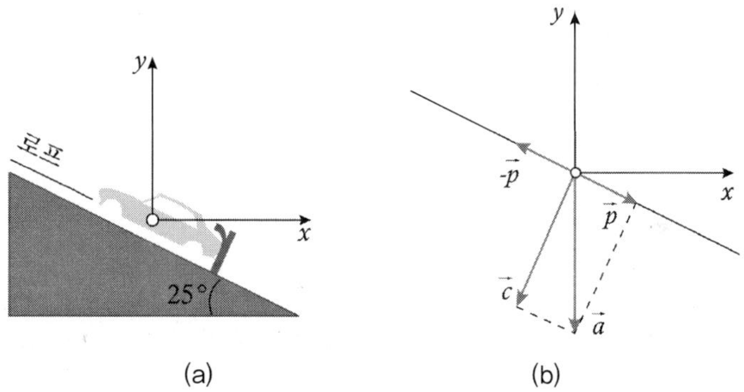

그림 8.11 [예제 8.9]

풀이

주어진 상황을 벡터를 이용하여 나타내면 [그림 8.11 (b)]로 된다. 차량의 중량은 수직(즉 $-y$ 축 방향)으로 작용하기 때문에 $\vec{a} = [0, -1000]^T$ 이다. 이때 $\vec{a}$ 는 두 힘의 합, 즉 $\vec{a} = \vec{c} + \vec{p}$ 로 분할 가능하다. 여기서 $\vec{c}$ 는 경사면에 수직으로 작용하는 힘이며, $\vec{p}$ 는 로프에 평행하게 반대방향으로 작용하는 힘으로써 그 크기는 다음과 같다.

$$\| \vec{p} \| = \| \vec{a} \| \cos\gamma = 1000\cos 65° = 422.6\,[\text{kg}] \qquad ①$$

따라서 벡터 $\vec{p}$ 와 반대방향으로 422.6[kg]의 힘을 작용시키면 차량을 비탈길에 정지시킬 수 있다. 이것을 벡터의 내적을 이용하여 나타내어 보자. 우선 로프와 반대방향의 단위벡터를 $\vec{u}$ 라 두고, 로프 방향의 벡터 $\vec{b}$ 를 도입한다.

$$\vec{b} = [-1, \tan 25°]^T = [-1,\ 0.4663]^T \qquad ②$$

②를 이용하면

$$\vec{u} = -\frac{\vec{b}}{\|\vec{b}\|} = [\ 0.90631,\ -0.42262\ ]^T \qquad ③$$

으로 표현된다. $\|\vec{u}\| = 1$이므로 ①은

$$\|\vec{p}\| = (\ \|\vec{a}\| \cos\gamma\ )\ \|\vec{u}\| = \vec{a}\cdot\vec{u} \qquad ④$$

$$= -\frac{\vec{a}\cdot\vec{b}}{\|\vec{b}\|} = \frac{1000\cdot 0.46631}{1.10338} = 422.6\ [\mathrm{kg}]$$

로 되어 422.6[kg]의 힘이 필요함을 확인할 수 있다. 여기서 ④는, 벡터 $\vec{a}$ 의 벡터 $\vec{u}$ 방향의 크기를 나타내는 것으로 이것이 차량이 비탈길에 정지해 있기 위한 로프의 힘이다.

[예제 8.9]는 힘의 작용과 관련한 전형적인 예의 하나이다. 다시 말하면 벡터 $\vec{a}$ 방향으로 작용하는 힘의 벡터 $\vec{b}$ 로의 사영(projection)은

$$p = \|\vec{a}\| \cos\gamma \tag{8.39}$$

로 주어진다는 것을 의미한다. 따라서 p는 벡터 $\vec{b}$ 에 평행하는 직선 l 상에 벡터 $\vec{a}$ 를 직교사영하였을 때의 길이를 나타내며, $p > 0$이면 $\vec{b}$ 와 동일한 방향, $p < 0$이면 반대방향으로 작용한다는 것을 나타낸다(그림 8.12).

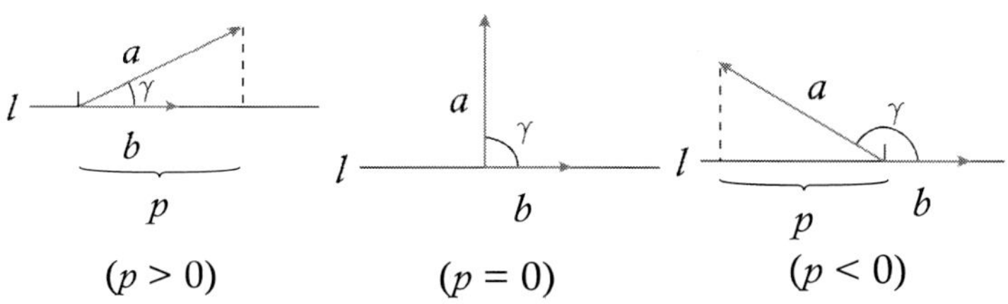

그림 8.12 $\vec{a}$를 $\vec{b}$방향으로 사영하였을 때의 $\vec{a}$의 성분

식 (8.39)에 $\vec{b}/\|\vec{b}\| = 1$을 곱하면 내적의 정의로부터

$$p = \frac{\vec{a}\cdot\vec{b}}{\|\vec{b}\|},\quad (\vec{b} \neq \vec{0}) \tag{8.40}$$

을 얻는다. 이때 벡터 $\vec{b}$ 는 주로 방향을 나타내기 위하여 사용되기 때문에 단위벡터로 두는 것이 편리하다. 이 경우 식 (8.40)은

$$p = \vec{a} \cdot \vec{b}\ ,\ (\| \vec{b} \| = 1) \tag{8.41}$$

로 된다. [그림 8.13]에 벡터 $\vec{a}$를 $\vec{b}$의 방향으로 사영했을 경우의 크기 p와, $\vec{b}$를 $\vec{a}$방향으로 사영했을 경우의 크기 $q = \| \vec{b} \| \cos\gamma$를 각각 나타내었다.

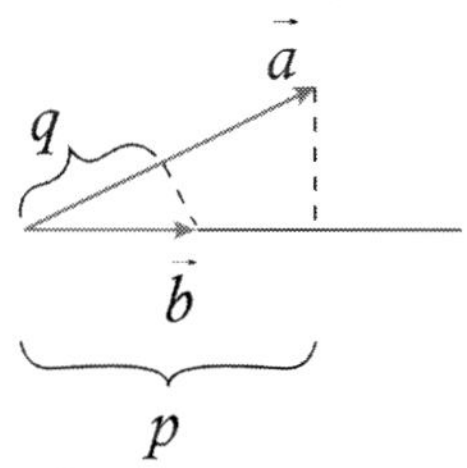

그림 8.13 $\vec{b}$ 로의 $\vec{a}$의 사영 및 $\vec{a}$ 상으로의 $\vec{b}$의 사영

예제 8.10

벡터의 내적에 관한 정의를 이용하여 $\cos(\alpha - \beta) = \cos\alpha \cos\beta + \sin\alpha \sin\beta$ 로 된다는 것을 증명하여 보자.

풀이

[그림 8.14]에서 두 벡터 $\vec{a}$ 와 $\vec{b}$ 와의 내적은

$$\vec{a} \cdot \vec{b} = \| \vec{a} \| \| \vec{b} \| \cos\theta$$

이다. 여기서 θ 는 두 벡터가 이루는 각도로서

$$\theta = \alpha - \beta$$

로 주어진다. 이때

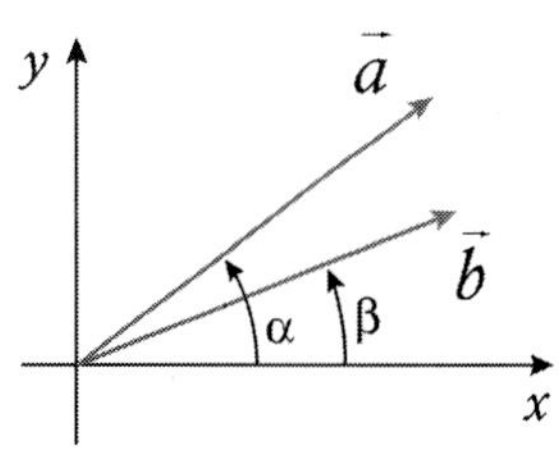

그림 8.14 [예제 8.10]

$$\| \vec{a} \| = \sqrt{a_x^2 + a_y^2}, \quad \| \vec{b} \| = \sqrt{b_x^2 + b_y^2}$$

이고, 내적은

$$\vec{a} \cdot \vec{b} = a_x b_x + a_y b_y$$

이다. 따라서

$$\cos\theta = \frac{\vec{a}\cdot\vec{b}}{\|\vec{a}\|\ \|\vec{b}\|} = \frac{a_x b_x + a_y b_y}{\sqrt{a_x^2+a_y^2}\sqrt{b_x^2+b_y^2}}$$

이므로 이것을 정리하면

$$\cos(\alpha-\beta) = \frac{a_x}{\sqrt{a_x^2+a_y^2}}\frac{b_x}{\sqrt{b_x^2+b_y^2}} + \frac{a_y}{\sqrt{a_x^2+a_y^2}}\frac{b_y}{\sqrt{b_x^2+b_y^2}}$$
$$= \cos\alpha\ \cos\beta + \sin\alpha\ \sin\beta$$

로 되어 주어진 식이 만족된다는 것이 확인되었다.

예제 8.11

$\vec{a} = 12\vec{i} - 3\vec{j} + 6\vec{k},\ \vec{b} = 2\vec{i} + 4\vec{j} + 4\vec{k}$ 일 때 벡터 $\vec{a}$ 의 벡터 $\vec{b}$ 위로의 사영을 구하여 보자.

풀이

먼저 벡터 $\vec{b}$ 방향의 단위벡터 $\vec{i}_b$ 가 계산되었다면, $\vec{a}$ 의 $\vec{b}$ 로의 사영은 $\vec{a}\cdot\vec{i}_b$ 로 나타낼 수 있다. 즉

$$\vec{i}_b = \frac{\vec{b}}{\|\vec{b}\|} = \frac{2\vec{i}+4\vec{j}+4\vec{k}}{\sqrt{2^2+4^2+4^2}} = \frac{2\vec{i}+4\vec{j}+4\vec{k}}{6}$$

이므로 $\vec{a}$ 의 $\vec{b}$ 로의 사영은

$$\vec{a}\cdot\vec{i}_b = (12\vec{i} - 3\vec{j} + 6\vec{k})\cdot\left(\frac{1}{3}\vec{i} + \frac{2}{3}\vec{j} + \frac{2}{3}\vec{k}\right) = 4-2+4 = 6$$

로 된다.

8.2.4 벡터의 외적

두 벡터의 곱이 스칼라로 되지 않고 여전히 벡터의 성질을 가지는 외적에 대하여 설명한다.

요점 8.10　벡터의 외적 : cross product

두 벡터 $\vec{a}$ 와 $\vec{b}$ 의 외적 $\vec{v} = \vec{a}\times\vec{b}$ 는 벡터로 되며 다음과 같은 성질을 가진다.

(1) 두 벡터 $\vec{a}$ 와 $\vec{b}$ 가 동일한 방향, 또는 서로 정반대의 방향을 가지거나, $\vec{a} = \vec{0}$, 또는 $\vec{b} = \vec{0}$ 이면 $\vec{v} = \vec{a}\times\vec{b} = \vec{0}$ 로 된다.

(2) (1) 이외의 경우에는 $\vec{v} = \vec{a}\times\vec{b}$ 로 되며 그 크기는

$$\|\vec{v}\| = \|\vec{a} \times \vec{b}\| = \|\vec{a}\| \cdot \|\vec{b}\| \sin\gamma \tag{8.42}$$

이다. 이것은 [그림 8.15]에 표시한 바와 같이 두 개의 벡터로 이루어진 평행사변형의 밑면적을 나타내며, γ 는 두 벡터 $\vec{a}$ 와 $\vec{b}$ 가 이루는 각도이다. 벡터 $\vec{v}$ 의 방향은 벡터 $\vec{a}$ 와 $\vec{b}$ 가 이루는 평면에 수직이며, 동시에 세 개의 벡터 $\vec{a}, \vec{b}, \vec{v}$ 에 의한 오른손의 법칙(또는 오른나사의 법칙)을 따른다(그림 8.16).

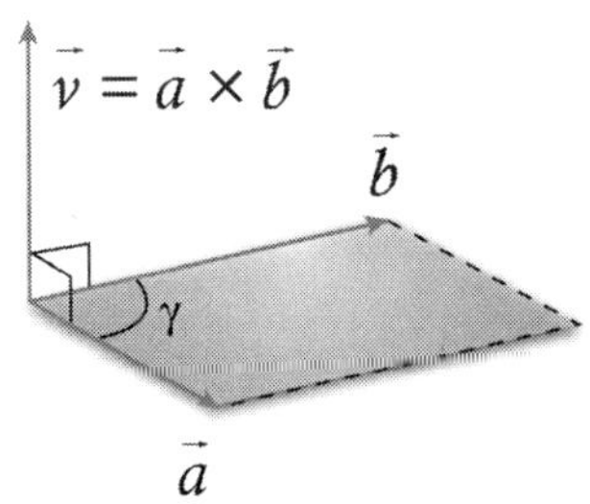

그림 8.15 벡터의 외적

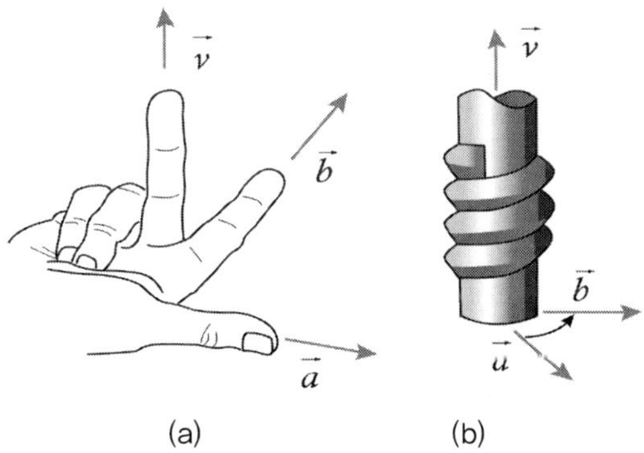

그림 8.16 $\vec{a}, \vec{b}, \vec{v}$에 의한 오른손의 법칙

여기서 직교좌표계에서 외적의 표현식을 구하기 위해서 우선 기본단위벡터 $\vec{i}$, $\vec{j}$, $\vec{k}$를 이용하여 외적을 계산하여보자. 식 (8.42)로부터

$$\vec{i} \times \vec{i} = \vec{0}, \quad \vec{j} \times \vec{j} = \vec{0}, \quad \vec{k} \times \vec{k} = \vec{0} \tag{8.43 a}$$

와

$$\vec{i} \times \vec{j} = \vec{k}, \qquad \vec{j} \times \vec{k} = \vec{i}, \qquad \vec{k} \times \vec{i} = \vec{j} \tag{8.43 b}$$

$$\vec{j} \times \vec{i} = -\vec{k}, \quad \vec{k} \times \vec{j} = -\vec{i}, \quad \vec{i} \times \vec{k} = -\vec{j} \tag{8.43 c}$$

를 얻을 수 있다. 이러한 관계식은 기본단위벡터로 이루어진 원을 [그림 8.17]과 같이 생각하면 쉽게 기억할 수 있을 것이다. 즉 원에서 시계방향으로 서로 인접하는 단위벡터의 외적을 취하면 그 결과는 나머지의 기본단위벡터로 되며, 시계반대방향으로 인접하는 벡터와의 외적은 나머지 기본단위벡터의 역방향의 값으로 된다는 것이다.

이를 이용하면 벡터 $\vec{a}$ 와 $\vec{b}$의 외적을 직교좌표계에서 다음과 같이 나타낼 수 있다.

$$\vec{v} = \vec{a} \times \vec{b} = \left(a_x\vec{i} + a_y\vec{j} + a_z\vec{k}\right) \times \left(b_x\vec{i} + b_y\vec{j} + b_z\vec{k}\right) \tag{8.44}$$

$$= (a_yb_z - a_zb_y)\vec{i} + (a_zb_x - a_xb_z)\vec{j} + (a_xb_y - a_yb_x)\vec{k}$$

$$= \begin{vmatrix} a_y & a_z \\ b_y & b_z \end{vmatrix}\vec{i} + \begin{vmatrix} a_x & a_z \\ b_x & b_z \end{vmatrix}\vec{j} + \begin{vmatrix} a_x & a_y \\ b_x & b_y \end{vmatrix}\vec{k}$$

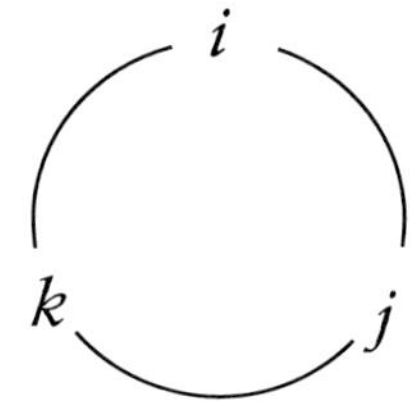

그림 8.17
단위벡터의 외적을 나타내는 원

이것은 3행 3열의 행렬식을 이용하여

$$\vec{v} = \vec{a} \times \vec{b} = \begin{vmatrix} \vec{i} & \vec{j} & \vec{k} \\ a_x & a_y & a_z \\ b_x & b_y & b_z \end{vmatrix} \tag{8.45}$$

와 같이 표현할 수 있다. 식 (8.44)로부터 외적벡터의 각 성분, $\vec{v} = [v_x, v_y, v_z]^T$는

$$v_x = a_yb_z - a_zb_y,\ \ v_y = a_zb_x - a_xb_z,\ v_z = a_xb_y - a_yb_x \tag{8.46}$$

로 된다.

외적의 방향을 결정하기 위한 방법으로, 세 개의 벡터 $\vec{a}$, $\vec{b}$ 및 $\vec{v}$를 각각 오른손의 엄지, 검지, 및 중지에 대응시켰을 때의 관계를 [그림 8.16 (a)]에 나타내었으며, [그림 8.16 (b)]는 오른나사의 법칙을 의미하는 것으로, 나사를 $\vec{a}$ 에서 $\vec{b}$ 쪽으로 돌리면 나사는 위쪽 방향, 즉 $\vec{v}$ 의 방향으로 되는 것을 보여주고 있다.

예제 8.12

두 벡터가 각각 $\vec{a} = [1,1,0]^T$, $\vec{b} = [3,0,0]^T$로 주어졌을 경우 외적을 구하여보자.

풀이

(a) 해석적인 방법에 의한 해 :
식 (8.45)에 의하여

$$\vec{v} = \vec{a} \times \vec{b} = \begin{vmatrix} \vec{i} & \vec{j} & \vec{k} \\ 1 & 1 & 0 \\ 3 & 0 & 0 \end{vmatrix}$$

$$= \begin{vmatrix} 1 & 0 \\ 0 & 0 \end{vmatrix}\vec{i} + \begin{vmatrix} 1 & 0 \\ 3 & 0 \end{vmatrix}\vec{j} + \begin{vmatrix} 1 & 1 \\ 3 & 0 \end{vmatrix}\vec{k} = -3\vec{k} = [0, 0, -3]^T$$

이다.

(b) MATLAB를 이용한 방법 :

```
>> vec_a = [1 2 0]'; vec_b = [3 -2 1]';
>> theta = acos(dot(vec_a,vec_b)/(norm(vec_a)*norm(vec_b)))  % [rad]

theta =
   1.6906
```

예제 8.13

두 벡터 $\vec{a}=2\vec{i}-\vec{j}+\vec{k}$, $\vec{b}=3\vec{i}+4\vec{j}-\vec{k}$ 에 수직인 단위벡터와 두 벡터가 이루는 각 θ 의 sine값을 구하여 보자.

풀이

(a) 해석적인 방법에 의한 해 :
두 벡터 $\vec{a}$ 와 $\vec{b}$ 에 수직인 벡터는 $\vec{a}\times\vec{b}$ 이므로 식 (8.45)로부터

$$\vec{a}\times\vec{b}=\begin{vmatrix}\vec{i} & \vec{j} & \vec{k}\\ 2 & -1 & 1\\ 3 & 4 & -1\end{vmatrix}$$

$$=\begin{vmatrix}-1 & 1\\ 4 & -1\end{vmatrix}\vec{i}-\begin{vmatrix}2 & 1\\ 3 & -1\end{vmatrix}\vec{j}+\begin{vmatrix}2 & -1\\ 3 & 4\end{vmatrix}\vec{k}$$

이다. 이때

$$\|\vec{a}\times\vec{b}\| = \sqrt{(-3)^2+5^2+11^2}=\sqrt{155}$$

이므로 $\vec{a}$ 와 $\vec{b}$ 에 수직인 단위벡터는

$$\frac{\vec{a}\times\vec{b}}{\|\vec{a}\times\vec{b}\|}=\frac{(-3\vec{i}+5\vec{j}+11\vec{k})}{\sqrt{155}}$$

이고, 식 (8.42)로부터

$$\sin\theta=\frac{\|\vec{a}\times\vec{b}\|}{\|\vec{a}\|\ \|\vec{b}\|}=\frac{\sqrt{155}}{\sqrt{6}\sqrt{26}}=\frac{\sqrt{155}}{2\sqrt{39}}$$

가 얻어진다.

(b) MATLAB를 이용한 방법 :

```
>> vec_a = sym([2 -1 1]');vec_b = sym([3 4 -1]');
>> vec_ab = cross(vec_a, vec_b) % 벡터의 외적
>> cos_theta = sqrt(vec_ab'*vec_ab)/(sqrt(vec_a'*vec_a)*sqrt(vec_b'*vec_b));
>> double(cos_theta) % 0.9968의 확인
```

```
vec_ab =

      -3
       5
      11
```

```
ans =
    0.9968
```

벡터의 외적과 관련하여 성립되는 몇 가지 성질을 요점으로 정리하였다.

요점 8.11 외적이 가지는 일반적인 성질

(a) 임의의 스칼라 α 에 대하여

$$(\alpha \vec{a}) \times \vec{b} = \alpha(\vec{a} \times \vec{b}) = \vec{a} \times (\alpha \vec{b}) \tag{8.47}$$

(b) 외적은 분배법칙이 성립한다.

$$\vec{a} \times (\vec{b} + \vec{c}) = (\vec{a} \times \vec{b}) + (\vec{a} \times \vec{c}) \tag{8.48 a}$$

$$(\vec{a} + \vec{b}) \times \vec{c} = (\vec{a} \times \vec{c}) + (\vec{b} \times \vec{c}) \tag{8.48 b}$$

(c) 외적은 가환적이지 않다.

$$\vec{b} \times \vec{a} = -(\vec{a} \times \vec{b}) \tag{8.49}$$

(d) 외적은 결합법칙이 성립하지 않는다.

$$\vec{a} \times (\vec{b} \times \vec{c}) \neq (\vec{a} \times \vec{b}) \times \vec{c} \tag{8.50}$$

위 성질은 외적의 기본식인 (8.44)를 적절히 적용하면 어렵지 않게 확인할 수 있을 것이다.

• 외적의 간단한 응용 예

공간상의 어떤 점 Q에서 $\vec{r}$ 만큼 떨어진 점 A[7]에 작용하는 힘 $\vec{p}$ 에 의하여 생성되는 모멘트(moment) m은 벡터 $\vec{p}$ 가 작용하는 방향의 연장선상에 점 Q에서 수직으로 내린 선의 거리 d와의 곱, 즉 $m = \|\vec{p}\| d$ 로 주어진다(그림 8.18). 이때 d는 $\|\vec{r}\| \sin\gamma$ 이므로

$$m = \|\vec{r}\| \, \|\vec{p}\| \sin\gamma$$

이다. 이때 γ는 두 벡터 $\vec{r}$ 과 $\vec{p}$ 가 이루는 각도를 나타내기 때문에 식 (8.42)로부터

$$\overrightarrow{m} = \vec{r} \times \vec{p} \tag{8.51}$$

이며, 이것을 공간상의 점 Q에서 $\vec{p}$ 의 벡터모멘트(vector moment)라고 한다. 만약 $\overrightarrow{m} \neq \vec{0}$ 라면 $\overrightarrow{m}$ 의 방향은 $\vec{p}$ 와 $\vec{r}$ 가 이루는 평면에 수직으로 작용한다.

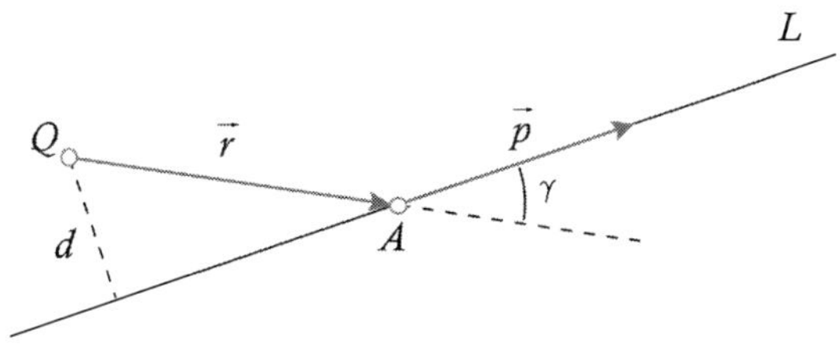

그림 8.18 점 Q에서의 힘 $\vec{p}$의 모멘트

예제 8.14

[그림 8.19]는 바퀴를 나타낸 것이라 하였을 때, 바퀴의 중심인 점 Q에서 1.5[m] 떨어진 점에 대한 힘 $\vec{p}$ 의 모멘트를 계산하여 보자.

풀이

[그림 8.19]에 좌표계를 도입하면

$$\vec{p} = [1000\cos 30°,\ 1000\sin 30°,\ 0]^T = [866,\ 500,\ 0]^T$$

$$\vec{r} = [0,\ 1.5,\ 0]^T$$

7) 점 Q에서 벡터 $\vec{r}$ 의 방향으로 거리 $\|r\|$ 만큼 떨어진 점 A를 의미한다.

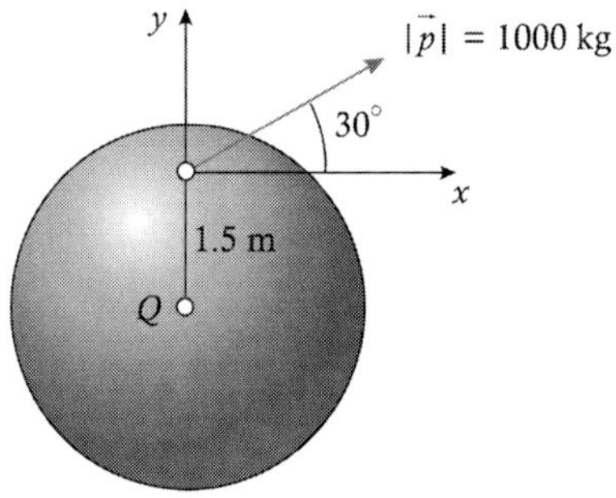

그림 8.19 [예제 8.14]

이다. 따라서 식 (8.51)과 식 (8.45)에 의해

$$\vec{m} = \vec{r} \times \vec{p} = \begin{vmatrix} \vec{i} & \vec{j} & \vec{k} \\ 0 & 1.5 & 0 \\ 866 & 500 & 0 \end{vmatrix} = 0\vec{i} - 0\vec{j} + \begin{vmatrix} 0 & 1.5 \\ 866 & 500 \end{vmatrix}\vec{k}$$

$$= [0, 0, -12990]^T$$

이다. 위 계산결과로부터 알 수 있는 바와 같이, $\vec{m}$ 은 힘 $\vec{p}$ 에 의해 생성되는 바퀴의 중심의 회전에 대해 수직방향, 즉 $-z$ 축으로 작용한다.

8.2.5 공간에서 선분 또는 평면의 표시

내적을 이용하면 공간상에 있는 선이나 평면을 간단하게 수식으로 표현할 수 있다. $\mathbb{R}^2$ (평면) 내에 존재하는 선분 L은 선분과 직교하는 벡터 $\vec{n} = [a, b]^T$와 선분 위에 있는 두 점 (p_1, p_2)와 (x_1, x_2)를 특정화시킴으로써 유일하게 정의할 수 있다. 이러한 용도로 사용되는 벡터 $\vec{n}$을 법선벡터(normal vector)라고 한다. 벡터 $\vec{x} = [x_1, x_2]^T$의 끝점이 선분 L 상에 존재(즉 점 (x_1, x_2)이 선분 위에 존재)하는 경우, 벡터 $\vec{x} - \vec{p} = [x_1 - p_1, x_2 - p_2]^T$ 는 선분 L과 평행하며 동시에 벡터 $\vec{n}$과는 직교한다([그림 8.20 (a)] 참조). 따라서 점 (x_1, x_2)가 선분 L상에 존재하기 위한 조건은

$$\vec{n} \cdot (\vec{x} - \vec{p}) = 0 \quad \text{또는} \ (a, b) \cdot (x_1 - p_1, x_2 - p_2) = 0 \tag{8.52}$$

이라는 것을 알 수 있다. 위 식을 선분 L에 대한 법선방정식(normal equation)이라고 한다. 식 (8.52)로부터 선분 L 에 대한 카테시안(Cartesian) 방정식[8)]은, 법선벡터 $\vec{n}$ 과 직선 L 위

의 점 $\vec{p}$ 가 주어져서 $d = \vec{n} \cdot \vec{p} = ap_1 + bp_2$의 값이 계산되었다면 $ax_1 + bx_2 = d$로 된다. 이는 말할 것도 없이 평면에서 직선을 나타내는 식이다. 예를 들어 $\vec{n} = [1, -3]^T$ 및 $\vec{p} = [4, 5]^T$이면, L 의 방정식은 식 (8.52)로부터 $-x_1 + 3x_2 = 11$이다. 따라서 평면(즉 $\mathbb{R}^2$공간)에서 선분을 정의하는 방정식은 $ax_1 + bx_2 = d$의 형식으로 주어진다는 것을 알 수 있다.

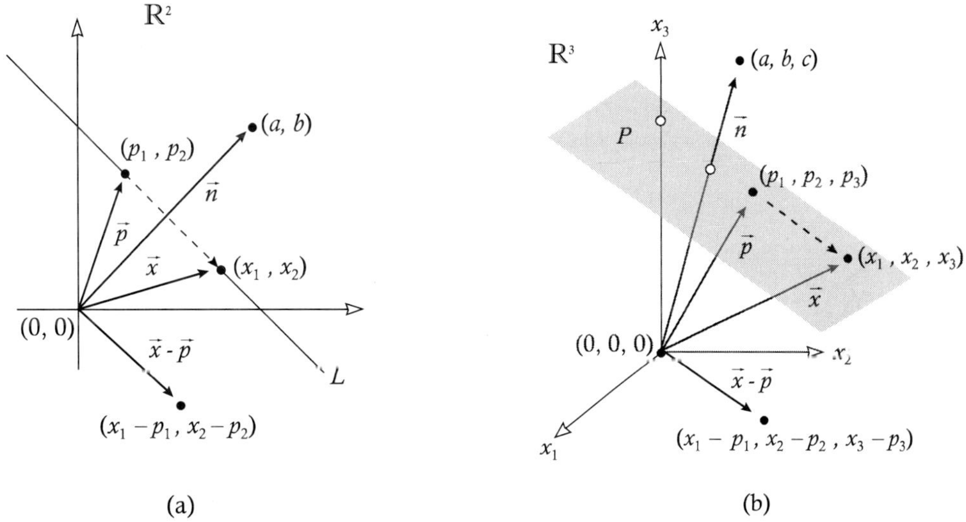

그림 8.20 $\mathbb{R}^2$상의 선분과 $\mathbb{R}^3$상의 평면

공간 $\mathbb{R}^3$에 존재하는 평면 P는 평면상의 한 점 (p_1, p_2, p_3)와 평면에 수직인 벡터 $\vec{n} = [a, b, c]^T$에 의해 유일하게 정의된다. 벡터 $\vec{x} = [x_1, x_2, x_3]^T$ 의 끝점이 평면 P 상에 존재(즉 점 (x_1, x_2, x_3) 이 평면에 존재)하는 경우, 벡터 $\vec{x} - \vec{p} = [x_1 - p_1, x_2 - p_2, x_3 - p_3]^T$는 P와 평행하며 동시에 벡터 $\vec{n}$과는 직교한다([그림 8.20 (b)] 참조). 따라서 (x_1, x_2, x_3)가 평면 P에 존재하기 위한 조건은

$$\vec{n} \cdot (\vec{x} - \vec{p}) = 0 \text{ 또는 } (a, b, c) \cdot (x_1 - p_1, x_2 - p_2, x_3 - p_3) = 0 \tag{8.53}$$

이다. 이것을 평면 P의 법선방정식(normal equation)이라고 한다. P에 대한 카테시안 방정식은 $\mathbb{R}^2$의 경우와 마찬가지로, 평면에 대한 법선벡터 $\vec{n}$ 과 평면 P 위의 점 $\vec{p}$ 가 주어져서 $d = \vec{n} \cdot \vec{p} = ap_1 + bp_2 + cp_3$의 값이 계산되었다면 $ax_1 + bx_2 + cx_3 = d$ 로 된다. 예

8) Cartesian 좌표계, 즉 같은 크기의 눈금으로 이루어진 두 개($\mathbb{R}^2$) 또는 세 개($\mathbb{R}^3$)의 서로 직교하는 축으로 이루어진 직교좌표 상에 존재하는 선분의 방정식을 의미한다.

를 들어 $\vec{n} = [2, -3, 4]^T$ 및, $\vec{p} = [1, 1, 2]^T$ 이면, P 의 방정식은 $2x_1 - 3x_2 + 4x_3 = 7$ 이다.

$\mathbb{R}^2$에서와 마찬가지로 방정식 $ax_1 + bx_2 + cx_3 = d$ 는 $\mathbb{R}^3$에서 평면을 정의한다.

예제 8.15

평면(즉 $\mathbb{R}^2$ 공간)상에 주어진 직선 $L_2 : x - 2y + 2 = 0$ 과 직교하면서 점 $P : (1, 3)$을 지나가는 직선 L_1 을 구하여 보자(그림 8.21).

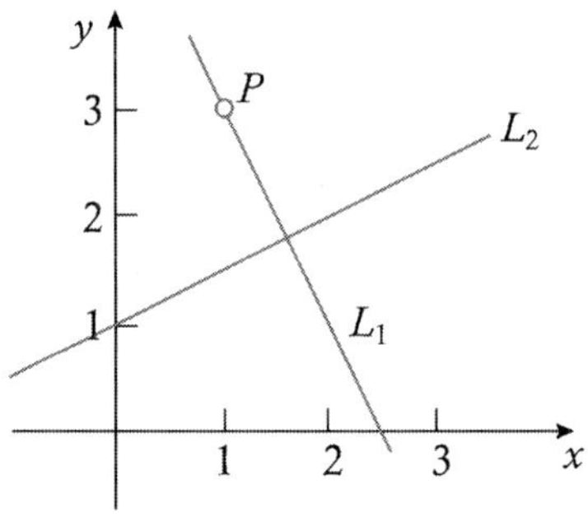

그림 8.21 [예제 8.15]

풀이

(a) 해석적인 방법에 의한 해 :

구하고자 하는 직선을 $L_1 : a_1 x + a_2 y = c$ 로 두면 식 (8.52)에 의해

$$\vec{a} \cdot \vec{r} = c \text{ , (단 } \vec{a} = [a_1, a_2]^T, \ \vec{r} = [x, y]^T \text{ 이다)}$$

로 나타낼 수 있다. 이 경우 원점을 지나면서 직선 L_1 과 평행하는 직선 L_1^* 은 $\vec{a} \cdot \vec{r} = 0$ 을 만족한다. 따라서 [요점 8.7]에 의해 벡터 $\vec{a}$ 는 $\vec{r}$ 와 직교한다. 다시 말하면 $\vec{a}$ 는 직선 L_1^* 및 L_1 에 직교하는 벡터, 즉 법선벡터로 된다는 것을 의미한다.[9]

한편 L_2 의 법선벡터는 식 (8.52)로부터 $\vec{b} = [1, -2]^T$ 이므로, 만약 $\vec{b} \cdot \vec{a} = a_1 - 2a_2 = 0$ 을 만족한다면 두 직선 L_1 과 L_2 는 서로 직교한다는 것을 알 수 있다. 따라서 예를 들어 $\vec{a} = [2, 1]^T$ 로 두면 L_1 은 $2x + y = c$ 로 된다. 이 직선이 점 $P : (1, 3)$ 을 지나기 위해서는 $2 \cdot 1 + 3 = c$ 로부터 구하고자 하는 직선은 $y = -2x + 5$ 이다.

(b) MATLAB를 이용한 직선의 확인[10] :

9) L_1과 L_1^*는 평행하기 때문이다.

10) 이 예제는 MATLAB 명령어 publish를 사용하여 '>> publish('Example_8_15')'의 형식으로 그 진행과정과 결과를 그래프 등에 의해 확인할 수 있다.

```
% y=(1/2)x+1, vecB = [1 -2]'  : (L2를 표현하는 벡터)
>> xx = linspace(-2,5,20);y2 = xx/2+1;
>> plot(xx,y2,'b-'),axis square
>> axis([-1 4 -1 4]),hold on
% vecA = [a1 a2]' : (L1을 표현하는 벡터)
>> syms a1 a2 x y real
>> disp(' line L1을 나타내는 식 : ')
>> c = [a1 a2]*[x y]'
% vecA와 vecB가 직교하기 때문에
>> equt = [a1 a2]*[1 -2]';
>> sprintf(' line L1을 만족하는 식 : %s = 0',char(equt))
% a1=2, a2=1로 두면
>> y1 = -2*xx+5;>> plot(xx,y1,'r-.'),plot(1,3,'o'),hold off
>> xlabel('x'),ylabel('y')
```

예제 8.16

$\mathbb{R}^3$ 공간상에서 평면: $4x+2y+4z=-7$ 에 직교하는 단위벡터를 계산하여 보자.

풀이

(a) 해석적인 방법에 의한 해 :

식 (8.53)에 의해 평면의 방정식은

$$\vec{a}\cdot\vec{r}=a_1x+a_2y+a_3z=c \qquad ①$$

로 주어진다. 단 $\vec{a}=[a_1,a_2,a_3]^T\neq\vec{0}$ 및 $\vec{r}=[x,y,z]^T$ 이다. 여기서 벡터 $\vec{a}$ 방향의 단위벡터를

$$\vec{n}=\frac{1}{\|\vec{a}\|}\vec{a} \qquad ②$$

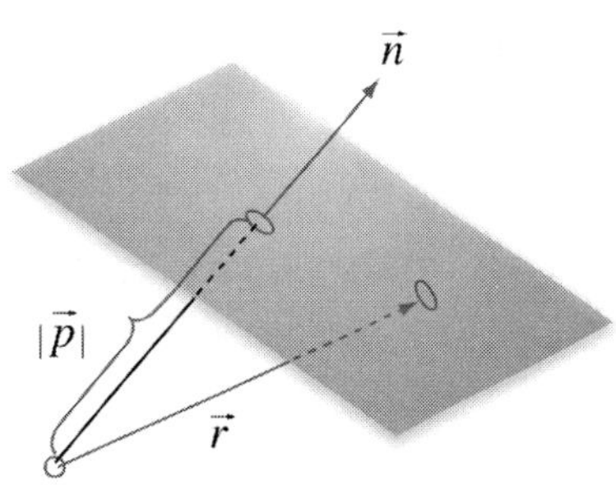

그림 8.22 평면에 수직인 벡터

로 두고 ①의 양변을 $\|\vec{a}\|$ 로 나누면

$$\vec{n}\cdot\vec{r}=|\vec{n}|\cdot(|\vec{r}|\cos\theta)=p \quad ,(\text{단 } p=\frac{c}{\|\vec{a}\|} \text{ 이다}) \qquad ③$$

이다. 뒤에서 설명하는 바와 같이(8.3.3절 참조) ③은 벡터 $\vec{r}$ 의 벡터 $\vec{n}$ 방향으로의 직교사영을 의미하며, 이 값 p 는 평면상의 임의의 점을 나타내는 벡터 $\vec{r}$ 에 관계없이 일정하다.

다시 말하면 ③이 벡터 $\vec{r}$ 에 관계없이 일정하다는 것은 벡터 $\vec{n}$ 이 평면과 직교한다는 것을 나타내고 있다(그림 8.7). 따라서 여기서는 $\vec{a}=[4, 2, 4]^T$, $c=-7$, 이므로 $\|\vec{a}\|=6$이며

$$\vec{n}=\frac{1}{6}\vec{a}=\left[\frac{2}{3}, \frac{1}{3}, \frac{2}{3}\right]^T$$

는 평면에 직교하는 단위벡터이다.

(b) MATLAB를 이용한 평면의 확인[11]) :

```
>> veca = [4 2 4]';vecn = [2/3 1/3 2/3]';
>> plane(veca,vecn),grid,hold on
>> arrow3([0 0 0],veca')
>> xlabel('x'),ylabel('y'),zlabel('z')
```

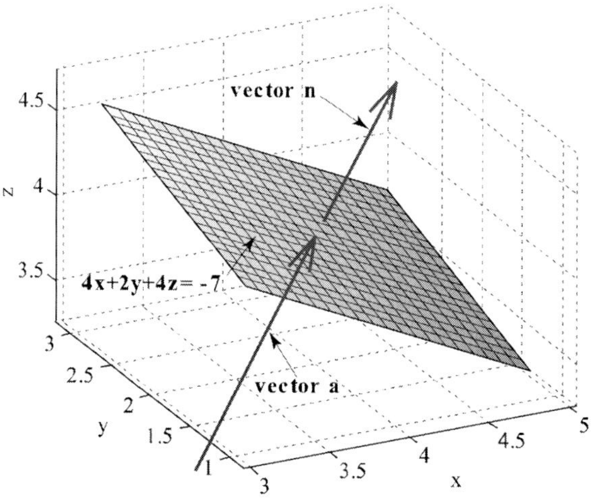

그림 8.23 [예제 8.16]의 평면과 법선벡터 $\vec{n}$

11) 이 예제는 MATLAB 명령어 publish를 사용하여 '>> publish('Example_8_16')'의 형식으로 그 진행과정과 결과를 그래프 등에 의해 확인할 수 있다.

예제 8.17

$\mathbb{R}^3$ 공간에서 다음 세 개의 벡터의 끝점을 포함하는 평면 P 를 나타내는 식을 구하여 보자.

$$\vec{p}_1 = [3, 0, -1]^T,\quad \vec{p}_2 = [1, 1, -1]^T,\quad \vec{p}_3 = [2, 2, 2]^T$$

풀이

(a) 해석적인 방법에 의한 해 :
우선 두 개의 벡터

$$\vec{u} = \vec{p}_1 - \vec{p}_2 = [3, 0, -1]^T - [1, 1, -1]^T = [2, -1, 0]^T$$

$$\vec{v} = \vec{p}_1 - \vec{p}_3 = [3, 0, -1]^T - [2, 2, 2]^T = [1, -2, -3]^T$$

는 평면 P 와 평행한다. 여기서 $\vec{n} = [a, b, c]^T$ 를 P 의 법선벡터로 두면 $\vec{n} \cdot \vec{u} = 0$ 및 $\vec{n} \cdot \vec{v} = 0$ 이다. 따라서 이 관계로부터 평면을 나타내는 두 개의 제차방정식

$$\begin{cases} 2a - b = 0 \\ a - 2b - 3c = 0 \end{cases}$$

을 얻는다. 이것을 풀면 자유변수 t 에 의해[12)]

$$(a, b, c) = t(-1, -2, 1)$$

와 같이 됨을 알 수 있다. 여기서 $t = -1$ 로 둔다면 $\vec{n} = [1, 2, -1]^T$ 를 얻는다. 따라서 $\vec{x} = [x_1, x_2, x_3]^T$ 와 $\vec{p} = [3, 0, -1]^T$ 을 이용하면 식 (8.53)에 의해 평면의 방정식은 다음과 같은 법선방정식으로 나타낼 수 있다.

$$(1,\ 2,\ -1) \cdot (x_1 - 3,\ x_2,\ x_3 + 1) = 0$$

또한 카테시안 방정식은 $x_1 + 2x_2 - x_3 = 4$ 이다.

(b) MATLAB를 이용한 평면의 확인[13)] :

```
% 세 개 벡터의 끝점으로 구성되는 평면
>> x = [0 3];y = [0 0];z = [0 -1];
>> plot3(x,y,z),grid,hold on
% 원점 (0,0,0)에서 시작하는 벡터 p2=[1 1 -1]의 그래프
>> x = [0 1];y = [0 1];z = [0 -1];plot3(x,y,z)
```

12) 세 개의 미지수에 두 개의 방정식이므로 한 개의 자유변수가 필요하다.
13) 이 예제는 MATLAB 명령어 publish를 사용하여 '>> publish('Example_8_17')'의 형식으로 그 진행과정과 결과를 그래프 등에 의해 확인할 수 있다.

```
% 원점 (0,0,0)에서 시작하는 벡터 p3=[2 2 2]의 그래프
>> x = [0 2];y = [0 2];z = [0 2];
>> plot3(x,y,z),xlabel('x_1'),ylabel('x_2'),zlabel('x_3')
% 평면의 방정식
>> xa = 0:0.1:3; ya = 0:0.1:3;
>> [X,Y] = meshgrid(xa,ya);
>> Z = X+2.*Y-4;mesh(X,Y,Z)          % [그림 8.24]
>> az = -71;el = 18;                 % 3D 그래프의 시각을 변경한다.
>> view(az, el);hold off
```

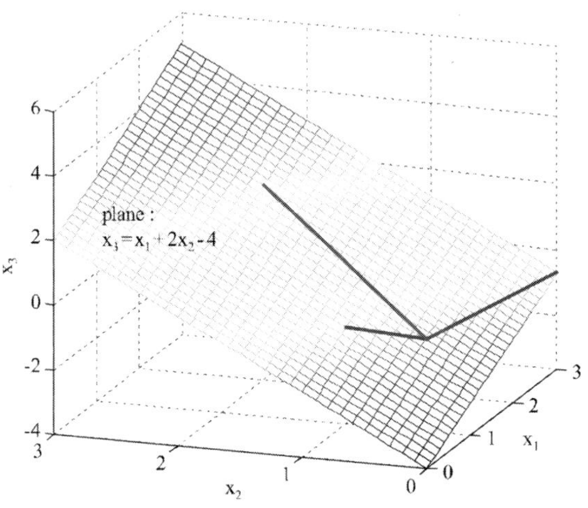

그림 8.24 [예제 8.17]의 평면

8.3 직교집합과 직교행렬

8.2 절에서 공간 $\mathbb{R}^n$에서 내적이 영, 즉 $\vec{u} \cdot \vec{v} = 0$인 두 벡터 $\vec{u}$와 $\vec{v}$는 서로 직교하며, 이를 $\vec{u} \perp \vec{v}$로 표기하였다. 이때 $\vec{u} \cdot \vec{v} = 0$의 조건은 $\vec{u}^T \vec{v} = 0$ 또는 $\vec{v}^T \vec{u} = 0$으로 쓸 수 있었다. 여기서는 먼저 공간 $\mathbb{R}^n$의 두 벡터의 직교성에 대한 개념을 서로 직교하는 벡터의 집합으로 확장하여 일반화하기로 한다.

요점 8.12 직교집합 및 정규직교집합

공간 $\mathbb{R}^n$ 의 벡터의 집합 $S=\{\vec{u}_1, \vec{u}_2, \cdots, \vec{u}_k\}$가 $i \neq j$ 인 모든 i, j 값에 대하여 $\vec{u}_i \cdot \vec{u}_j = 0$ 라면, S는 직교집합(orthogonal set)이라고 한다. 직교집합 S의 모든 요소가 단위 놈(unit norm, $\|\vec{u}_i\|=1$)의 크기를 가진다면 S를 정규직교집합(orthonormal set)이라고 한다.

예제 8.18

$\mathbb{R}^3$ 에 존재하는 세 개 벡터의 집합

$$\vec{u}_1 = \begin{bmatrix} 2 \\ 1 \\ 0 \end{bmatrix}, \quad \vec{u}_2 = \begin{bmatrix} -1 \\ 2 \\ -1 \end{bmatrix}, \quad \vec{u}_3 = \begin{bmatrix} -1 \\ 2 \\ 5 \end{bmatrix}$$

의 직교성을 확인하여 보자.

풀이

(a) 해석적인 방법에 의한 해 :
내적을 계산한다. 즉

$$\vec{u}_1^T \vec{u}_2 = \vec{u}_1^T \vec{u}_3 = \vec{u}_2^T \vec{u}_3 = 0$$

이므로 세 개 벡터의 집합 S는 직교집합이지만 정규직교집합은 아니다. 이것을 정규화하기 위해서는 각 벡터의 크기(놈)를 계산하여

$$\vec{u}_1' = \frac{1}{\sqrt{5}} \begin{bmatrix} 2 \\ 1 \\ 0 \end{bmatrix},$$

$$\vec{u}_2' = \frac{1}{\sqrt{6}} \begin{bmatrix} -1 \\ 2 \\ -1 \end{bmatrix},$$

$$\vec{u}_3' = \frac{1}{\sqrt{30}} \begin{bmatrix} -1 \\ 2 \\ 5 \end{bmatrix}$$

로 두면 정규직교집합으로 된다. 공간 $\mathbb{R}^3$에서 0이 아닌 직교벡터의 집합은 최대 세 개로 구성되어 있다([그림 8.25] 참조). 따라서 공간 $\mathbb{R}^n$ 에서의 표준기저 $\{\vec{e}_1, \vec{e}_2, \cdots, \vec{e}_n\}$는 $\vec{e}_i \cdot \vec{e}_j = 0, (i \neq j)$이며 동시에 $\|\vec{e}_i\| = 1$이므로 정규직교집합이다.

(b) MATLAB를 이용한 평면의 확인[14)] :

```
>> vec_u1=sym([2 1 0]');              % vector u1
>> vec_u2=sym([-1 2 -1]');            % vector u2
>> vec_u3=sym([-1 2 5]');             % vector u3
>> vec_u1'*vec_u2, vec_u2'*vec_u3, vec_u3'*vec_u1   % 직교성의 확인
% [그림 8.25]
>> P0 = [0 0 0]';
>> P1 = double(vecU1);P2=double(vecU2);P3=double(vecU3);
>> arrow3(P0,P1), hold on,grid
>> arrow3(P0,P2),arrow3(P0,P3),
>> axis([-1 2 -1 2 -1 5]),xlabel('x_1'),ylabel('x_2'),zlabel('x_3')
>> axis square, ,hold off
```

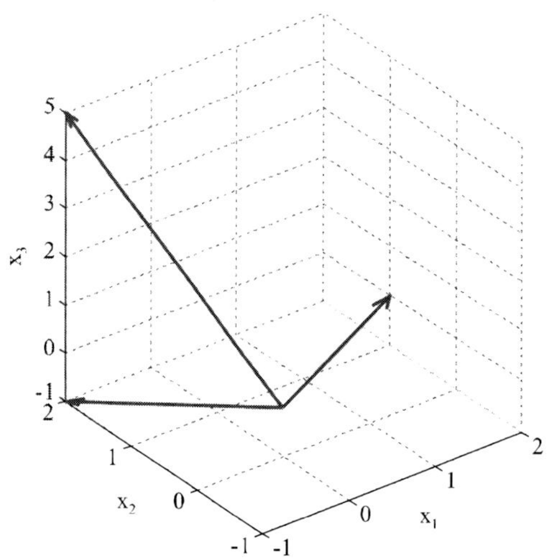

그림 8.25 [예제 8.9]의 세 개 벡터

제 6 장에서 언급한 벡터의 선형독립성과 직교성과의 관련성은 다음 요점으로 주어진다.

14) 이 예제는 MATLAB 명령어 publish를 사용하여 '>> publish('Example_8_18')'의 형식으로 그 진행과정과 결과를 그래프 등에 의해 확인할 수 있다.

요점 8.13 벡터의 직교성과 선형독립성

> $S=\{\vec{u}_1, \vec{u}_2, \cdots, \vec{u}_k\}, (k \le n)$ 를 공간 $\mathbb{R}^n$의 영이 아닌 벡터의 집합이라고 한다. 이때 S가 직교집합이라면, S는 선형독립이다.

제 6 장에서 k개의 벡터 $\{\vec{u}_1, \vec{u}_2, \cdots, \vec{u}_k\}$의 선형독립성은 다음과 같은 벡터방정식

$$\alpha_1\vec{u}_1+\alpha_2\vec{u}_2+\cdots+\alpha_k\vec{u}_k=\vec{0} \tag{8.54}$$

가 $\alpha_1=\alpha_2=\cdots=\alpha_k=0$ 이외의 해를 가지는지의 여부에 달려 있다는 사실은 이미 언급하였다. 여기서는 이것을 벡터의 내적을 이용하여 확인하여 보기로 한다. 우선 식 (8.54)를 벡터 $\vec{u}_1$과 내적을 취하면

$$\alpha_1(\vec{u}_1\cdot\vec{u}_1)+\alpha_2(\vec{u}_1\cdot\vec{u}_2)+\cdots+\alpha_n(\vec{u}_1\cdot\vec{u}_k)=\vec{0} \tag{8.55}$$

이다. 그런데 S가 직교집합이므로 $\vec{u}_i\cdot\vec{v}_j=0, (i\neq j)$이므로 식 (8.55)는

$$\alpha_1(\vec{u}_1\cdot\vec{u}_1)=0 \tag{8.56}$$

이다. 여기서 $(\vec{u}_1\cdot\vec{u}_1)=\|\vec{u}_1\|^2\neq 0$이므로 식 (8.56)을 만족하기 위해서는 $\alpha_1=0$이어야 한다. 이러한 과정을 $\vec{u}_i, (i=2, \cdots, k)$에 대하여 되풀이하면 $\alpha_1=\alpha_2=\cdots=\alpha_n=0$으로 되어 S는 선형독립이라는 것을 알 수 있다.

• [요점 8.13]과 관련한 주의사항

(1) [요점 8.13]의 역은 사실이 아니다. 다시 말하면, $\mathbb{R}^n$에서 선형독립인 0이 아닌 벡터의 집합은 반드시 직교집합으로 되지는 않는다.

(2) 선형독립인 벡터로 이루어진 $\mathbb{R}^n$의 부분공간은 최대 n개의 벡터를 가진다. 즉 $\mathbb{R}^n$에서 영이 아닌 벡터의 직교집합은 최대 n개의 벡터로 이루어져 있다.

$\mathbb{R}^n$의 부분공간 U의 기저벡터의 집합 B가 직교집합(또는 정규직교집합)이라면 B를 직교기저(또는 정규직교기저)라고 한다. [예제 8.9]에서 S는 $\mathbb{R}^3$에 대한 직교기저이며, S'

는 정규직교기저이다. 공간 $\mathbb{R}^n$에 대한 표준기저로 불리는 $\{\vec{e}_1, \vec{e}_2, \cdots, \vec{e}_n\}$은 이미 언급한 바와 같이 정규직교기저이다.

예제 8.19

$\mathbb{R}^3$의 부분공간인 평면(그림 8.26)에 대한 직교기저를 구하여 보자.

풀이

(a) 해석적인 방법에 의한 해 :

[그림 8.26]에서 $\mathbb{R}^3$ 의 부분공간인 U는 방정식 $x-2y+z=0$ 으로 정의된다. 여기서 $y=s$ 와 $z=t$ 로 두면(s,t 는 자유변수이다.) $x=2s-t$ 로 되어, U에 포함되는 모든 벡터는 다음과 같이 나타낼 수 있다.

$$\begin{bmatrix} x \\ y \\ z \end{bmatrix} = s\begin{bmatrix} 2 \\ 1 \\ 0 \end{bmatrix} + t\begin{bmatrix} -1 \\ 0 \\ 1 \end{bmatrix} = s\vec{u}+t\vec{v}, \text{ 단 } \vec{u}=\begin{bmatrix} 2 \\ 1 \\ 0 \end{bmatrix}, \vec{v}=\begin{bmatrix} -1 \\ 0 \\ 1 \end{bmatrix} \text{ 이다. ①}$$

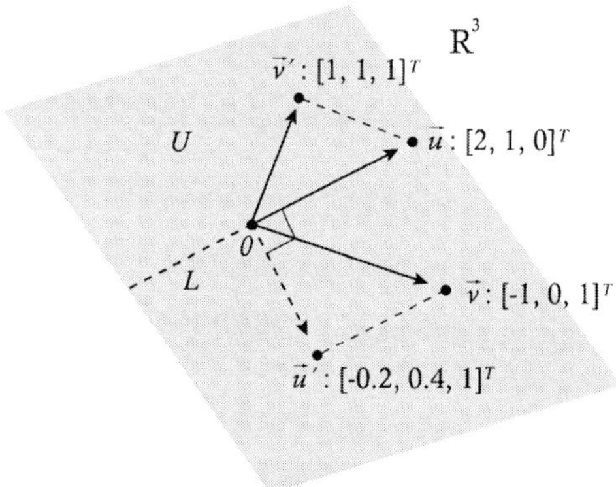

그림 8.26 $\mathbb{R}^3$의 부분공간

위 식으로부터 벡터의 집합 $B=\{\vec{u},\vec{v}\}$는 부분공간 U의 기저를 이루지만 직교하지는 않는다. 여기서 집합 B 로부터 공간 U의 직교기저 B' 를 정사영을 이용하여 구하여 보자. 먼저 직선 L 을 벡터 $\{\vec{u}\}$ 로 이루어지는 $\mathbb{R}^3$의 부분공간(즉 직선)으로 두면, 식 (8.22 b)로부터

$$\vec{u}' = \text{Proj}_{L^\perp}(\vec{v}) = \vec{v} - \text{Proj}_L(\vec{v}) = \vec{v} - \frac{\vec{v}\cdot L}{\| L \|^2} L \qquad ②$$

은 벡터 $\vec{u}$ 에 수직인 벡터 $\vec{v}$ 의 성분으로 된다. ②를 계산하면

$$\vec{u}' = \vec{v} - \frac{\vec{u}\cdot\vec{u}}{\|\vec{u}\|^2}\vec{v} = \left(I_3 - \frac{1}{5}\begin{bmatrix} 4 & 2 & 0 \\ 2 & 1 & 0 \\ 0 & 0 & 0 \end{bmatrix}\right)\begin{bmatrix} -1 \\ 0 \\ 1 \end{bmatrix} = \begin{bmatrix} -0.2 \\ 0.4 \\ 1 \end{bmatrix} \qquad ③$$

이다. 따라서 벡터 $B' = \{\vec{u}, \vec{u}'\}$는 부분공간 U에 대한 직교기저이다. 이와 비슷한 과정을 거치면 역시 U에 대한 직교기저로서 $B' = \{\vec{v}, \vec{v}'\}$를 얻을 수도 있다.

(b) MATLAB를 이용한 평면의 확인[15)]:

```
% 평면에 존재하는 벡터 [x y z]의 표현과 그래프
>> xa = -1.5:0.1:2.5; ya = -1.5:0.1:2.5;
>> [X,Y] = meshgrid(xa,ya);Z = -X+2.*Y;
>> mesh(X,Y,Z),hold on
% 직교하는 두 기저벡터의 표시
>> t1 = linspace(-0.5,1.0,100);
>> ux = 2.*t1;uy=1.*t1;uz=0.*t1;            % vector u
>> t2 = linspace(-1,1.3,100);
>> vx = -0.2.*t2;vy = 0.4.*t2;vz = 1.*t2;  % vector u'
>> mesh(X,Y,Z),hold on,plot3(ux,uy,uz,'r','LineWidth',3),
>> plot3(vx,vy,vz,'b','LineWidth',3),xlabel('x'),ylabel('y'),zlabel('z')
```

만약 집합 B가 $\mathbb{R}^n$의 부분공간 U의 기저, 특히 직교기저라 한다면, U에 존재하는 임의의 벡터 $\vec{u}$는 다음과 같이 간단하게 표현할 수 있다.

요점 8.14 직교기저에 의한 벡터의 표현

U는 $\mathbb{R}^n$의 부분공간이며 $B = \{\vec{u}_1, \vec{u}_2, \cdots, \vec{u}_k\}$, $(k \le n)$는 U의 직교기저라고 한다. 이때 U에 존재하는 임의의 벡터 $\vec{u}$는 다음과 같이 유일하게 나타낼 수 있다.

$$\vec{u} = \frac{\vec{u} \cdot \vec{u}_1}{\|\vec{u}_1\|^2}\vec{u}_1 + \frac{\vec{u} \cdot \vec{u}_2}{\|\vec{u}_2\|^2}\vec{u}_2 + \cdots + \frac{\vec{u} \cdot \vec{u}_k}{\|\vec{u}_k\|^2}\vec{u}_k \tag{8.57}$$

위 요점은 다음과 같이 확인할 수 있다. 집합 B가 $\mathbb{R}^n$의 부분공간 U의 직교기저이기 때문에 U 내의 임의의 벡터는 제 6 장의 벡터의 선형독립성에 의해

$$\vec{u} = \alpha_1\vec{u}_1 + \alpha_2\vec{u}_2 + \cdots + \alpha_k\vec{u}_k \tag{8.58}$$

15) 이 예제는 MATLAB 명령어 publish를 사용하여 '>> publish('Example_8_19')'의 형식으로 그 진행과정과 결과를 그래프 등에 의해 확인할 수 있다.

로 나타낼 수 있다. 이때 스칼라 $\alpha_1, \alpha_2, \cdots, \alpha_k$는 유일하게 정해진다. 식 (8.58)의 양변을 $\vec{u}_1$과 내적을 취하면 $u_i \perp u_j, (i \neq j)$이므로

$$\vec{u} \cdot \vec{u}_1 = \alpha_1(\vec{u}_1 \cdot \vec{u}_1) + \alpha_2(\vec{u}_2 \cdot \vec{u}_1) + \cdots + \alpha_k(\vec{u}_k \cdot \vec{u}_1) = \alpha_1 \|\vec{u}_1\|^2$$

이다. 이때 $\vec{u}_1$은 영벡터가 아니고 $\|\vec{u}_1\| > 0$ 이므로

$$\alpha_1 = \frac{(\vec{u} \cdot \vec{u}_1)}{\|\vec{u}_1\|^2}$$

을 얻는다. 식 (8.28)의 나머지 계수 $\alpha_2, \cdots, \alpha_k$에 대해서 위와 동일한 과정을 거치면 식 (8.57)을 확인할 수 있다.

예제 8.20

공간 $\mathbb{R}^3$ 에서의 세 개 벡터 $B=\{\vec{u}_1, \vec{u}_2, \vec{u}_3\}$에 대한 임의벡터 $\vec{u}$ 의 표현식을 구하여 보자[16].

$$\vec{u}_1 = \begin{bmatrix} -1 \\ 1 \\ 2 \end{bmatrix}, \ \vec{u}_2 = \begin{bmatrix} 1 \\ -1 \\ 1 \end{bmatrix}, \ \vec{u}_3 = \begin{bmatrix} 1 \\ 1 \\ 0 \end{bmatrix}, \ \vec{u} = \begin{bmatrix} p \\ q \\ r \end{bmatrix}$$

풀이

먼저 $B=\{\vec{u}_1, \vec{u}_2, \vec{u}_3\}$의 각 벡터가 서로 직교하는지의 여부를 확인한다. 이 경우 B는 직교집합이며, 식 (8.57)을 이용하면

$$x_1 = \frac{(\vec{u} \cdot \vec{u}_1)}{\|\vec{u}_1\|^2} = \frac{-p+q+2r}{6}, \quad x_2 = \frac{(\vec{u} \cdot \vec{u}_2)}{\|\vec{u}_2\|^2} = \frac{p-q+r}{3}$$

$$x_3 = \frac{(\vec{u} \cdot \vec{u}_3)}{\|\vec{u}_3\|^2} = \frac{p+q}{2}$$

를 얻는다.

16) 이 예제는 MATLAB 명령어 publish를 사용하여 '>> publish('Example_8_20')'의 형식으로 그 진행과정과 결과를 그래프 등에 의해 확인할 수 있다.

[요점 8.14]에서 기저벡터 $B=\{\vec{u}_1,\ \vec{u}_2,\ \cdots,\ \vec{u}_k\}$, $(k \le n)$가 정규직교기저인 경우 $\|\vec{u}_i\|^2=1$ 로 되어 식 (8.57)은 다음과 같이 간략하게 쓸 수 있다.

$$\vec{u}=(\vec{u}\cdot\vec{u}_1)\vec{u}_1+(\vec{u}\cdot\vec{u}_2)\vec{u}_2+\cdots+(\vec{u}\cdot\vec{u}_k)\vec{u}_k \tag{8.59}$$

8.3.1 직교행렬

공간 $\mathbb{R}^n$에서 서로 직교하는 k개의 열벡터 $\{\vec{v}_1,\ \vec{v}_2,\ \cdots,\ \vec{v}_k\}$로 이루어진 행렬 $\boldsymbol{A}=[\vec{v}_1,\ \vec{v}_2,\ \cdots,\ \vec{v}_k]$에 대하여 생각하여 보자. 이때 $\boldsymbol{A}$의 전치행렬 $\boldsymbol{A}^T$의 각 행은 $\{\vec{v}_1^T, \vec{v}_2^T, \cdots, \vec{v}_k^T\}$으로 구성되어 있으므로 두 행렬의 곱을 실행하면

$$\boldsymbol{A}^T\boldsymbol{A}=\begin{bmatrix}\vec{v}_1^T\\ \vec{v}_2^T\\ \vdots\\ \vec{v}_k^T\end{bmatrix}[\vec{v}_1,\ \vec{v}_2,\cdots,\ \vec{v}_k]=\begin{bmatrix}\|\vec{v}_1\|^2 & \vec{v}_1^T\ \vec{v}_2 & \cdots & \vec{v}_1^T\ \vec{v}_k\\ \vec{v}_2^T\ \vec{v}_1 & \|\vec{v}_2\|^2 & & \vec{v}_2^T\ \vec{v}_2\\ \vdots & & \ddots & \vdots\\ \vec{v}_k^T\ \vec{v}_1 & \vec{v}_k^T\ \vec{v}_2 & \cdots & \|\vec{v}_k\|^2\end{bmatrix} \tag{8.60}$$

$$=\begin{bmatrix}\|\vec{v}_1\| & 0 & \cdots & 0\\ 0 & \|\vec{v}_2\| & \cdots & 0\\ \vdots & & \ddots & \vdots\\ 0 & 0 & \cdots & \|\vec{v}_k\|\end{bmatrix}$$

인 크기가 $k\times k$ 인 행렬을 얻는다. 그러나 $\boldsymbol{AA}^T$는 크기가 $n\times n$인 대칭행렬로 된다는 점에 유의한다([예제 8.21] 참조).

예제 8.21

다음과 같은 3×2 인 행렬에 대해 $\boldsymbol{AA}^T$와 $\boldsymbol{A}^T\boldsymbol{A}$를 비교하여 보자.

$$\boldsymbol{A}=[\vec{v}_1,\vec{v}_2]=\begin{bmatrix}1 & -1\\ 1 & 1\\ 1 & 0\end{bmatrix},\quad \boldsymbol{A}^T=\begin{bmatrix}\vec{v}_1^T\\ \vec{v}_2^T\end{bmatrix}=\begin{bmatrix}1 & 1 & 1\\ -1 & 1 & 0\end{bmatrix}$$

풀이

식 (8.60)을 이용하면

$$A^TA = \begin{bmatrix} \|\vec{v}_1\|^2 & 0 \\ 0 & \|\vec{v}_2\|^2 \end{bmatrix} = \begin{bmatrix} 3 & 0 \\ 0 & 2 \end{bmatrix}, \quad AA^T = \begin{bmatrix} 2 & 0 & 1 \\ 0 & 2 & 1 \\ 1 & 1 & 1 \end{bmatrix}$$

이다.

식 (8.60)을 이용하면 행렬 A 에 대한 역행렬의 존재조건을 구할 수 있다.

요점 8.15 행렬 A 의 역행렬

A 를 $n\times k, (k \le n)$ 인 행렬이라고 한다. 이때 $A^TA = I_k$ 이기 위한 필요충분조건은 A의 열벡터가 $\mathbb{R}^n$ 공간에서 정규직교집합을 이루는 것이다.

위 요점은 식 (8.60)으로부터 쉽게 확인할 수 있다. 이하 $k=n$인 행렬 A를 Q로 나타내기로 약속하면[17], [요점 8.15]에서 $Q^TQ = I_n$ 를 얻는다. 이와 같은 조건을 만족하는 정방행렬을 직교행렬(orthogonal matrix)이라고 한다. [요점 8.15]로부터 임의의 정방행렬이 직교행렬로 되기 위해서는 행렬의 열벡터는 정규직교집합이어야 한다는 것을 알 수 있다. 직교행렬과 관련하여 다음 사실이 알려져 있다.

(a) $Q^TQ = I_n$ 이므로 역행렬의 성질에 의하여 $Q^T = Q^{-1}$이다. 따라서 역행렬의 계산이 간편하다.

(b) $Q^TQ = I_n$ 의 조건으로부터 간단히 $QQ^T = I_n$ 이 유도된다. 이로부터 행렬 Q의 행벡터의 집합도 정규직교집합이라는 것을 알 수 있다.

(c) 제6장의 행렬식에 관한 정리를 적용하면 정규직교행렬의 행렬식은 항상 ± 1의 값을 가진다.

위의 (c)를 확인하여 보자. [요점 8.15]로부터

17) 직교행렬을 Q 로 나타내는 것이 일반적인 표현법이다.

$$|QQ^T| = |I| = 1$$

이다. 그러나 $|Q^T| = |Q|$이므로

$$|QQ^T| = |Q||Q^T| = |Q|^2$$

이다. 따라서 정규직교행렬의 행렬식은

$$|Q|^2 = 1 \rightarrow |Q| = \pm 1$$

임을 알 수 있다.

정방행렬이 직교행렬로 되기 위한 필요충분조건은 내적을 이용하면 얻을 수 있다.

요점 8.16 정규직교행렬

Q를 $(n\times n)$인 행렬이라고 한다. 이때 다음 사실은 서로 등가이다.

(a) Q는 직교행렬이다.

(b) 공간 $\mathbb{R}^n$ 의 임의의 벡터 $\vec{u}$ 와 $\vec{v}$ 에 대하여 $(Q\vec{u})\cdot(Q\vec{v}) = \vec{u}\cdot\vec{v}$ 이다.

위 [요점 8.16]을 증명하기 위해서는 (a)와 (b) 사이의 필요충분성이 만족됨을 확인하여야 한다.

(i) (a)→(b) (필요성) : Q가 직교행렬이므로 $Q^TQ = I_n$이다. 따라서 임의의 벡터 $\vec{u}$ 와 $\vec{v}$ 에 대하여

$$Q\vec{u}\cdot Q\vec{v} = (Q\vec{u})^T Q\vec{v} = \vec{u}^T Q^T Q\vec{v} = \vec{u}^T\vec{v} = \vec{u}\cdot\vec{v} \tag{8.61}$$

로 되어 (b)가 확인되었다.

(ii) (b)→(a) (충분성) : $(n\times n)$ 인 행렬 $Q = [\vec{v}_1, \vec{v}_2, \cdots, \vec{v}_n]$에서 두 개의 열벡터를 각각 $\vec{v}_i$ 및 $\vec{v}_j$로 둔다. 그러면 공간 $\mathbb{R}^n$에서의 표준기저인 $\vec{e}_i$와 $\vec{e}_j$를 이용하면 $\vec{v}_i = Q\vec{e}_i$ 와 $\vec{v}_j = Q\vec{e}_j$로 나타낼 수 있다. 이때

$$\vec{v}_i\cdot\vec{v}_j = Q\vec{e}_i\cdot Q\vec{v}_j = \vec{e}_i\cdot\vec{e}_j = \begin{cases}1, & i=j\\ 0, & i\neq j\end{cases} \tag{8.62}$$

로 된다. 즉 Q는 정규직교행렬이다.

[요점 8.16]의 조건 (b)에서 $\vec{u}=\vec{v}$ 로 두면 $\|\boldsymbol{Q}\vec{v}\|^2 = \|\vec{v}\|^2$로 되어

$$\| \boldsymbol{Q}\vec{v} \| = \| \vec{v} \| \tag{8.63}$$

을 얻는다. 위 식으로부터 직교행렬 $\boldsymbol{Q}$에 의한 선형변환은 행렬의 놈(즉 크기)을 변화시키지 않는다는 것을 알 수 있다. 이러한 선형변환을 등장변환(isometry)이라고 한다. $\mathbb{R}^n$공간에서 유일한 등장변환은 위에서 설명한 직교행렬로서 표현된다. 직교행렬에 의한 간단한 변환의 예를 보자.

예제 8.22

다음에 주어진 정규직교벡터

$$\vec{q}_1 = \frac{1}{2}\begin{bmatrix} 1 \\ 1 \\ 1 \\ 1 \end{bmatrix}, \quad \vec{q}_2 = \frac{1}{2}\begin{bmatrix} 1 \\ -1 \\ -1 \\ 1 \end{bmatrix}, \quad \vec{q}_3 = \frac{1}{2}\begin{bmatrix} -1 \\ 1 \\ -1 \\ 1 \end{bmatrix}$$

를 적절히 선형결합하면 다음 벡터를 얻을 수 있다는 것을 보여라.

$$\vec{b} = \begin{bmatrix} 2 \\ 0 \\ 1 \\ 1 \end{bmatrix}$$

풀이

(a) 해석적인 방법에 의한 해 :

벡터의 선형결합에 관한 정리에 의해 다음 식을 만족하는 스칼라 α_1, α_2 및 α_3 를 계산하면 된다.

$$\alpha_1\vec{q}_1 + \alpha_2\vec{q}_2 + \alpha_3\vec{q}_3 = \vec{b} \tag{①}$$

위 식의 계산은 제6장에서 설명한 선형 1 차연립방정식의 해를 구하는 과정을 적용하면 간단히 계산할 수 있지만, 여기서는 세 개의 벡터 $\vec{q}_1$, $\vec{q}_2$ 및 $\vec{q}_3$가 정규직교벡터라는 점을 이용하면 다음과 같이 계산할 수도 있다. 우선 문제를 연립방정식의 형태로 만든다. 즉

$$\boldsymbol{Q} = [\vec{q}_1, \vec{q}_2, \vec{q}_3], \quad \vec{x} = \begin{bmatrix} x_1 \\ x_2 \\ x_3 \end{bmatrix}$$

로 두면 ①은

$$\boldsymbol{Q}\vec{x} = \vec{b}$$

로 된다. 이때 행렬 $\boldsymbol{Q}$는 정방행렬이며 정규직교행렬이며 정방행렬은 아니지만, $\boldsymbol{Q}^T\boldsymbol{Q} = \boldsymbol{I}_3$ 의 관계가 성립하기 때문에

$$\begin{aligned}\vec{x} = \boldsymbol{Q}^T\boldsymbol{Q}\vec{x} &= \boldsymbol{Q}^T\vec{b} \\ &= \frac{1}{2}\begin{bmatrix} 1 & 1 & 1 & 1 \\ 1 & -1 & -1 & 1 \\ -1 & 1 & -1 & 1 \end{bmatrix}\begin{bmatrix} 2 \\ 0 \\ 1 \\ 1 \end{bmatrix} = \begin{bmatrix} 2 \\ 1 \\ -1 \end{bmatrix}\end{aligned}$$

와 같이 계산가능하다. 이로부터 $x_1 = 2, x_2 = 1$ 및 $x_3 = -1$, 즉 $2\vec{q}_1 + \vec{q}_2 - \vec{q}_3 = \vec{b}$ 로 된다.

한편 세 개의 벡터 $\vec{q}_1, \vec{q}_2$ 및 $\vec{q}_3$가 정규직교라는 사실을 개별적으로 적용하여 다음과 같이 계산하는 방법도 있다. ①의 양변에 $\vec{q}_i^{\,T}$, $(i = 1, 2, 3)$를 곱하고 $\vec{q}_i^{\,T}\vec{q}_j = \delta_{ij}$ 를 적용한다. 즉

$$x_1\vec{q}_1^{\,T}\vec{q}_1 = x_1 = \vec{q}_1^{\,T}\vec{b} = 2$$

$$x_2\vec{q}_2^{\,T}\vec{q}_2 = x_2 = \vec{q}_2^{\,T}\vec{b} = 1$$

$$x_1\vec{q}_3^{\,T}\vec{q}_3 = x_3 = \vec{q}_3^{\,T}\vec{b} = -1$$

이다.

(b) MATLAB를 이용한 평면의 확인[18)]:

```
>> q1 = sym([1/2 1/2 1/2 1/2]');
>> q2 = sym([1/2 -1/2 -1/2 1/2]');
>> q3 = sym([-1/2 1/2 -1/2 1/2]');
>> Q = [q1, q2, q3];
>> Q'*Q                    % Q^T*Q=I 로 됨을 확인한다.
>> vec_x = Q'*[2 0 1 1]'

ans =                      vec_x =
 [ 1, 0, 0]                      2
 [ 0, 1, 0]                      1
 [ 0, 0, 1]                     -1
```

18) 이 예제는 MATLAB 명령어 publish를 사용하여 '>> publish('Example_8_22')'의 형식으로 그 진행과정과 결과를 그래프 등에 의해 확인할 수 있다.

8.3.2 사영행렬

공간 $\mathbb{R}^n$에서 주어진 벡터 $\vec{a}$를 역시 동일 공간에서 존재하는 선분 L로의 직교사영, 즉 직선 L을 따르는 벡터 $\vec{a}$의 성분은 식 (8.20 a)로 주어진다. 여기서는 $\text{Proj}_L(\vec{a}) = \text{P}\vec{a}$와 $\text{Proj}_{L^\perp}(\vec{a}) = \boldsymbol{C}\vec{a}$의 관계, 즉

$$\text{Proj}_L(\vec{a}) = \frac{\vec{a} \cdot L}{\| L \|^2} L := \boldsymbol{P}\vec{a} \tag{8.64 a}$$

$$\text{Proj}_{L^\perp}(\vec{a}) = \vec{a} - \frac{\vec{a} \cdot L}{\| L \|^2} L := \boldsymbol{C}\vec{a} \tag{8.64 b}$$

를 만족하는 행렬 $\boldsymbol{P}$와 $\boldsymbol{C}$에 대하여 생각하여 보자. 식 (8.20 a)에서 직선 L을 나타내는 식으로 $L = k\vec{u}$을 사용한다면, 식 (8.64 a)는

$$\frac{\vec{a} \cdot L}{\| L \|^2} L = \frac{(\vec{a} \cdot k\vec{u})}{\| k\vec{u} \|^2}(k\vec{u}) = \frac{(\vec{a} \cdot \vec{u})\vec{u}}{\| \vec{u} \|^2} \tag{8.65}$$

로 된다. 여기서

$$(\vec{a} \cdot \vec{u})\vec{u} = (\vec{u}\,\vec{u}^T)\vec{a} \tag{8.66}$$

이며, 이때 $(\vec{u}\,\vec{u}^T)$은 $(n \times n)$인 대칭행렬로 된다. 또한 $\|\vec{u}\|^2 = \vec{u}^T\vec{u}$ 이므로 이를 (8.65)에 대입하면

$$\text{Proj}_L(\vec{a}) = \frac{\vec{u}\,\vec{u}^T}{\vec{u}^T\vec{u}}\vec{a} \quad \rightarrow \quad \boldsymbol{P} = \frac{\vec{u}\,\vec{u}^T}{\vec{u}^T\vec{u}} \tag{8.67 a}$$

로 쓸 수 있다. 위와 동일한 과정을 식 (8.64 b)에 적용하면

$$\text{Proj}_{L^\perp}(\vec{a}) = \left(\boldsymbol{I}_n - \frac{\vec{u}\,\vec{u}^T}{\vec{u}^T\vec{u}}\right)\vec{a} \quad \rightarrow \quad \boldsymbol{C} = \boldsymbol{I}_n - \frac{\vec{u}\,\vec{u}^T}{\vec{u}^T\vec{u}} \tag{8.67 b}$$

가 얻어진다.

식 (8.67 a)는 공간 $\mathbb{R}^n$의 임의 벡터 $\vec{a}$를 $\mathbb{R}^n$의 부분공간인 직선 L로 직교사영하였을 때의 결과를 나타내는 것으로, 이러한 역할을 하는 행렬 $\boldsymbol{P}$를 사영행렬(projection matrix)이

라고 하며, 다음 조건을 만족한다.

(i) $\boldsymbol{P}^T = \boldsymbol{P}$ (8.68 a)

(ii) $\boldsymbol{P}^2 = \boldsymbol{P}$ (8.68 b)

위식의 정의에 따르면, $\boldsymbol{I}_n$이나 $0_{n\times n}$은 사영행렬로 볼 수 있다.

예제 8.23

다음의 대칭행렬은 사영행렬임을 확인하여 보자.

$$\frac{1}{n}\boldsymbol{J}_n = \frac{1}{n}\begin{bmatrix} 1 & 1 \cdots & 1 \\ 1 & 1 \cdots & 1 \\ \vdots & & \vdots \\ 1 & 1 \cdots & 1 \end{bmatrix}, \ (n \times n)$$

풀이

위 식이 다음의 관계식을 만족하고 있다는 사실로부터 사영행렬이라는 것을 알 수 있다.

$$\boldsymbol{J}_n^2 = n\,\boldsymbol{J}_n$$

예제 8.24

단위행렬 $\boldsymbol{I}_n$ 를 제외한 모든 사영행렬은 비정칙임을 확인하여 보자.

풀이

$\boldsymbol{P}$가 사영행렬이며 $\boldsymbol{P}^{-1}$ 이 존재한다고 가정한다. 이때 식 (8.63 b)의 $\boldsymbol{P}^2 = \boldsymbol{P}$의 조건으로부터

$$\boldsymbol{P}^{-1}(\boldsymbol{P}^2) = \boldsymbol{P}^{-1}\boldsymbol{P} = \boldsymbol{I}$$

이다. 그러나 $\boldsymbol{P}^{-1}\boldsymbol{P}^2 = \boldsymbol{P}$이기 때문에 $\boldsymbol{P} = \boldsymbol{I}$ 로 되어야 한다. 이로부터 사영행렬은 비정칙이며 $\boldsymbol{P} = \boldsymbol{I}$인 경우에만 정칙이라는 것을 알 수 있다.

예제 8.25

$\|\vec{u}\|^2 = 1$ 로 가정한다. 이때 $\vec{u}\,\vec{u}^T$ 는 사영행렬임을 확인하여 보자.

풀이

$\vec{u}\,\vec{u}^T$ 는 대칭행렬이기 때문에

$$(\vec{u}\,\vec{u}^T)^2 = (\vec{u}\,\vec{u}^T)(\vec{u}\,\vec{u}^T) = \vec{u}\,(\vec{u}^T\vec{u})\vec{u}^T$$

이다. 그런데

$$\vec{u}^T\vec{u} = \langle \vec{u}, \vec{u} \rangle = \| \vec{u} \|^2 = 1$$

이므로 다음 사실을 쉽게 확인할 수 있다.

$$(\vec{u}^T\vec{u})^2 = \vec{u}\,\vec{u}^T$$

따라서 $\vec{u}\,\vec{u}^T$는 사영행렬이다.

다음 예는 식 (8.68)을 만족하는 행렬로서 $\boldsymbol{P} = \vec{u}\,\vec{u}^T$, (단 $\vec{u}$ 는 단위벡터)를 선정하여 사영행렬의 역할에 대해 설명하기 위한 것이다. [그림 8.27]을 참고로 '하나의 벡터 $\vec{u}$'만으로 이루어지는 공간(즉 직선) L 에 임의의 벡터 $\vec{b}$ 를 사영하였을 때 만들어지는 벡터를 $\vec{p}$ 로 한다. 이 경우 그림에서와 같이 $\vec{p}$ 는 $\vec{u}$ 의 반대방향으로 주어진다. [그림 8.27]에 간단한 도형의 성질을 적용하면 $\vec{p}$ 의 위치는 $(\sqrt{3}/2, -1/2)$로 주어진다는 것을 확인할 수 있다. 우선 $\boldsymbol{P}\vec{b}$ 를 계산하여 보자.

$$(\vec{u}\,\vec{u}^T)\vec{b} = \begin{bmatrix} -\sqrt{3}/2 \\ 1/2 \end{bmatrix} \begin{bmatrix} -\sqrt{3}/2 & 1/2 \end{bmatrix} \begin{bmatrix} \sqrt{3} \\ 1 \end{bmatrix}$$

$$= \begin{bmatrix} 3/4 & -\sqrt{3}/4 \\ -\sqrt{3}/4 & 1/4 \end{bmatrix} \begin{bmatrix} \sqrt{3} \\ 1 \end{bmatrix} = \begin{bmatrix} \sqrt{3}/2 \\ -1/2 \end{bmatrix}$$

따라서 $\boldsymbol{P}\vec{b} = (\vec{u}\,\vec{u}^T)\vec{b} = \vec{p}$ 임을 알 수 있다. 다시 말하면, $\boldsymbol{P} = \vec{u}\,\vec{u}^T$ 는 임의의 벡터 $\vec{b}$ 를 $\vec{u}$ 에 의하여 결정되는 선분 상에 사영하는 역할을 하고 있다는 것을 의미한다.

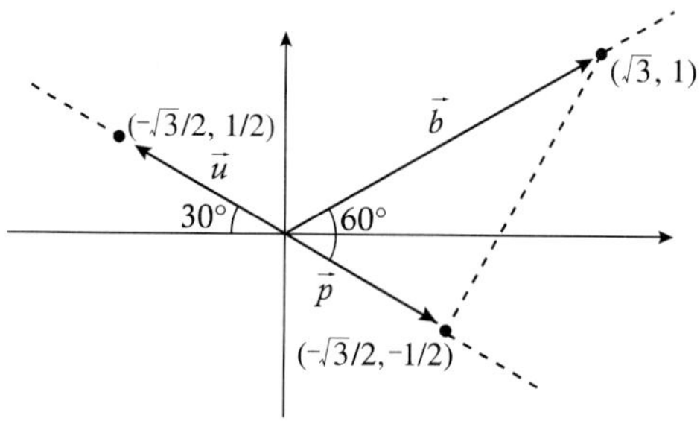

그림 8.27 사영의 의미

예제 8.26

풀 랭크를 가지는 임의의 행렬 $\boldsymbol{A},(m \times n)$로서 행렬 $\boldsymbol{P}$를 다음과 같이 정의할 때, 이는 사영 행렬임을 확인하여 보자.

$$\boldsymbol{P}= \boldsymbol{A}(\boldsymbol{A}^T\boldsymbol{A})^{-1}\boldsymbol{A}^T$$

풀이

$\boldsymbol{A}$가 풀 랭크를 가진다면 $\boldsymbol{A}^T\boldsymbol{A}$는 정칙행렬로 된다.[19] 이때 $(\boldsymbol{A}^T\boldsymbol{A})^{-1}$는 대칭행렬로 되기 때문에 $\boldsymbol{P}$도 대칭으로 된다. 즉

$$\begin{aligned}\boldsymbol{P}^T &= \{\boldsymbol{A}(\boldsymbol{A}^T\boldsymbol{A})^{-1}\boldsymbol{A}^T\}^T \\ &= \boldsymbol{A}\{(\boldsymbol{A}^T\boldsymbol{A})^{-1}\}^T\boldsymbol{A}^T = \boldsymbol{P}\end{aligned}$$

이다. 또한

$$\begin{aligned}\boldsymbol{P}^2 &= \{\boldsymbol{A}(\boldsymbol{A}^T\boldsymbol{A})^{-1}\boldsymbol{A}^T\}\{\boldsymbol{A}(\boldsymbol{A}^T\boldsymbol{A})^{-1}\boldsymbol{A}^T\} \\ &= \boldsymbol{A}(\boldsymbol{A}^T\boldsymbol{A})^{-1}(\boldsymbol{A}^T\boldsymbol{A})(\boldsymbol{A}^T\boldsymbol{A})^{-1}\boldsymbol{A}^T \\ &= \boldsymbol{A}(\boldsymbol{A}^T\boldsymbol{A})^{-1}\boldsymbol{A}^T = \boldsymbol{P}\end{aligned}$$

로 되어 사영행렬의 조건 식 (8.68)을 만족하므로 사영행렬이다.

8.4 최소 2승법

어떤 시스템에 기지의 입력을 인가하여 얻어진 출력데이터를 이용하여 입력과 출력 사이에 존재하는 관련성을 찾아내는 과정을 생각하여 보자. 대부분의 경우, 대상 시스템의 입력과 출력 사이에는 어떠한 적절한 변수에 함수적으로 의존하는 특정한 관련성이 있는 것으로 생각하는 것이 자연스러운 것이다. 예를 들어, 시스템의 입력 x에 의한 출력 y 사이에는 이론적인 해석의 결과

$$y = ax + b \tag{8.69}$$

로서 연결되어 있는 것으로 확인되어 있다고 하자. 이때 식 (8.69)의 두 개의 파라미터

19) 제6장 참조.

a, b 는 시스템을 실제로 사용하는 경우의 주위 환경이나 사용된 재료 등에 의하여 결정될 것이다. 식 (8.69)의 두 개의 미지 파라미터를 결정하기 위해, 직접 실험을 통하여 얻어진 상기 시스템의 입출력 데이터([표 8.1] 참조)를 그래프로 나타낸 것이 [그림 8.28]이다. 그림으로부터 식 (8.69)는 시스템의 입력과 출력 사이를 연결하는 식으로서 상당히 합리적인 것으로 볼 수 있다. 이 경우, 문제가 되는 것은 얻어진 데이터와 식 (8.69)를 연결시키는 가장 바람직한 a, b 값을 어떻게 찾아내는가 하는 것이며, 동시에 '가장 바람직한'이라는 의미를 어떻게 수학적으로 표현할 것인가가 문제의 핵심이다.

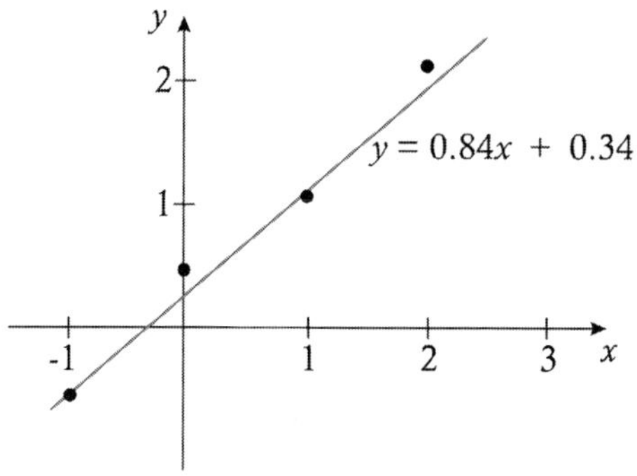

그림 8.28 [표 8.1]의 데이터와 최적 직선

[표 8.1] 실험에 의한 데이터

입력 x	−1	0	1	2
출력 y	−0.5	0.5	1.1	2.1

네 개의 출력 데이터를 이용하여 두 개의 미지변수를 찾아내는 문제를 선형 1 차연립 방정식 $\boldsymbol{A}\vec{x}=\vec{b}$의 문제로 생각하면

$$\begin{bmatrix} -1 & 1 \\ 0 & 1 \\ 1 & 1 \\ 2 & 1 \end{bmatrix}\begin{bmatrix} a \\ b \end{bmatrix} = \begin{bmatrix} -0.5 \\ 0.5 \\ 1.1 \\ 2.1 \end{bmatrix} \tag{8.70}$$

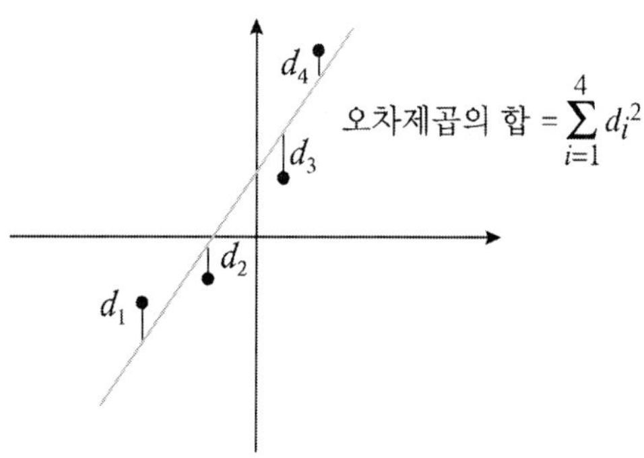

그림 8.29 오차

로 되어 '과잉결정계의 경우'에 해당되므로 일반적으로 해가 존재하지 않는다(제 6 장 참조). 따라서 여기서는 얻어진 입출력 데이터가 식 (8.69)로 주어진 직선 위에 존재하지는 않더라도 이것이 네 개의 데이터에 가장 근접할 수 있도록, 즉 데이터와 직선 사이의 오차를 최소로 할 수 있는 a, b를 구하는 문제를 생각하여 보자. 이때 각 오차의 제곱의 합은 다음과 같이 표현된다.

$$(-a+b+0.5)^2+(b-0.5)^2+(a+b-1.1)^2+(2a+b-2.1)^2$$

[그림 8.29]에 직선과 데이터 사이의 오차를 나타내었다.

위와 같이, 얻어진 데이터와 구하고자 하는 식 사이의 오차를 구하는 문제를 일반화하여 보자. 여기서 다음과 같이 $(m \times n)$ (일반적으로 $n \ll m$ 이다)인 크기의 행렬 $\boldsymbol{A}$를 이용하여 표현된 연립방정식

$$\boldsymbol{A}\vec{x}=\vec{b} \tag{8.71}$$

가 주어졌다고 한다. 여기서 $\boldsymbol{A}$ 는 공간 $\mathbb{R}^n$의 벡터 $\vec{v}_i$ 를 이용하여 $\boldsymbol{A}=\left[\vec{v}_1, \vec{v}_2, \cdots, \vec{v}_n\right]$ 와 같이 나타낼 수 있으며, $\vec{b} \in \mathbb{R}^m$은 정수벡터, $\vec{x} \in \mathbb{R}^n$은 미지변수를 나타내는 벡터를 의미한다. 이미 제 6 장에서 설명한 바와 같이, 식 (8.71)의 해가 존재하기 위해서는 $\vec{b}$ 가 행렬 $\boldsymbol{A}$ 의 열벡터로서 이루어지는 공간속에 포함되어야 한다. 즉

$$\vec{b} \in \mathrm{C}(\boldsymbol{A})=\operatorname{span}\left\{\vec{v}_1, \vec{v}_2, \cdots, \vec{v}_n\right\} \tag{8.72}$$

인 경우에 한하며, 그렇지 않은 경우에는 식 (8.71)을 만족하는 해가 존재하지 않는다[20]. [그림 8.30]에서 보는 바와 같이, 식 (8.71)이 해를 가지지 않는다면 공간 $\mathbb{R}^n$의 어떤 벡터 $\vec{x}$에 대해서도 $\boldsymbol{A}\vec{x}$ 와 $\vec{b}$ 는 일치하지 않는다. 여기서 공간 $\mathbb{R}^n$의 임의의 해 벡터 $\vec{x}$ 가 주어졌다고 하자. 그러면 n 차원의 벡터

$$\vec{r}(\vec{x})=\vec{b}-\boldsymbol{A}\vec{x} \tag{8.73}$$

는 해 $\vec{x}$ 에 의한 오차(residual)를 나타내는 양이다. 따라서 식 (8.71)은 어떤 벡터 $\vec{x}$ 에 대하여 $\vec{r}(\vec{x})=\vec{0}$ 인 경우에 한해서 해를 가지며, 이 외의 모든 $\vec{x}$에 대해서 $\|\vec{r}(\vec{x})\|>0$ 이면 해가 존재하지 않는다. 이와 같이 해가 존재하지 않는 경우 식 (8.71)의 근사적인 해를 구하기 위한 최상의 방법은 공간 $\mathbb{R}^n$에서 오차 $\|\vec{r}(\vec{x})\|$을 최소로 하는 $\vec{x}$ 를 찾아내는 것이다.

벡터 $\vec{b}$ 를 행렬 $\boldsymbol{A}$ 의 열(벡터)공간 $U=C(\boldsymbol{A})$로 직교사영한 결과를 $\vec{\bar{b}}$로 두면 식 (8.20 a)로부터

$$\vec{\bar{b}}=\operatorname{proj}_U \vec{b}=\frac{(\vec{b} \cdot \vec{u})}{\|\vec{u}\|^2}\vec{u} \tag{8.74}$$

20) 이런 경우를 'inconsistent'하다고 한다.

로 두면 $\vec{\bar{b}} \in C(\boldsymbol{A})$로 된다. 이때 식 (8.74)의 $\vec{u}$는 부분공간 $U = C(\boldsymbol{A})$의 기저벡터 중의 하나이다.

이 결과 $\vec{\bar{b}}$는 부분공간 U 상에 존재하므로 방정식 $\boldsymbol{A}\vec{\bar{x}} = \vec{\bar{b}}$를 만족하는 해 $\vec{\bar{x}} \in \mathbb{R}^n$은 반드시 존재한다. 이때 해 벡터 $\vec{\bar{b}} \in C(\boldsymbol{A})$와 부분공간 U 상의 임의의 벡터 $\vec{v}$ 사이에는 다음 사실이 성립한다는 것이 알려져 있다.21)

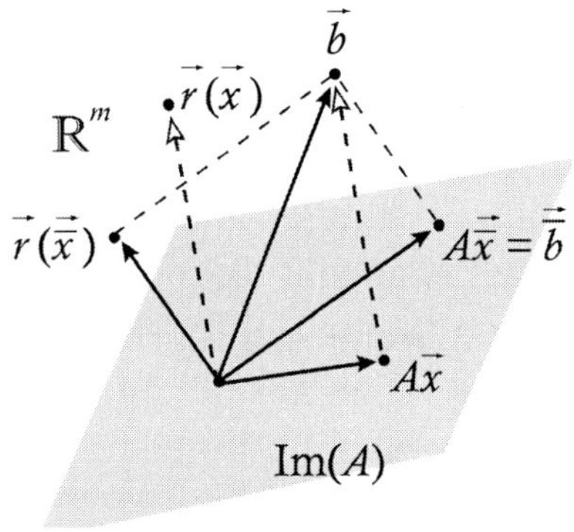

그림 8.30 해가 존재하지 않는 연립방정식의 해

요점 8.17 최적 근사(optimal approximation)

U를 $\mathbb{R}^n$ 상의 부분공간이라 하고, $\vec{v}$를 공간 $\mathbb{R}^n$의 임의의 벡터라 가정한다. 이때 $\vec{v}$의 U상으로의 직교사영 $\vec{\bar{v}} = \mathrm{proj}_U \vec{v}$는 모든 $\vec{x} \in U$에 대하여 다음 부등식을 만족한다([그림 8.31] 참조).

$$\| \vec{v} - \vec{x} \| > \| \vec{v} - \vec{\bar{v}} \| \tag{8.75}$$

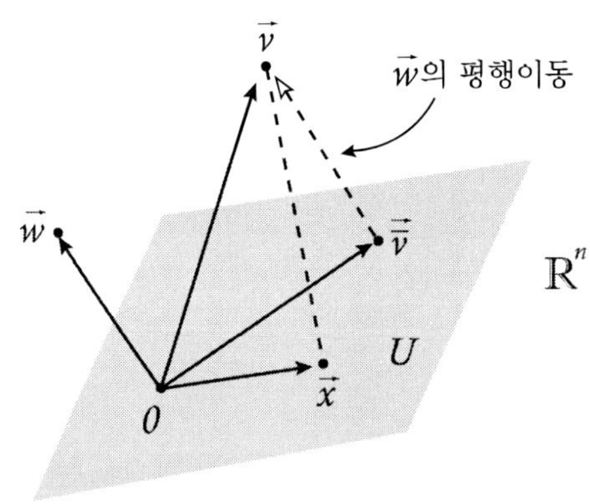

그림 8.31 최적근사

21) [그림 8.30]에서 직교사영으로 이루어진 벡터와의 사이에 구성되는 삼각형에 피타고라스의 정리를 적용하면 [요점 8.17]의 내용을 확인할 수 있다.

[그림 8.30]과 [그림 8.31]을 비교하여 보면, 식 (8.75)은 다음과 같이 쓸 수 있다.

$$\| \vec{r}(\vec{x}) \| = \| \vec{b} - \boldsymbol{A}\vec{x} \| > \| \vec{b} - \boldsymbol{A}\bar{\vec{x}} \| = \| \vec{r}(\bar{\vec{x}}) \| \tag{8.76}$$

이때 $\vec{b}$는 벡터 $\boldsymbol{A}\vec{x}$ $(\in C(\boldsymbol{A}))$와 동일하지 않는 것으로 한다. 따라서 식 (8.76)으로부터 식 (8.73)은 $\bar{\vec{x}}$에서 최소값을 가지는 것을 알 수 있다.

식 (8.73)으로 주어지는 오차를 최소화하는 $\bar{\vec{x}}$ 를 구하기 위한 대수적인 방법은 다음과 같다. 즉 $\|\vec{r}(\bar{\vec{x}})\|$ 가 최소로 되기 위한 필요충분조건은 $\|\vec{r}(\bar{\vec{x}})\|^2 = r_1^2 + r_2^2 + \cdots + r_m^2$ 이 최소값을 가지는 것이다. 단 $\vec{r}(\bar{\vec{x}}) = [r_1, r_2, \cdots, r_m]^T$이다. 이것이 '최소 2 승법'이라는 용어가 사용된 이유이다. 다음에 최소 2 승법으로 해를 구하는 과정을 살펴본다.

• 정상방정식

연립방정식 (8.71)의 양변에 왼쪽에서부터 $\boldsymbol{A}^T$ 를 곱하면

$$\boldsymbol{A}^T\boldsymbol{A}\vec{x} = \boldsymbol{A}\vec{b} \tag{8.77}$$

로 되며 위식을 정상방정식(normal equation)이라고 부른다. 여기서 $(m \times n)$인 행렬 $\boldsymbol{A}$가 풀 랭크를 가지는 것으로 하고(즉 $\mathrm{rank}(\boldsymbol{A}) = n,\ m < n$), 이때 크기 $(n \times n)$의 정방행렬인 $\boldsymbol{A}^T\boldsymbol{A}$가 역행렬을 가지는지의 여부를 확인하는 것이 식 (8.77)의 해를 구하는 데 있어 중요한 역할을 한다.

먼저, $\boldsymbol{A}^T\boldsymbol{A}$ 가 정칙행렬이기 위한 필요충분조건은 $\boldsymbol{A}^T\boldsymbol{A}\vec{x} = \vec{0}$가 자명해인 $\vec{x} = \vec{0}$을 유일해로서 가지는 것이다. 따라서 여기서는 이것의 역, 즉

$$\boldsymbol{A}^T\boldsymbol{A}\vec{x}_0 = \vec{0},\ \ \vec{x}_0 \neq \vec{0} \tag{8.78}$$

인 해를 가지는 것으로 가정하고, 이것이 모순이라는 사실로부터 $\boldsymbol{A}^T\boldsymbol{A}$ 가 정칙임을 확인한다. 식 (8.78)의 양변에 왼쪽에서 $\vec{x}_0^T$ 를 곱하면

$$\vec{x}_0^T\boldsymbol{A}^T\boldsymbol{A}\vec{x}_0 = \vec{x}_0^T\,\vec{0} = 0 \tag{8.79}$$

로 된다. 그러나 $\vec{x}_0^T\boldsymbol{A}^T\boldsymbol{A}\vec{x}_0 = (\boldsymbol{A}\vec{x}_0)^T\boldsymbol{A}\vec{x}_0 = \|\boldsymbol{A}\vec{x}_0\|^2$이므로 식 (8.79)은

$$\|A\vec{x}_0\|^2 = 0 \tag{8.80}$$

로 되어, 이것은 내적의 정의에 의하여 $A\vec{x_0} = \vec{0}$을 의미한다. 이때 A 가 풀 랭크를 가진다면 $A\vec{x}_0 = \vec{0}$의 해는 $\vec{x}_0 = \vec{0}$이어야 한다(제 6 장 참조). 이것은 식 (8.78)과 모순되므로 A^TA는 정칙행렬이다. 이상을 정리하면 다음 요점이 얻어진다.

요점 8.18 A^TA 의 정칙성

크기 $(m \times n)$, $(m \geq n)$ 인 행렬 A 가 풀 랭크를 가진다면 A^TA 는 정칙행렬로 된다.

[요점 8.18]로부터 정상방정식 (8.77)은

$$\vec{x} = (A^TA)^{-1}A^T\vec{b} \tag{8.81}$$

로 주어지는 유일해를 가진다는 것을 알 수 있다. 뒷부분에서 언급하겠지만, 정상방정식의 해 (8.81)은 식 (8.76)을 최소화하는 해 $\vec{\bar{x}}$ 와 일치한다. 다시 말하면 해를 가지지 않는 선형방정식 (8.71)의 근사해는 식 (8.81), 즉

$$\vec{\bar{x}} = (A^TA)^{-1}A^T\vec{b}$$

로서 계산할 수 있다. 여기서 만약 A^{-1} 이 존재, 즉 $n = m$ 이라면

$$(A^TA)^{-1} = A^{-1}(A^T)^{-1}$$

로 되어 식 (8.71)은

$$\vec{\bar{x}} = A^{-1}\vec{b} \tag{8.82}$$

로 주어지는 유일해를 가진다.

예제 8.27

[표 8.1]의 데이터에 대한 최적의 직선을 구하여보자.

풀이

식 (8.70)으로부터

$$A = \begin{bmatrix} 1 & -1 \\ 1 & 0 \\ 1 & 1 \\ 1 & 2 \end{bmatrix}, \quad \vec{x} = \begin{bmatrix} b \\ a \end{bmatrix}, \quad \vec{b} = \begin{bmatrix} -0.5 \\ 0.5 \\ 1.1 \\ 2.1 \end{bmatrix}$$

이다. 따라서 이에 대한 정상방정식은

$$\begin{bmatrix} 4 & 2 \\ 2 & 6 \end{bmatrix} \begin{bmatrix} b \\ a \end{bmatrix} = \begin{bmatrix} 3.2 \\ 5.8 \end{bmatrix}$$

로 되어, [표 8.1]에 있어서 최적의 (즉 오차를 최소로 하는) 직선은 다음과 같이 됨을 알 수 있다.

$$\begin{bmatrix} b \\ a \end{bmatrix} = \begin{bmatrix} 0.84 \\ 0.38 \end{bmatrix} \rightarrow y = 0.84x + 0.38$$

예제 8.28

주어진 n 개의 점 $[(x_i, y_i)]$에 대하여, 식 (8.76)의 의미에서 오차를 최소로 하는 직선

$$y = ax + b$$

를 구하여 보자.

풀이

위 문제에 대한 선형연립방정식은, 미지수의 개수보다 방정식의 개수가 많은 과잉결정계의 경우이다. 즉

$$\begin{bmatrix} 1 & x_1 \\ 1 & x_2 \\ \vdots & \vdots \\ 1 & x_n \end{bmatrix} \begin{bmatrix} b \\ a \end{bmatrix} = \begin{bmatrix} y_1 \\ y_2 \\ \vdots \\ y_n \end{bmatrix} \rightarrow \quad A\vec{x} = \vec{b} \qquad ①$$

이며, 이때 행렬 A 는 풀 랭크(즉 2)를 가지므로 정상방정식 (8.77)의 각 계수항은

$$A^T A = \begin{bmatrix} 1 & 1 & \cdots & 1 \\ x_1 & x_2 & \cdots & x_n \end{bmatrix} \begin{bmatrix} 1 & x_1 \\ 1 & x_2 \\ \vdots & \vdots \\ 1 & x_n \end{bmatrix} = \begin{bmatrix} n & \sum_{i=1}^{n} x_i \\ \sum_{i=1}^{n} x_i & \sum_{i=1}^{n} x_i^2 \end{bmatrix}$$

$$A^T\vec{b} = \begin{bmatrix} 1 & 1 & \cdots & 1 \\ x_1 & x_2 & \cdots & x_n \end{bmatrix} \begin{bmatrix} y_1 \\ y_2 \\ \vdots \\ y_n \end{bmatrix} = \begin{bmatrix} \sum_{i=1}^{n} y_i \\ \sum_{i=1}^{n} x_i y_i \end{bmatrix}$$

로 되어 다음 식을 얻는다.

$$\begin{bmatrix} n & \sum_{i=1}^{n} x_i \\ \sum_{i=1}^{n} x_i & \sum_{i=1}^{n} x_i^2 \end{bmatrix} \begin{bmatrix} b \\ a \end{bmatrix} = \begin{bmatrix} \sum_{i=1}^{n} y_i \\ \sum_{i=1}^{n} x_i y_i \end{bmatrix} \qquad ②$$

여기서 $\overline{x}$ 를 $\{x_1, x_2, \cdots, x_n\}$ 의 평균값, $\overline{y}$ 를 $\{y_1, y_2, \cdots, y_n\}$ 의 평균값이라 하며, 이들은

$$\overline{x} = \frac{\sum x_i}{n}, \quad \overline{y} = \frac{\sum y_i}{n}$$

로 주어진다. 여기서 ②의 연립방정식의 해를 구하기 위한 확대행렬(제6장 참조)에 기본행연산, 즉 모든 행을 n 으로 나누면 다음으로 됨을 알 수 있다.

$$\begin{bmatrix} n & \sum_{i=1}^{n} x_i & \sum_{i=1}^{n} y_i \\ \sum_{i=1}^{n} x_i & \sum_{i=1}^{n} x_i^2 & \sum_{i=1}^{n} x_i y_i \end{bmatrix} \to \begin{bmatrix} 1 & \overline{x} & \overline{y} \\ \overline{x} & \sum_{i=1}^{n} x_i^2/n & \sum_{i=1}^{n} (x_i y_i)/n \end{bmatrix} \qquad ③$$

위식에 가우스소거법을 적용하기 위하여 1행에 $-\overline{x}$ 를 곱하여 2행에 더하면

$$\begin{bmatrix} 1 & \overline{x} & \overline{y} \\ 0 & \left(\sum_{i=1}^{n} x_i^2/n\right) - \overline{x}^2 & \left(\sum_{i=1}^{n} (x_i y_i)/n\right) - \overline{x}\,\overline{y} \end{bmatrix} \qquad ④$$

로 된다. 여기서 스칼라 a 를

$$a = \frac{\dfrac{\sum_{i=1}^{n} x_i y_i}{n} - \overline{x}\,\overline{y}}{\dfrac{\sum_{i=1}^{n} x_i^2}{n} - \overline{x}^2} \qquad ⑤$$

로 두면 ④은

$$\begin{bmatrix} 1 & \bar{x} & \bar{y} \\ 0 & 1 & a \end{bmatrix} \rightarrow \begin{bmatrix} 1 & 0 & \bar{y}-a\bar{x} \\ 0 & 1 & a \end{bmatrix}$$

로 된다. 따라서 ①을 만족하는 최적의 해는 ⑤와 다음으로 주어진다.

$$b = \bar{y} - a\bar{x} \qquad ⑥$$

여기서 ⑤의 a를 변환하여 다음과 같이 나타낼 수도 있다.

$$a = \frac{\sum(x_i - \bar{x})(y_i - \bar{y})}{\sum(x_i - \bar{x})^2}$$

반복되는 실험을 통하여 얻어진 데이터에 가장 적합한 직선을 구하고자 하는 경우 [예제 8.28]의 결과는 상당히 유용하다. 다음의 예제는 직선이 아닌 좀더 일반적인 곡선으로 데이터를 나타내고자 하는 경우[22]에 대한 설명이다.

예제 8.29

아래 표에 주어진 데이터를 xy 평면에 표시하고, 두 변수 사이의 관계를 나타내는 식

$$y = Me^{-kx} \qquad ①$$

에 가장 적절한 M과 k 값을 구하여라([그림 8.32] 참조).

[표 8.2] [예제 8.29]의 데이터

x	0	0.5	1	1.5	2	2.5
y	3	2.34	1.82	1.42	1.1	0.86

풀이

(a) 해석적인 방법에 의한 해 :

xy 평면에 표의 데이터와 예상되는 곡선을 [그림 8.32]에 표시하였다. 따라서 오차를 최소로 하는 곡선을 구하기 위해, 위에서 언급한 과정을 이용하기로 한다. 먼저 주어진 방정식 ①을 다음과 같이 변형할 수 있다.

$$z = \ln y = -kx + \ln M$$

여기서 $a = -k$와 $b = \ln M$으로 두면, 표의 y 값은 다음과 같이 바뀐다.

22) 이러한 과정을 'curve fitting'이라고 한다.

[표 8.3] 변형된 데이터

x	0	0.5	1	1.5	2	2.5
$z=\ln y$	1.1	0.85	0.60	0.35	0.10	−0.15

위 표를 이용하여 다음의 항을 계산한다. 즉

$$\bar{x} = \frac{\sum_{i=1}^{6} x_i}{6} = 1.25, \quad \bar{z} = \frac{\sum_{i=1}^{6} z_i}{6} = 0.47$$

$$\frac{\sum_{i=1}^{6} x_i^2}{6} = 2.29, \quad \frac{\sum_{i=1}^{6} x_i z_i}{6} = 0.23$$

이다. 이를 이용하면 [예제 8.28]의 ⑤, ⑥로부터

$$a = -0.50, \ b = 1.10$$

가 얻어지고

$$M = e^b = 3.00$$

이므로, ①의 최종 근사값은 다음과 같다.

$$y = 3.00\,e^{-0.5}$$

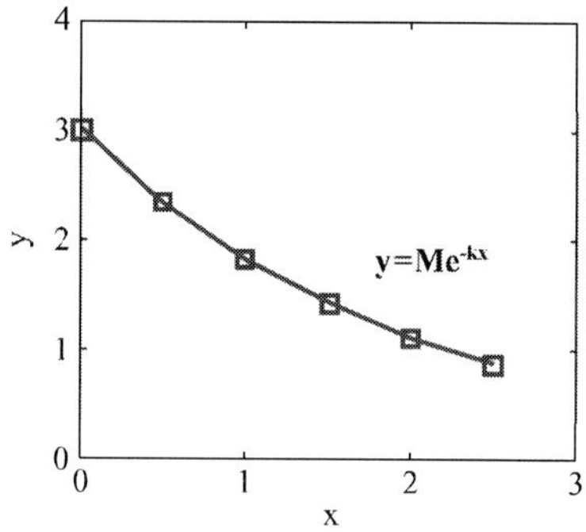

그림 8.32 [예제 8.29]의 결과

(b) MATLAB를 이용한 평면의 확인[23] :

```
% eData (:,1): 입력 x,  eData(:,2): 출력 y
>> x = [0 0.5 1 1.5 2 2.5]';
>> y = [3 2.34 1.82 1.42 1.1 0.86]';
>> z = log(y); % z=ln(M)
% 주어진 식 a와 b의  계산
>> [n,p] = size(x); e = ones(n,1);
>> xbar = x'*e./n; zbar = z'*e./n;
>> a = (z'*x-n.*zbar.*xbar)./(x'*x-n.*(xbar.^2));% ⑤
>> b = (zbar.*(x'*x)-xbar.*(z'*x))./(x'*x-n.*xbar.^2);
>> sprintf('xbar = %0.3f, zbar = %0.3f, a = %0.3f, b = %0.3f',xbar,zbar,a,b) ↵
% log를 취한 후의 관계식과 그래프에 의한 확인
>> M = exp(b); k = -a;
>> yhat = M.*exp(-k.*x);
```

```
>> plot(x,y,'o',x,yhat,'-')
>> xlabel(' x '),ylabel(' y '),text(1.5,2,' y = M e^-^k^x ')

  ans =
    xbar = 1.250, zbar = 0.474, a = -0.501, b = 1.099
```

23) 이 예제는 MATLAB 명령어 publish를 사용하여 '>> publish('Example_8_29')'의 형식으로 그 진행과정과 결과를 그래프 등에 의해 확인할 수 있다.

연습문제

1. 각 항의 내적을 구하여라.

(1) $\begin{bmatrix} 1 \\ -1 \\ 1 \end{bmatrix} \cdot \begin{bmatrix} 0 \\ 1 \\ 1 \end{bmatrix}$ (2) $\begin{bmatrix} \cos\theta \\ \sin\theta \end{bmatrix} \cdot \begin{bmatrix} -\sin\theta \\ \cos\theta \end{bmatrix}$ (3) $\begin{bmatrix} \sqrt{y} \\ \sqrt{x} \end{bmatrix} \cdot \begin{bmatrix} \sqrt{x} \\ \sqrt{y} \end{bmatrix}$

2. 다음 두 벡터가 이루는 각도를 계산하여라.

(1) $[2, -3]^T$, $[5, 2]^T$ (2) $[2, -3, 1]^T$, $[4, -2, -3]^T$

3. 코시-슈바르츠의 부등식을 $\begin{bmatrix} \sqrt{y} \\ \sqrt{x} \end{bmatrix} \cdot \begin{bmatrix} \sqrt{x} \\ \sqrt{y} \end{bmatrix}$에 적용하여 다음 식을 유도하여 보아라.

$$\sqrt{xy} \le \frac{x+y}{2}, \quad 0 \le x,\ 0 \le y$$

4. 정규직교벡터 $\vec{v}_1 = [0, 1, 0]^T$과 $\vec{v}_2 = \left[-\frac{4}{5}, 0, \frac{3}{5}\right]^T$가 생성하는 $\mathbb{R}^3$의 부분공간을 W라고 한다. $\mathbb{R}^3$ 내의 벡터 $\vec{a} = [1, 1, 1]^T$의 W로의 직교사영인 $\mathrm{Proj}_W(\vec{a})$와 $\mathrm{Proj}_{W^\perp}(\vec{a})$를 구하여라.

5. 세 개의 벡터와 행렬이 주어져 있다.

$$\vec{v}_1 = \begin{bmatrix} 4 \\ 1 \\ -1 \end{bmatrix}, \vec{v}_2 = \begin{bmatrix} 1 \\ 0 \\ 4 \end{bmatrix}, \vec{v}_1 = \begin{bmatrix} 1 \\ -4 \\ 0 \end{bmatrix}, \quad \boldsymbol{A} = \begin{bmatrix} 7 & 4 & -4 \\ 4 & -8 & -1 \\ -4 & -1 & -8 \end{bmatrix}$$

(1) 세 개의 벡터는 행렬 $\boldsymbol{A}$의 고유벡터임을 확인하여라.

(2) 행렬 $\boldsymbol{A}$에 대해 서로 직교하는 세 개의 고유벡터를 계산하여라.

(3) 대칭행렬이 아닌 경우에도 (2)의 결과와 같이 서로 직교하는 고유벡터가 존재하는가?

6. 다음 행렬이 직교행렬임을 확인하여라.

$$\boldsymbol{P}=\begin{bmatrix} \sin\phi\cos\theta & \sin\phi\sin\theta & \cos\theta \\ -\sin\phi & \cos\theta & 0 \\ \cos\phi\cos\theta & \cos\phi\sin\theta & -\sin\theta \end{bmatrix}$$

7. 다음과 같은 두 종류의 연립방정식 $\boldsymbol{A}\vec{x}=\vec{b}$ 에 대하여 정상방정식으로부터 최적의 해를 구하여라.

(1) $\boldsymbol{A}=\begin{bmatrix} 1 & 1 \\ 0 & 1 \\ 1 & -1 \end{bmatrix},\ \vec{b}=\begin{bmatrix} 1 \\ 1 \\ 0 \end{bmatrix}$ (2) $\boldsymbol{A}=\begin{bmatrix} 1 & -2 \\ -1 & 2 \\ 1 & -2 \end{bmatrix},\ \vec{b}=\begin{bmatrix} 1 \\ 1 \\ 0 \end{bmatrix}$

8. 방정식 $\boldsymbol{A}\vec{x}=\vec{b}$ 에 대한 모든 최소 2 승(least square)의 해를 구하여라. 단

$$\boldsymbol{A}=\begin{bmatrix} 1 & 2 & 3 \\ -1 & 1 & 3 \\ 2 & 2 & 2 \\ 3 & 1 & -1 \end{bmatrix},\ \vec{b}=\begin{bmatrix} -1 \\ 0 \\ 2 \\ 1 \end{bmatrix}$$

이다.

9. 직교좌표계에서 벡터가 $\vec{a}=[1,2,0]^T$, $\vec{b}=[3,-4,0]^T$, $\vec{c}=[3,5,2]^T$ 및 $\vec{d}=[6,2,3]^T$로 주어졌다고 한다. 다음을 각각 계산하여라.

(1) $\vec{a}\times\vec{b},\ \ \vec{b}\times\vec{a}$

(2) $(\vec{a}+\vec{b})\times\vec{c},\ \ \vec{a}\times\vec{c}+\vec{b}\times\vec{c}$

(3) $2\vec{a}\times 3\vec{b},\ 3\vec{a}\times 2\vec{b},\ 6\vec{a}\times\vec{b}$

(4) $\vec{a}\cdot(\vec{b}\times\vec{c}),\ (\vec{a}\times\vec{b})\cdot\vec{c}$

(5) $(\vec{a}\times\vec{b})\cdot(\vec{c}\times\vec{d}),\ (\vec{b}\times\vec{a})\cdot(\vec{d}\times\vec{c})$

(6) $\vec{d}\times\vec{c},\ |\vec{d}\times\vec{c}|,\ |\vec{c}\times\vec{d}|$

(7) $\vec{a}\times(\vec{b}+\vec{c}-\vec{d})$

10. 벡터 $\vec{a}$ 를 벡터 $\vec{b}$ 위로의 사영을 구하여라.

(1) $\vec{a}=-5\vec{i}+5\vec{j},\ \ \vec{b}=-3\vec{i}+4\vec{j}$

(2) $\vec{a}=-\vec{i}-2\vec{j}+7\vec{k},\ \ \vec{b}=6\vec{i}-3\vec{j}-2\vec{k}$

APPENDIX A

3차원 공간에서의 벡터와 평면의 표시

A.1 벡터, 선분 및 평면
A.2 공간에서의 곡선과 평면
A.3 세 개의 변수를 가지는 함수의 표현

여기서는 3차원 공간, 즉 $\mathbb{R}^3$에서 벡터와 평면의 표현법에 대하여 알아본다. MATLAB 가 제공하는 3차원 그래프 작성을 위한 함수들을 주로 사용하면서, 일부 참고문헌[1)]에서 3차원 그래프의 원활한 작성을 위해 독자적으로 만든 명령어 등을 이용한다.

A.1 벡터, 선분 및 평면

• 벡터

2차원 혹은 3차원의 벡터를 평면 혹은 공간에 나타내기 위한 함수로 'arrow' 및 'arrow3' 이 준비되어 있다. 예를 들어 평면에 두 개의 벡터 $\vec{v} = [1,2]^T$와 $\vec{w} = [-2,2]^T$를 점 $P_0 = (2,6)$를 중심으로 나타내기 위해서는 다음과 같이 실행한다.

1) A MATLAB Companion for Multivariable Calculus, by Jeffery Cooper, Academic Press (2001),

```
>> P0 = [2 6];v = [1 2];w = [-2 2];
>> arrow(P0,v),hold on,arrow(P0,w)  % [그림 A.1]
>> arrow(P0,v+w,'r'),hold off
>> axis([-1 4  5.5 10.5])
>> text(0.3,7.8,' \leftarrow w','FontSize',18)
>> text(1.2,9.5,' \leftarrow v+w','FontSize',18)
>> text(2.5,7.0,' \leftarrow v','FontSize',18)
```

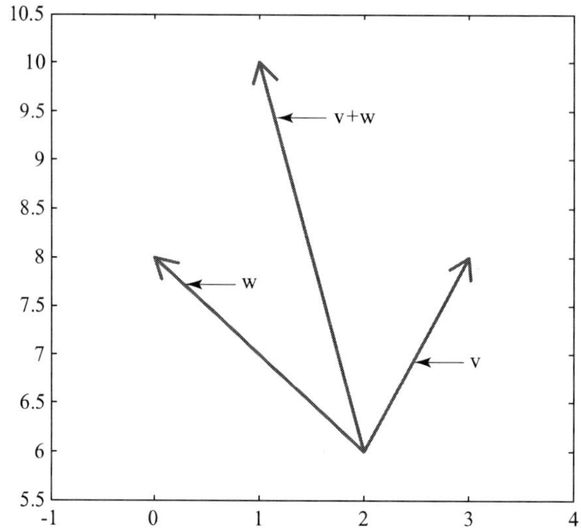

그림 A.1 평면에서의 벡터 표시

함수 arrow3 역시 위와 동일한 방법으로 사용할 수 있다.

• 2차원 혹은 3차원 공간에서의 선분 표시

평면에서 두 점 $P_0 = (x_0, y_0)$ 와 $P_1 = (x_1, y_1)$을 연결하는 직선은 함수 plot를 사용한다. 마찬가지로 3차원 공간에서의 두 점 $P_0 = (x_0, y_0, z_0)$와 $P_1 = (x_1, y_1, z_1)$을 연결하는 직선은 plot3를 사용하면 가능하다. 따라서 공간상에 존재하는 다섯 개의 점 $P_j = (x_j, y_j, z_j)$, $(j = 0, \cdots, 4)$을 연결하는 다각형은 다음과 같이 하면 된다.

```
% 두 점 P0=(x0,y0,z0) 와 P1=(x1,y1,z1) 을 연결하는 직선의 그래프
>> plot3([x0,x1],[y0,y1],[x0,z1])
% 다각형의 작성
>> x = [x0,x1,x2,x3,x4];y = [y0,y1,y2,y3,y4];z = [z0,z1,z2,z3,z4];
>> plot3(x,y,z)
```

먼저 평면에서 직선을 나타내는 방법을 생각하여 보자. 예를 들어 xy 평면에서 직선을 나타내기 위해서는 직선의 기울기와 직선이 지나가는 평면상의 한 점이 정해지면 직선의 식을 얻을 수 있다. 이때 직선의 기울기란 그 직선과 평행하는 (혹은 직선에 접하는) 벡터이다.

3차원 공간에서도 마찬가지로 직선과 평행하는 벡터와 직선상의 한 점이 주어지면, 공간에 직선을 나타낼 수 있다. 따라서 평행하는 벡터 $\vec{a}=[a,b,c]^T$와 직선상의 한 점 $P_0=(x_0,y_0,z_0)$가 주어졌다면 직선은

$$x(t)=x_0+at,\ y(t)=y_0+bt,\ \ z(t)=z_0+ct \tag{A.1}$$

의 형식으로 주어진다. 만약 구간 $t_1 \le t \le t_2$ 에서 식 (A.1)을 나타낸다는 것은 결국 두 점 $P(t_1)=(x_0+at_1,y_0+bt_1,z_0+ct_1)$과 $P(t_2)=(x_0+at_2,y_0+bt_2,z_0+ct_2)$을 연결하는 것이다.

```
% 두 점 P(t1) 와 P(t2) 을 연결하는 직선의 그래프
>> x = [x0+a*t1,x0+a*t2];y = [y0+b*t1,y0+b*t2];z = [z0+c*t1,z0+c*t2];
>> plot3(x,y,z)
% 다른 방법
>> L = [a b c];P0 = [x0,y0,z0];
>> arrow3(P0,L)
```

• 공간에서 평면의 표시

공간에서 평면의 식을 결정하는 방법은 몇 가지가 있다. 먼저 평면과 직교한 벡터(즉 법선벡터) $\vec{N}=[a,b,c]$와 평면상의 한 점 $P_0=(x_0,y_0,z_0)$가 주어진 경우를 생각한다. 이 평면 상의 점 $P=(x,y,z)$과 주어진 평면상의 점 P_0 를 연결하는 벡터 $P-P_0$ 는 당연히 평면상에 존재하기 때문에 벡터 $\vec{N}$과 직교하므로 내적이 영, 즉 $\vec{N}\cdot(P-P_0)=0$ 로 된다. 이는

$$\{(x,y,z): (x-x_0)a+(y-y_0)b+(z-z_0)c=0\}$$

또는

$$ax+by+cz=d\equiv ax_0+by_0+cz_0 \tag{A.2}$$

로 나타낼 수 있다.

공간에 존재하는 세 개의 점 $P_0=(x_0,y_0,z_0)$, $P_1=(x_1,y_1,z_1)$ 및 $P_2=(x_2,y_2,z_2)$은 반드시 하나의 유일한 평면을 정의한다. 이와 같이 세 개의 점으로 만들어지는 평면에 대한 법선벡터 $\vec{N}$ 은 다음과 같이 계산할 수 있다. 즉 $\vec{v}$ 를 점 P_0에서 P_1 , $\vec{w}$ 를 점 P_0 에서 P_2 로의 벡터라고 한다면 각각

$$\vec{v}=[x_1-x_0, y_1-y_0, z_1-z_0]\ ,\ \vec{w}=[x_2-x_0, y_2-y_0, z_2-z_0]$$

로 된다. 여기서 $\vec{N}=\vec{v}\times\vec{w}$ 로 두면 $\vec{N}$은 벡터 $\vec{v}$ 와 $\vec{w}$ 에 모두 직교한다. 따라서 법선벡터 $\vec{N}$ 과 점 P_0 를 이용하면 식 (A.2)와 같은 평면의 식을 얻는다.

식 (A.2)에서 계수 $c\neq 0$이라면 $\vec{N}$ 은 xy 평면에 존재하지 않는다. 따라서 식 (A.2)를 변수 z 에 대하여 전개하여 다음과 같이 평면을 두 개의 변수를 가지는 함수로 나타낼 수 있다.

$$z=f(x,y)=z_0-\frac{1}{c}\left[a(x-x_0)+b(y-y_0)\right] \tag{A.3}$$

A.3절에서 위식을 이용하여 3차원 공간에서 평면을 작성하는 다양한 방법을 제시하겠지만, 여기서는 평면에서 직선의 표현식인 식 (A.1)과 같은 방법으로 공간에서 평면의 표현법에 대하여 설명한다.

평면에 존재하는 두 개의 선형독립인 벡터를 $\vec{v}$ 와 $\vec{w}$ 라 하면, 두 벡터의 선형결합으로 표현되는 모든 벡터 역시 평면에 존재하기 때문에 법선벡터 $\vec{N}$ 과 직교한다. 즉

$$\vec{N}\cdot(\alpha\vec{v}+\beta\vec{w})=\alpha\vec{N}\cdot\vec{v}+\beta\vec{N}\cdot\vec{w}=0$$

따라서 평면에 존재하는 점 P 는 다음 식으로 주어진다.

$$P=P_0+\alpha\vec{v}+\beta\vec{w},\ (\alpha,\beta\in R) \tag{A.4}$$

위식을 공간의 좌표를 이용하여 표기하기 위하여 $\vec{v}=[v_1, v_2, v_3]$와 $\vec{w}=[w_1, w_2, w_3]$로 두면 점 $P=(x,y,z)$는

$$\begin{cases} x = x_0 + \alpha v_1 + \beta w_1 \\ y = y_0 + \alpha v_2 + \beta w_2 \\ z = z_0 + \alpha v_3 + \beta w_3 \end{cases} ,(\alpha, \beta \in R) \tag{A.5}$$

로 주어지며, 이를 평면의 매개변수방정식(parametric equation) 이라고 한다.

식 (A.5)를 이용하면 공간에 하나의 점을 표현할 수 있다. 즉 표현하고자 하는 점 P_0 와 선형독립인 두 개의 벡터 $\vec{v}$ 와 $\vec{w}$ 가 주어졌다면 다음과 같이 점 P_0 를 중심으로 하는 화살표를 이용하여 점의 위치를 공간에 나타내다.

```
>> P0 = [0 0 0];
>> v = [1 2 3];w = [-1 2 -3];
>> for s = -1:0.5:1
>>     for t = -1:0.5:1
>>         arrow3(P0,s*v+t*w),hold on  % [그림 A.2]
>>     end
>> end
>> grid
```

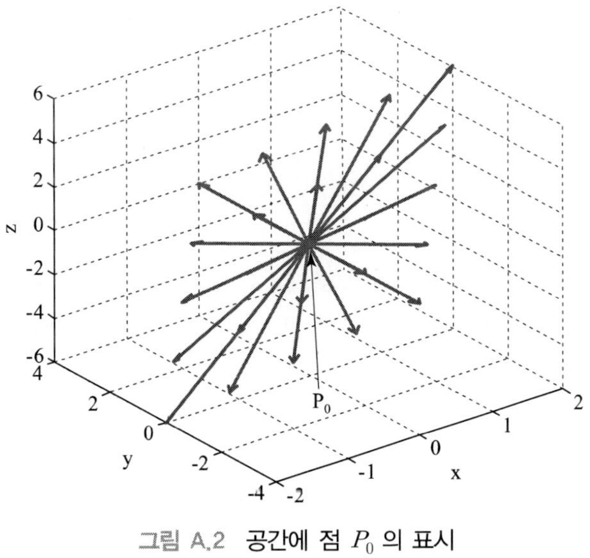

그림 A.2 공간에 점 P_0 의 표시

함수 'plane'을 사용하면 공간에 평면을 나타낼 수 있다. 이 함수는 평면상의 점 P_0 와 이 평면에 대한 법선벡터를 이용하여

>> plane(P0, N, a, b)

의 형식으로 실행한다. 이때 변수 a와 b를 생략하면 평면의 가로와 세로의 길이는 모두 '2'로 주어진다.

두 개의 평면에 대한 법선벡터가 각각 $\overrightarrow{N}_1$ 및 $\overrightarrow{N}_2$로 주어졌을 때 두 벡터가 선형독립이라면, 공간에서 두 평면은 반드시 만나게 된다. 이때 두 평면의 교차선의 접선방향[2]은 당연히 두 법선벡터와 수직이다. 따라서 이 접선은 다음과 같이 벡터의 외적으로 표현된다.

$$\overrightarrow{L} = \overrightarrow{N}_1 \times \overrightarrow{N}_2 \tag{A.6}$$

따라서 점 P_0 가 교차선에 존재한다면 교차선 위의 점은 다음과 같이 표현할 수 있다.

$$P = P_0 + \alpha \overrightarrow{L}$$

예제 A.1

공간에 서로 겹치는 두 개의 평면의 교차점에 존재하는 점 $P_0 = (0,0,0)$와 각 평면의 법선벡터가 각각 $\overrightarrow{N}_1 = [-2.5, 1, 1]$과 $\overrightarrow{N}_2 = [1, 1, 1]$로 주어졌다. 이 교차선의 접선방향은 식 (A.6)에 의해 $\overrightarrow{L} = [0, 3.5, -3.5]$로 된다.

```
>> P0 = [ 0 0 0];
>> N1 = [-2.5 1 1];
>> N2 = [1 1 1];
>> plane(P0,N1),hold on                    % [그림 A.3]
>> plane(P0,N2),xlabel('x'),ylabel('y'),zlabel('z')
>> L = cross(N1,N2);
>> arrow3(P0,L)
>> view(68,32),hold off
```

2) 교차선의 접선방향은 교차선을 공간에서 평행이동한 경우를 의미한다.

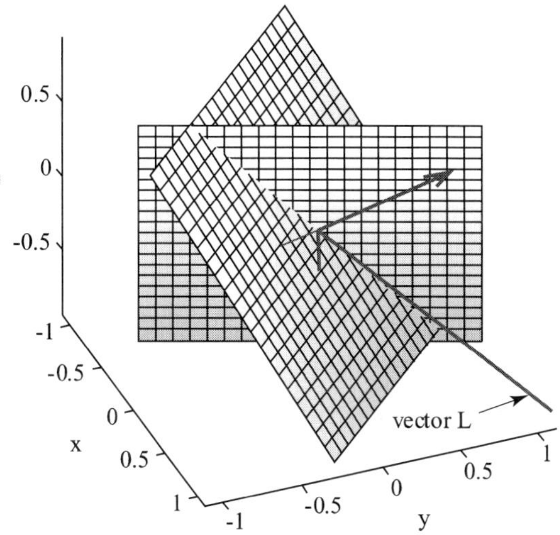

그림 A.3 [예제 A.1]의 그래프

A.2 공간에서의 곡선과 평면

A.2.1 곡선의 표시

- **곡선의 파라메트릭 표현**

벡터값을 가지는 변수를 이용하여 곡선을 나타내는 방식을 파라메트릭 표현이라고 한다. 평면에서 곡선은 두 개의 변수, 예를 들어 $x(t)$와 $y(t)$가 변수 t의 변화에 따른 벡터로 되므로 이 결과를 함수 plot에 적용하여 그래프를 얻는다.

예제 A.2

중심을 $(1,3)$에 가지는 반지름 $r=2$인 원은 다음과 같이 세 가지 방법을 사용하여 얻을 수 있다.

(1) 일반적인 삼각함수를 이용한 방법
(2) 익명함수(anonymous function)을 이용한 방법
(3) Symbolic Math를 이용한 방법

% (1)의 방법 >> t = linspace(0,2*pi,101);	% (2)의 방법 >> t = linspace(0,2*pi,101);	% (3)의 방법 >> syms t

`>> x = 1+2*cos(t);`
`>> y = 3+2*sin(t);`
`>> plot(x,y),axis equal`
	`>> x = @(t) (1+2*cos(t));`
	`>> y = @(t) (3+2*sin(t));`
	`>> plot(x(t),y(t)),axis equal`
		`>> x = 2*cos(t)+1;`
		`>> y = 2*sin(t)+3;`
		`>> ezplot(x,y)`

3차원 공간에서 곡선도 위와 마찬가지로 파라메트릭 표현을 이용하여 표현할 수 있다. 이 경우 세 개의 변수가 필요하므로 $t \to (x(t), y(t), z(t))$에 의한 데이터를 함수 plot3에 적용한다. 3차원의 표준적인 예로서 나선 모양의 원(예를 들어 원형의 스프링 모양)을 공간에 그려보자. 이를 위한 하나의 방법으로 다음과 같은 파라메트릭 표현을 사용할 수 있다.

$$x(t) = \cos t,\ y(t) = \sin t,\ z(t) = t/2\pi,\ (0 \le t \le 4\pi) \tag{A.7}$$

이 경우 역시 다음과 같은 두 가지 방법을 그래프를 얻을 수 있다.

`>> t = linspace(0,4*pi,201);`
`>> plot3(cos(t),sin(t),t/(2*pi)),grid`
`>> xlabel('x'),ylabel('y'),zlabel('z')`
	`>> syms t`
	`>> x = cos(t);y = sin(t);z = t/2/pi;`
	`>> ezplot3(x,y,z,[0,4*pi])`

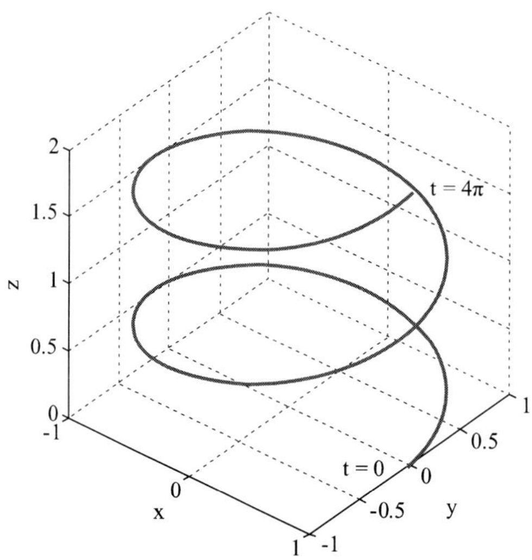

그림 A.4 공간에서의 나선형 원의 표시

A.2.2 평면의 표현

• 2변수 함수의 사용

먼저 두 개의 변수를 가지는 함수를 MATLAB에서 나타내기 위한 방법으로, i) 함수를 function으로 정의하거나, ii) 함수를 inline 또는 익명함수를 사용하여 나타내는 방법 등이 있다. 예를 들어 $f(x,y)=x+ye^{x^2+y^2}$의 형식으로 주어진 함수는

```
% function의 사용
function z = f(x,y)
 z = x+y.*exp(x.^2+y.^2)
```

```
% 익명함수의 사용
f = @(x,y) (x+y.*exp(x.^2+y.^2));
```

와 같이 두면 된다. function으로 정의하는 경우, 상기 왼쪽을 'f.m'으로 반드시 저장한 뒤 사용하여야 한다. 따라서 주어진 함수가 간단한 형식을 지닌다면 익명함수를 사용하는 것이 편리할 것이다.

위의 예와 같이 두 개의 변수를 가지는 함수 $f(x,y)$를 공간에 나타내기 위해서는 변수 x, y가 주어진 범위 내에서 변동하는 경우에 대한 f의 값이 계산되어야 한다. 예를 들어 두 변수가 $-1 \le x \le 1, 0 \le y \le 4$ 에서 변동하는 경우에 있어 $f(x,y)=10x^2+y^2$ 를 계산하여 이를 그래프로 나타내는 과정을 알아보자.

먼저 변수 x, y가 주어진 구간에서 변동할 때 f의 값이 계산되어야 한다. 이를 위해서 함수 meshgrid가 준비되어 있다. meshgrid의 실행으로 얻어진 X, Y를 $f(x,y)$에 대입하면 각 구간의 구간간격(아래의 스크립터에서는 0.4)으로 정의된 각 점에서의 출력을 얻을 수 있다.

```
>> f = @(x,y) (10*x.^2+y.^2);
>> x = -1:0.4:1;y = 0:0.4:4; % x는 (1×6) , y는 (1×11)의 크기를 가진다
>> [X,Y] = meshgrid(x,y);          % X와 Y는 크기 (11×6)인 행렬로 된다.
>> Z = f(X,Y);                     % Z 역시 크기 (11×6)인 행렬이다.
>> surf(X,Y,Z)                     % [그림 A.5]
```

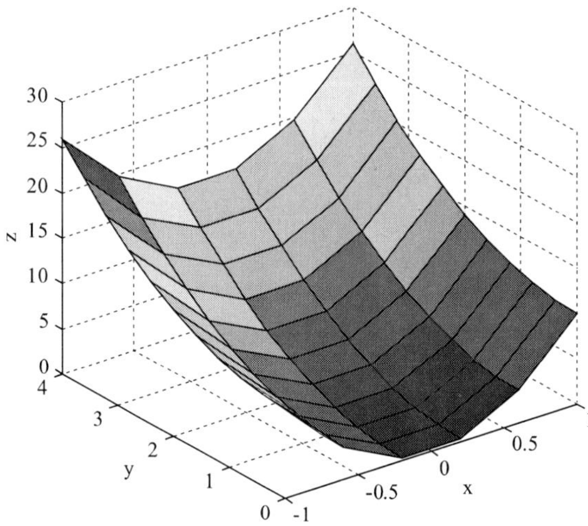

그림 A.5 공간에서 평면의 표시

위 그림의 표면을 좀 더 부드럽게 나타내기 위해서는 변수 x 와 y 의 구간간격을 위 그림과 같은 0.4 가 아니라 조금 더 촘촘하게 하면, 예를 들어 0.1 로 한다면 표면이 부드러운 그림을 얻을 수 있다.

• **레벨곡선(level curves)**

두 개의 변수를 가지는 함수 $f(x,y)$가 동일한 값을 가지는 점 (x,y)의 집합을 레벨세트(level set)라고 한다. 다시 말하면 $f(x,y)=c$ 의 값을 가지는 변수 (x,y)의 집합은

$$S_c = \{(x,y) : f(x,y) = c\} \tag{A.8}$$

로서 나타낸다. 이와 같은 점 (x,y)를 xy 평면에 나타내었을 경우 이를 레벨곡선, 또는 컨투어선(contour line)이라고 한다. 레벨곡선은 공간에서 표시된 $f(x,y)$ 곡면과 $z=c$의 평면과 만나는 선으로 생성되며, 이 곡선을 xy평면에 투영하면 얻을 수 있다. [그림 A.5]의 곡면과 $z=6, 12, 18$과 만나는 레벨곡선을 만들어 본다.

```
>> x = -1:0.2:1;y = 0:0.2:4;
>> [X,Y] = meshgrid(x,y);
>> f = @(x,y) (10*x.^2+y.^2);
>> Z = f(X,Y);subplot(121)
>> surf(X,Y,Z),hold on,xlabel('x'),ylabel('y'),zlabel('z')
```

```
>> surf(X,Y,6+0*Z)                        % f = 6
>> surf(X,Y,12+0*Z)                       % f = 12
>> surf(X,Y,18+0*Z)                       % f = 18
>> hold off, subplot(122)
>> contour(X,Y,Z,[6 12 18],'k')           % contour 그래프
>> xlabel('x'),ylabel('y')
```

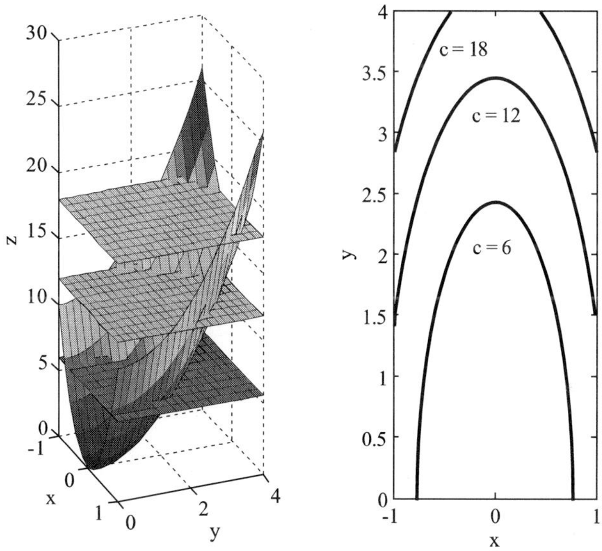

그림 A.6 레벨 곡선의 표시

A. 2.3 접평면의 표시

2차원인 평면에서 곡선, 예를 들어 $y(x) = x^2 + 1$ 상의 한 점 x_0 에서의 접선은 이 점에서의 곡선의 선형화된 식이다. 마찬가지로 공간에 주어진 평면 위의 한 점과 접하는 평면은 이 점에서의 평면의 선형화된 평면으로 간주된다. 이러한 평면을 접평면이라고 한다. 여기서는 접평면의 계산과 이를 나타내는 방법에 대하여 알아본다.

$f(x,y)$를 평면을 나타내는 함수이고, 평면 위의 한 점 (x_0, y_0)가 존재한다고 한다. 이때 공간상의 한 점 $P_0 = (x_0, y_0, f(x_0, y_0))$는 평면 f 의 점 (x_0, y_0)에 위치한다. 따라서 이 점 (x_0, y_0) 근방에서 함수 $f(x,y)$를 근사화하면 이는 바로 그 점에서의 접평면으로 된다.

평면 $f(x,y)$와 $y = y_0$ 로 주어진 평면[3]과 만나는 곡선은 다음과 같은 파라메트릭 표현

으로 나타낼 수 있다.

$$t \to \vec{r}(t) = (x_0 + t,\, y_0,\, f(x_0 + t,\, y_0)),\, \vec{r}(0) = P_0 \tag{A.9}$$

이 곡선의 점 P_0 에서의 접선벡터는

$$\vec{v} = \vec{r}\,'(0) = [1, 0, f_x(x_0, y_0)] \tag{A.10}$$

로 주어진다. 이와 마찬가지로 평면 $x = x_0$ 와 함수 f 와 만나는 곡선의 식은

$$t \to \vec{q}(t) = (x_0,\, y_0 + t,\, f(x_0,\, y_0 + t)) \tag{A.11}$$

로 되며, 이 점에서의 접선벡터는

$$\vec{w} = \vec{q}\,'(0) = [0, 1, f_y(x_0, y_0)] \tag{A.12}$$

로 된다. 이상의 관계로부터 점 P_0 를 가지는 평면은 두 개의 접선벡터 $\vec{v}$ 와 $\vec{w}$ 를 이용하면

$$(x, y, z) = P_0 + \alpha\vec{v} + \beta\vec{w},\ (\alpha, \beta \in R) \tag{A.13}$$

로 표현된다. 이와 같이 두 개의 벡터 $\vec{v}$ 와 $\vec{w}$ 에 의해 구성되는 평면을 점 P_0 에서 평면 $f(x,y)$ 의 접평면(tangent plane)이라고 한다.

접평면에 대한 법선벡터는 다음으로 주어진다.

$$\vec{N} = \vec{v} \times \vec{w} = [-f_x(x_0, y_0),\ -f_y(x_0, y_0),\ 1] \tag{A.14}$$

이를 이용하면 접평면에 존재하는 임의의 점 $P = (x, y, z), (z = f(x, y))$ 는

$$(P - P_0) \cdot \vec{N} = 0$$

를 만족하며 이는 다음과 같이 쓸 수 있다.

$$z = f(x_0, y_0) + f_x(x_0, y_0)(x - x_0) + f_y(x_0, y_0)(y - y_0) \tag{A.15}$$

---

3) $y = y_0$ 로 주어진 평면이란, y 축이 일정한 값을 가지는 평면, 즉 x 축과 $z = f(x, y)$ 축에 평행인 평면으로 x 의 변화에 대한 평면 $(x, y_0, f(x, y_0))$ 로 주어진다.

점 (x_0, y_0)에 가까이 존재하는 점 (x, y)에 있어서 위의 접평면의 식은 실제값 $f(x, y)$에 대한 근사값을 제공한다. 이 근사값이 얼마나 실제값에 가까운 값을 가지는지의 여부는

$$f(x,y) = f(x_0, y_0) + f_x(x_0, y_0)(x - x_0) + f_y(x_0, y_0)(y - y_0) + E \tag{A.16}$$

에서 오차 E에 의존한다. 여기서 오차는

$$|E| \le K \max\left\{|x - x_0|^2, |y - y_o|^2\right\} \tag{A.17}$$

로 주어지며 K는 f의 2차 미분값에 의해 결정되는 값이다. 식 (A.15)는 테일러 급수 전개를 첫 번째 항까지 전개한 모양으로 되어 있음을 알 수 있다.

예제 A.3

$f(x,y) = (1 - y^2)\cos x$ 로 주어지는 평면의 점 $(x_0, y_0) = (0.2, -0.4)$ 에서의 접평면을 구하여 보자.

풀이

먼저 편미분을 계산하면

$$f_x(x,y) = -(1 - y^2)\sin x,\ f_y(x,y) = 2y\cos x$$

로 된다. 따라서 평면 f 의 점 $P_0 = (0.2, -0.4, f(0.2, -0.4))$ 에서의 접평면은 식 (A.15)로부터

$$\begin{aligned} z = l(x,y) &= f(0.2, -0.4) + f_x(0.2, -0.4)(x - 0.2) + f_y(0.2, -0.4)(y + 0.4) \\ &= 0.8233 - 0.1699(x - 0.2) + 0.7841(y + 0.4) \end{aligned}$$

로 된다. 또한 법선벡터는 다음과 같다.

$$\vec{N} = [-f_x(x_0, y_0),\ -f_y(x_0, y_0),\ 1] = [0.1699,\ -0.7841,\ 1]$$

구간 $\{-1 \le x, y \le 1\}$ 에서 평면 f 를 나타내고, 여기에 역시 $\{|x - 0.2|, |y + 0.4| \le 0.5\}$ 와 같이 작은 구간에 있어 접평면을 공간에 표시하여 보자.

```
>> f = @(x,y) ((1-y.^2).*cos(x));
>> l = @(x,y) (0.8233-0.1699*(x-0.2)+0.7841*(y+0.4)); % 식 (A.15)
>> qsurf(f,[-1 1 -1 1]); xlabel('x'),ylabel('y'),zlabel('z')
>> hold on
>> qsurf(l,[-0.3 0.7 -0.9 0.1],10);
% for vector
```

```
>> x0 = 0.2;y0 = -0.4;z0 = f(0.2,-0.4);
>> P0 = [x0,y0,z0];                                    % 식 (A.9)
>> fx = -(1-y0^2)*sin(x0);fy = -2*y0*cos(x0);
>> v = [1,0,fx];w = [0,1,fy];                          % 식 (A.10) alc (A.12)
>> N = [-fx,-fy,1];
>> arrow3(P0,v,'r'),arrow3(P0,w,'g'),arrow3(P0,N)      % [그림 A.7]
>> axis([-1 1 -1 1 0 1.4])
>> hold off
```

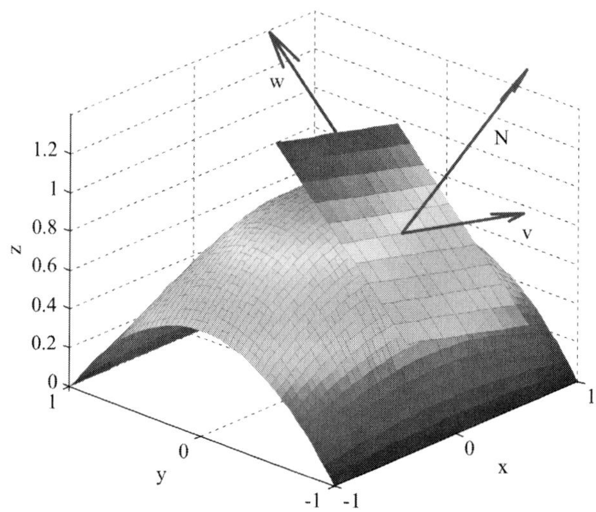

그림 A.7 [예제 A.3]의 접평면

[그림 A.7]의 사각형은 그 중심을 (x_0, y_0)에 가지므로 이를 $Q_h = \{|x-x_0|, |y-y_0| \le h\}$와 같이 나타낼 수 있다. 여기서 사각형의 크기를 나타내는 h의 값에 따라서 식 (A.16)의 오차 E의 최대값이 달라진다는 것을 확인하여 보자. 먼저 $h = 0.2$로 두면 사각형의 범위는

$$|x - 0.2| \le 0.2 \quad \rightarrow \quad 0 \le x \le 0.4$$

$$|y + 0.4| \le 0.2 \quad \rightarrow \quad -0.6 \le y \le 0.2$$

로 된다. 따라서 E의 최대값은 다음과 같이 계산된다.

```
>> x = linspace(0,0.4,101);
>> y = linspace(-0.6,-0.2,101);
>> [X,Y] = meshgrid(x,y);
>> E = f(X,Y) - l(X,Y);
>> max(max(abs(E)))
   ans =
      0.0619
```

위의 예에서 만약 $h = 0.1$ 로 한다면 오차는 0.0156으로 된다. 즉 구간간격을 1/2로 함으로서 오차는 대략 이전의 1/4로 된다는 사실을 확인할 수 있다.

A.2.4 그래프의 부분을 삭제

평면에 그려진 그래프의 일부분을 삭제하기 위해서는 axis 명령어를 사용하는 경우가 많다. 공간에 표현된 평면에 대한 일부구간의 삭제를 위해서는 axis 명령어로는 불충분하다. 이와 같은 경우에는 다음의 스크립터와 같이 구간을 지정하는 것이 편리하다. 다음 예제를 보자.

예제 A.4

함수가 다음과 같이 주어져 있다.

$$f(x,y) = \cos\left(\sqrt{x^2+y^2}\right)+1/\left(x^2+y^2+0.01\right)$$
$$= \cos(r)+1/\left(r^2+0.01\right)$$

위 함수를 구간 $[-2\pi, 2\pi]\times[-2\pi, 2\pi]$ 의 구간에서 다음과 같은 스크립터를 이용하여 나타내어 보자.

```
>> f = @(x,y) (cos(sqrt(x.^2+y.^2))+(x.^2+y.^2+0.1).^(-1));
>> [X,Y] = meshgrid(-2*pi:0.1:2*pi);
>> Z = f(X,Y);
>> surf(X,Y,Z);xlabel('x'),ylabel('y'),zlabel('z')          % [그림 A.8]
>> W = (Z-4 < 0).*(Z-4)+4;
>> surf(X,Y,W),xlabel('x'),ylabel('y'),zlabel('z')          % [그림 A.9]
```

이 결과 [그림 A.8]에서 보는 바와 같이 전체 그림의 극히 일부분만이 나타나 있음을 볼 수 있다. 이를 보완하기 위하여 z축의 높이가 4 이상인 부분을 표시하지 않도록 한 것이 [그림 A.9]이다.

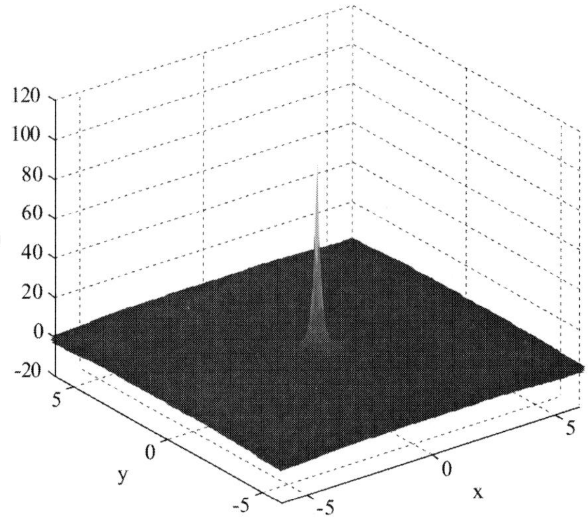

그림 A.8 점 (0,0)에 피크를 가지는 함수의 그래프

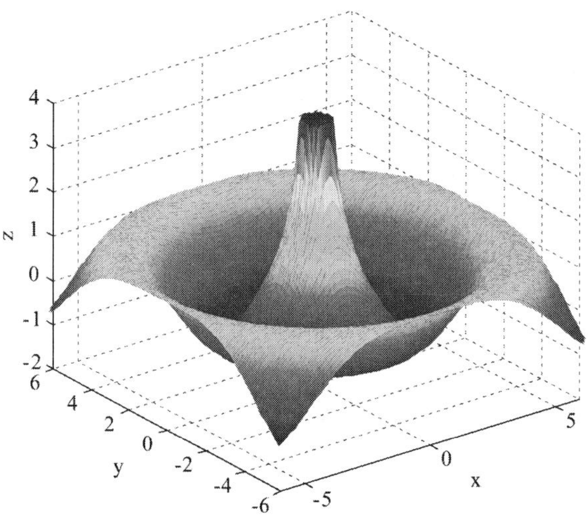

그림 A.9 [그림 A.8]의 피크 부분을 삭제한 그래프

A.3 세 개의 변수를 가지는 함수의 표현

함수 $f(x,y,z)$는 세 개의 변수와 그 결과값으로 구성되어 모두 네 개의 차원을 가지기

때문에 3차원 공간에서는 표현할 수 없다. 이를 3차원 공간에 나타내기 위한 하나의 방법으로 레벨표면(level surface)을 사용하는 것이다. 이는 다시 말하면 3차원 공간에 존재하는 많은 표면들을 레벨표면으로 지정하는 방법을 의미한다.

A.3.1 레벨세트(level set)와 레벨표면(level surface)

f 가 세 개의 변수를 가진다면, 두 개의 변수를 가지는 경우의 레벨세트인 식 (A.8)과 유사하게 3차원의 레벨세트, 즉 레벨표면을 다음과 같이 정의한다.

$$S_c = \{(x,y,z) : f(x,y,z) = c\} \tag{A.18}$$

만약 함수의 레벨세트의 그래프를 나타낼 수 있다면 그 함수에 대한 많은 정보를 얻을 수 있다. 식 (A.18)로 주어진 레벨표면을 그래프로 나타내기 위해서 우선 변수 x, y, z 의 2차식으로 이루어진 레벨표면에 대하여 알아보기로 한다. 이러한 레벨표면을 2차표면(quadratic surfaces)이라고 한다. 다음과 같이 2차표면에 대한 네 개의 중요한 예가 존재한다.

(1) 포물선 모양(paraboloid)의 레벨세트를 가지는 2차함수 :

$$f(x,y,z) = z - x^2 - y^2 \tag{A.19 a}$$

f 의 레벨표면은

$$S_c = \{(x,y,z) : z - x^2 - y^2 = c\} \tag{A.19 b}$$

로 주어지며, 이 함수의 그래프는 $z = g(x,y) = x^2 + y^2 + c$ 의 형식으로 주어진다.

(2) 쌍곡선 포물선(hyperbolic paraboloid) 모양의 레벨세트는 다음 함수의 형식으로 주어진다.

$$f(x,y,z) = z - x^2 + y^2 \tag{A.20}$$

이 경우 $g(x,y) = x^2 - y^2 + c$ 의 그래프가 레벨표면을 나타낸다([그림 A.10] 참조).

(3) 쌍곡선은 다음 함수의 레벨표면으로 얻을 수 있다.

$$f(x,y,z) = x^2 + y^2 - z^2 \tag{A.21}$$

$c \geq 0$ 에 있어서 집합 $S_c = \{f(x,y,z) = c\}$ 는 한 장의 쌍곡선(hyperboloid of one sheet)이라 하고, $c < 0$ 인 경우는 두 장의 쌍곡선(hyperboloid of two sheets)라고 부른다([그림 A.11] 참조).

(4) 타원은 다음 함수의 레벨표면으로 주어진다.

$$f(x,y,z) = \frac{x^2}{a^2} + \frac{y^2}{b^2} + \frac{z^2}{c^2} \tag{A.22}$$

$a = b = c$ 이면 타원의 특별한 경우로서 원으로 된다.

```
>> f = @(x,y,c) (c+x.^2-y.^2);
>> [X,Y] = meshgrid(-2:0.1:2);
>> for c=-4:4:4
>>     Z = f(X,Y,c);
>>     surf(X,Y,Z),hold on    % [그림 A.10]
>> end
>> xlabel('x'),ylabel('y'),zlabel('z')
```

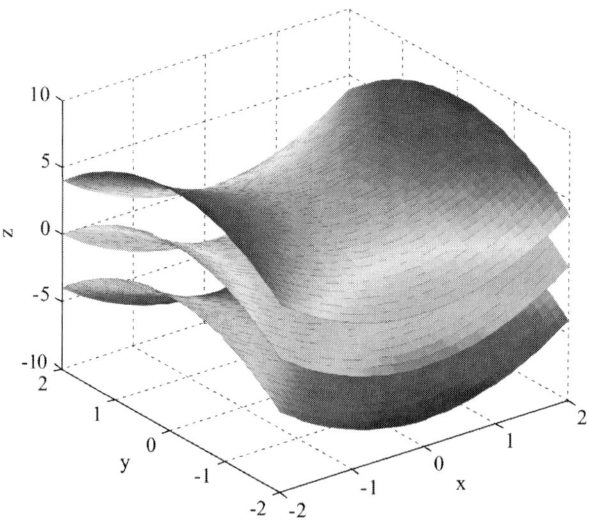

그림 A.10 쌍곡선의 포물선 형식의 베벨표면

```
>> f = @(x,y,c)(x.^2+y.^2-c).^(1/2);
>> c = [1 0.1 0 -0.5];subpl = [221 222 223 224];
>> [X,Y] = meshgrid(-2:0.1:2);n = length(X);
>> for i=1:4
>>     Z = f(X,Y,c(i));
>>    for j=1:n
>>       for k=1:n
>>          if X(j,k)^2+Y(j,k)^2 < c(i)
>>             Z(j,k) = 0;
>>          end
>>       end
>>    end
>>    subplot(subpl(i)),surf(X,Y,Z),hold on,surf(X,Y,-Z) % [그림 A.11]
>>    xlabel('x'),ylabel('y'),zlabel('z')
>> end
```

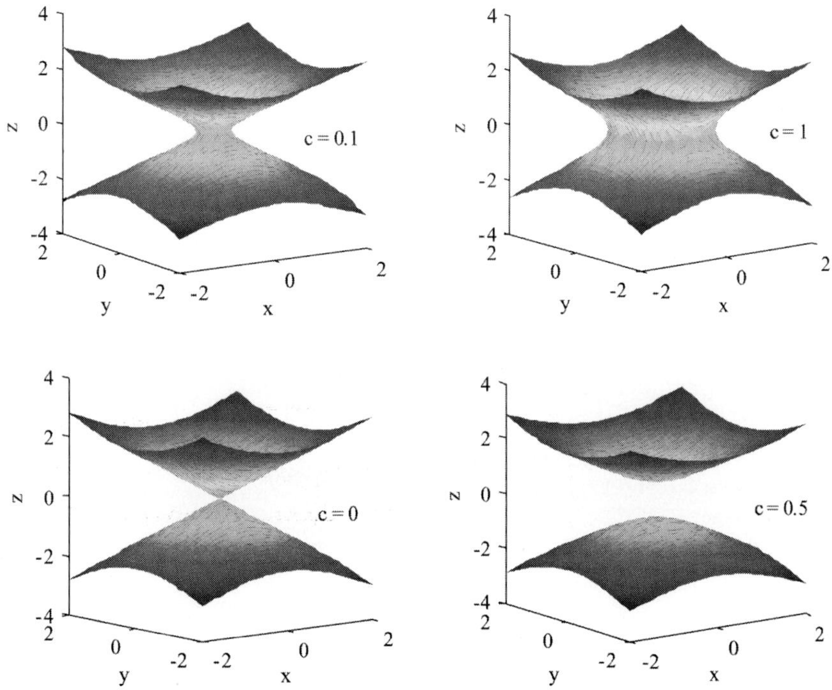

그림 A.11 $f(x,y,z) = x^2+y^2-z^2$ 의 레벨표면(쌍곡선)

위에서 언급한 함수들의 레벨표면의 그래프는, 함수를 $z = g(x,y) + c$ 의 형식으로 전개한 뒤 적절한 명령어를 이용하여 이를 나타내는 방법으로 얻어진다. 그러나 위의 함수 중에서 쌍곡선이나 타원에 대한 레벨표면은 하나의 함수만으로 얻어지는 것은 아니다. 예를 들어 반지름 $a, (> 0)$ 인 원은 다음과 같은 두 함수의 그래프를 합쳐서 그래프로 나타낸다.

$$\begin{cases} g_{+}(x,y) = \sqrt{a^2 - x^2 - y^2} \\ g_{-}(x,y) = -\sqrt{a^2 - x^2 - y^2} \end{cases} \tag{A.23}$$

일반적으로 레벨세트 $f(x,y,z) = c$ 를 만들기 위하여, 세 개의 변수를 가지는 함수를 하나의 변수에 대하여 전개할 수 없는 경우가 많다. 이러한 경우 하나의 변수를 일정한 값으로 고정, 즉 $z = z_0$ 로 둠으로서 레벨세트를 작성하는 방법을 취하고 있다. 이 경우 함수 impl[4]이 유용하다. 이 함수는 '>>impl(f,corners,c)'의 형태로 실행되는데, 여기서 f는 세 개의 변수를 가지는 함수 $f(x,y,z)$ 이며, corners는 $[x_{\min}, x_{\max}, y_{\min}, y_{\max}, z_{\min}, z_{\max}]$ 로 주어지며 이는 그래프의 작성을 위한 x 축, y 축, 및 z 축의 범위지정을 위한 데이터를 의미한다. 마지막으로 c는 하나의 변수를 고정하기 위한 값으로 사용되는 양을 나타낸다. 다음 예제를 보자.

예제 A.5

함수 $f(x,y,z) = x^2 + y^2 - z^2$ 은 [그림 A.11]에 나타낸 바와 같이 쌍곡선의 레벨표면을 가지는 함수이다. 동일한 그림을 함수 impl을 사용하여 작성하여 보자.

```
>> f = @(x,y,z)(x.^2+y.^2-z.^2);
>> corners = [-2 2 -2 2 -2 2];
>> subplot(221),impl(f,corners,1)     % [그림 A.12]
>> subplot(222),impl(f,corners,0.1)
>> subplot(223),impl(f,corners,0)
>> subplot(224),impl(f,corners,-0.5)
```

4) 이 명령어는 Univ. of Maryland의 Jonathan Rosenberg가 작성한 것이다.

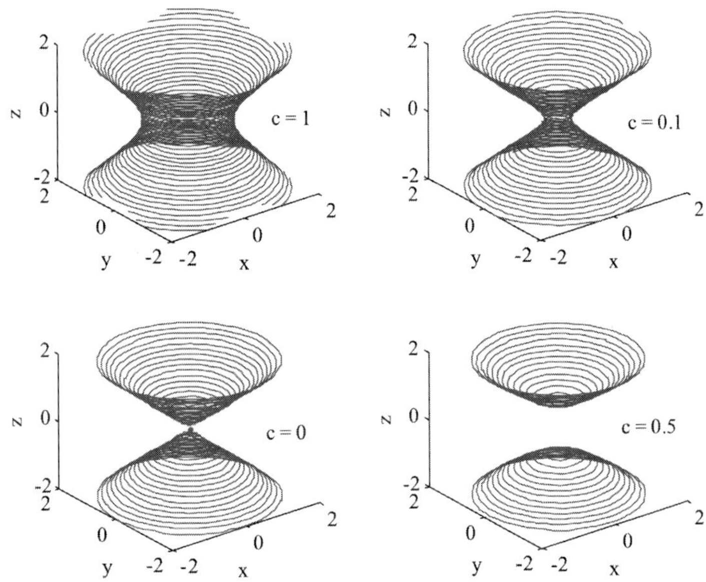

그림 A.12 [예제 A.4]의 그래프

예제 A.6

함수 $f(x,y,z) = x^2 + y^2 + y^3 + z^2$ 이 주어져 있다. 이때 $f(x,y,z) = 1$ 및 $f(x,,y,z) = 0.1$인 경우의 레벨세트를 나타내어 보자.

풀이

다음 스크립터를 참조한다.

```
>> f = @(x,y,z)(x.^2+y.^2+y.^3+z.^2);
>> corners = [-2 2 -2 2 -2 2];
>> subplot(121),impl(f,corners,1)   % [그림 A.13]
>> subplot(122),impl(f,corners,0.1)
```

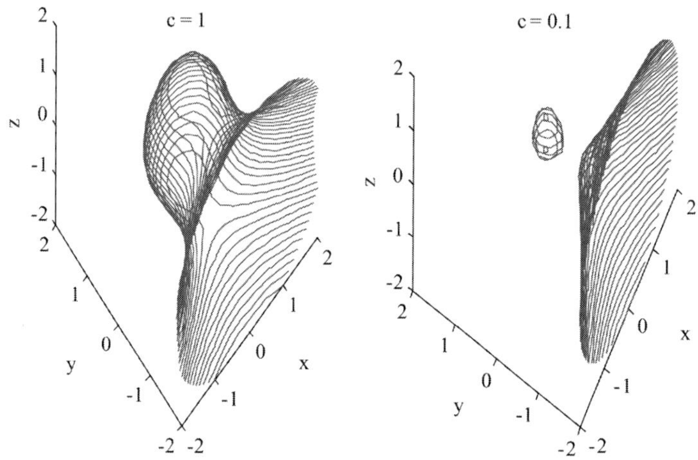

그림 A.13 [예제 A.6]의 그래프

APPENDIX B

MATLAB Symbolic Math Toolbox의 사용법

B.1 수식의 표현
B.2 상징적 개체 정의 및 사용법
B.3 Symbolic 표현과 수식으로의 전환
B.4 간단한 예
B.5 Symbolic Math Toolbox를 이용한 계산법
B.6 Simplifications과 Substitutions

Symbolic Math Toolbox가 제공하는 수식의 상징적 표현 방식(Symbolic representation)을 이용하면 수식을 표현되어 있는 그대로 MATLAB의 명령 Window 화면에 입력함으로써 계산을 수행할 수 있기 때문에 대단히 편리하다. 특히 본서의 제2장과 제3장에서 취급한 푸리에 변환과 라플라스 변환 등의 계산결과를 특별한 사전준비 없이 바로 얻을 수 있기 때문에, 수작업으로 수행한 계산 결과의 확인 등에 사용한다면 편리할 것이다. 여기서는 본서에서 취급한 정도의 계산을 할 수 있을 정도의 사용법을 간단하게 설명한다.

B.1 수식의 표현

먼저 Symbolic Math Toolbox와 관련한 help의 사용에 대하여 간단히 설명한다. 일반적으로 명령 Window상에서

```
>> help function
```

을 입력하면 'function'과 관련된 help가 화면에 나타나게 된다. 그러나 Symbolic Math

Toolbox에 사용되는 상당수의 명령어는 일반적인 MATLAB의 명령어와 중복(overload)되는 것이 많기 때문에 명령 Window 화면에서 help가 필요한 함수가 Symbolic Math Toolbox에서 나온 것이라는 것을 다음과 같이 명기하여 줄 필요가 있다. 즉,

```
>> help sym/function
```

이다. 예를 들어 미분과 관련되는 'diff'의 많은 사용법 중에서 Symbolic Math Toolbox와 관련된 help를 보고자 한다면

```
>> help sym/diff
```

로 입력하여야 한다.

또한 MATLAB은 Symbolic Math Toolbox와 관련된 데모 프로그램을 제공하기 때문에 이것을 실행하면 많은 정보를 얻을 수 있다.

B.2 상징적 개체 정의 및 사용법

Symbolic Math Toolbox를 사용한 수식계산을 실행하기 위해서는 우선 '상징적 개체(symbolic object)'라고 불리는 데이터 형식을 미리 정의해 두어야 하는 점이 일반적인 MATLAB 명령어의 사용법과 다른 점이다. 예를 들어 지수함수 $f(t)=e^{-2t}$의 계산을 $t=2$에서 수행하기 위해서는 MATLAB 명령어 'exp(-2*2)'를 실행하면 가능하지만, 만약 함수 $f(t)$의 라플라스 변환을 구하고자 한다면 시간 t의 함수인 f를 상징적 개체로 정의하여 두고 이것에 라플라스 변환을 적용시켜야 한다는 것이다.

이와 같이 변수(또는 함수)를 표현하는 상징적 개체를 미리 정의하고 이 개체로서 함수를 표현할 수 있도록 하는 명령어 'sym'이 제공된다. 이것의 사용법은 다음과 같다. 즉,

```
>> x = sym('x')
>> a = sym('alpha')
```

를 실행하면 변수 x가 상징적 개체 x로서, 또 변수 alpha가 역시 상징적 개체 a로서

MATLAB 상에 만들어지게 된다. 예로서 황금률(golden ratio)을 나타내는 다음의 값을 상징적 개체로 정의하여 보자. 즉

$$\rho = \frac{1+\sqrt{5}}{2}$$

```
>> rho = sym('(1+sqrt(5))/2')
```

를 실행하면 상징적 개체 rho가 정의되고, 앞으로 이것을 이용하여 여러 종류의 계산을 간단히 수행할 수 있다. 예를 들어

```
>> f = rho^2 -rho - 1
```

을 실행하면

f =

(1/2+1/2*5^(1/2))^2-3/2-1/2*5^(1/2)

가 얻어지며 여기에

```
>> simplify(f)
```

를 실행하면 0(zero)이 얻어짐을 확인할 수 있을 것이다[1].

또한 2차식 $f = ax^2 + bx + c$ 을 상징적 개체로 정의하기 위해

```
>> f = sym('a*x^2+b*x+c')
```

을 실행하면 상징적 함수 f 에 상기의 2차식이 배당되게 된다. 이 경우 Symbolic Math Toolbox는 2차식의 a, b, c, x 의 각각의 변수에 대한 개체를 생성하는 것이 아니라 2차식의 형태로 상징적 함수 f 를 생성하는 점에 유의한다. 만약 위 2차식에 관하여 미분이나 적분 등을 수행하기 위해서는 다음과 같이 각각의 변수를 상징적 개체로 지정하여야 할 것이다.

1) simplify의 사용법은 뒷부분(6절) 참조.

```
>> a = sym('a')
>> b = sym('b')
>> c = sym('c')
>> x = sym('x')
```

또는 간단히 다음과 같이 할 수도 있다.

```
>> syms a b c x
```

B.3 Symbolic 표현과 수식으로의 전환

상징적 표현식에 임의의 값을 대입한 결과를 얻기 위해서는 명령어 'sym'이 가지는 네 가지의 옵션을 이용하면 가능하다. 예를 들어 위에서 정의한 황금률 ρ의 실제값을 구하기 위해서 다음 명령어 'sym'이 가지는 네 종류의 옵션을 지정하여 실행해 본다면 각각이 가지는 특징을 이해할 수 있을 것이다.

```
>> sym(rho,'f'), sym(rho,'r'), sym(rho,'e') 및 sym(rho,'d')
```

명령어 sym의 효과적인 용도 중의 하나로서 다음과 같은 것이 있다. 즉,

```
>> A = hilb(3)
```

을 실행하면 다음과 같은 크기 3×3인 힐버트 행렬(Hilbert matrix)이 생성된다.

```
A =
    1.0000    0.5000    0.3333
    0.5000    0.3333    0.2500
    0.3333    0.2500    0.2000
```

여기에 sym을 적용하여

```
>> A = sym(A)
```

을 실행하면

```
A =
    [   1, 1/2, 1/3]
    [ 1/2, 1/3, 1/4]
    [ 1/3, 1/4, 1/5]
```

로 되어 행렬의 요소, 예를 들어 0.3333의 실제 값인 (1/3)을 정확하게 표현하고 있음을 알 수 있다. sym의 또 다른 옵션이 'real'을 사용하여 상징적 개체에 대한 수학적인 특성을 정의할 수 있다. 예를 들어

```
>> syms x y real
>> z = x + i*y
```

를 실행하면 개체 z는 항상 복소수로 정의되므로 다음과 같은 명령어의 적용이 가능하다. 즉,

```
>> conj(x),  conj(z) 및 expand(z*conj(z))
```

을 실행하면 다음의 결과가 얻어짐을 확인할 수 있을 것이다.

x, x - i*y 및 x^2 +y^2

위에서 'conj'는 복소함수의 공역을 얻는 명령어이다. 따라서 상징적 개체 x는 실수이기 때문에 'conj(x) == 1'을 수행하면 "1"이 return 된다.

만약 상징적 개체 x에 대한 실수의 특성을 제거하려면

```
>> syms x unreal
```

을 실행하면 된다.

B.4 간단한 예

B.4.1 함수의 미분

먼저 함수 $f(x)$를 상징적 개체로 정의하고 이것의 미분을 계산하여 보자. 먼저

```
>> f = sym('f(x)')
```

을 실행하면 함수 $f(x)$가 상징적 개체인 f에 배당된다. 이 함수에 대한 미분은 다음과 같이 정의할 수 있다.

```
>> syms x h
>> df = (subs(f,x,x+h)-f)/h
```

를 실행하면 함수 $f(x)$의 변수 x에 관한 미분을 얻을 수 있다.

```
df =
    (f(x+h)-f(x))/h
```

위에서 명령어 'subs(f,x,x+h)'는 상징적 함수 f의 변수(즉 x)를 처음의 x(old one)에서 뒤편(new one)의 x+h로 교체하라는 것을 의미한다.

B.4.2 상징적 행렬의 생성

상징적 개체로 이루어진 행렬을 구성하여 그 특징을 살펴보기로 하자.

```
>> syms a b c
>> A = [a b c; b c a; c a b]
```

을 실행하면

```
A =
    [ a, b, c]
    [ b, c, a]
    [ c, a, b]
```

이 얻어진다. 위 행렬 A의 각 요소는 상징적 개체로 이루어져 있지만, 행렬과 관련한 MATLAB의 일반적인 법칙은 그대로 적용 가능하다. 즉,

```
>> sum(A(1, :))
```

을 수행하면 'a+b+c'가 얻어지며, 또

```
>> sum(A(1,:)) == sum(A( : ,2))
```

은 양변이 동일한 값을 가지기 때문에 위 명령의 실행 결과는 '1'이 return 될 것이다.

또 행렬 A의 임의 요소를 다른 상징적 개체로 교체할 수도 있다. 즉,

```
>> syms alpha beta
>> A(2,3) = beta;
>> A = subs(A,b,alpha)
```

을 실행하면 다음이 얻어진다.

```
A =
    [     a, alpha,     c]
    [ alpha,     c,  beta]
    [     c,     a, alpha]
```

B.5 Symbolic Math Toolbox를 이용한 계산법

Symbolic Math Toolbox는 기본적인 계산(calculus), 즉 미분, 적분, 극한, 합계 및 테일러 전개 등의 계산을 위한 명령어를 제공하고 있다. 여기서는 본서의 내용에 필요한 것을 중심으로 간략하게 설명한다. 자세한 내용은 Symbolic Math Toolbox가 제공하는 설명서 등을 참조하기 바란다.

B.5.1 미분

```
>> syms a x
>> f = sin(a*x)
>> df = diff(f)
```

를 실행하여 보자. 이 경우 함수 $f(x)=\sin(ax)$ 의 미분인 $f'(x)=a\cos(ax)$ 가 얻어지는 것을 확인할 수 있을 것이다. 또 함수 f를 변수 a에 대하여 미분하기 위해서는

```
>> dfa = diff(f,a)
```

를 실행하면 된다. 또 함수 f의 2계 미분은 다음과 같다.

```
>> dfa = diff(f,2), 또는 diff(f,x,2)
```

이 결과 $f''(x)=-a^2\sin(ax)$ 이 얻어짐을 확인할 수 있다.

```
ans =
    -sin(a*x)*a^2
```

아래 [표 B.1]에 'diff' 명령어의 결과에 대한 몇 가지 예를 표시하였다.

표 B.1

함수 f	diff(f)
x^n	x^n*n/x
$\sin(at+b)$	a*cos(a*t+b)
$e^{i\theta}$	i*exp(i*theta)

명령어 'diff'는 상징적 행렬에 대해서도 적용 가능하다. 이때 미분은 행렬 각 요소 하나 하나에 대하여 실행된다. 다음의 예를 보자.

```
>> syms a x
>> A = [cos(a*x), sin(a*x); -sin(a*x), cos(a*x)]
>> dy = diff(A)
```

를 실행하면

```
y =
  [ -sin(a*x)*a,   cos(a*x)*a]
  [ -cos(a*x)*a,  -sin(a*x)*a]
```

로 됨을 확인할 수 있다.

B.5.2 극한(limits)

잘 알려진 바와 같이 미분은 다음과 같이 정의된다.

$$f'(x) = \lim_{h \to 0} \frac{f(x+h) - f(x)}{h}$$

Symbolic Math Toolbox를 사용하면 함수의 극한을 바로 계산할 수 있다. 다음의 예를 보자.

```
>> syms h n x
>> dc = limit((cos(x+h) - cos(x))/h, h, 0)
```

의 결과 'dc = -sin(x)'로 되어, $\cos(x)$의 미분인 $-\sin(x)$가 얻어졌음을 확인할 수 있다. 또,

$$e^x = \lim_{n \to 0} \left(1 + \frac{x}{n}\right)^n$$

의 관계로부터

```
>> limit((1+x/n)^n,n,inf)
```

을 실행하면 exp(x), 즉 e^x를 얻을 수 있다. 극한과 관련된 내용을 [표 B.2]에 정리하였다

표 B.2

수학적인 표현	MATLAB 표현
$\lim_{x \to 0} f(x)$	limit(f)
$\lim_{x \to a} f(x)$	limit(f,a) 또는 limit(f,x,a)
$\lim_{x \to a^-} f(x)$	limit(f,x,a,'left')
$\lim_{x \to a^+} f(x)$	limit(f,x,a,'right')

위 [표 B.2]에서 $x \to a^+$ 또는 $x \to a^-$ 는 각각 변수 x가 a의 오른쪽(즉, a보다 큰 값)에서, x가 a의 왼쪽(즉, a보다 작은 값)에서 각각 a로 향해 수렴하고 있는 것을 의미하고 있다.

B.5.3 적분

'f'가 상징적 함수라면

```
>> F = int(f)
```

는 'diff(F) = f'를 만족하는 또 하나의 상징적 함수 F를 생성한다. 즉, int(f)는 'f'의 적분을 수행하는 명령어라는 것을 알 수 있다. 또는

```
>> F = int(f,v)
```

를 실행하면 함수 'f'를 변수 'v' 에 관한 적분이 얻어진다. [표 B.3]에 적분과 관련한 몇 가지 예를 열거하였다.

표 B.3

수학적인 표현	MATLAB 표현
$\int x^n dx = \frac{x^n+1}{n+1}$	int(x^n) 또는 int(x^n,x)
$\int_0^{\pi/2} \sin(2x)dx = 1$	int(sin(2*x),0,pi/2) 또는 int(sin(2*x),x,0,pi/2)
$g=\cos(at+b)$, $\int g(t)dt = \{\sin(at+b)\}/a$	g=cos(a*t+b), int(g) 또는 int(g,t)

상한과 하한이 주어지는 적분 역시 가능하다. 즉, 명령어

```
>> int(f,a,b), 또는 int(f,v,a,b)
```

의 수식 표현은 다음과 같다.

$$\int_a^b f(x)dx \quad \text{및} \quad \int_a^b f(v)dv$$

[표 B.4]에 적분과 관련된 몇 가지 예를 나열하였다.

표 B.4

함수 f	상한(b)과 하한(a)	int(f,a,b)
x^7	0, 1	$1/8$
$1/x$	1, 2	$\log(2)$
$\log(x)\sqrt{x}$	0, 1	$-4/9$
e^{-x^2}	0, inf	$(1/2)\pi^{(1/2)}$

B.5.4 합의 계산 및 상징적 함수의 그래프 생성

상징적 개체의 합이 존재한다면 명령어 'symsum'을 이용하여 합계를 계산할 수 있다. 예를 들어

$$1+\frac{1}{2^2}+\frac{1}{3^2}+\cdots$$

은 $\pi^2/6$ 로 수렴하며, $1+x+x^2+\cdots$ 은 $1/(1-x)$ 로 된다(단,$|x|< 1$이다). 이러한 관계식을 Symbolic Math Toolbox를 이용하여 확인하여 보자.

```
>> syms x k
>> s1 = symsum(1/k^2,1,inf)
>> s2 = symsum(x^k,k,0,inf)
```

을 실행하면 다음의 결과를 얻는다.

s1 = 1/6*pi^2

s2 = -1/(x-1)

다음 식으로 주어지는 함수를 이용하여 Symbolic Math Toolbox를 적용한 몇 가지의 예를 만들어 보자.

$$f(x)=\frac{1}{5+4\cos(x)}$$

먼저 위의 함수를 다음과 같이 상징적 함수로 정의한다.

```
>> syms x
>> f = 1/(5+4*cos(x))
```

다음에 Symbolic Math Toolbox가 제공하는 명령어 'ezplot(f)'를 이용하여 함수 $f(x)$에 대한 그래프를 작성한다. 즉,

```
>> ezplot(f,[-6 6])
```

를 실행하면 다음의 그림을 얻는다. 이때 'ezplot'에서 변수 x의 범위)(즉, [-6 6])를 설정하지 않는다면 ezplot는 자동적으로 가장 적절한 범위를 선정하여 그래프로 나타낸다.

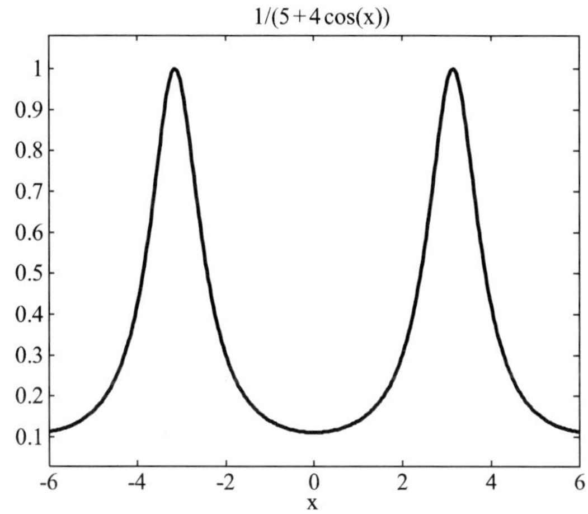

그림 B.1 함수 $f(x)$ 의 그림

B.5.5 테일러급수(Taylor Series)

4.4절에서 사용한 함수

$$f(x)= \frac{1}{5+4\cos(x)}$$

에 대하여 명령어

```
>> syms x
>> f = 1/(5+4*cos(x))
>> T = taylor(f,8)
```

을 실행하면

T =

1/9+2/81*x^2+5/1458*x^4+49/131220*x^6

가 얻어지는데, 이것은 다음 식으로 정의되는 함수 $f(x)$ 의 $x=a$ 에서의 테일러급수를 제 8차까지 수행한 결과를 나타내고 있다.

$$\sum_{n=0}^{\infty}(x-a)^n \frac{f^n(a)}{n!}$$

위의 명령어 taylor(f,8)은 $a=0$인 경우이다. 만약 함수 $g(x)=e^{x\sin(x)}$를 $x=2$에서 테일러급수 전개하여 처음 12번째 항까지의 합계를 얻고자 하면 다음을 실행하면 된다.

```
>> syms x
>> g = exp(x*sin(x))
>> t = taylor(g,12,2)
```

다음에 Symbolic Math Toolbox의 함수를 이용하여 계산한 테일러 근사값이 실제 값에 어느 정도 근접하고 있는지를 그림을 통하여 알아보자. 즉,

```
>> xd = 1:0.05:3; yd = double(subs(g,x,xd));
>> ezplot(t,[1,3]); hold on;
>> plot(xd, yd)
```

를 실행하면 [그림 B.2]가 얻어진다. 이 그림으로부터 실제 값과 테일러 전개에 의한 근사값 사이에는 거의 차이가 없음을 확인할 수 있다.

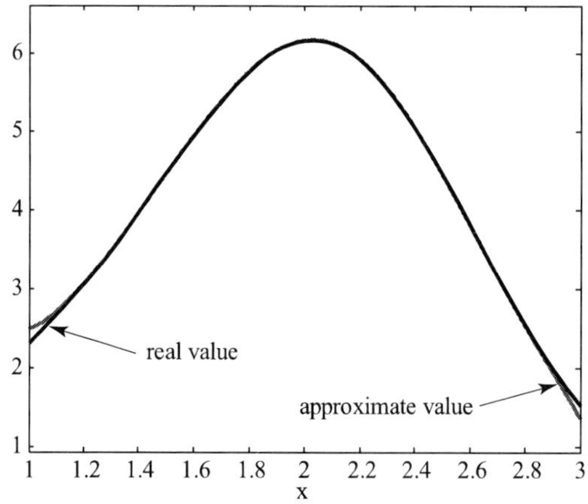

그림 B.2 함수 $g(x)=e^{x\sin(x)}$의 실제 값과 테일러 전개에 의한 근사값

함수 $f(x)$를 $x=0$에서 테일러급수 전개하여 제8차까지의 전개 값인 개체 'T'는 위에서 보다시피 상당히 복잡한 모양을 하고 있다. 이것을 'pretty' 명령어를 수행하면 보기에 편한 형태로 표현 가능하다. 즉,

```
>> pretty(T)
```

를 실행하면 다음과 같이 8차의 테일러급수 전개된 형식이 화면에 나타난다[2].

$$(1/9)+(2/81)x^2+(5/1458)x^4+\left(\frac{49}{131220}\right)x^6$$

다음에 함수 $f(x)$의 2계 미분을 구하고 이것을 그래프로 그려 보자. 먼저 2계 미분은

```
>> f2 = diff(f,2), 혹은 f2 = diff(f,x,2)
```

를 실행하면 다음의 결과가 언어진다.

f2 =

32/(5+4*cos(x))^3*sin(x)^2+4/(5+4*cos(x))^2*cos(x)

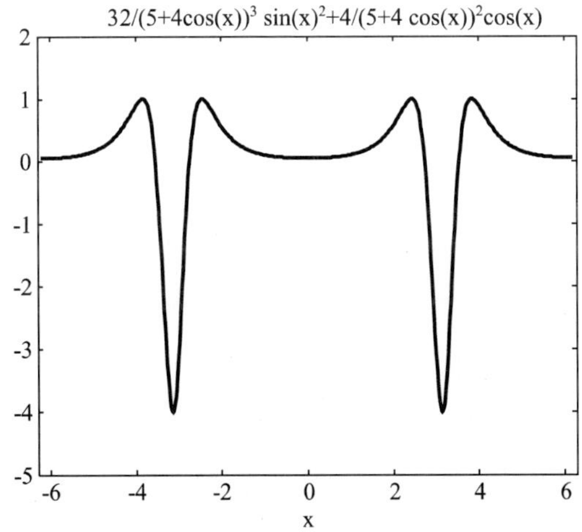

그림 B.3 함수 $d^2f(x)/dx^2$ 의 그림

이 결과를 명령어 'ezplot'를 이용한 그래프를 [그림 B.3]에 표시하였다.

2) 화면상의 표시 방법의 제약으로 인해 위 수식과는 약간 다르게 나타난다.

```
>> ezplot(f2)
>> axis([-2*pi 2*pi -5 2])
```

[그림 B.3]으로부터 $f''(x)$는 -4에서 1까지의 범위에 존재하는 것을 알 수 있다. 이것을 확인하여 보기로 하자. $f''(x)$의 최대값과 최소값은 $f'''(x)=0$에서 발생하므로, 먼저 함수 $f(x)$의 3계 미분을 구하여 이 값을 영으로 하는 변수 x를 계산한다.

```
>> f3 = diff(f2)
>> pretty(f3)
```

을 실행하면

$$384\frac{[\sin(x)]^3}{(5+4\cos(x))^4}+96\frac{\sin(x)\cos(x)}{(5+4\cos(x))^3}-4\frac{\sin(x)}{(5+4\cos(x))^2}$$

가 얻어지고, 위 함수를 명령어 'simple'를 이용하여 $f'''(x)=0$을 만족하는 값을 구하기 쉬운 형태로 변환한다.

```
>> f3 = simple(f3)
>> pretty(f3)
```

를 실행하면

$$4\frac{\sin(x)\left(96\sin(x)^2+80\cos(x)+80\cos(x)^2-25\right)}{(5+4\cos(x))^4}$$

가 얻어진다. 이제 $f'''(x)=0$을 명령어 'solve'를 이용하여 풀어서 $f''(x)$의 최대값과 최소값을 구하여 보자. 즉,

```
>> z = solve(f3)
>> format
>> zr = double(z)
```

을 실행하면 5행1열의 행렬이 얻어지는데, 각 행의 요소는 $f'''(x)=0$를 만족하는 값이다.

```
zr =
              0
              0 + 2.4381i
              0 - 2.4381i
         2.4483
        -2.4483
```

이 결과로부터 $x=\pm 2.4483$ 에서 $f''(x)$ 의 최대값은 명령어 'subs(f2,x,zr(4,1))'를 실행하면 1.0051로 되어 [그림 B.3]과 일치하는 것을 알 수 있으나, $f''(x)$ 의 최소값은 [그림 B.3]과 일치하지 않는 것을 확인할 수 있을 것이다[3].

B.6 Simplifications과 Substitutions

상징적 표현식을 간략하게 표현할 수 있도록 하는 몇 개의 명령어가 제공되고 있으며 이들은 상징적 표현식의 상호 변환에 많이 사용되고 있다.

상징적 표현으로 자주 사용되는 것으로 다음의 세 종류가 있다.

```
>> syms x
>> f = x^3-6*x^2+11*x-6
>> g = (x-1)*(x-2)*(x-3)
>> h = x*(x*(x-6)+11)-6
```

위 표현식을 명령어 'pretty'를 사용하여 화면상에 나타내면 각각 다음의 형식으로 표시된다.

$$x^3-6x^2+11x-6,\ (x-1)(x-2)(x-3),\ x((x-6)+11)-6$$

위 세 개의 함수는 모두 x 의 3차 다항식으로 표현의 형식은 다르지만 모두 동일한 근을 가진다. 따라서 주어진 상황에 맞게 적절한 형태의 표현식이 사용되어야 할 것이다.

3) 최소값과 최대값의 결정과 관련된 더 자세한 내용은 Symbolic Math Toolbox의 매뉴얼을 참조하기 바란다.

Symbolic Math Toolbox에서는 여러 형식의 대수적 표현식에 맞추어 사용할 수 있도록 하나의 표현식을 다른 표현식으로 변환할 수 있는 명령어 – 'collect', 'expand', 'horner', 'factor', 'simplify' 및 'simple' – 를 제공하고 있다.

• collect

'collect(f,x)'를 실행하면 함수 $f(x)$를 변수 x의 다항식으로 전개하여 최고 차수에서 내림차순으로 전개된 형식으로 변환한다. [표 B.5]에 몇 가지의 예를 나타내었다.

표 B.5

함수 f	collect(f)의 실행
(x-1)*(x-2)*(x-3)	x^3-6*x^2+11*x-6
x*(x*(x-6)+11)-6	x^3-6*x^2+11*x-6
(1+x)*t+x*t	2*x*t+t

• expand

명령어 'expand(f)'를 실행하면 이름대로 함수 f가 가지는 각 요소의 합으로 분해하여 전개한다. [표 B.6]에 이것의 몇 가지 예를 나타내었다.

표 B.6

함수 f	expand(f)
a*(x+y)	a*x+a*y
(x-1)*(x-2)*(x-3)	x^3-6*x^2+11*x-6
x*(x*(x-6)+11)-6	x^3-6*x^2+11*x-6
exp(a+b)	exp(a)+exp(b)
cos(x+y)	cos(x)*cos(y)-sin(x)*sin(y)
cos(3*acos(x))	4*x^3-3*x

• horner

명령어 'horner(f)'를 실행하면 함수 f의 표현식을 Horner 형식. 즉 nested representation

의 형태로 전환한다. [표 B.7]에 예를 나타내었다.

표 B.7

함수 f	horner(f)
x^3-6*x^2+11*x-6	x*(x*(x-6)+11)-6
1.1+2.2*x+3.3*x^2	11/10+(11/5+33/10*x)*x

• factor

함수 f 가 유리수의 계수를 가지는 다항식인 경우에, 명령어 'factor(f)'를 실행한다면 함수 f 자신보다 더 낮은 차수의 다항식의 곱의 형식으로 전개된다. 만약 더 낮은 차수의 다항식의 곱으로 분해되지 않는 경우에는 원래의 값을 그대로 가진다. [표 B.8]에 예를 나타내었다.

표 B.8

함수 f	factor (f)
x^3-6*x^2+11*x-6	(x-1)*(x-2)*(x-3)
x^3-6*x^2+11*x-5	x^3-6*x^2+11*x-5
x^6+1	(x^2+1)*(x^4-x^2+1)

• simplify

명령어 'simplify'는 여러 종류의 연산에 적용하여 연산의 결과를 이름대로 간략화 하여 보여 주는 강력한 도구의 하나이다. [표 B.9]에 몇 가지의 예를 제시하였다.

표 B.9

함수 f	simplify(f)
x*(x*(x-6)+11)-6	x^3-6*x^2+11*x-6
(1-x^2)/(1-x)	x+1
(1/a^3+6/a^2+12/a+8)^(1/3)	((2*a+1)^3/a^3)^(1/3)
log(x*y)	log(x)+log(y)
exp(x)*exp(y)	exp(x+y)
cos(x)^2+sin(x)^2	1

- **simple**

명령어 'simple'은 계산의 결과로 얻어진 식의 표현을 가장 적은 수의 문자로서 나타낼 수 있도록 하는 목적을 가진 명령어이다. 이 경우, 적은 수의 문자로서 표현된 것이 반드시 'simple'(또는 사용자의 입장에서 알아보기 쉽다) 하다고는 할 수 없지만, 실용적으로 만족스러운 것으로 알려져 있다.

명령어 'simple'는 이러한 목적을 달성하기 위하여 내부적으로 위에서 언급한 명령어, 즉 'simplify, collect, factor' 등을 독자적으로 사용하여 가장 간결한 형태의 결과를 제공한다. 명령어 'simple'은 여러 형태의 사용법이 있다. 단순히 'simple(f)'를 실행하면 실제 MATLAB내부에서 'simple'이 실행되는 과정이 화면에 나타나면서 제일 마지막 행에 그 결과가 출력된다. 예를 들어

```
>> simple(cos(x)^2+sin(x)^2)
```

를 실행하여 보기 바란다. 이와 같이 화면에 전개되는 간략화 과정은, 사용자로 하여금 결과로 얻어진 간략화된 식이 실제로 목적에 맞는 것인지의 여부를 판단하는 데 도움을 준다. 그러나 화면에 전개되는 그러한 과정을 나타나지 않게 하려면

```
>> f = simple(cos(x)^2+sin(x)^2)
```

를 실행하면 된다.

명령어 'simple'은 때때로 위에서 언급한 명령어 'simplify'의 실행 결과에 적용하여 더욱 간단한 형태의 식을 얻을 수도 있다. 다음 예를 보자.

표 B.10

함수 *f*	simplify(f)	simple(f)
(1/a^3+6/a^2+12/a+8)^(1/3)	((2*a+1)^3/a^3)^(1/3)	(2*a+1)/a
(1-x^2)/(1-log(x*y)x)	log(x)+log(y)	log(x*y)

때때로 명령어 'simple'을 두 번 연속적으로 적용하여 또 다른 형태의 간략화 된 형태를 얻는 경우도 있다. 예를 들어

```
>> syms a
>> f = (1/a^3+6/a^2+12/a+8)^(1/3);
>> simple(simple(f))
```

를 실행하면 '1/a+2'가 얻어지는 것을 확인할 수 있을 것이다. 명령어 'simple'은 특히 삼각함수와 관련된 함수의 간략화에 있어 유용하다. [표 B.11]에 몇 가지 예를 나타내었다.

표 B.11

함수 f	simple(f)
cos(x)^2+sin(x)^2	1
2*cos(x)^2-sin(x)^2	3*cos(x)^2-1
cos(x)^2-sin(x)^2	cos(2*x)
cos(x)+(-sin(x)^2)^(1/2)	cos(x)+i*sin(x)
cos(x)+i*sin(x)	exp(i*x)
cos(3*acos(x))	4*x^3-3*x

지금까지 설명한 것 외에도 Symbolic Math Toolbox는 일반적인 수식 계산을 편리하게 실행할 수 있도록 하는 수많은 함수와 방법을 제공하고 있다. 더 자세한 설명은 MATLAB에서 제공하는 매뉴얼을 참고하기 바란다.

연습문제 해답

제1장

1. (1) $x^2 + u^{-1} = c$ (2) $u = c|x^2 - 1|^{1/2}$

(3) $u = \arctan(\arctan x + c)$ (4) $u^2 = 2\ln(1 + e^x) + c$

2. (1) $u(x) = \sin x$ (2) $\sin u = \dfrac{\sqrt{2}}{\sqrt{x^2+1}} \rightarrow u = \arcsin \dfrac{\sqrt{2}}{\sqrt{x^2+1}}$

3. (1) $u^2 = x^2(1 + cx)$ (2) $u(x) = \dfrac{x^2 + c^2}{2c}$

(3) $\tan u = \ln|x| + c \rightarrow \tan \dfrac{u}{x} = \ln|x| + c$

4. (1) $12(u - x) = (u + 2x)^2$ (2) $u = \dfrac{x}{2}\left(-3 - \sqrt{-3 + 6(2x)^{1/2}}\right)$

(3) $u = x + 2e^{1/2} e^{-x/(x+u)}$

5. (1) $x^4 + x^2u^2 + u^2 = c$ (2) $x^2u^3 - 2xu^2 = c$

(3) $x^2 + u^2 + \dfrac{1}{u} - \dfrac{1}{u}\cos 2x = c$

6. (1) $x^2u + 2u^2 - 3x = 7$ (2) $x^2 - u^2 = cu^3 \rightarrow u = x$

(3) $xu^2 + e^x u + (2e^x - 8) = 0 \rightarrow u(x) = \dfrac{-e^x + \sqrt{e^{2x} - 8x(e^x - 4)}}{2x}$

(4) $x^2 \cos u + x^3 u - \dfrac{u^2}{2} = -2$

7. (1) $u + x^2 \ln|x| = cx^2$ (2) $u^2 + x^2 + x\ln|x| = cx$

(3) $x^2u - 3xu^2 - 7 = cu$ (4) $e^x\left[\sin u + x - \dfrac{\sin x - \cos x}{2}\right] = c$

(5) $u(x) = \ln|x| + \dfrac{c}{\ln|x|}$

8. (1) $u(x) = \dfrac{1}{3}\left(1 + 5e^{-x^3}\right)$ (2) $u(x) = x^4 - 2x^2$

(3) $u(x) = 1$ (4) $u(x) = \dfrac{\sin x}{\cos^2 x}$

제2장

1. (1) $u(x) = \dfrac{1}{3}\sin 3x$ (2) $u(x) = 9e^x - 3e^{3x}$

(3) $u(x) = e^x \cos(\sqrt{2}\,x) + \sqrt{2}\,e^x \sin(\sqrt{2}\,x)$

(4) $u(x) = 2e^{-2x}\cos 2x - e^{-2x}\sin 2x$

2. (1) $u(x) = \cos 2x + \sin 2x$; 진폭은 $\sqrt{2}$, 주기는 π

(2) $u(x) = \dfrac{1}{4}\sin 4x$; 진폭은 $\dfrac{1}{4}$, 주기는 $\dfrac{\pi}{2}$

3. (1) $u(x) = c_1e^{-x} + c - 2e^{-2x} + 2.5e^{2x}$

(2) $u(x) = c_1e^{4x} + c_2e^{-4x} + 2.4xe^{4x}$

(3) $u(x) = c_1e^{2x} + c_2e^{-3x} - x^3 - 3x - 0.5$

(4) $u(x) = e^{-3x}(c_1\cos 8x + c_2\sin 8x) + e^x\left(\cos 4x + \dfrac{1}{2}\sin 4x\right)$

(5) $u(x) = e^{-2x}(c_1\cos x + c_2\sin x) + 5x^2 - 8x + 4.4 - 1.6\cos 2x + 0.2\sin 2x$

4. (1) $u(x) = \dfrac{\sin 2x - 2x\cos 2x}{4}$ (2) $u(x) = \cos 2x - \dfrac{1}{3}\sin 2x + \dfrac{2}{3}\sin x$

(3) $u(x) = \dfrac{e^{-4x} - e^{4x} + 8xe^{4x}}{32}$

6. (1) $u(x) = c_1 x + c_2 x^3$ (2) $u(x) = c_1 x + c_2 x \ln|x|$

(3) $u(x) = c_1 x^{1/2} + c_2 x^{1/2} \ln x$ (4) $u(x) = c_1 \sin(2\ln x) + c_2 \cos(2\ln x)$

7. (1) $u(x) = 4x^{-1} - 3x^{-2}$ (2) $u(x) = -x^{-1} + 2x^{-2}$

(3) $u(x) = x - x\ln x$

8. $q(t) = 2.05 \times 10^{-6} e^{-2.618 \times 10^5 t} - 14.05 \times 10^{-6} e^{-3.82 \times 10^4 t} + 12 \times 10^{-6}$

$i(t) = -0.5367\left(e^{-2.618 \times 10^5 t} - e^{-3.82 \times 10^4 t}\right)$

9. 2.2[m], 1.62[rad/s]

제3장

1. (1) $u(x) = c_1 + c_2 x + c_3 e^{-x}$ (2) $u(x) = c_1 e^{-3x} + c_2 e^{2x} + c_3 e^{-2x}$

(3) $u(x) = c_1 e^{-2x} + c_2 e^{-x} + c_3 e^x + c_4 x e^x$

2. (1) $u(x) = \frac{5}{36} - \frac{5}{36} e^{-6x} + \frac{1}{6} x e^{-6x}$ (2) $u(x) = -\frac{1}{4} e^{-x} + \frac{1}{4} e^x - \frac{1}{2} \sin x$

(3) $u(x) = -2e^{-x} + 2e^x + xe^x$ (4) $u(x) = e^{2x} + \cos 2x - \sin 2x$

3. (1) 일차종속 (2) 일차종속 (3) 일차종속

4. (1) 일차독립 (2) 일차독립 (3) 일차독립

5. 임의의 정수 k_1, k_2 가 존재하여 $x \in (-1, 1)$ 에 대하여 $k_1 f_1(x) + k_2 f_2(x) = 0$가 성립한다고 한다. 이때

$$k_1 f_1(x) + k_2 f_2(x) = \begin{cases} (k_1 + k_2) x^2, & x \geq 0 \\ (k_1 - k_2) x^2, & x < 0 \end{cases}$$

이므로 예를 들어 $x = \pm \frac{1}{2}$ 로 둔다면

$$k_1 + k_2 = 0,\ k_1 - k_2 = 0 \ \rightarrow \ k_1 = k_2 = 0$$

로 되어 두 개의 함수는 일차독립으로 된다. 론스키안은 항등적으로 $W(f_1, f_2)=0$ 을 만족한다.

6. (1) $u_2(x)=1$ (2) $u_2(x)=u_1(x)\left(x^2e^{-x}\right)=x^2$

(3) $u(x)=\dfrac{1}{2}\ln\left|\dfrac{x+1}{x-1}\right|$

7. (1) $u(x)=\cos x+x\sin x$ (2) $u(x)=-1+\cos x+\sin x+\dfrac{1}{2}x^2$

(3) $u(x)=6\cos x-\sin x+3\left(x^2-2\right)+2x\cos x$

(4) $u(x)=\cos x+\sin x-\cos x\ln|\sec x+\tan x|$

(5) $u(x)=3e^x-2xe^x+x\ln xe^x$

(6) $u(x)=\dfrac{38}{45}x^{3/2}-\dfrac{9}{10}x^{-1}+\dfrac{1}{18}x^{-3}$

제4장

1. (1) $x-\dfrac{x^2}{2!}+\dfrac{x^3}{3!}+\cdots$ (2) $\dfrac{1}{2}\left[1-\dfrac{x}{2}+\dfrac{x^2}{4}+\dfrac{x^3}{8}+\cdots\right]$

(3) $-\dfrac{7}{12}+\dfrac{7x}{144}-\dfrac{91x^2}{172}+\cdots$ (4) $1-x^2+\dfrac{x^4}{2!}-\dfrac{x^6}{3!}+\cdots$

(5) $x+\dfrac{x^3}{3}+\dfrac{2x^5}{15}+\cdots$ (6) $-2\left[\dfrac{(x/2)^2}{2}+\dfrac{(x/2)^4}{4}+\dfrac{(x/2)^6}{6}+\cdots\right]$

(7) $x-x^2+\dfrac{x^3}{3}-\dfrac{x^5}{30}+\cdots$

2. (1) $-1<x<1$ (2) $R=4$ (3) $R=\sqrt{|k|}$

(4) $-\dfrac{1}{256}<x<\dfrac{1}{256}$

3. (1) $a_{n+2}=\dfrac{n-1}{n+1}a_n$ (2) $a_{n+2}=\dfrac{1}{n+2}a_n$

(3) $a_{s+2}=\dfrac{(s+1)^2a_s-a_{s-1}}{(s+2)(s+1)},\ s=1,2,\cdots$

(4) $a_{s+2}=\dfrac{(2+4s)a_s-4a_{s-2}}{(s+2)(s+1)},\ a_{-2}=0, a_{-1}=0, s=0,1,\cdots$

(즉 해는 $u(x)=(a_0+a_1x)e^{x^2}$ 이다)

(5) $a_2=-(a_0+a_1), a_3=\dfrac{2}{3}(a_0+a_1), a_4=-\dfrac{1}{2}(a_0+a_1), \cdots$

4. (1) $x-\displaystyle\sum_{k=1}^{\infty}\frac{x^{2k+1}}{4^k(2k-1)(2k+1)}$ (2) $x+\dfrac{x^2}{12}+\dfrac{x^5}{20}+\cdots$

5. $u(x)=4-2x-\dfrac{x^4}{3}+\dfrac{x^5}{10}+\dfrac{x^8}{168}-\dfrac{x^9}{720}+\cdots\approx-1.3206$

6. (1) $p(x)=2P_3(x)+\dfrac{8}{3}P_2(x)+6P_1(x)+\dfrac{10}{3}P_0(x)$

(2) $p(x)=\dfrac{27}{20}P_3\left(\dfrac{2}{3}x-\dfrac{1}{3}\right)-\dfrac{3}{4}P_2\left(\dfrac{2}{3}x-\dfrac{1}{3}\right)+\dfrac{125}{20}P_1\left(\dfrac{2}{3}x-\dfrac{1}{3}\right)+\dfrac{9}{4}P_0\left(\dfrac{2}{3}x-\dfrac{1}{3}\right)$

7. (1) 0.443 (2) ∞ (3) -9394 (4) $3\times 10!$

제5장

1. (1) $F(s)=-\dfrac{2}{s^2}+\dfrac{2}{s}$ (2) $F(s)=\dfrac{1}{2}\dfrac{1}{s}+\dfrac{1}{2}\dfrac{s}{s^2+4}$

(3) $F(s)=\dfrac{s+2}{(s+2)^2-1}$ (4) $F(s)=e^{-s}\left[\dfrac{2}{s^3}+\dfrac{2}{s^2}+\dfrac{1}{s}\right]$

(5) $F(s)=e^{-\pi s/2}\dfrac{s}{s^2+1}$

2. (1) $f(t)=4\cosh 4t+\sinh 4t$ (2) $f(t)=-3e^{-2t}+5e^{-3t}$

(3) $f(t)=-\dfrac{2}{5}e^{-t}+\dfrac{7}{5}\cos 3t-\dfrac{7}{15}\sin 3t$

(4) $f(t)=1-t-\cos t+\sin t$

(5) $f(t)=e^{-2t}+2\cdot 1(t-2)e^{-2(t-2)}+1(t-4)e^{-2(t-4)}$

(6) $f(t)=\dfrac{2}{t}(e^t-\cos t)$

3. $F(s)=\dfrac{(1-e^{-s})}{s^2}$

4. (1) $\dfrac{1}{(s-1)^2}$ (2) $\dfrac{(s^2-1)}{(s^2+1)^2}$ (3) $\dfrac{2(s^2-2s+1)}{(s-1)(s^2-2s+2)^2}$

(4) $\dfrac{(s^2+4)}{(s^2-4)^2}$ (5) $\dfrac{4s}{(s^2-4)^2}$

5. (1) $\dfrac{\sin at - at\cos at}{2a^3}$ (2) $\dfrac{(-1+\cosh at)}{a^2}$ (3) $\dfrac{\omega t-\sin\omega t}{\omega^3}$

6. (1) $u(t)=-\dfrac{3}{2}e^{3t}\sin(2t)$ (2) $u(t)=\dfrac{3}{8}\sin t-\dfrac{1}{8}\sin 3t$

(3) $u(t)=(3t-2)e^{-2t}+3e^{-3t}$

(4) $u(t)=e^{1-t}(2t-1)+e^{1-3t}-1(t-1)e^{-(t-1)}(2t-1)$

$$-\frac{1}{3}1(t-1)e^{-3(t-1)}+\frac{4}{3}1(t-1)$$

(5) $u(t)=-3\sinh t-\dfrac{1}{2}\sin t+1\left(t-\dfrac{\pi}{2}\right)\sinh\left(t-\dfrac{\pi}{2}\right)+\dfrac{7}{2}\cosh t$

(6) $u(t)=e^{-2t}-e^{-3t}+1(t-1)\left[\dfrac{1}{6}-\dfrac{1}{2}e^{-2(t-1)}+\dfrac{1}{3}e^{-3(t-1)}\right]$

$$+1(t-2)\left[e^{-2(t-2)}-e^{-3(t-2)}\right]$$

7. (a) $\dfrac{1}{10}\sin 10t\,[1_{2\pi}(t)-1_{4\pi}(t)]$ (b) $\dfrac{1}{10}1_{2\pi}(t)\sin 10t$

(e) $\dfrac{1}{10}\sin 10t\,[1+1_{4\pi}(t)]$ (g) $5\cos 10t+\dfrac{1}{2}1_{2\pi}(t)\sin 10t$

제6장

1. (1) $\vec{x}=\alpha\begin{bmatrix}-1\\1\\0\end{bmatrix}+\beta\begin{bmatrix}1\\0\\1\end{bmatrix}+\begin{bmatrix}1\\1\\1\end{bmatrix}$ (2) $\vec{x}=\alpha\begin{bmatrix}-1\\1\\0\end{bmatrix}+\begin{bmatrix}0\\0\\-1\end{bmatrix}$

2. (1) $x_1=0.2,\ x_2=1.6$ (2) $x_1=0,\ x_2=2,\ x_3=9$

(3) $x_1 = 4,\ x_2 = 0,\ x_3 = -2$

(4) $x_1 = 3x_2 + 2$, (x_2 는 임의), $x_3 = -x_2 + 6$

(5) $x_2 = 2x_1 + 3x_3 + 1$, (x_2, x_3는 임의)

(6) $x_4 = 1,\ x_2 = 2x_3 - x_1$, ($x_1, x_3$는 임의)

(7) $x_4 = 3, x_1 = 0, x_2 = -2, x_3 = 8$

3. (1) 아님 (2) 독립임 (3) 아님 (4) 아님 (5) 아님

4. (1) 랭크 1, $[1, -2]$, $[1, 0, -3]^T$

(3) 랭크 3, $[1, 4, 0, 7]$, $[0, -2, 1, 3]$, $[0, 0, 5, 105]$, $[-2, 4, 5]^T$, $[0, 1, 5]^T$, $[0, 0, 1]^T$

(4) 랭크 2, $[3, 0, 5]$, $[0, 3, 4]$, $[3, 0, 5]^T$, $[0, 3, 4]^T$

(5) 랭크 2, $[8, 0, 4]^T$, $[0, 2, 0]^T$, $[8, 0, 4, 0]^T$, $[0, 2, 0, 4]^T$

(6) 랭크 3, $[1, 0, 3, 0]$, $[0, 5, 8, -37]$, $[0, 0, -74, 296]$,

이들을 전치하면 열공간에 대한 기저가 얻어진다.

6. (1) $\vec{x} = \alpha \begin{bmatrix} 4/3 \\ 0 \\ 1 \end{bmatrix}, (x_3 = \alpha)$ (2) $\vec{x} = \begin{bmatrix} -1 \\ 2 \\ 1 \end{bmatrix} + \alpha \begin{bmatrix} 4/3 \\ 0 \\ 1 \end{bmatrix}, (x_3 = \alpha)$

제7장

1. (1) 107 (2) $\cos^2(n\theta) + \sin^2(n\theta)$ (3) $\cos(\alpha + \beta)$

(4) -66.88 (5) 0 (6) $u^2 + v^2 + w^2 - 3uvw$

(7) 4 (8) 36

2. (1) 1 (2) 2 (3) 3

3. (1) 9 (2) 0 (3) 1 (4) 18

4. (1) -5 (2) 25 (3) -5 (4) 5

5. (1) $x_1 = 6,\ x_2 = -2$ (2) $x_1 = \frac{3}{4},\ x_2 = -\frac{1}{2}$

(3) $x_1 = 2,\ x_2 = 4,\ x_3 = -6$ (4) $x_1 = 21,\ x_2 = 1,\ x_3 = -11$

6. (1) 자명한 해만을 갖는다. (2) 비자명한 해를 가진다.

(3) 비자명한 해를 가진다. (4) 자명한 해만을 가진다.

7. (a) $\boldsymbol{A}$ 의 고유값은 4, 6 이며, 고유벡터는 $\begin{bmatrix} -1 \\ 1 \end{bmatrix}, \begin{bmatrix} 1 \\ 1 \end{bmatrix}$, $\boldsymbol{A}^{-1}$ 의 고유값은 1/6, 1/4 이며 고유벡터는 동일하다.

8. (1) 대수적인 중복도와 기하학적인 중복도 모두 2 이다.

(2) 고유값 α의 대수적인 중복도와 기하학적인 중복도는 모두 2 이다.

(3) 고유값 α 의 대수적인 중복도와 기하학적인 중복도는 모두 2이다.

제8장

1. (1) 0 (2) 0 (3) $2\sqrt{xy}$

2. (1) 78° (2) 57°

4. (1) $\text{Proj}_W(\vec{a}) = (\vec{a} \cdot \vec{v}_1)\vec{v}_1 + (\vec{a} \cdot \vec{v}_2)\vec{v}_2 = \left[\frac{4}{25}, 1, -\frac{3}{25}\right]^T$

(2) $\text{Proj}_{W^\perp}(\vec{a}) = \vec{a} - \text{Proj}_W(\vec{a}) = \left[\frac{21}{25}, 0, -\frac{28}{25}\right]^T$

5. (2) $\begin{bmatrix} 4 \\ 1 \\ -1 \end{bmatrix}, \begin{bmatrix} 0 \\ 1 \\ 1 \end{bmatrix}, \begin{bmatrix} -1 \\ 2 \\ -2 \end{bmatrix}$

7. (1) $\vec{x} = \begin{bmatrix} \frac{1}{2} \\ \frac{2}{3} \end{bmatrix}$ (2) $\vec{x} = k\begin{bmatrix} 2 \\ 1 \end{bmatrix}$, k는 임의 상수

8. $$\vec{x} = \begin{bmatrix} \frac{36}{86}+t \\ -\frac{3}{86}-2t \\ t \end{bmatrix}, t$$ 는 실수인 파라미터

9. (1) $[0, 0, -10]^T$, $[0, 0, 10]^T$ (2) $[-4, -8, 26]^T$

(3) $[0, 0,, -60]^T$ (4) $-20, -20$ (5) 240

(6) $[19, -12, 24]^T$, $\sqrt{1378}$ (7) $[10, -5, -1]^T$

10. (1) $\text{Prob}_{\vec{b}}(\vec{a}) = [-21/5, 28/5]^T$, $\text{Prob}_{\vec{b}^\perp}(\vec{a}) = [-4/5, -3/5]^T$

(2) $\text{Prob}_{\vec{b}}(\vec{a}) = [-12/7, 6/7, 4/7]^T$, $\text{Prob}_{\vec{b}^\perp}(\vec{a}) = [-5/7, -20/7, 45/7]^T$

찾아보기

[기 타]

2차표면 417
RREF 261

[한 글]

ㄱ

가역행렬 226
가우스 소거법 235
가환적 225
감마함수 172
감쇠운동 70
결정계 237
경계값 조건 5
계수 2, 230
계수함수 54
계수행렬 231
계승함수 173
고계선형상미분방정식 97
고유값 문제 298
고유값 132, 300
고유공간 301
고유방정식 302
과제동 76
구분적 연속 54, 181
구분적 54
극 146
근사해 392
급수해 143, 156
기본 행연산 234
기본해 벡터 129
기본해 행렬 129
기본해 56, 106
기본행렬 293
기저 106
기저벡터 244
기하학적인 중복도 309

ㄴ

놈 341
뉴턴의 냉각법칙 11
뉴턴의 운동법칙 70

ㄷ

단계벡터 312
단순구조행렬 331
단위계단 함수 182
단위행렬 225
대각변환 317
대각변환행렬 317
대각행렬 229, 317
대수적인 중복도 308
대칭행렬 228, 320
대칭행렬의 대각화 320
도함수 7
독립변수 2
동차형의 미분방정식 12
등가변환 318
등장변환 382

ㄹ

라그란제 119
라플라스 변환 179
라플라스 역변환 203
라플라스 전개 274
랭크 261, 283
레벨곡선 410
레벨표면 417
론스키안 57, 100
르장드르 다항식 164, 166
르장드르 방정식 160
립쉬쯔 연속 37
립쉬쯔의 조건 38

ㅁ

매개변수방정식 405
매클로린급수 146
멱급수 145
멱급수의 성질 148
멱급수해 157
모델링 6
무한차수의 연립방정식 157
미분연산자 55
미분의 라플라스 변환 191
미정계수법 76, 114, 137

ㅂ

반복공식 159
방향코사인 352
법선방정식 366
법선벡터 366
베르누이의 정리 48
벡터공간 98, 242, 245
벡터공간의 조건 245
벡터모멘트 365
벡터의 내적 339
벡터의 정의 241
변수계수 88
변수벡터 231
변수분리 8
보조다항식 63
보통점 156
복소벡터 공간 246
복소평면 151
본네의 점화식 164
부분공간 248, 250
부족수 320

부족제동 76
불완전 행렬 331
비감쇠운동 69
비선형 미분방정식 3
비자명한 해 258
비제차 연립방정식 231
비제차 미분방정식 59
비제차 선형미분방정식 113
비제차항 벡터 231
비축퇴행렬 326

ㅅ

사러스의 법칙 273
사상 221
사영 358
사영행렬 384
삼각부등식 343
삼각함수 202
삼각행렬 228
상 222
상미분방정식 2
상사관계 75
선두성분 235
선형결합 57, 243
선형독립 57, 243
선형독립성 375
선형미분방정식 3, 34, 53
선형변환 298
선형성 184
선형연산자 55
선형작용소 298
선형종속 57, 243
성분 223
소행렬식 273
수렴반경 146
수렴영역 152
수렴원 152
수반시스템 130
수반행렬 285
스팬 243
시간이동 184
시도형식 77
실 벡터공간 246
쌍곡선 함수 190

ㅇ

아벨의 정리 101
여인자 전개 274
여인자 274
역행렬 226, 284
연립미분방정식 126
연산자 180
열공간 255
열벡터 223
영공간 255
영-상태 54
오른 나사의 법칙 361
오른손의 법칙 361
오른쪽 극한 181
오일러 공식 92
오차 389
완전미분방정식 17
왜대칭행렬 229
외부입력 81
외부함수 54
외적 360

왼쪽 극한 181
위삼각행렬 228
위치벡터 350
유리함수 153
유클리드 놈 341
유클리드 n차원 공간 245
이산동적시스템 312
인과적 206
일 356
일대일 대응 222
일반해 5, 60, 106, 239
일반해의 존재성 58
일반해의 존재조건 106
일반화고유벡터 327
일의성 37, 99
일차독립 98, 104
임계제동 76
임펄스 함수 188

ㅈ

자명해 258
자유도 239, 262
자유변수 239
적분의 라플라스 변환 195
적분인자 25
전미분 17
전치행렬 228
접평면 411
정규직교기저 375
정규직교집합 373
정규화 321
정방행렬 223
정상방정식 391
정수변화법 114
정칙행렬 226, 284
정칙행렬의 정리 297
제1이동정리 184
제2이동정리 184
제차 연립방정식 231
재차 연립미분방정식 129
조르던행렬 324
존재성 37
종속변수 2
죠르단세포 324
주기함수 199
주대각선 223
주대각성분 223
주축열 235
중첩의 원리 56
지수차수 181
직교 338, 345
직교관계 168
직교기저 375
직교사영 347
직교성 345, 375
직교조건 321
직교좌표계 349
직교집합 373
직교행렬 321, 380
직사각행렬 223
집합 221

ㅊ

차수 3
차원 247
초기조건 5

최소2승법 391
최적 근사 390
축퇴행렬 326
치역 255

ㅋ

카테시안 방정식 366
컨볼루션 적분 206
컨볼루션 정리 207
컨볼루션의 성질 208
컨볼류션 206
컨투어선 410
컴패니온행렬 100
코시-슈바르츠 부등식 342
코시-오일러 방정식 89
크라머의 법칙 272, 289
크로네커의 델타 225
키르히호프의 법칙 44

ㅌ

테일러급수 146
토리첼리의 법clr 7
퇴화차수 262
특성다항식 63, 108, 302
특수해 5, 60, 76, 114, 118
특이점 156
특이행렬 226, 284

ㅍ

편미분방정식 2
표준기저 351
푸리에・르장드르 급수 168
프로퍼한 부분공간 254
피봇 259
피카르-린데로프의 방법 39
피타고라스의 정리 346

ㅎ

함수공간 98
함수의 연속성 37
합성사상 222
해공간 98
해벡터 231
해석적 146, 155
해의 독립성 57
행공간 255
행동치 234
행렬 222
행렬식 271
행렬의 랭크 260
행렬의 분류 326
행벡터 223
형태함수 77
확대행렬 231
훅크의 법칙 69
힘의 작용 358

| 저자소개 |

최연욱(崔然旭)

1955년 부산출생
1978년 한양대학교 전자공학과 학사
1980년 한양대학교 대학원 전자공학과 석사
1990년 일본 京都大學 대학원, 공학박사
현재 부경대학교 공과대학 전기제어공학부 교수

[관심분야] Robust Control, Sampled-Data Control, 제어기설계론 등
[저서] 자동제어실험(상학당), 현대제어이론의 기초(청문각),
신호와 제어, 현대제어 공학, 대학공업수학(홍릉과학출판사) 등

정가 25,000원

MATLAB을 이용한 미분방정식과 행렬의 이해

2013년 8월 20일 초판 인쇄
2013년 8월 29일 초판 발행
저 자 : 최연욱
발행자 : 우명찬, 송 준
발행처 : 홍릉과학출판사
주 소 : 서울시 강북구 인수동 455-60
142-885
등 록 : 1976년 10월 21일 제5-66호
전 화 : (02) 999-2274~5, 903-7037
팩 스 : (02) 905-6729
e-mail: hongpub@hongpub.co.kr
http://www.hongpub.co.kr
ISBN: 979-11-5600-001-3

저자와의 협의하에 인지생략